江苏省高等院校精品教材
常熟理工学院教材基金资助出版

基础化学实验

无机及分析化学部分

（修订版）

主　编　李巧云　徐肖邢　汪学英

南京大学出版社

图书在版编目(CIP)数据

基础化学实验(无机及分析化学实验)/ 李巧云,徐肖邢,汪学英主编. —修订版. —南京:南京大学出版社,2011.2(2020.8重印)

21世纪应用型高等院校示范性实验教材

ISBN 978 - 7 - 305 - 05109 - 8

Ⅰ. 基… Ⅱ. ①李… ②徐… ③汪… Ⅲ. ①化学实验—高等学校—教材 ②无机化学—化学实验—高等学校—教材 ③分析化学—化学实验—高等学校—教材 Ⅳ. ①O6-3

中国版本图书馆 CIP 数据核字(2011)第 021658 号

出版发行　南京大学出版社
社　　址　南京市汉口路 22 号　　　　邮编　210093
出 版 人　金鑫荣
丛 书 名　21世纪应用型高等院校示范性实验教材
书　　名　**基础化学实验(无机及分析化学实验)**
主　　编　李巧云　徐肖邢　汪学英
责任编辑　蔡文彬　　　　　　　　编辑热线 025 - 83686531
照　　排　南京开卷文化传媒有限公司
印　　刷　虎彩印艺股份有限公司
开　　本　787×1 092　1/16　印张 18　字数 436 千
版　　次　2011 年 2 月第 4 版　2020 年 8 月第 5 次印刷
ISBN 978 - 7 - 305 - 05109 - 8

定　　价　45.00 元

网　　址:http://www.njupco.com
官方微博:http://weibo.com/njupco
官方微信号:njupress
销售咨询热线:(025)83594756

修订版前言

近年来,我校无机化学、分析化学、无机及分析化学的课程建设取得了一系列可喜的研究成果,《无机化学》、《分析化学》、《基础化学实验》课程分别获江苏省高校精品课程,教学改革成果两次荣获江苏省优秀教学成果奖,基础化学教学团队获江苏省高校优秀教学团队,基础化学实验中心为江苏省实验教学示范中心,为基础化学实验课程改革和建设提供了一个非常好的平台。2007年我们编写了一本《基础化学实验》(无机及分析化学实验),由南京大学出版社出版,并作为我校基础化学实验教材。

实验教学改革是一个长期的不断探索实践的过程,在保留原版编写的指导思想和教材特色的基础上,我们对本教材进行了修订,并作了一些新的尝试。课程设计以培养学生基本操作技能、实践能力和创新能力为主线,按照应用性、先进性、开放性和创新性的原则,培养学生的科学作风、实验技能、实践能力和创新意识,构建"重视基础、突出应用、培养能力、引导创新"实验教学课程体系。据此对原版作了如下的修订:

1. 基础实验进一步优化

意在为学生打下扎扎实实的实验基本功和规范的实验操作技能,掌握化学基础知识,为学生进行综合实验、研究设计实验打下坚实的基础。

2. 综合实验进一步丰富

一方面丰富无机化学、分析化学实验自身的综合实验项目,另一方面丰富无机化学与分析化学学科交叉的综合实验项目。

3. 研究设计实验进一步完善

研究设计实验更符合学生的认知基础及实验技能基础,实验项目特色和质量明显提升。

4. 新增兴趣化学实验

意在增强学生的学习兴趣、学习热情及学习积极性。同时还可以为学生的第二课堂活动提供素材,也可以作为全校公选课《现代生活化学实验》的素材。

本书由李巧云、徐肖邢、汪学英老师编写。本书在编写过程中得到了常熟理工学院教务处、化学与材料工程学院和江苏省化学基础实验示范中心的支持、指导、关心,在此表示衷心的感谢。本书的编写参考了大量相关的教材和资料,在此向有关作者深表谢意。

由于编者的学识和水平有限,本书中错误和疏漏在所难免,敬请同行专家和使用本书的师生批评指正。

编　者
2011 年 10 月

前　言

本书由无机化学实验和分析化学实验结合而成,它是以实验手段来研究无机化学、分析化学中的重要理论,研究物质的性质、制备、组成和含量。基础化学实验是大学生进入大学后接受系统实验方法和实验技能训练的开端,学生通过实验思想、方法、手段以及综合实验技能训练,学会科学的方法和思维,从而具有自学能力和解决问题的能力。教材是教学环节中重要的一环,是教师实现优秀教学之本。为此,本着深化实验教育教学改革、突出实验教学特色、着力培育打造精品的原则,我们在无机化学、分析化学两门省级优秀课程建设的基础上,结合江苏省基础化学实验示范中心建设点的建设,编写了这本反映我们多年来课程建设成果和基础化学实验教学中心建设成就的基础化学实验教材。本书具有以下特点:

1. 课程建设成果显著,可操作性强

本教材的主要编写者从事基础化学实验教学都已二十多年,在长期的教学实践中,不仅积累了丰富的教学经验和教学素材,而且还积极深入地进行教学改革和课程建设,取得了显著的建设成果,《无机化学》和《分析化学》课程均获得江苏省二类优秀课程。本书所精选的实验内容都经过了多年教学实践的检验,教学效果好,可操作性强。

2. 采用新的实验模式,教学体系新

(1) 无机化学与分析化学内容有机融合

目前已出版的《基础化学实验》(或无机与分析化学实验)书,大多数是将无机化学与分析化学实验内容分离开来,保持各自的独立性。但实际上无机化学与分析化学实验有着千丝万缕的联系。我们打破常规,将无机化学与分析化学内容有机融合,相互交融,相得益彰,特别是在综合实验中得到了非常好的体现,将无机物的制备与组成分析有机结合在一起,这样还为在低年级开设综合实验开创了一条有效的途径。在融合的同时,我们还兼顾了各自的完整性。

(2) 实验模块新

本书采用了新的实验模块体系,实验内容按基础实验、综合实验、设计和研究及开放实验模块编排,既注重学生实验技能的训练、基本理论的掌握,又注重学生实验能力、分析解决问题能力及创新能力的培养。实验内容由认知层次→应用层次→创新层次;实验类型由基础实验→综合实验→设计研究实验;实验方式由必做实验→开放实验,形成了一个有机完整的实验教学新体系。这样的实验模块设置,在目前的基础化学实验教材中还是鲜见的。

(3) 削减和改编验证性实验,增加综合、设计研究及开放实验

传统的"照方抓药"的验证性实验,是学生学习的必要途径,但这样的学习方式降低了学生学习的积极性,不利于学生的创造性学习。在本书的编写过程中,我们一方面削减验证性

实验的数量,另一方面改变验证性实验的质量。例如将把元素化学实验按区有机地组合,削减为四个实验,同时将"单一化的"验证性模式改编为集验证、小设计、小研究为一体的"多元化的"新模式,根据学生的学习水平和知识基础,适当掺杂设计和研究内容,使学生学习由消极被动变为积极主动,由"照方抓药"变为"开方治病"。综合、设计研究及开放实验是体现以学生为本,培养学生能力,提高学生素质的有效途径,为此本书加大了这类实验的开设力度。

3. 考虑了不同层次和不同专业的教学需要,使用面广

本书选编的实验,充分考虑了不同层次和不同专业的教学需要。可以根据不同的教学对象选择不同的教学内容,作为高等学校化学、化工、材料、生物、食品、农学、医学、药学、环境等专业无机及分析化学实验的教材或教学参考书,使用面广。

4. 密切联系生产和生活实际,实用性强

本书特别注重实验内容与生产和生活实际密切联系,如维生素片剂、水果中维生素 C 含量的测定、蛋壳中碳酸钙含量的测定、废电池的综合利用、胃舒平中铝和镁含量的测定等实验内容的设置,既可以提高学生分析和解决实际问题的能力,学以致用,实用性强,又可以激发学生的学习兴趣。

5. 重视反映科学研究的新成果,体现先进性

尽管基础化学实验在低年级开设,学生的知识基础和学习能力还比较薄弱,但我们仍然重视教学内容适当反映科学研究的新成果、新方法和新技术。如水热/溶剂热法合成纳米 CuS 和 ZnS 粉体材料等实验都是根据近年来研究的新成果编著而成的,能使学生早日了解和接触一些新的研究领域、新的实验方法、新的实验手段及实验仪器,拓宽学生的知识面。

基础化学实验课得益于多位热心教育、严谨敬业的教师的辛勤劳动,已经形成了一套系统而有特色的实验,积累了丰富而翔实的资料,这一切曾得到卓有成效的实施,并培养了一批又一批基础扎实的学生,这些也为本书的编写提供了依据。本书由常熟理工学院李巧云、徐肖邢、汪学英老师任主编。徐桦教授对此书的编写一直非常关心,提出了很多宝贵的纲领性、建设性意见。季红梅、栾明明、李玉红等老师也参加了本书的设计、编写和修改工作。在本书的编写过程中,得到了江苏省基础化学实验示范中心建设点的支持、指导和关心,在此表示衷心的感谢。本书的编写参考了兄弟院校已出版的教材,谨表谢意。

由于编者的学识和水平有限,本书中错误和疏漏在所难免,敬请同行专家和使用本书的师生批评指正。

编者

2008. 8

目　录

第一章 基础知识

§1.1 实验目的

化学本质上是一门实验科学,化学实验具有丰富的实验思想、多样化的实验方法和手段以及综合性很强的基本实验技能训练,它是培养学生创新意识和创新能力、引导学生确立正确科学思想和科学方法、提高学生科学素质的重要基础。特别是在培养学生理论联系实际,与科学技术发展相适应的综合能力,以适应科技发展与社会进步对人才的需求方面有着不可替代的作用。在化学教学中,以实验为手段培养学生的实践能力和创新精神是化学教学最显著的特点。通过基础化学实验的系统学习,达到以下目的:

(1)掌握实验的基本操作和基本技能,熟悉常用仪器的构造、原理及其使用方法。

(2)理解和掌握基础化学的基本概念、基础知识和基本理论。

(3)掌握无机物的一般分离、提纯、制备和测定方法,掌握常见离子的基本性质与鉴定,建立严格"量"的概念,学会运用误差理论正确处理实验结果。

(4)培养实验现象的观察和记录、实验条件的判断和选择、实验数据的测量和处理、实验结果的分析和归纳等能力。

(5)培养严谨务实的科学态度,勤奋好学的思想品质,认真细致的工作作风,整洁卫生的良好习惯和相互协作的团队精神。

(6)培养主动学习、独立思考、分析问题、解决问题的能力和创新能力。

§1.2 实验要求

1. 认真做好预习

实验前的预习是做好实验的重要前提。预习的主要作用是帮助学生了解实验的目的、内容,做好实验的准备,克服实验中的盲目性和随意性,提高实验的效果。预习工作主要包括:

(1)认真阅读实验教材、有关教科书及参考资料,明确实验目的和要求,弄清实验原理和设计思想,确定实验方法和步骤,了解所用的仪器和设备,预计实验中出现的问题和解决办法,设计好数据记录表格等。

(2)写好预习报告。每个学生都要备有专用的实验预习报告本,将预习过程中的心得、体会通过简明清晰的预习报告形式表达出来。切忌抄书或草率应付。预习报告内容应包括实验目的、基本原理、实验方法、实验步骤、注意事项、查找的有关数据和参数、设计的实验方案、数据记录表、预测的实验现象、设想的解决方法、预答思考题等。

对于预习没有达到要求的学生,不得进入实验室进行实验。

2. 认真完成实验

学生在教师指导下独立进行操作是实验课的主要教学方法,也是训练学生正确掌握实验技术达到培养能力目的的重要手段。实验能力的形成和发展是循序渐进、日积月累的过程,这就要求学生在实验时要做到:

(1) 严格遵守实验室规则和安全守则。

(2) 严格控制实验条件,认真操作。

(3) 养成良好的记录习惯,仔细观察并如实记录实验现象和原始数据,记录尽量采用表格形式,做到整洁、清楚、不随意涂改。

(4) 积极思考,善于发现和解决实验中出现的各种问题。遇到问题独立思考,并积极与老师和同学讨论。

(5) 实验中如发现异常现象,应仔细查明原因,并及时报告指导教师。

(6) 实验结果必须经指导教师检查签字。

3. 认真写好实验报告

书写实验报告是本课程的基本训练,它将使学生在实验现象分析、数据处理、作图、误差分析、总结规律等方面得到训练和提高。实验后学生必须将原始记录交指导教师签字,然后写出实验报告。每个学生应设计好自己的实验报告,及时、独立、认真地完成实验报告,要求内容简明、条理清晰、数据完整、作图标准、字迹工整、讨论深入。实验报告一般必须包括以下内容:

(1) 封面。包括实验名称、实验日期、实验者姓名、实验地点等。

(2) 内容。包括实验目的和原理、实验用品、装置、实验条件、原始数据(实验现象和测定数据)。

(3) 结论。包括对实验现象的分析、解释、归纳、原始数据处理、误差分析、结果讨论。实验报告的重点应放在对实验结论的讨论和数据处理上。

(4) 问题与思考。包括对思考题的解答;主要指实验时的心得体会,做好实验的关键,对实验中遇到的疑难问题提出自己的见解;对实验方案、实验内容、实验装置等提出建议、意见或自己的设想;自己的实验收获、差距和努力方向等。

§1.3　　实验成绩评定

学生实验成绩的评定是对学生掌握实验设计思想、方法、技能、实验综合素质和能力全面考查的结果。实验成绩评定采取以平时成绩为主,与期末考试相结合的多元化实验考核办法。平时成绩主要以预习报告、实验态度、实验操作、实验结果、实验报告等方面为依据进行评分。期末考试采取"笔试+实际操作"的方式,将笔试、实验操作技能、设计实验的能力与水平考核结合进行评分。根据实验的特点,成绩评定的着重点有所不同。学生实验成绩的评定主要依据如下:

(1) 基础知识、基本原理和设计思想的理解和掌握。

(2) 实验基本方法、基本技能和基本仪器的掌握和使用。

(3) 实验结果(产量、纯度、准确度、精密度等)及对实验结果的分析、讨论与总结。

(4) 实验能力。包括实验设计、组织、实施步骤和对实验现象的观察、测量、记录的过程,数据处理的正确性,作图技术的掌握,实验报告的规范性与完整性,分析解决问题的能力,创新意识等。

(5) 实验态度。包括严谨求实、勤奋认真、条理整洁、团结协作、遵守纪律等。

§1.4 实验规则

(1) 实验前必须做好预习,明确实验的目的、内容和步骤,了解仪器设备的操作规程和实验物品的特性,写好预习报告,接受指导教师的提问和检查,经检查认可后,方可进行实验。

(2) 实验时要遵守操作规则,遵守一切必要的安全措施,保证实验安全。

(3) 遵守纪律,不迟到、不早退,保持室内肃静,不要喧闹谈笑,不做与实验无关的事,不动与实验无关的设备。不得无故缺席,因故缺席未做的实验应该补做。

(4) 实验中要集中注意力,认真操作,仔细观察,将实验中的一切现象和数据都如实记录在报告本上,不得涂改和伪造。实验结果(数据)必须交指导教师审阅、通过。实验结束后应根据原始记录,认真处理数据,写出实验报告。

(5) 实验过程中,随时保持工作环境的整洁。火柴梗、纸张、废品、废液等严禁丢入或倒入水槽,以免堵塞水槽和腐蚀下水管道。实验中的废弃物应按规定放到指定的废物桶或废液缸中。

(6) 爱护国家财物,严格按照操作规程使用仪器和实验室设备,如发现仪器有故障,应立即停止使用,报告教师,及时排除故障。由于违反操作规程而造成的损坏,要按照规定赔偿。

(7) 做到生动、活泼、主动地学习,鼓励学生对实验内容和安排提出改进,对实验现象进行讨论。倡导在教学计划外作探索性、研究性实验,但需事先提出申请,经批准同意后方可进行。

(8) 节约使用试剂、药品、材料、水、电、煤气。实验用品一律不得擅自带出实验室。

(9) 实验完毕,应将所用仪器洗净并整齐地放回实验柜内。清理好实验台,关好电闸、水和煤气龙头。经教师检查合格后才能离开实验室。

(10) 每次实验后由学生轮流值勤、负责打扫和整理实验室,并检查水龙头、煤气开关、门、窗是否关紧,电闸是否拉掉,以保持实验室的整洁和安全。

§1.5 实验安全守则

化学实验室常常潜藏着诸如爆炸、着火、中毒、灼伤和割伤等危险,因此,实验者必须高度重视安全,听从教师指导,遵守操作规程,避免事故的发生。

(1) 熟悉实验环境,了解急救箱、消防用品的位置和使用方法。

(2) 不要用湿手、物接触电源,以防触电。

(3) 水、电、煤气使用完毕,就立即关闭水龙头、煤气开关,拉掉电闸。离开实验室前,应检查确保拉下电闸,关闭水、煤气总阀门,关闭门窗。

(4) 严禁在实验室内饮食、吸烟或把食具带进实验室。实验室药品严禁入口。实验完毕,把手洗干净方可离开。

(5) 绝对不允许随意混合各种化学药品,以免发生意外事故。自行设计的实验需和老师讨论后才能进行。

(6) 不要俯向容器去嗅放出的气味。一切有毒和有刺激性气体的实验,都要在通风橱内进行。切勿直接俯视容器中的化学反应或正在加热的液体。

(7) 使用易爆、易燃物质应远离火源,用毕及时关紧瓶塞,放在阴凉处。点燃的火柴用后立即熄灭,不得乱扔。

(8) 金属钾、钠和白磷等暴露在空气中易燃烧,所以金属钾、钠应保存在煤油中,白磷则可保存在水中,取用时要用镊子。

(9) 使用强酸、强碱、溴等具有强腐蚀性的试剂时,要更加当心,切勿溅在皮肤上或衣服上,特别要注意保护眼睛,取用时要戴胶皮手套和防护眼镜。

(10) 使用有毒试剂,不得接触皮肤和伤口,试验后废液应倒入指定的容器内集中处理。

(11) 实验中的废弃物要按规定放到指定的废物桶或废液缸中。

(12) 实验室所有药品不得携出室外。用剩的有毒药品交还给教师。

§1.6　实验事故的处理

实验过程中,如发生意外事故,重伤者立即送医院治疗,轻伤时可采取如下措施:

1. 割伤

先取出伤口内的异物,涂上紫药水,必要时撒些消炎粉,用绷带包扎。

2. 烫伤

不要用水洗,也不要弄破水泡。在烫伤处涂以烫伤膏、万花油或风油精。

3. 灼伤

酸或碱灼伤立即用大量水冲洗,然后用饱和 $NaHCO_3$ 溶液或硼酸溶液冲洗,最后再用水冲洗。溴灼伤立即用乙醇洗涤,然后用水洗净,涂上甘油或烫伤油膏。

4. 吸入刺激性或有毒气体

吸入少量 Br_2 蒸气、Cl_2、HCl 等气体时,可吸入少量乙醇和乙醚的混合蒸气来解毒,吸入少量 H_2S、NO_2 或 CO 等有毒气体而感到不适时,立即到室外呼吸新鲜空气。

5. 触电

立即切断电源,必要时对触电者进行人工呼吸。

6. 起火

不慎起火,切勿惊慌,立即采取措施灭火,并切断电源、关闭煤气总阀,拿走易燃药品等,以防火势蔓延。

7. 毒物进入口内

将 $5\sim10$ mL 稀硫酸铜溶液加入一杯温水中,内服后,用手指伸入咽喉部,促使呕吐,吐出毒物,然后立即送医院。

§1.7　实验室"三废"的处理

实验中经常会产生某些有毒的气体、液体和固体,都需要及时排弃,特别是某些剧毒物质,如果直接排出就可能污染周围空气和水源,损害人体健康。因此,对废液和废气、废渣要经过一定的处理后,才能排弃。

1. **废气**

(1) 产生少量有毒气体的实验应在通风橱内进行。通过排风设备将少量毒气排到室外,使排出气体在外面大量空气中稀释,以免污染室内。

(2) 产生毒气量大的实验必须备有吸收或处理装置。如二氧化氮、二氧化硫、氯气、硫化氢、氟化氢等可用导管通入碱液中,使其大部分吸收后排出,一氧化碳可点燃转成二氧化碳。

2. **废液**

(1) 无机实验中通常大量的废液是废液酸。废液缸中废液酸可先用耐酸塑料网纱或玻璃纤维过滤,滤液加碱中和,调 pH 至 6~8 后就可排出。

(2) 废铬酸洗液可以用高锰酸钾氧化法使其再生,重复使用。氧化方法:先在 110~130℃ 下将其不断搅拌、加热、浓缩,除去水分后,冷却至室温,缓缓加入高锰酸钾粉末。每1 000 mL 加入 10 g 左右,边加边搅拌直至溶液呈深褐色或微紫色,不要过量。然后直接加热至有三氧化硫出现,停止加热。稍冷,通过玻璃砂芯漏斗过滤,除去沉淀;冷却后析出红色三氧化铬沉淀,再加适量硫酸使其溶解即可使用。少量的废铬酸洗液可加入废碱液或石灰使其生成氢氧化铬(Ⅲ)沉淀。

(3) 氰化物是剧毒物质,含氰废液必须认真处理。对于少量含氰废液,可先加氢氧化钠调至 pH>10,再加入几克高锰酸钾使 CN^- 氧化分解。大量的含氰废液可用碱性氯化法处理。先用碱将废液调至 pH>10,再加入漂白粉,使 CN^- 氧化成氰酸盐,并进一步分解为二氧化碳和氮气。

(4) 含汞盐废液应先调节 pH 为 8~10,然后,加适当过量的硫化钠生成硫化汞沉淀,并加硫酸亚铁生成硫化亚铁沉淀,从而吸附硫化汞沉淀下来。静置后分离,再离心,过滤。清液汞含量降到 $0.02\ mg \cdot L^{-1}$ 以下可排放。大量残渣可用焙烧法回收汞,但注意一定要在通风橱内进行。

(5) 含重金属离子的废液,最有效和最经济的处理方法是加碱或加硫化钠把重金属离子变成难溶性的氢氧化物或硫化物沉积下来,然后过滤分离。

3. **废渣**

有回收价值的废渣应收集起来统一处理,回收利用,少量无回收价值的有毒废渣也应集中起来分别处理。

(1) 钠、钾及碱金属、碱土金属氢化物、氨化物

悬浮于四氢呋喃中,在搅拌下慢慢滴加乙醇或异丙醇至不再放出氢气为止,再慢慢加水澄清后冲入下水道。

(2) 硼氢化钠(钾)

用甲醇溶解后,用水充分稀释,再加酸并放置,此时有剧毒硼烷产生,所以应在通风橱内

进行,其废液用水稀释后冲入下水道。

(3) 酰氯、酸酐、三氯化磷、五氯化二磷、氯化亚砜

在搅拌下加大量水冲走。五氯化二磷加水,用碱中和后冲走。

(4) 沾有铁、钴、镍、铜催化剂的废纸、废塑料

变干后易燃,不能随便丢入废纸篓内,应趁未干时,深埋于地下。

(5) 重金属及难溶盐

尽量回收,不能回收的集中起来处理。

§1.8　误差分析与数据的处理

在实验过程中,由于测量所用仪器、实验方法乃至实验者本人都不可避免地存在一定局限性,因此测量值与真实值之间总存在一个差值,这个差值叫做误差。为了得到合理的结果,要求实验者根据误差分析选择合适的实验方法及合适精度的仪器,同时运用误差概念在实验中使误差减至最小,并运用误差理论对测量结果进行适当的处理。

一、误差的分类与减免

1. 误差的分类

按照误差产生的原因及其性质,可分为系统误差和偶然误差。

(1) 系统误差

系统误差又称可测误差,是由某些固定的因素造成的。其特点是:单向性和重复性,即误差的符号和大小恒定或按一定规律变化和重现,即相同条件下误差会重复出现。如实验方法不当、试剂不纯、仪器不准确等原因所产生的误差。系统误差包括仪器误差、方法误差、试剂误差和操作误差。

(2) 偶然误差

偶然误差又称随机误差,它是由某些不确定的、难以控制的偶然因素造成的。如温度、湿度、大气压、仪器性能等的微小波动所产生的误差。偶然误差的特点是非单向性和不确定性,有时大,有时小,有时正,有时负。但在消除系统误差之后,在同样条件下进行多次测量,其测定结果符合正态分布规律。实际工作中,应尽量控制测定环境、条件、操作的一致性,以减小偶然误差。

2. 误差的减免

(1) 系统误差的减免方法

系统误差对测定结果的影响具有单向性。可以通过改进实验方法、对照实验、空白实验、校正仪器、提纯试剂等方法降低系统误差。

① 对照试验

用标准试样或标准方法来检验所选的分析方法是否可靠,分析结果是否正确。如用已知溶液代替试液,用同样的方法进行试验,以检查试剂是否失效,或反应条件是否控制正确。

② 空白试验

以蒸馏水代替试液,在相同条件下进行的试验称为空白试验。可以消除由试剂、蒸馏水不纯或仪器引入杂质所产生的系统误差。

（2）偶然误差的减免方法

在消除系统误差之后，平行测定次数越多，平均值越接近于真实值，所以，增加平行试验的次数，可减少偶然误差。一般平行测定 3～4 次即可，对于准确度要求高的，可做 5～6 次平行测定，最多不超过 10 次。

二、测定数据的处理

1. 误差与准确度

误差是指测定值（x）与真实值（x_T）之差。误差可用绝对误差（E）和相对误差（E_r）来表示：

$$E = x - x_T$$

$$E_r = \frac{x - x_T}{x_T} \times 100\%$$

准确度是指测定值与真实值之间相差的程度。测定结果的准确度用相对误差来表示更为确切。例如假定两个物体质量的真实值分别为 1.638 1 g 和 0.163 8 g，用分析天平称量两者的质量各为 1.638 2 g 和 0.163 9 g，则两者称量的绝对误差分别为：

$$E = 1.638\ 2 - 1.638\ 1 = 0.000\ 1(g)$$

$$E = 0.163\ 9 - 0.163\ 8 = 0.000\ 1(g)$$

两者的相对误差分别为：

$$E_r = \frac{0.000\ 1}{1.638\ 1} \times 100\% = 0.006\%$$

$$E_r = \frac{0.000\ 1}{0.163\ 8} \times 100\% = 0.06\%$$

相对误差越小，表明测定结果的准确度越高。

2. 偏差与精密度

偏差（d_i）是指个别测定结果（x_i）与几次测定结果的平均值（$\bar{x}$）之差。偏差有绝对偏差（d_i）、相对偏差（d_r）、平均偏差（$\bar{d}$）、相对平均偏差（$\bar{d}_r$）和标准偏差（s）等表示形式：

平均值：$\bar{x} = \dfrac{x_1 + x_2 + \cdots + x_n}{n} = \dfrac{1}{n} \sum\limits_{i=1}^{n} x_i$

绝对偏差：$d_i = x_i - \bar{x}$

相对偏差：$d_r = \dfrac{|x_i - \bar{x}|}{\bar{x}} \times 100\%$

平均偏差：$\bar{d} = \dfrac{1}{n} \sum\limits_{i=1}^{n} |d_i| = \dfrac{1}{n} \sum\limits_{i=1}^{n} |x_i - \bar{x}|$

相对平均偏差：$\bar{d}_r = \dfrac{\bar{d}}{\bar{x}} \times 100\%$

标准偏差：$s = \sqrt{\dfrac{\sum\limits_{i=1}^{n} (x_i - \bar{x})^2}{n-1}}$

精密度是指对同一个样品在同样条件下重复测定所得的测定结果之间相互吻合的程度。用标准偏差表示精密度比平均偏差好。因为将单次测量的偏差平方后，较大的偏差更

显著地表现出来,能更好地反映数据的分散程度。例如以下两组数据:

　　甲组　　2.9　2.9　3.0　3.1　3.1

　　乙组　　2.8　3.0　3.0　3.0　3.2

则可得:

　　甲组:平均值 $\bar{x}=3.0$;平均偏差 $d=0.08$;标准偏差 $s=0.08$。

　　乙组:平均值 $\bar{x}=3.0$;平均偏差 $d=0.08$;标准偏差 $s=0.14$。

　　两组的平均偏差相同,但标准偏差不同。标准偏差越小,测定结果的精密度越好。

　　系统误差主要影响测定结果的准确度,偶然误差主要影响测定结果的精密度。准确度和精密度是两个不同的概念。精密度好,不一定准确度高。要做到准确度高,必须有好的精密度为基础。只有校正系统误差、控制偶然误差,才能有利于测定结果既有好的精密度又有好的准确度。

三、有效数字

　　1. 有效数字的概念及有效数字位数的确定

　　有效数字是指实际能测量到的数字。在有效数字中,除了最后一位数是估计可疑值外,其他各数都是确定的。有效数字的位数是由测量仪器和观察的精确程度来确定的。例如在精确度为 ± 0.1 g 的台秤上称量某物重 2.6 g,其有效位数为两位,2 g 是直接读出来的,而 0.6 g 是估计出来的;在精确度为 ± 0.0001 g 的分析天平上称量某物重 2.6002 g,其有效位数为五位,0.0002 g 是估计出来的;用最小刻度为 1 mL 的 100 mL 的量筒量取某溶液的体积为 82.6 mL,其有效位数为三位,0.6 mL 是估计出来的;用最小刻度为 0.1 mL 的滴定管量取某溶液的体积为 18.20 mL,其有效位数为四位。所以在实验中读取和记录数据时,有效数字的位数一定要与仪器的测量精度相一致,既不能夸大也不能缩小仪器测量的精确度,例如把上述在台秤上称量的某物质量 2.6 g 记为 2.600 g 或在滴定管量取某溶液的体积 18.20 mL 记为 18.2 mL 都是错误的。

　　2. 有效数字的修约规则

　　过去用"四舍五入"的修约规则。现在广泛使用"四舍六入五成双"的修约规则,其做法是:

　　(1) 尾数为≤4 时,舍去;尾数≥6 时,进位。

　　(2) 尾数=5 时,分两种情况:

　　① 若"5"后面的数为"0"或没有数,则"5"前面的数为奇数进位,"5"前面的数为偶数舍去。

　　② 若"5"后面的数不为"0",则不管"5"前面的数为奇数或偶数都进位。

　　例如将下列有效数字修约为三位:

　　　　1.3543→1.35　　　2.4671→2.47

　　　　3.4550→3.46　　　3.765→3.76

　　　　2.8452→2.85　　　5.1356→5.14

　　3. 有效数字的运算规则

　　(1) 加减法运算

　　加减法运算时,运算结果小数点后的位数以参与运算的小数点后位数最少的数据为基准。例如:

　　　　$1.287 + 13.18 + 236.1286 + 7.8 = 258.4$

也可以先修约,再运算。

(2) 乘除法

乘除法运算时,运算结果的位数以参与运算的有效数字位数最少的数据为基准。例如:

$$1.26 \times 2.1305 \times 3.218 = 8.64$$

(3) 对数运算

在十进制对数运算中,对数值的首数部分是 10 的幂级数,不是有效数字,其尾数才是有效数字,所以尾数的位数应与真数的有效数字的位数相同。例如 pH$=3.82$,两位有效数字,$c(H^+) = 1.5 \times 10^{-4}$ mol·L^{-1},而不是 $c(H^+) = 1.51 \times 10^{-4}$ mol·L^{-1}。

四、实验数据的表达与处理

1. 列表法

列表法是表达实验数据最常用的方法,简单、直观、明了。制作表格时要注意:

(1) 在表格上方标明表格的序号和名称;

(2) 每行每列要标明变量的名称和量纲;

(3) 表格中有效数字的位数要一致。若变量有变化规律,最好按递增或递减的顺序排列,以显示出递变规律;

(4) 必要时将数据处理公式及需要说明的事项在表格下方注明。

2. 作图法

作图法是表达数据的常用方法。不仅能直观地显示实验数据的特点和变化规律。还可以求得斜率、截距、外推值等。掌握正确的作图技术是十分必要的。

(1) 坐标轴分度精度的有效数字的位数要与实验测定的有效数字的位数一致。

(2) 坐标轴标值要易读。

(3) 选择好坐标轴的位置,使图形出现在坐标纸合适的位置上。为作图方便,不一定所有的图均把坐标原点定为“0”。

(4) 注明坐标轴所代表的变量的名称和量纲,在图的下方注明图的序号和名称及主要的测定条件。

第二章 基本操作

§2.1 玻璃仪器的洗涤与干燥

一、洗涤

化学实验中经常使用各种玻璃仪器。为了获得准确的实验结果,必须将实验仪器洗涤干净。针对玻璃仪器的特性和玻璃仪器上的污物不同,可以采用不同的洗涤方法。

1. 水洗

除去仪器上的灰尘、可溶物和某些不溶物。

2. 洗涤剂

以洗去油污或有机物。常用的有去污粉、肥皂和合成洗涤剂。在用洗涤剂之前,先用自来水洗,然后用毛刷蘸少许洗涤剂在润湿的仪器内外壁上擦洗,最后用自来水冲洗干净。有时用碱液(或热碱液)洗。

3. 铬酸洗液

对污染严重或口径很小或不宜用刷子洗涤的仪器(如移液管、吸量管、滴定管等)可用铬酸洗液洗涤。铬酸洗液具有很强的氧化能力,能将油污及有机物除去。

(1) 铬酸洗液的配制

25 g 粗重铬酸钾在加热的条件下溶于 50 mL 的水中,然后将 450 mL 的浓硫酸慢慢加入到此溶液中去,所得的溶液称为铬酸洗液。

(2) 铬酸洗液的使用

① 使用洗液前,应尽量去除容器内的水,以防洗液稀释。将洗液小心倒入器皿中(其用量约为器皿容量的 1/3),慢慢地转动器皿,使洗液润湿器皿的内壁片刻或浸泡一段时间,把洗液倒出,先用少量水润洗 2 次,润洗液倒入指定容器中,再用水冲洗。

② 洗液具有很强的腐蚀性,会灼伤皮肤和损坏衣服,使用时最好戴橡皮手套和防护镜。万一不慎溅到皮肤或衣服上,要立即用大量水冲洗。

③ 某些还原性污物能使洗液中 Cr(Ⅵ)还原为绿色的 Cr(Ⅲ)。所以已变成绿色的洗液就不能继续使用,未变色的洗液可继续使用。

4. 特殊的试剂

特殊的污物应选择特殊的试剂洗涤。例如:$CaCO_3$、$Fe(OH)_3$、$Cu(OH)_2$ 等碱性污物,可用 HCl 洗涤;仪器上沾有 MnO_2 可用稀 H_2O_2 洗涤;金属铜或银可用稀 HNO_3 洗涤等。

上述处理后的仪器,均需用自来水淋洗干净,再用蒸馏水润洗。洗净后的仪器,要达到清洁透明。把仪器倒转,水沿器壁自然流下,均匀湿润无条纹不挂水珠,则表明仪器已洗干净。若局部挂水珠或有水流拐弯现象,则表示仪器没有洗干净,要重新洗涤。已洗净的仪器不能再用布或纸擦,因为布或纸的纤维会留在器壁上反而弄脏仪器。

二、干燥

可以根据不同的情况,采取不同方法将洗净的仪器干燥。常见的几种干燥方法如图 2-1 所示。

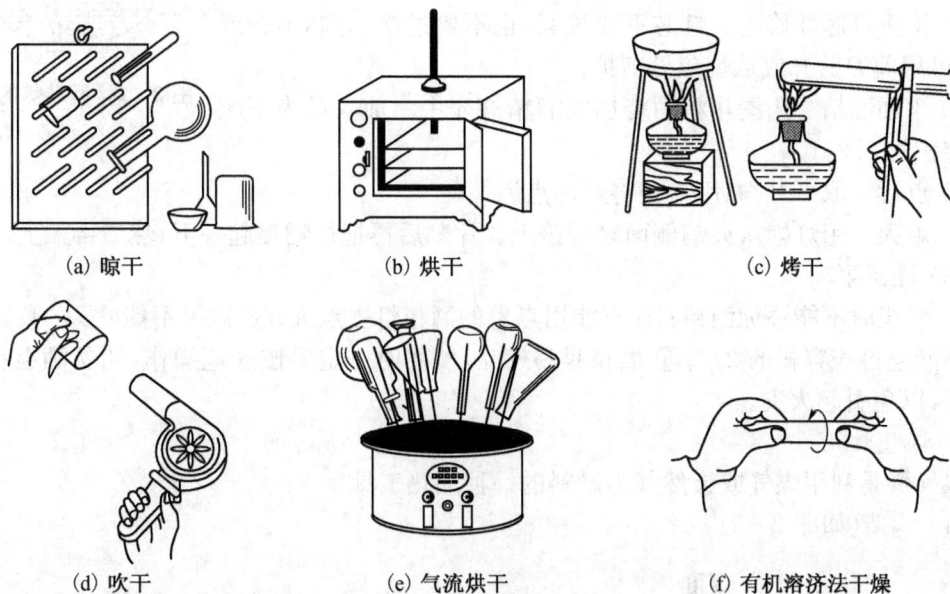

(a) 晾干　　　　　　　(b) 烘干　　　　　　　(c) 烤干

(d) 吹干　　　　　(e) 气流烘干　　　　(f) 有机溶济法干燥

图 2-1　仪器的干燥

1. 晾干

仪器洗净后倒置在仪器架上,让其自然干燥,不能倒置的仪器可将水倒净后任其干燥。

2. 烘干

洗净后仪器可放在电烘箱内烘干,温度控制在 $105 \sim 110℃$。仪器放进烘箱之前,应尽可能把水甩净,放置时应使仪器口向下。

3. 烤干

用小火烤干仪器。试管可直接用火烤,但必须使试管口稍微向下倾斜,以防水倒流,引起试管炸裂。待水消失,将试管口朝上,以便水气逸去。

4. 吹干

用压缩空气或电吹风把洗净的仪器吹干。

5. 有机干燥剂干燥

往仪器内倒入少量有机溶剂(常用的是酒精或丙酮),将仪器倾斜、转动,使仪器中的水与有机溶剂混溶,然后倒出混合液,尽量倒干,任有机溶剂挥发掉或向仪器内吹冷空气吹干。

§2.2　加热与冷却

一、加热器

实验室常用的加热仪器有:酒精灯、酒精喷灯、煤气灯以及各种电加热器。

（一）灯加热

1. 酒精灯

（1）构造

酒精灯的构造如图 2-2 所示。加热温度通常在 400～500℃。

（2）使用方法

① 检查灯芯并修整　灯芯不要过紧，也不要过松，灯芯不齐或烧焦，可用剪刀剪齐或从烧焦处剪掉。

② 添加酒精　用漏斗将酒精加入酒精灯壶中。加入量为不超过壶容积的 2/3。

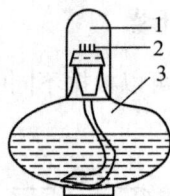

图 2-2　酒精灯的构造
1. 灯帽　2. 灯芯　3. 灯壶

③ 点燃　取下灯帽，用火柴将灯芯点燃。

④ 熄灭　用灯帽从火焰侧面轻轻盖上。片刻后再把灯帽提起一下，然后再盖上。

（3）注意事项

① 燃烧时不能添加酒精；② 不能用点着的酒精灯去点火；③ 盖灭不能吹灭；④ 酒精加入量不能超过壶容积的 2/3；⑤ 酒精是易燃品，使用时一定要按规范操作，切勿洒溢在容器的外面，以免引起火灾。

2. 煤气灯

煤气灯是利用煤气或天然气为燃料的一种加热工具。

（1）构造（如图 2-3）

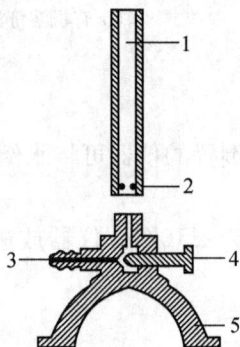

图 2-3　煤气灯的构造
1. 灯管　2. 空气入口　3. 煤气入口
4. 针阀　5. 灯座

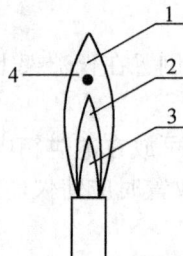

图 2-4　灯焰组成
1. 外焰　2. 内焰　3. 焰芯
4. 温度最高区

（2）灯焰的组成

如图 2-4 所示，灯焰为三层：① 内层称为焰芯，是没有燃烧的气体；② 中层称为还原焰，气体没有完全燃烧，并有灼热的碳粒，故具有还原性；③ 外层称为氧化焰，气体充分燃烧，温度高，通常用氧化焰来加热，因空气充足，有过量的氧气，故具有氧化性，"4"所示区为温度最高区（大约 1 500℃）。

（3）使用方法

① 先关闭空气入口（因为空气进入量大时，灯管口气体冲力太大，不易点燃）。

② 擦燃火柴，将火柴从下斜方向移近灯管口。

③ 打开煤气阀门（龙头），点燃煤气灯。调节煤气阀门或螺旋针，使火焰高度适宜（一般

高度 4～5 cm）。火焰呈黄色。

④ 调节空气进入量，使火焰呈淡蓝紫色。

（4）注意事项

① 煤气中的一氧化碳有毒，且当煤气和空气混合到一定比例时，遇火源即可发生爆炸，所以不用时一定要把煤气阀门（龙头）关好；点燃时一定要先划燃火柴，再打开煤气龙头；离开实验室时，要再检查一下煤气开关是否关好。

② 调节好煤气和空气的进入量大小和比例。若煤气和空气比例恰当且流量适合，产生正常火焰，如图 2-5(a)。若煤气和空气的进入量都很大，则产生临空火焰，如图 2-5（b），火焰脱离灯管，临空燃烧。若煤气的流量很小，空气流量过大，则火焰往往熄灭，有时产生侵入焰，如图 2-5（c），即煤气不是在管口燃烧而是在管内燃烧，并发出"嘘嘘"的响声，看到一根细长的火焰。

(a) 正常火焰　　(b) 临空火焰　　(c) 侵入火焰

图 2-5　几种灯焰

3. 酒精喷灯

（1）构造

酒精喷灯为金属制品，有挂式和座式两种，构造如图 2-6 所示。

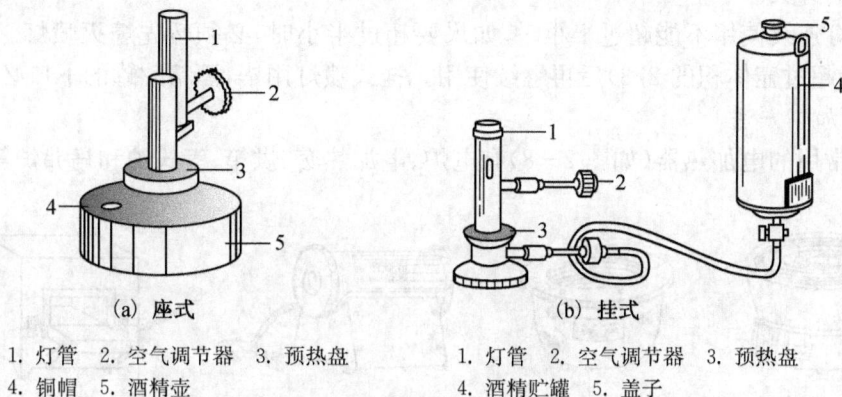

(a) 座式　　　　　　　　　(b) 挂式

1. 灯管　2. 空气调节器　3. 预热盘　　　1. 灯管　2. 空气调节器　3. 预热盘
4. 铜帽　5. 酒精壶　　　　　　　　　　　4. 酒精贮罐　5. 盖子

图 2-6　酒精喷灯的类型和构造

（2）使用方法

使用方法如下（如图 2-7）：挂式喷灯使用前，先关闭贮罐下面的开关，打开上盖，从上口向贮罐内加入酒精，然后拧紧上盖。加完酒精后把贮罐挂在高处。使用时，在预热盘中加满酒精并点燃，以加热铜制灯管，待盘中酒精将近烧完时，旋开空气调节器并打开贮罐下部的开关，这时由于酒精在灼热的灯管内气化，与来自气孔的空气混合，用火柴在管口点燃气体，旋转空气调节器控制火焰的大小以获得稳定的火焰。用毕，旋紧关闭空气调节器，同时关闭贮罐下面的开关,火焰即自行熄灭,此时若有小火未熄,可采用盖灭的方法。

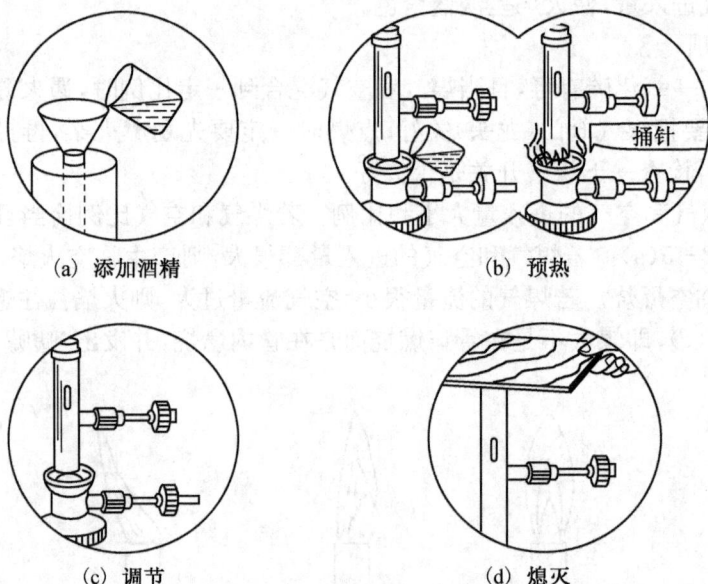

(a) 添加酒精　　　　　　　(b) 预热

(c) 调节　　　　　　　(d) 熄灭

图 2-7　酒精喷灯的使用

如果在预热盘中点燃酒精 2 次后,仍不出气(即喷灯管口的气体点不着),可能是酒精蒸气口阻塞,可先关闭开关,然后用探针疏通,重新在预热盘中加酒精预热后点火。必须注意:在旋开空气调节器、点燃管口气体前,必须使灯管充分灼热,否则酒精不能全部气化,造成液体酒精由管口喷出来,形成"火雨",甚至引起火灾。遇到这种情况,应立即关紧空气调节器和酒精贮罐的开关。

座式喷灯连续使用不能超过半小时,如果要超过半小时,必须暂先熄灭喷灯。冷却,添加酒精(不能超过壶体积的 2/3)后再继续使用。挂式喷灯用毕,酒精贮罐的下口必须关好。

(二) 电加热方法

实验室常用的电加热器(如图 2-8)有电炉、电加热套、烘箱、管式炉和马弗炉等多种。

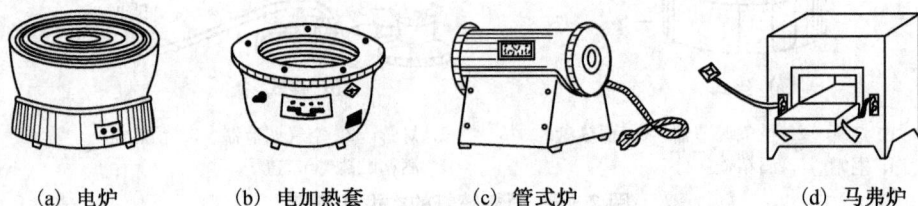

(a) 电炉　　　　(b) 电加热套　　　　(c) 管式炉　　　　(d) 马弗炉

图 2-8　几种常见的电加热器

1. 电炉

有不同规格,如 300 W、500 W、800 W、1 000 W 等。有的带有可调装置。使用电炉应注意以下几点:

① 电源电压与电炉电压要相符;② 加热器与电炉间要放一块石棉网,以使加热均匀;③ 炉盘凹槽要保持清洁,要及时清除烧焦物,以保证炉丝传热良好,延长使用寿命。

2. 电加热套（包）

为加热圆底容器而设计的电加热源。有适合不同规格烧瓶的电加热套。在玻璃纤维织品与外壳之间嵌有电热丝,通电后即可加热,温度可由控温装置调节。

3. 烘箱

工作温度从室温至设计最高温度。在此温度范围内可以任意选择,有自动控制系统。箱内装有鼓风机,使箱内空气对流,温度均匀。使用时注意事项:

① 被烘的仪器应洗净、沥干后再放入,且使口朝下,烘箱底部放有搪瓷盘承接仪器上滴下的水,不让水滴到电热丝上;② 易燃、易挥发物不能放入烘箱,以免发生爆炸;③ 升温时应检查控温系统是否正常,一旦失控就可能造成箱内温度过高,导致水银温度计炸裂;④ 升温时,箱门一定要关严。

4. 管式炉和马弗炉

都属于高温电炉。主要用于高温灼热或高温反应。

（三）热浴

1. 水浴

当被加热物质要求受热均匀,而温度不超过 100℃时可用水浴加热（如图 2-9）。水浴有用电加热的恒温水浴锅和用灯加热的不定温水浴锅。将容器浸入热水中,但勿使容器接触水浴锅的锅壁或锅底。水浴锅中的存水量应保持在总体积的 2/3 左右,操作时要及时加水切勿烧干。

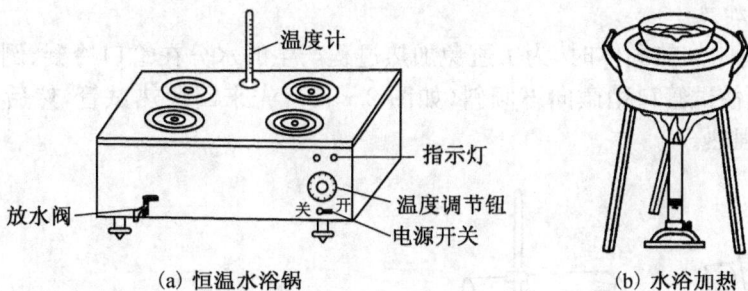

（a）恒温水浴锅　　　　　　（b）水浴加热

图 2-9　水浴

2. 油浴

油浴所能达到的温度取决于选用的油。常用作油浴的有:甘油（150℃以下）、石蜡（200℃以下）、硅油（250℃以下）等。使用油浴时,要特别注意防止着火。

3. 沙浴

可用生铁铸成的平底铁盘上放入细沙而制成。将反应器半埋在沙中加热（如图 2-10）。由于沙子的导热性差,升温慢,因此沙层不能太厚,沙中各部位温度也不尽相同,因此测温度时,最好在反应器附近测量。

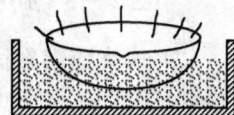

图 2-10　沙浴

二、常见的加热操作

1. 液体的加热

（1）烧杯或烧瓶中加热液体时,应先将烧杯或烧瓶的外壁拭干,容器底部垫上石棉网,使加热时底部受热均匀,防止破裂(如图 2-11)。烧杯中所盛装的溶液不超过其容积的 1/2,烧瓶则不超过 2/3,必要时加几粒沸石,以防产生爆沸。

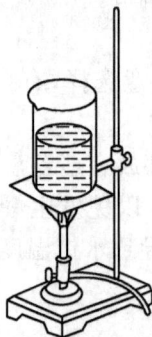

图 2-11　加热烧杯中的溶液　　　　　图 2-12　加热试管中的溶液

(2) 在试管中加热液体时,管内的液体不得超过试管总容积的 1/3。加热时,用试管夹夹住试管上端离管口约为试管长度的 1/3 处(如图 2-12),管口略向上倾斜。在加热过程中,管口始终不能对着任何人,以防溶液溅出伤人。先加热溶液的中上部,再慢慢下移,并不断上下移动或振荡试管,使各部分溶液受热均匀,防止局部沸腾而发生喷溅。

(3) 在蒸发皿内加热液体使其蒸发时,所盛液体不得超过蒸发皿容积的 2/3。视情况可直接加热或水浴加热。

2. 固体的加热

(1) 在试管中加热固体时,为了避免加热过程产生的水分在管口冷凝、倒流而使试管炸裂,加热时必须使试管口稍微向下倾斜(如图 2-13),先来回预热试管,然后固定在有固体物质的部位加强热。

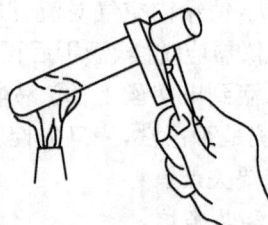

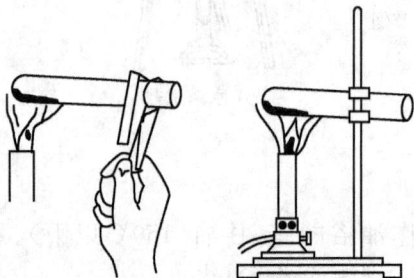

图 2-13　加热试管中的固体　　　　　图 2-14　灼热坩埚

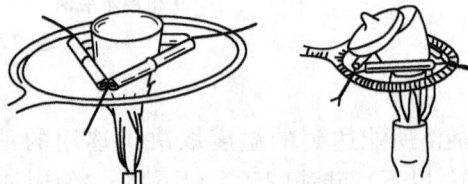

(2) 灼烧或熔融固体物质应在耐热的坩埚中进行,根据物质的性质不同可选用瓷坩埚、铁坩埚、镍坩埚、石墨坩埚或铂坩埚。灼热时,盛有灼热物的坩埚放在泥三角架上,先用小火烘烧,然后逐渐加大火焰,最后强热灼烧。有时把坩埚稍微倾斜地放在泥三角上,半盖着坩埚进行加热,使火焰的热量反射到坩埚内,提高坩埚内的温度,如图 2-14 所示。

三、冷却

1. 自然冷却

将加热的物质及容器放在空气中,自然冷却到室温。

2. 流水冷却

直接用流动的自来水进行冷却。

3. 冰水冷却

将反应器放入冰水中冷却。

4. 冰盐冷却

在 273 K 以下的温度冷却时,可用冰盐浴冷却。所能达到的温度由冰盐的比例和盐的种类决定。干冰和有机溶剂混合时,温度会更低。如表 2-1 所示。

表 2-1 常用的冷却剂及其达到的温度

制 冷 剂	制冷温度(K)
4 份 $CaCl_2 \cdot 6H_2O$ + 100 份碎冰	264
1 份 NaCl + 3 份冰水	252
125 份 $CaCl_2 \cdot 6H_2O$ + 100 份碎冰	233
150 份 $CaCl_2 \cdot 6H_2O$ + 100 份碎冰	224
5 份 $CaCl_2 \cdot 6H_2O$ + 4 份碎冰	218
干冰 + 乙醇	201
干冰 + 乙醚	196
干冰 + 丙酮	195

§2.3 玻璃管的加工和塞子钻孔

一、玻璃管的加工

1. 玻璃的截断和熔光

(1) 截断

将玻璃管平放在桌子边缘上,一只手紧按住要截断的部位,另一只手拿三角锉刀(或小砂轮),让锉棱紧压在要截断的部位,用力向后或向前(注意,切勿来回锉)锉出一道深而短的凹痕(如图 2-15)。凹痕应与玻璃管垂直,这样截断面才平整。然后双手平持玻璃管,凹痕向外,两手拇指在凹痕背面,轻轻加压,同时两手轻轻一掰,玻璃管就折成两段(如图 2-16)。如截面不平整,则不合格。如截断玻璃棒,则要求凹痕深一点,其他操作同玻璃管。

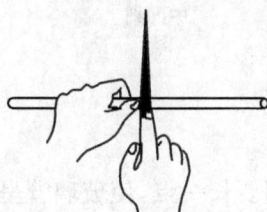 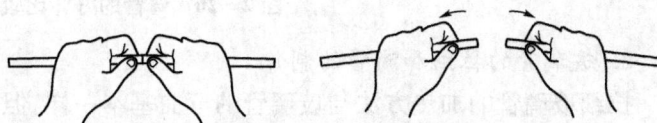

图 2-15 锉痕   图 2-16 截断

(2) 熔光

截断的玻璃管,其截面的边缘很锋利,容易割破手和橡皮管,也不易插入塞子孔内,因此必须熔光,使之平滑。把截断面斜插入(一般成 45°)喷灯氧化焰中加热,并不断来回转动玻璃管,使之受热均匀(如图 2-17),直至管口呈暗红色。然后将灼热的玻璃管放在石棉网上冷却,这时玻璃管口就变得光滑了。

2. 玻璃管的弯曲

玻璃无固定的熔点,加热到一定程度后逐渐变软,容易加工成所需要的形状。加工时,先用抹布把截下的玻璃管擦净,双手持玻璃管,把要弯曲的部位放入氧化焰中(若玻璃管内不干,则先在还原焰中左右移动,预热,以除去水气。加工一般

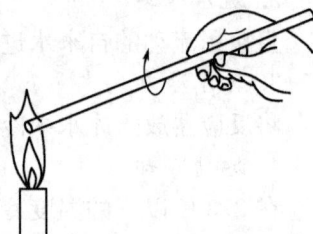

图 2-17　熔光

在喷灯上进行,如果用的是煤气灯,可罩上鱼尾罩,以增大玻璃管的受热面积)加热。在加热过程中使玻璃管在火焰中缓慢而均匀地转动(如图 2-18),同时双手微微向中间用力,当把玻璃管加热至发黄变软或在弯曲的部位管壁稍变厚时,由火焰中取出一次弯成所需角度(若用酒精灯加热则不必取出)。弯时两手在上方,玻璃管的弯部分在两手中间的下方,均匀向中间用力(如图 2-19)。弯好后,稍停片刻,再把它放在石棉网上冷却。弯得好的玻璃管,角度准确,里外均匀平滑,整个玻璃管在同一平面上。如果加热温度过高,玻璃管太软,则弯时容易变形,不合要求;加热不够,则弯时容易折断,所以必须掌握好火候。

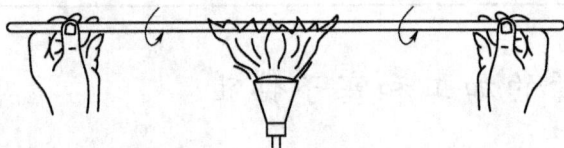

图 2-18　烧管

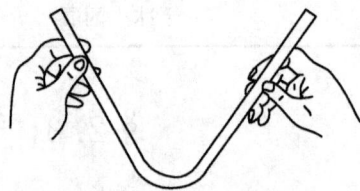

图 2-19　弯管

如果要弯小角度的玻璃管,不可一次完成。一般先将玻璃管弯成 120° 左右,然后在弯曲部位的稍偏左处,再在稍偏右处,分别加热和弯曲,逐步达到所需角度。弯管的好坏比较和分析如图 2-20 所示。

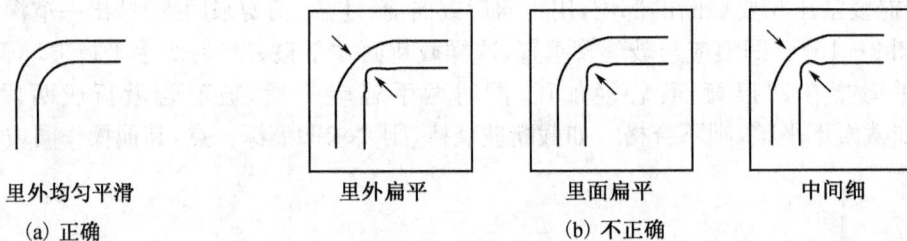

里外均匀平滑　　　　里外扁平　　　　里面扁平　　　　中间细

(a) 正确　　　　　　　　　　(b) 不正确

图 2-20　弯管的好坏比较

3. 玻璃管的拉细和滴管的制作

拉细玻璃管的加热方法与玻璃管的弯曲基本一样,但加热时间要长一点,使玻璃管呈暗红色。这时玻璃管已足够软,故转动时要注意保持玻璃管呈水平,切勿扭曲。然后从火焰中取出,玻璃管沿水平方向边拉边来回转动(如图 2-21)。拉时先慢后快,拉到所需细度后,手持玻璃管的一端,让另一端下垂,待稍定型后,放在石棉网上冷却。要求拉成的细管和粗管的轴线在同一直线上。

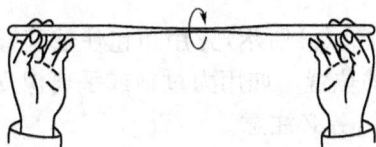

图 2-21 拉管

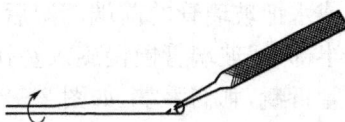

图 2-22 扩口

根据尖嘴所需的长度,用小砂轮轻轻转一下,把截断的截面在酒精灯上稍微烧一下,使之熔光,再把粗的一端在喷灯上烧至暗红变软时,取出,垂直放在石棉网上轻轻压一下,或用镊子插入管口转一圈,使管口变厚并略向外翻(如图 2-22)。冷后,套上乳胶滴头即成滴管,要求从滴管中每滴出 20~25 滴水的体积约等于 1 mL。

二、塞子钻孔

塞子钻孔常用的工具是钻孔器(也称打孔器),如图 2-23 所示,它是一组口径不同的铁管,一端有手柄,另一端是环形锋利的刀刃。一组钻孔器配有一根通条,用来捅出进入钻孔器中的橡皮或软木芯。

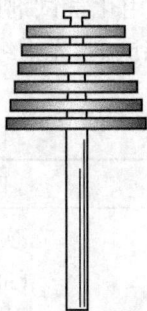

图 2-23 钻孔器

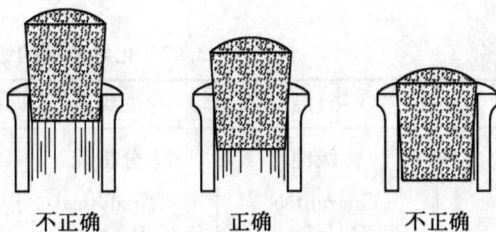

不正确　　　　正确　　　　不正确

图 2-24 塞子的配置

1. 塞子大小的选择

塞子的大小应与仪器的口径相适合,通常以能塞进瓶口的 1/2~1/3 为宜,塞进过多或过少的塞子都不符合要求(如图 2-24)。

2. 钻孔器大小的选择

橡皮塞应选择一个比要插入塞子的玻璃管口径略粗的钻孔器,因为橡皮塞有弹性,孔道钻成后会收缩使孔径变小。软木塞则相反,要选口径略小于玻璃管口径的钻孔器。

3. 塞子钻孔的方法

将要钻孔的塞子小头向上,一只手拿住塞子,另一只手按住钻孔器的手柄。在选定的位置上沿顺时针方向旋转并垂直往下钻,钻到一半左右时,按逆时针方向旋转退出钻孔器。把塞子翻过来,大头朝上,对准原孔的方向按同样的操作钻孔,直到打通为止(如图 2-25)。再用通条把钻孔器中的塞子芯捅出。钻孔时要保持钻孔器与塞子垂直,以免把孔钻斜。若塞孔稍小或不光滑时,可用圆锉修整。

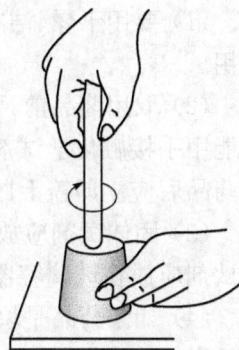

图 2-25 钻孔的方法

4. 玻璃管插入橡皮塞的方法

用甘油或水把玻璃管的前端润湿后，按图 2-26(a)所示，先用布包住玻璃管，然后手握玻璃管的前半部，把玻璃管慢慢旋入塞孔内合适的位置。如用力过猛或手离橡皮塞太远，都可能把玻璃管折断，刺伤手掌，如图 2-26(b)所示，务必注意。

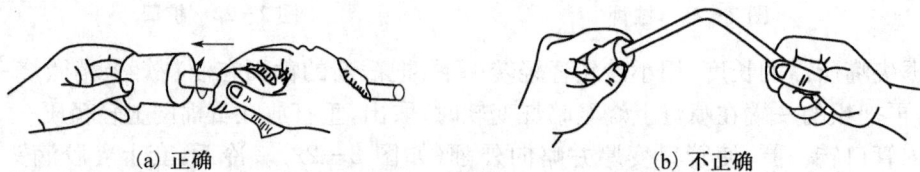

(a) 正确   (b) 不正确

图 2-26 把玻璃管插入橡皮塞的手法

§2.4 试剂的取用

一、化学试剂分类

化学试剂按照含杂质的多少，分为不同的级别。我国生产的通用化学试剂的级别见表 2-2。随着科学技术的发展，需要一些特殊用途的高纯试剂，如基准试剂、光谱纯试剂、色谱纯试剂等。

表 2-2 化学试剂的级别

级　别	一级品	二级品	三级品	四级品
名　称	优级纯	分析纯	化学纯	实验试剂
英文名称	Guarantee Reagent	Analytical Reagent	Chemical Pure	Laboratory Reagent
英文缩写	G. R	A. R	C. P	L. R
瓶签颜色	绿	红	蓝	棕或黄

二、化学试剂取用规则

1. 固体试剂取用规则

（1）要用干燥、洁净的药匙取试剂。应专匙专用，用过的药匙必须洗净擦干后方可再使用。

（2）取用药品前，要看清标签。取用时，先打开瓶盖或瓶塞，将瓶塞反放在实验台上。不能用手接触化学试剂。应本着节约的原则用多少取多少，多取的药品不能放回原瓶。取用药品后应立即盖上瓶盖，以免污染药品。

（3）固体试剂应放在干净的纸或表面皿上称量。具有腐蚀性、强氧化性或易潮解的固体试剂应放在玻璃容器内称量。

（4）如果药品是块状的，放入容器时，应先倾斜容器，把固体轻放在容器的内壁，让它慢慢地滑落到容器的底部，否则容器底部易被击破。如固体颗粒较大，应放在干燥洁净的研钵中研碎。粉末状的药品，可用药匙或纸槽伸进倾斜的容器中，再使容器直立，让药品直接落到容器的底部(如图 2-27、图 2-28 和图 2-29)。

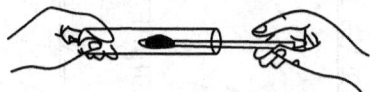 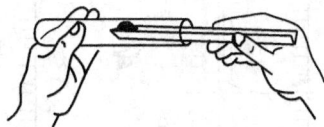 

图 2-27 用药匙往试管里　图 2-28 用纸槽往试管里　图 2-29 块状固体沿试
　送固体药品　　　　　送固体药品　　　　管壁慢慢滑下

(5) 取用有毒药品应在教师指导下进行。

2. 液体试剂取用规则

(1) 从细口瓶中取用液体试剂时,一般用倾注法(如图 2-30)。先将瓶塞取下,反放在实验台面上,手握住试剂瓶,使标签面朝手心,逐渐倾斜瓶子,让液体试剂沿着器壁或沿着洁净的玻璃棒流入接受器中。倾出所需量后,将试剂瓶口在容器上靠一下,再逐渐竖起瓶子,以防遗留在瓶口的试液流到瓶的外壁。倒出的试剂,不能倒回原瓶。

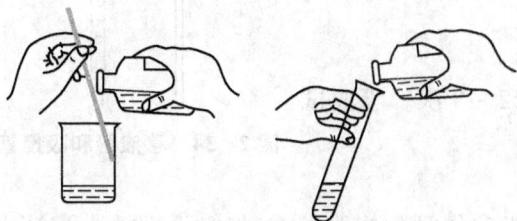 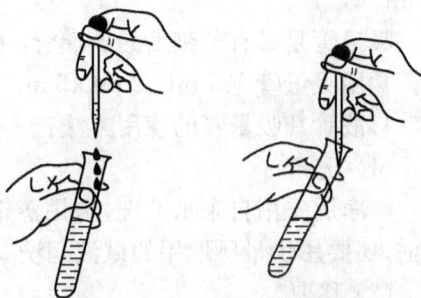

(a) 正确操作　(b) 错误操作

图 2-30 倾注法　　　图 2-31 滴管加入液体试剂

(2) 从滴瓶中取用液体试剂时,要用滴瓶中的滴管,滴管绝不能伸入所用的容器中,以免触及器壁面沾污药品(如图 2-31)。装有药品的滴管不得横置或滴管向上斜放,以免液体流入滴管的乳胶滴头中。滴加完毕后,应将滴管中剩余的试剂挤入滴瓶中,把滴管放回滴瓶,切勿放错。

(3) 定量取用液体时,要用量筒或移液管(或吸量管)取,根据用量和要求选用一定规格的量筒、移液管(或吸量管)。

§2.5 基本度量玻璃仪器的使用

一、量筒

量筒(如图 2-32)是化学实验中最常用的度量液体的容器。量筒不能用作精密测量,只能用来测量液体的大致体积。量筒不能盛放热的液体,也不能用做反应器。量液时,视线应与液面最凹处(弯月面底部)同一水平面上进行观察,读取与凹液面相切处的刻度(如图 2-33)。

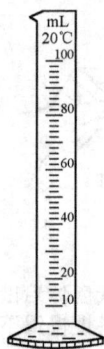

图 2-32 量筒

视线与凹面水平   视线偏高   视线偏低

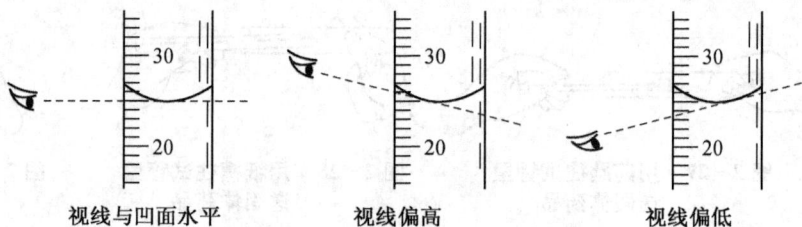

图 2-33 观看量筒内液体的容积

二、移液管和吸量管

移液管和吸量管是用来准确移取一定量液体的量器(如图 2-34)。移液管是一细长而中部膨大的玻璃管,其上端管颈刻有一条标线。常用的移液管容积有 5 mL、10 mL、25 mL 和 50 mL 等。

吸量管是具有分刻度的玻璃管,用以吸取所需不同体积的液体。常用吸量管有 1 mL、2 mL、5 mL 和 10 mL 等规格。

移液管和吸量管的使用方法:

(1)洗涤

洗净后先用自来水冲洗,再用蒸馏水润洗 2~3 次。吸取试液前,还要用少量所取用的试液润洗 2~3 次。

图 2-34 移液管和吸量管

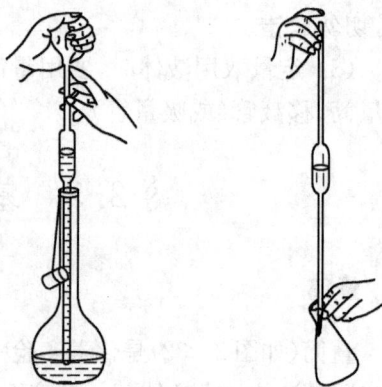

(2)移取

用移液管移取溶液时,一只手大拇指和中指拿住管颈标线上方,将管下部插入溶液中,下部的尖嘴插入液面下约 1 cm,不能伸入太深,以免外管沾上过多的溶液,也不能伸入太浅,以免液面下降时吸入空气。另一只手拿洗耳球,先把球内的空气挤出,再把球的尖端对准移液管口,慢慢松开,使溶液吸入管内。移液管随着溶液液面的下降而往下伸。待液面上升到比标线稍高时,移去洗耳球,迅速用食指压紧管口,大拇指和中指垂直拿住移液管,管尖离开液面,但仍靠在盛溶液器皿的内壁上。稍微放松食指使液面缓缓下降,至溶液弯月面与标线相切时,立即用食指压住管口。然后将移液管移入预先准备好的器皿中,移液管应垂直,管尖靠在器皿的内壁上,松开食指让溶液自然地沿器壁流出(如图 2-35)。待溶液流毕,等 15 s 后,取出移液管。如移液管未标"吹"字,则残留在管尖的溶液切勿吹出,因校准移液管时已将此考虑在内。

吸量管的用法与移液管基本相同。由于吸量管的容量精度低于移液管,所以在移取时要尽可能使用移液管。在使用吸量管时,尽量在最高标线调整零点。

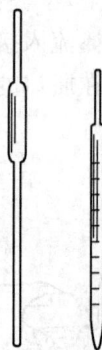

图 2-35 移液管的使用

三、容量瓶

容量瓶是一种细颈梨形的平底瓶。容量瓶的形状如图 2-36 所示，瓶颈上刻有环形标线，瓶上标有它的容积和标定时的温度，通常有 5 mL、10 mL、25 mL、50 mL、100 mL、200 mL、250 mL、500 mL、1 000 mL 等规格。容量瓶主要用来精确配制一定体积和一定浓度溶液的量器，也可用来准确地稀释溶液。

容量瓶的使用：

（1）检漏

加自来水至标线附近，盖好瓶塞，一只手托住瓶底，另一只手用食指压住瓶塞，将其倒立 2 min，观察瓶塞周围是否有水渗出。如果不漏，再把瓶塞旋转 180°，塞紧、倒立，如仍不漏水，则可使用。瓶塞要用细绳系在瓶颈上，以防弄错引起漏水。

（2）洗涤

洗净后先用自来水冲洗，再用蒸馏水润洗 2～3 次。

（3）溶液的配制

当用固体配制一定体积准确浓度的溶液时，通常将准确称量的固体放入小烧杯中，先用少量蒸馏水溶解，然后转移到容量瓶内。转移时，烧杯嘴紧靠玻璃棒，玻璃棒下端靠着瓶颈内壁，慢慢倾斜烧杯，使溶液沿玻璃棒顺瓶壁流下（如图 2-37）。用蒸馏水冲洗烧杯壁 3～4 次，每次洗涤液转入容量瓶内。然后用蒸馏水稀释，并注意将瓶颈附着的溶液洗下。当水加至约容积的一半时，将容量瓶沿水平方向轻轻摇荡使溶液初步混合，注意不要让溶液接触瓶塞及瓶颈磨口部分。继续加水至接近标线。稍停，待瓶颈上附着的液体流下后，用滴管逐滴加蒸馏水至弯月面下沿与环形标线相切。用一只手的食指压住瓶塞，另一只手托住瓶底（如图 2-38），倒转容量瓶，使瓶内气泡上升到顶部，振荡 5～10 s，再倒转过来，如此重复多次，使溶液充分混匀。

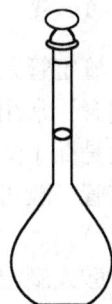

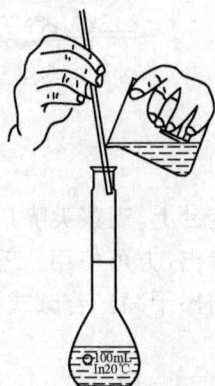

图 2-37 向容量瓶内转移溶液　　　　　**图 2-38 溶液的摇匀**

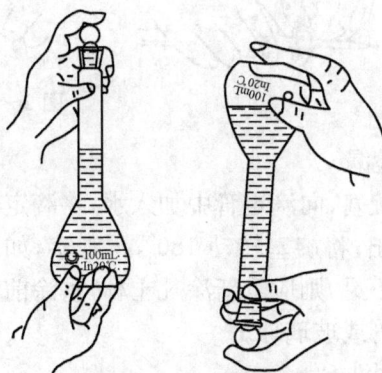

当用浓溶液配制稀溶液时，则用移液管或吸量管取准确体积浓溶液放入容量瓶中，按上述方法冲稀至标线，摇匀。

容量瓶不可在烘箱中烘烤，也不能用任何加热的办法来加速瓶中物料的溶解。长期使用的溶液不要放置于容量瓶内,而应转移到洁净干燥或经该溶液润洗过的储藏瓶中保存。

四、滴定管

滴定管是滴定时准确测量溶液体积的量出式量器,它是具有精确刻度、内径均匀的细长玻璃管。常用的滴定管容积为 50 mL 和 25 mL,其最小刻度是 0.1 mL,在最小刻度之间可估计读出 0.01 mL。滴定管一般可分为酸式滴定管和碱式滴定管两种(如图 2 - 39)。

酸式滴定管下端有一玻璃旋塞。开启旋塞时,溶液即从管内流出。酸式滴定管用于装酸性或氧化性溶液。但不宜装碱液,因玻璃易被碱液腐蚀而粘住,以致无法转动。

碱式滴定管下端用乳胶管连接一个带尖嘴的小玻璃管,乳胶管内有一玻璃珠用以控制溶液的流出。碱式滴定管用来装碱性溶液和非氧化性溶液,不能用来装对乳胶管有侵蚀作用的酸性溶液或氧化性溶液。

滴定管的使用:

(1) 涂脂

图 2 - 39　酸式滴定管和碱式滴定管

酸式滴定管的旋塞必须涂脂,以防漏水和保证转动灵活。其方法是:将滴定管平放于实验台上,取下旋塞,用滤纸把旋塞和塞槽擦干,在旋塞孔的两侧均匀地涂上一薄层凡士林,注意不要把凡士林涂到旋塞孔的近旁,以免堵塞旋塞孔。然后将旋塞小心地插入塞槽中,沿同一方向转动旋塞,直到透明、无纹路。为了防止旋塞脱出,可用橡皮筋把旋塞系牢。凡士林不可涂得太多,否则易使滴定管的细孔堵塞;涂得太少则润滑不够,旋塞转动不灵活(如图 2 - 40)。

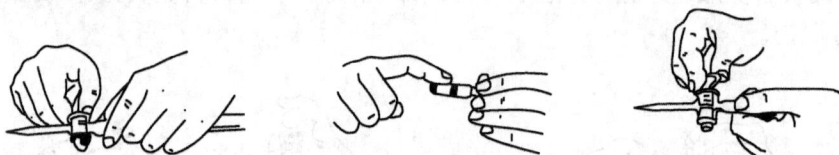

图 2 - 40　旋塞涂油

(2) 检漏

关闭旋塞,向滴定管中加入水,将滴定管垂直夹在滴定台上,观察尖嘴口及旋塞两端是否有水渗出;将旋塞转动 180°,再观察,如果两次均无水渗出,方可使用。若滴定管漏水或旋塞转动不灵,则应重新涂凡士林,重涂前要把旋塞和塞槽擦干净。若碱式滴定管漏水,可更换乳胶管或玻璃珠。

(3) 润洗

洗净后用自来水冲洗,再用蒸馏水润洗 2～3 次。每次润洗加入适量蒸馏水,并打开旋塞使部分水由此流出,以冲洗出口管。然后关闭旋塞,两手平端滴定管慢慢转动,使水流遍全管。最后边转动边向管口倾斜,将多余的水从管口倒出。用蒸馏水润洗后,再按上述操作方法,用待装溶液润洗 2～3 次。

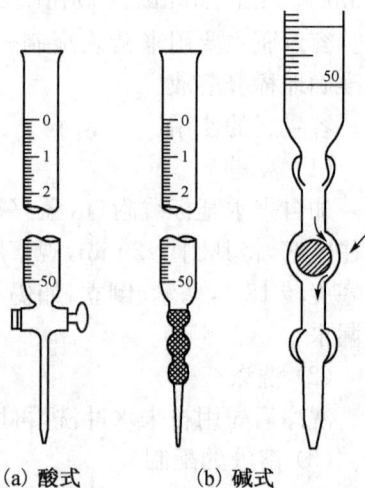

（4）装液

关好旋塞，向滴定管中注入操作溶液。不要注入太快，以免产生气泡，待至液面到"0"刻度附近为止。

（5）排气泡

装入操作溶液的滴定管，应检查出口下端是否有气泡，如有应及时排除。其方法是：取下滴定管倾斜成约30°。若为酸式管，可用手迅速打开旋塞（反复多次），使溶液冲出带走气泡；若为碱式管，则将胶皮管向上弯曲，用两指挤压稍高于玻璃珠所在处，使溶液从管口喷出，气泡亦随之而排出（如图2－41），排除气泡后，滴定管下端如悬挂液滴也应当除去。

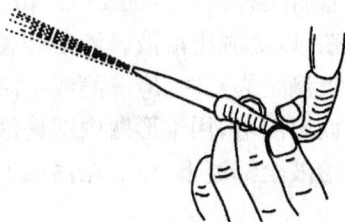

图2－41 碱式滴定管排气泡

（6）读数

① 读数时，取下滴定管用大拇指和食指捏住滴定管上部无刻度处，使滴定管保持垂直，也可以把滴定管垂直地夹在滴定管架上进行读数。滴定管应垂直静置1～2 min。读数时，管内壁应无液珠，管出口的尖嘴内应无气泡，尖嘴外应不挂液滴。

② 对无色或浅色溶液，读取弯液面下端最低点；对有色或深色溶液，则读取液面最上缘，如图2－42(a)和图2－42(b)所示。

③ 对于带有白色蓝条的滴定管，无色溶液面的读数应以两个弯月面的相交最尖部分为准。深色溶液读取液面两侧的最高点，如图2－42(c)所示。

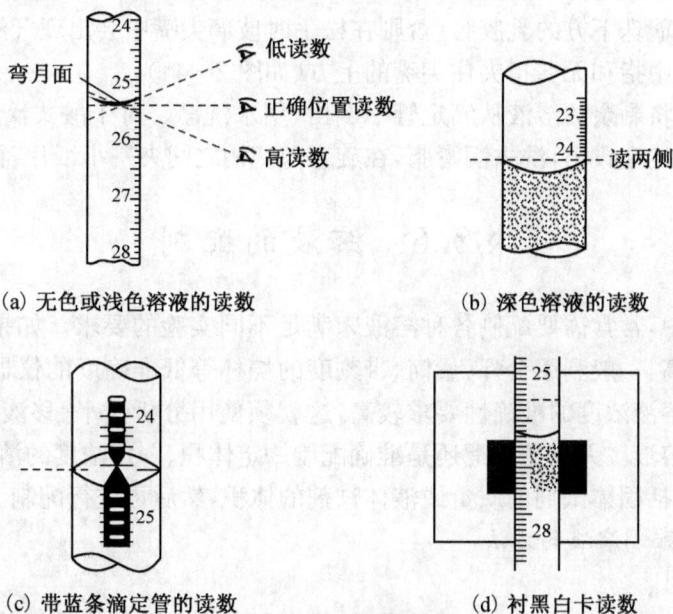

(a) 无色或浅色溶液的读数　　(b) 深色溶液的读数

(c) 带蓝条滴定管的读数　　(d) 衬黑白卡读数

图2－42 滴定管读数

④ 为了帮助读数，可使用读数卡。读数卡是用黑纸或用中间涂有黑长方形（3 cm×1.5 cm）的白纸制成。读数时，将读数卡放在滴定管背后，使黑色部分在弯月面下面约1 mm处，即见弯月面的反射层为黑色，然后读此黑色弯月面下缘最低点的刻度，如图

2-42(d),读数应精确至 0.01 mL。

(7) 滴定操作

使用酸式滴定管滴定时,用一只手控制滴定管的旋塞,大拇指在前,食指和中指在后,手心空握,以免碰到旋塞使其松动,甚至可能顶出旋塞(如图 2-43)。另一只手持锥形瓶使滴定管管尖伸入瓶内约 1~2 cm,边滴定边振荡锥形瓶,应向同一方向作圆周运动,不可前后振荡,以免溅出溶液。滴定和振荡溶液要同时进行,不能脱节。滴定一般为每秒 3~4 滴。接近滴定终点时,应一滴或半滴地加入。滴加半滴溶液时,可慢慢控制旋塞,将液滴悬挂管尖而不滴落,用锥形瓶内壁将液滴擦下,再用洗瓶以少量蒸馏水将之冲入锥形瓶中,使附着的溶液全部流下,然后振荡锥形瓶。如此继续滴定至准确到达终点为止。

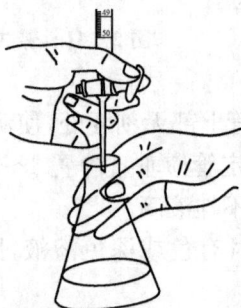

图 2-43 酸式滴定管的操作   图 2-44 碱式滴定管的操作

使用碱式滴定管时,拇指在前,食指在后,捏挤玻璃珠外稍向上方的乳胶管,溶液即可流出,但不可捏挤玻璃珠下方的乳胶管,否则在松手时玻璃尖嘴中会出现气泡。为了防止乳胶管来回摆动,可用中指和无名指夹住尖嘴的上方(如图 2-44)。

滴定完毕,应将剩余的溶液从滴定管中倒出,用水洗净。对于酸式滴定管,若较长时间放置不用,还应将旋塞拔出,洗去润滑脂,在旋塞与塞槽之间夹一小纸片,再系上橡皮筋。

§2.6 溶液的配制

在化学实验中,常常需要配制各种溶液来满足不同实验的要求。如果实验对溶液浓度的准确性要求不高,一般利用台秤、量筒、带刻度的烧杯等低准确度的仪器配制就能满足需要。如果实验对溶液浓度的准确性要求较高,这就须使用分析天平、移液管、容量瓶等高准确度的仪器配制溶液。无论是粗配还是准确配制一定体积、一定浓度的溶液,首先要计算所需试剂的用量,包括固体试剂的质量或液体试剂的体积,然后再进行配制。

1. 固体试剂配制溶液的方法

(1) 粗略配制

算出一定体积溶液所需固体试剂的质量,用台秤称取所需固体试剂,倒入带刻度的烧杯中,加入适量蒸馏水搅动使固体完全溶解后,再加蒸馏水至刻度,即得所需的溶液。然后将溶液移入试剂瓶中,贴上标签,备用。

(2) 准确配制

先算出配制给定体积准确浓度溶液所需固体试剂的用量,并在分析天平上准确称出它的质量,放在干净的烧杯中,加适量蒸馏水使其完全溶解。将溶液转移到容量瓶(与所需配制溶液体积相应)中,用少量蒸馏水洗涤烧杯2～3次,冲洗液也移入容量瓶中,再加蒸馏水至标线处,盖上塞子,将溶液摇匀即成所配溶液,容量瓶不宜长期存放溶液,如果溶液需使用一段时间,应将溶液移入试剂瓶中,贴上标签,备用。

2. 液体(或浓溶液)试剂配制溶液的方法

(1) 粗略配制

先计算,用量筒取所需的液体,倒入装有少量水的有刻度的烧杯中混合,如果溶液放热,需冷却至室温后,再用水稀释至刻度。搅动使其均匀,然后移入试剂瓶中,贴上标签备用。

(2) 准确配制

当用较浓的准确浓度的溶液配制较稀的准确浓度的溶液时,先计算,然后用处理好的移液管吸取所需溶液注入给定体积的容量瓶中,再加蒸馏水至标线处,摇匀备用。

某些溶液的配制有特殊的要求,配制时要加以注意。

§2.7 固体物质的溶解、固液分离、蒸发和结晶

在制备、提纯过程中,常用到溶解、过滤、蒸发(浓缩)和结晶(重结晶)等基本操作。现分述如下:

一、固体的溶解

固体的溶解要选择合适的溶剂,溶剂的用量也要适宜。一般情况下,加热可以加速固体物质的溶解过程。直接加热还是间接加热取决于物质的热稳定性。搅拌可以加速溶解过程。用搅棒搅拌时,应手持搅棒并转动手腕使搅棒在溶液中均匀地转圈子,用力不要过猛,以免溶液溅出容器外。搅棒不要碰到器壁和容器的底部,以免发出声响。如果固体颗粒太大,应预先研细,不能用玻璃棒捣碎容器底部的固体。

二、固液分离

常用的固体与液体的分离方法有:倾析法、过滤法、离心分离法等。

1. 倾析法

当沉淀的相对密度较大或晶体的颗粒较大,静置后能很快沉降至容器的底部时,常用倾析法进行分离或洗涤。倾析法是待沉淀静置沉降后将上层清液倾入另一个容器中而使沉淀与溶液分离的过程。若洗涤沉淀,只需向盛有沉淀的容器中加入少量洗涤液,再用倾析法,倾去清液(如图2-45)。如此反复操作二三遍,即可将沉淀洗净。

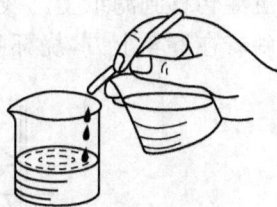

图 2-45 倾析法

2. 过滤法

过滤是最常用的分离方法之一。过滤时,沉淀留在过滤器上,溶液通过过滤器而滤入容器中,所得的溶液称为滤液。常用的过滤方法有常压过滤(普通过滤)、减压过滤(抽滤)和热过滤三种。

(1) 常压过滤

① 滤纸的选择 根据需要选择滤纸的类型和大小。滤纸的大小应与漏斗的大小相应,

一般滤纸上沿应低于漏斗上沿约 1 cm。

② 滤纸的折叠和放置　滤纸一般按四折法折叠,折叠时应把手洗干净,以免弄脏滤纸。先将滤纸整齐的对折,然后再对折成直角,为使滤纸和漏斗内壁贴紧而无气泡,常在三层厚的外层滤纸折角处撕下一小块,如图 2-46 所示。为保证滤纸与漏斗密合,第二次对折时不要折死,先把滤纸锥体打开,放入漏斗(漏斗内壁应干净,如果上边缘不十分密合,可以稍微改变滤纸的折叠角度,使滤纸与漏斗密合,此时可以把第二次的折叠边折死。

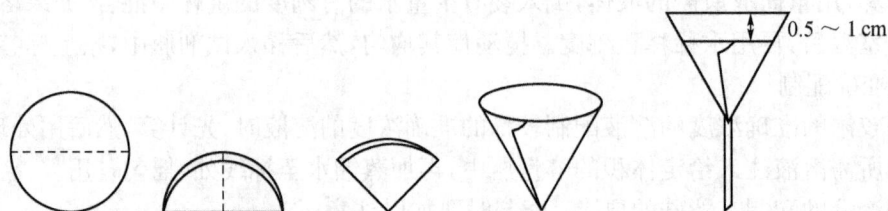

图 2-46　滤纸的折叠

将折叠好的滤纸放在准备好的漏斗中,三层一边对准漏斗出口短的一侧。用食指按紧三层处,用洗瓶吹入少量蒸馏水将滤纸湿润,然后轻轻按滤纸,赶去气泡。再加水至滤纸边缘。这时漏斗颈部内应全部充满水,形成水柱。由于液柱的重力可起抽滤作用,故可加快过滤速率。若未形成水柱。可以用手指堵住漏斗下口,稍掀起滤纸的一边,用洗瓶向滤纸和漏斗的空隙处加水,使漏斗充满水,压紧滤纸边,慢慢松开堵住下口的手指,此时应形成水柱,如仍不能形成水柱,可能是漏斗形状不规范。此外,漏斗颈不干净也影响水柱的形成。

③ 过滤　将准备好的漏斗放在漏斗架上,漏斗下面放一承接滤液的洁净烧杯,其容积应为滤液总量的 5~10 倍,并斜盖以表面皿。漏斗颈口长的一边紧贴杯壁,使滤液沿烧杯壁流下。漏斗放置位置的高低,以漏斗颈下口不接触滤液为度。

过滤操作多采用倾析法,如图 2-47 所示。即待烧杯中的沉淀静置沉降后,只将上面的清液倾入漏斗中,而不是一开始就将沉淀和溶液搅浑后过滤。溶液应从烧杯尖口处沿玻璃棒流入漏斗中而玻璃棒的下端对着三层滤纸处。一次倾入的溶液不宜过多,以免少量沉淀由于毛细作用越过滤纸上沿而损失。倾析完后,在烧杯内用少量洗涤液(如去离子水或蒸馏水)将沉淀作初步洗涤,再用倾析法过滤,如此重复 3~4 次。为了把沉淀转移到滤纸上,先用少量洗涤液把沉淀搅起,立即按上述方法转移到滤纸上,如此重复几次,一般可将绝大部分沉淀转移到滤纸上。残留的少量沉淀,可按图 2-48 所示方法全部转移干净。手持烧杯倾斜着在漏斗上方,烧杯嘴向着漏斗,用食指将玻璃棒横架在烧杯口上,用洗瓶吹出的洗

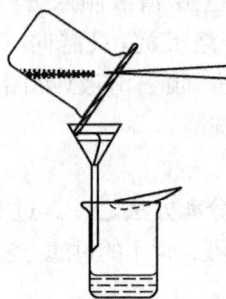

图 2-47　常压过滤　　　　　图 2-48　沉淀的转移

液冲洗烧杯内壁,沉淀连同溶液沿玻璃棒流入漏斗中。

④ 沉淀的洗涤　沉淀转移到滤纸上以后,仍须在滤纸上进行洗涤,以除去沉淀表面吸附的杂质和残留的母液。其方法是用洗瓶吹出的洗液,从滤纸边沿稍下部位置开始,按螺旋形向下移动,将沉淀集中到滤纸锥体的下部,如图 2-49 所示。注意:洗涤时切勿将洗涤液冲在沉淀上,否则容易溅出。

为提高洗涤效率,应本着"少量多次"的原则,即每次使用少量的洗涤液,洗后尽量沥干,多洗几次。

图 2-49　沉淀的洗涤

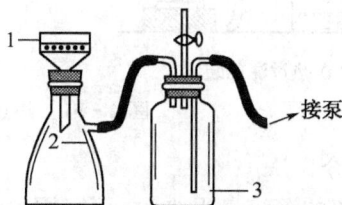

图 2-50　减压过滤的装置
1. 布氏漏斗　2. 吸滤瓶　3. 安全瓶

（2）减压过滤

减压过滤也称吸滤或抽滤,其装置如图 2-50 所示,减压过滤的原理是利用泵把吸滤瓶里的空气抽出,从而使吸滤瓶内的压力减小,在布氏漏斗液面与吸滤瓶之间造成一个压力差,从而提高过滤速率。在连接水泵的橡皮管和吸滤瓶之间常常要安装一个安全瓶,以防止水倒吸进入吸滤瓶将滤液沾污或冲稀。

过滤前,将滤纸剪成直径略小于布氏漏斗内径的圆形,既不能贴在漏斗的内壁上,又要把瓷孔全部盖没。安装时布氏漏斗的下端斜口应正对吸滤瓶的侧管。将滤纸放入布氏漏斗中,并用同一溶剂将滤纸湿润后,打开真空泵稍微抽吸一下,使滤纸紧贴漏斗底部。打开真空泵,通过玻璃棒向布氏漏斗内转移溶液和沉淀,注意加入的溶液的量不要超过漏斗容积的2/3,直至将沉淀抽干。过滤完毕,先拔掉吸滤瓶上橡皮管或先打开安全瓶通大气的活塞,再关泵。用玻璃棒轻轻掀起滤纸边缘,取出滤纸和沉淀,滤液由吸滤瓶上口倾出。洗涤沉淀时,应暂时停止抽滤,加入洗涤剂使其与沉淀充分接触后,再开真空泵将沉淀抽干。

（3）热过滤

当溶液温度降低结晶易析出时,可用热滤漏斗进行过滤。过滤时把玻璃漏斗放在铜质的热滤漏斗内,热滤漏斗内装有热水(水不要太满,以免加热至沸后溢出)以维持溶液的温度。也可以事先把玻璃漏斗在水浴上用蒸汽预热,再使用。热过滤选用的玻璃漏斗颈越短越好,如图 2-51(a) 所示。为了尽量利用滤纸的有效面积以加快过滤的速率,过滤热的饱和溶液时,常使用折叠式滤纸,其折叠方法如图 2-51(b) 所示。先把滤纸对折成半圆形,再对折成圆形的 1/4,再以 1 对 4 折出 5,3 对 4 折出 6,1 对 6 折出 7,3 对 5 折出 8。然后以 3 对 6 折出 9,1 对 5 折出 10。然后在 1 和 10、10 和 5…9 和 3 之间各反向折叠。把滤纸打开,在 1 和 3 的地方各向内折叠一个小叠面,最后做成折叠式滤纸。在每次折叠时,在折叠近集中点切勿重压折纹,否则在过滤时滤纸的中央易破裂。使用前将折叠滤纸翻转并整理后放入漏斗中。

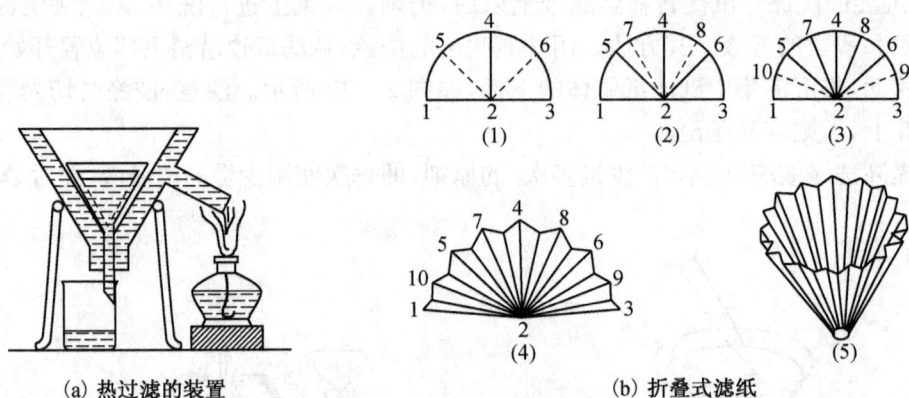

(a) 热过滤的装置　　　　　　　(b) 折叠式滤纸

图 2 - 51　热过滤的装置及折叠式滤纸

3. 离心分离法

当被分离的沉淀量很少时,可以用离心分离法,其操作简单而迅速。实验室常用的是电动离心机(图 2 - 52)。操作时,把盛有沉淀与混合物的离心试管(或小试管),放入离心机的套管内,再在这个套管相对位置上的空套管内放一同样大小的试管,内装与混合物等体积的水,以保持转动平衡。启动离心机,并逐渐加速;停止时,逐渐减速,关闭离心机,使离心机自然停下,决不能用外力强制停止,否则会使离心机损坏,而且易发生危险。试管离心时一般用中速,时间 1~2 min。由于离心作用,离心后的沉淀密集于离心试管的尖端,上方的溶液通常是澄清的,可用滴管小心地吸出上方的清液,也可以将其倾出。如果

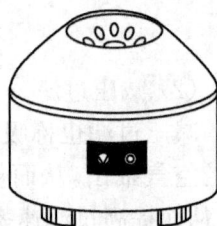

图 2 - 52　电动离心机

沉淀需要洗涤,可以加入少量洗涤液,用玻璃棒充分搅动,再进行离心分离,如此重复几次即可。

三、蒸发

为了使溶质从溶液中结晶析出,常采用加热的方法蒸发溶剂,使溶液浓缩。根据物质对热的稳定性,可选择直接加热或间接加热。蒸发到什么程度,则取决于物质溶解度的大小及结晶时对溶液浓度的要求。溶解度较大的物质必须到溶液表面出现晶膜时才停止。溶解度较小或高温时溶解度虽大但室温时溶解度较小的物质,蒸发到一定浓度就可以冷却结晶,而不必蒸至液面出现晶膜。在实验室里,蒸发通常在蒸发皿中进行,因为它的表面积较大,有利于加速蒸发。注意加入溶液的量不应超过蒸发皿容量的 2/3,以防加热时溅出。

四、结晶与重结晶

晶体从溶液中析出的过程称为结晶。结晶是提纯固态物质的重要方法之一。结晶时要求溶液的浓度达到饱和。使溶液达到饱和通常有两种方法:一是蒸发法,即通过蒸发、浓缩或汽化,减少一部分溶剂使溶液达到饱和而结晶析出。此法主要用于溶解度随温度变化不

大的物质。另一种是冷却法,即通过降低温度使溶液冷却达到饱和而析出晶体。此法主要用于溶解度随温度下降而明显减小的物质。有时须将两种方法结合使用。

晶体颗粒的大小与结晶条件有关,如果溶质的溶解度小,或溶液的浓度高,或溶剂的蒸发速率快或溶液冷却得快,析出的晶粒就细小。反之,就可以得到较大的晶体颗粒。实际工作中,常根据需要,控制适宜的结晶条件,以得到大小合适的晶体颗粒。

当溶液发生过饱和现象时,可以振荡容器,用玻璃棒搅动或轻轻地摩擦器壁,或投入几粒晶种,来促使晶体析出。

当第一次得到的晶体纯度不符合要求时,可将所得到的晶体溶于少量溶剂中,再进行蒸发(或冷却)、结晶、分离。如此反复操作称为重结晶。重结晶适用于溶解度随温度改变而有显著变化的物质的提纯。有些物质的纯化,要经过几次重结晶才能完成。

§2.8 沉淀的烘干、灼烧及恒重

一、灼烧

1. 坩埚的准备

在定量分析中用滤纸过滤的沉淀,须在已经洗净、已知质量的瓷坩埚中灼烧至恒重。先将瓷坩埚用自来水洗净,然后将其放入热盐酸(洗去 Al_2O_3、Fe_2O_3)或热铬酸洗液中(洗去油脂)浸泡数十分钟,用洗净的玻璃棒夹出,先用自来水,再用纯水涮洗干净。将洗净的坩埚倾斜放在泥三角上,用小火小心加热坩埚盖,如图 2-53 (a),使热空气流反射到坩埚内部将其烘干。然后在坩埚的底部灼烧至恒重,如图 2-53 (b)。在灼烧过程中要用热坩埚钳慢慢转动坩埚数次,使其受热均匀。

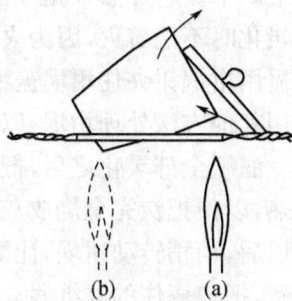

图 2-53 烘干和灼烧

灼烧新坩埚时,会引起坩埚瓷釉组分中的铁发生氧化,而引起坩埚质量的增加,也会引起水蒸发及某些物质在高温下烧失而减重。因此灼烧空坩埚的条件必须和以后灼烧沉淀时相同。空坩埚灼烧30 min。撤火后,让坩埚先在泥三角上稍稍冷却至红热退去,再冷却 1 min,用预热过的坩埚钳把它夹下,迅速放入干燥器中。热坩埚放入干燥器中 2～3 s 后,应将盖慢慢推开一细缝,放出热空气,再盖严。反复几次,使内外压力基本平衡,这样既不会把盖打落,也不会打不开盖了。

由于坩埚的大小、厚薄不同,因而其充分冷却的时间也就不同,一般 40～50 min 就够了。坩埚完全冷却后,才能进行称量。将坩埚按上述的步骤,再灼烧、冷却、称量。这样直到连续两次称量之差不超过 0.2 mg,就可以认为坩埚已达恒重了,取两次称量的平均值即为坩埚的质量。恒重后的坩埚放在干燥器中备用。

2. 沉淀的包裹

包裹结晶形沉淀,用干净的玻璃棒,从滤纸的三层部分将其挑起,再用洗净的手将滤纸和沉淀一起取出。可按图 2-54(a)或图 2-54 (b)所示的方法,将沉淀包好。把滤纸包层数较多的一面朝上放入已恒重的坩埚中。

(a)

(b)

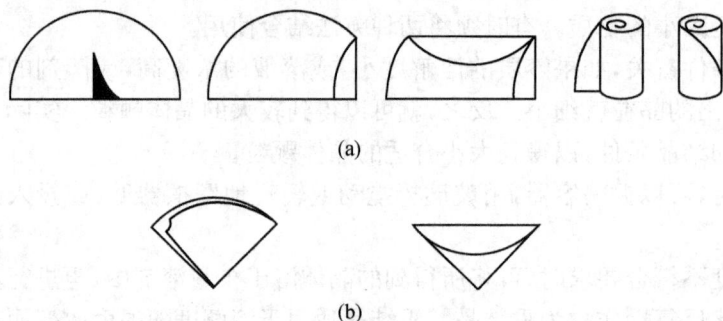

图 2-54　包裹沉淀方法一　　　　　　　　　　图 2-55　包裹沉淀方法二

若包裹胶状蓬松的沉淀,则可在漏斗中用玻璃棒将滤纸四周边缘向内折,单层先折叠,把圆锥体敞开口封住(如图 2-55),然后取出,倒转过来,放入已恒重的坩埚中。

　　3. 沉淀的灼烧

将放有沉淀包的坩埚倾斜地放在泥三角上,用小火来回扫过坩埚,使其均匀而缓慢地受热,避免坩埚骤热破裂。然后把灯置于坩埚盖中心之下,利用反射焰将滤纸和沉淀烘干直至滤纸完全炭化,如图 2-53 (a)。这一步不能太快,尤其对于含有大量水分的胶状沉淀,很难一下烘干。若加热太猛,沉淀内部水分迅速汽化,会夹带沉淀溅出坩埚,造成实验失败。滤纸炭化时不能着火,因为火焰卷起的气流会将沉淀微粒吹走。如果万一着火,也不要惊慌,只需用坩埚钳夹住坩埚盖将坩埚盖住,火就可以自然熄灭。千万不要用嘴去吹! 也不要企图用其他方法处理坩埚,以防打翻或炸裂。

滤纸全部炭化之后,把灯置于坩埚底部,逐渐加大火焰,并使氧化焰完全包住坩埚,烧至红热,以便把炭完全烧成灰,这一步称为灰化,如图 2-53 (b)。炭粒完全消失、沉淀呈现本色以后,稍稍转动坩埚,让沉淀在坩埚内轻轻翻动,借此可把沉淀各部分烧透、使大块黏结物散落,把包裹住的滤纸残片烧光,并把坩埚壁上的焦炭烧掉。滤纸全部灰化后,沉淀在与灼烧空坩埚相同的条件下灼烧、冷却、直至恒重。使用马弗炉煅烧沉淀时,可用上述方法灰化,再将坩埚放在马弗炉煅烧至恒重。

当打开干燥器取出放有沉淀的坩埚时,必须把盖慢慢移向一边,勿使进入干燥器的空气流把一部分沉淀吹散。

二、沉淀用玻璃砂坩埚过滤、烘干

只要经过烘干即可称量的沉淀通常用玻璃砂坩埚过滤。使用坩埚前先用稀 HCl、稀 HNO_3 或氨水等溶剂泡洗(不能用去污粉以免堵塞孔隙),用橡皮垫圈固定在吸滤瓶上并与抽气泵相接,先后用自来水和蒸馏水抽洗。洗净的坩埚在与烘干沉淀相同的条件下(沉淀烘干的温度和时间根据沉淀的种类而定)烘干,然后放在干燥器中冷却,称量。重复烘干、冷却、称量,直至两次称量质量的差不大于 0.2 mg。

用玻璃砂坩埚过滤沉淀时,把经过恒重的坩埚装在吸滤瓶上,先用倾析法过滤。经初步洗涤后,把沉淀全部转移到坩埚中,再将烧杯和沉淀用洗涤液洗净后,把装有沉淀的坩埚置于烘箱中,在与空坩埚相同的条件下烘干、冷却、称重,直至恒重。

§2.9 气体的发生、净化干燥和收集

一、气体的发生

1. 实验中需要少量气体时,可以在实验室中制备(见表2-3)。

表2-3 常见的气体发生的方法

制备方法	装 置 图	适用气体	注 意 事 项
加热试管中的固体		O_2、NH_3、N_2 等	① 试管口略向下倾斜 ② 检查气密性 ③ 先预热试管,再在有固体的部分加热
固体与液体反应,不需要加热		H_2、CO_2、H_2S 等	① 检查气密性 ② 在葫芦状容器的球体下部垫好玻璃棉或橡皮垫圈 ③ 加入固体和液体的量要适宜
固体与液体反应,需要加热		CO、SO_2、Cl_2、HCl 等	① 分液漏斗颈应插入液体试剂(或一个小试管)中,否则漏斗中的液体不易流下来 ② 必要时可微微加热,也可以加回流装置

2. 在实验室中还可以使用气体钢瓶直接获得气体

(1) 各种气体钢瓶的识别

为了确保安全,避免各种钢瓶相互混淆,按规定在钢瓶的外面涂上特定的颜色,写明瓶内气体的名称。

表 2－4　实验室中常用气体钢瓶的标记

气体类别	瓶身颜色	标字颜色
氮　气	黑	黄
氧　气	天蓝	黑
氢　气	深蓝	红
空　气	黑	白
氨　气	黄	黑
二氧化碳	黑	黄
氯　气	黄绿	黄
乙炔气	白	红
其他一切可燃气体	红	白
其他一切不可燃气体	黑	黄

　　(2) 钢瓶使用注意事项

　　① 钢瓶应放在阴凉、干燥、远离热源的地方。要放置平稳,防止倒下或受到撞击。

　　② 绝不能使油或其他易燃有机物沾在气瓶上,也不得用棉、麻等物堵漏,以防燃烧引起事故。

　　③ 使用气体钢瓶,除 CO_2、NH_3、Cl_2 外,一般要用减压阀。各种减压阀中,只有 N_2 和 O_2 的减压阀可以相互通用,其他的只能用于规定的气体,以防爆炸。可燃气体的钢瓶,其气门螺纹是反扣的,不燃或助燃性气体的钢瓶,其气门螺纹是正扣的。

　　④ 钢瓶内的气体绝不能全部用完,应按规定留有剩余的压力。使用后的钢瓶应定期送有关部门检验,合格后才能充气。

二、气体的净化和干燥

　　实验室制备的气体常常带有酸雾和水汽,为了得到比较纯的气体,酸雾可用水或玻璃棉除去;水汽可用浓硫酸、无水氯化钙或硅胶吸收。一般情况下使用洗气瓶(如图 2－56)、干燥塔(如图 2－57)、U 形管(如图 2－58)或干燥管(如图 2－59)等仪器进行纯化或干燥。根据具体情况分别用不同的洗涤液或固体吸收。

　　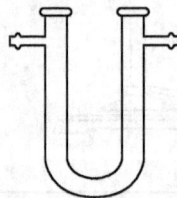　

图 2－56　洗气瓶　　　图 2－57　干燥塔　　　图 2－58　U 形管　　　图 2－59　干燥管

三、气体的收集

　　实验室中常见的气体的收集方法见表 2－5 所示。

表 2－5 气体的收集方法

收集方法		实验装置	适用气体	注意事项
排水集气法			难溶于水的气体，如 H_2、O_2、N_2、CO、NO、CH_4、C_2H_4、C_2H_2 等	① 集气瓶装满水，不应有气泡 ② 停止收集时，应先拔出导管（或移走水槽）后，才能移开灯具
排气集气法	瓶口向下		比空气轻的气体，如 NH_3 等	① 集气导管应尽量接近集气瓶底 ② 密度与空气接近或在空气中易氧化的气体不易用排气法
	瓶口向上		比空气重的气体，如 HCl、Cl_2、CO_2、SO_2 等	

§2.10 试纸的使用

在基础化学实验中常用试纸来定性检验一些溶液的酸碱性或某些物质(气体)是否存在，操作简单，使用方便。试纸的种类很多，基础化学实验中常用的有：石蕊试纸、pH 试纸、醋酸铅试纸和碘化钾-淀粉试纸等。

1. 石蕊试纸

用于检验溶液的酸碱性，有红色石蕊试纸和蓝色石蕊试纸两种：红色石蕊试纸用于检验碱性溶液或气体(遇碱时变蓝)；蓝色石蕊试纸用于检验酸性溶液或气体(遇酸时变红)。

使用方法：用镊子取一小块试纸放在干燥清洁的点滴板或表面皿上，用蘸有待测液的玻璃棒点试纸的中部，观察被润湿的试纸颜色的变化。如果检验的是气体，则先将试纸用去离子水润湿，再用镊子夹持横放在试管口上方，观察试纸颜色的变化。

2. pH 试纸

用以检验溶液的 pH。试纸分两类：一类是广泛 pH 试纸，变色范围为 pH＝1～14，用来粗略检验溶液的 pH；另一类是精密试纸，这种试纸在溶液的 pH 变化较小时就有颜色变化，因而可较精确地估计溶液的 pH。根据其颜色变化范围可分为多种，如变色范围 pH 为 2.7～4.7、3.8～5.4、5.4～7.0、6.9～8.4、8.2～10.0、9.5～13.0 等等。可根据待测溶液的酸碱性，选用某一变色范围的试纸。

使用方法:与石蕊试纸使用基本方法相同。不同之处在于 pH 试纸变色后要和标准色板比较,方能得出 pH 或 pH 范围。

3. 醋酸铅试纸

用于定性检验反应中是否有 H_2S 气体产生(即溶液中是否有 S^{2-})。

使用方法:将试纸用去离子水润湿,加酸于待测液中,将试纸横置于试管口上方,如有 H_2S 逸出,遇润湿 $Pb(Ac)_2$ 试纸后,即有黑色(亮灰色)PbS 沉淀生成,使试纸呈黑褐色并有金属光泽。

4. 碘化钾-淀粉试纸

用于定性检验氧化性气体。

使用方法:先将试纸用去离子水润湿,将其横在试管口上方,如有氧化性气体(如 Cl_2)则试纸变蓝。

使用试纸时,要注意节约,除把试纸剪成小条外,用时不要多取,用多少取多少。取用后,马上盖好瓶盖,以免试纸被污染变质。用后的试纸要放在废液缸内,不要丢在水槽内,以免堵塞下水道。

§2.11　萃　　取

萃取是分离和提纯物质常用的操作之一。萃取是利用物质在不同溶剂中溶解度的差异使其分离的。其过程为某物质从其溶解或悬浮的相中转移到另一相。

一种物质在互不相溶的两种溶剂 A 与 B 间的分配情况,由分配定律决定:

$$\frac{c(A)}{c(B)} = K$$

式中:$c(A)$ 为物质在溶剂 A 中的浓度;$c(B)$ 为同一物质在溶剂 B 中的浓度;温度一定时,K 是一个常数,称为分配系数,它近似地等于同一物质在溶剂 A 与溶剂 B 中的溶解度之比。

根据分配定律,如果将一定量的萃取液,分几次(通常为 2~3 次)萃取,效果比用等体积的萃取液一次萃取时要好。

液-液萃取是用分液漏斗来进行的,在萃取前应选择大小合适、形状适宜的漏斗。

1. 分液漏斗的使用

(1) 检查是否漏水。分液漏斗中装少量水,检查旋芯处是否漏水;将漏斗倒过来,检查玻璃塞是否漏水,待确认不漏水后方可使用。

(2) 在旋塞芯上薄薄地涂上一层凡士林,将塞芯塞进旋塞内,旋转数圈使凡士林均匀分布后将旋塞关闭好,再在塞芯的凹槽处套上一个直径合适的橡皮圈或把旋塞用橡皮筋系牢,以防旋塞芯在操作过程中松动。

(3) 分液漏斗中全部液体的总体积不得超过其容量的 3/4。

2. 萃取操作方法

(1) 在分液漏斗中加入溶液和一定量的萃取溶剂后,塞上玻璃塞。注意:玻璃塞上若有侧槽,必须将其与漏斗上端颈部上的小孔错开。

(2) 一只手食指末节顶住玻璃塞,再用大拇指和中指夹住漏斗上端颈部;另一只手的食指和中指蜷握在旋塞柄上,食指和拇指要握住旋塞柄并能将其自由地旋转(如图 2-60)。

（3）将漏斗由外向里或由里向外旋转振摇,使两种不相混溶的液体尽可能充分混合(也可将漏斗反复倒转进行缓和地振摇)。

图 2-60 振荡分液漏斗的示意图

（4）将漏斗下颈导管向上,不要向着自己和别人的脸。慢慢开启旋塞,排放可能产生的气体以解除超压。待压力减小后,关闭旋塞。振摇和放气应重复几次。振摇完毕,静置分层。

（5）待两相液体分层明显,界面清晰,移开玻璃塞或旋转带侧槽的玻璃塞,使侧槽对准上口径的小孔。开启活塞,放出下层液体,收集在适当的容器中。当液层接近放完时要放慢速度,放完则要迅速关闭旋塞。

（6）取下漏斗,打开玻璃塞,将上层液体由上端口径倒出,收集到指定容器中。

（7）假如一次萃取不能满足分离的要求,可采取多次萃取的方法,但一般不要超过 5 次,将每次的有机相都归并到一个容器中。

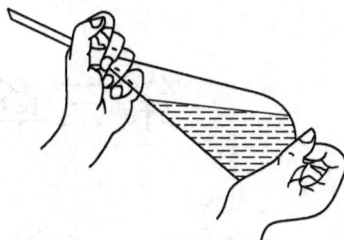

§2.12 升　华

固体物质加热时不经过液态直接变成气态的现象称为升华。利用升华可以提纯固态物质。升华操作分为常压升华和减压升华。这里只介绍常压升华。最常见的常压升华装置如图 2-61(a)所示。在蒸发皿中放置粗产物,上面覆盖一张刺有许多小孔的滤纸(最好在蒸发皿的边缘上先放置大小合适的、用石棉纸做成的窄圈,用以支持此滤纸)。然后将大小合适的玻璃漏斗倒盖在上面,漏斗的颈部塞有玻璃毛或脱脂棉花,以减少蒸气逃逸。在石棉网上渐渐加热蒸发皿(最好能用砂浴或其他热浴),小心调节火焰,控制温度低于被升华物质的熔点,使其慢慢升华。蒸气通过滤纸小孔上升,冷却后凝结在滤纸上或漏斗壁上。必要时,外壁可用湿布冷却。操作时要注意升华温度一定要控制在固体化合物熔点以下,滤纸上的孔应尽量大些,以使蒸气上升时顺利通过滤纸,在滤纸的上面和漏斗中结晶,否则将会影响晶体的析出。较大量物质的升华,可在烧杯中进行。烧杯上放置一个通冷水的烧瓶,使蒸气在烧瓶底部凝结成晶体并附着在瓶底上,如图 2-61(b)所示。

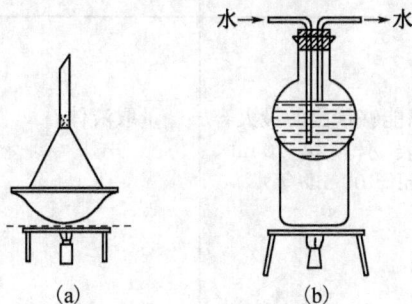

图 2-61 常压升华装置

第三章 基本仪器的使用

§3.1 常用仪器介绍

仪 器	规 格	主要用途	注 意 事 项
试管	分硬质试管、软质试管,有刻度、无刻度,有支管、无支管等 无刻度试管一般以管口直径(mm)×长度(mm)表示,如 10×100、15×150 等。有刻度试管按容量表示,如 5 mL、10 mL、15 mL 等	① 少量试剂的反应器,便于操作和观察 ② 收集少量气体的容器 ③ 具支试管可用于装配气体发生器、洗气装置和检验气体产物	① 可直接用火加热,当加强热时要用硬质试管 ② 加热后不能骤冷(特别是软质试管),否则容易破裂
离心试管	分有刻度和无刻度,有刻度的以容量表示,如 5 mL、10 mL、15 mL 等	少量试剂的反应器、沉淀分离等	① 不可直接加热 ② 离心时,把离心试管插入离心机的套管内进行离心分离
烧杯	分硬质、软质,有刻度、无刻度 以容量大小表示,如 50 mL、100 mL、250 mL、500 mL 等,还有 5 mL、10 mL 的微型烧杯	① 反应器,反应物易混和均匀 ② 配制溶液 ③ 物质的加热溶解 ④ 蒸发溶剂或从溶液中析出晶体、沉淀	① 加热前要将烧杯外壁擦干,加热时下垫石棉网,使受热均匀 ② 反应液体不得超过烧杯容量的 2/3,以免液体外溢
量筒 量杯	以能够量出的最大容量表示。如 10 mL、50 mL、100 mL 等	量取液体	① 不能加热,不能用作反应容器,不能用作配制溶液或稀释酸碱的容器 ② 不可量热的溶液或液体

（续表）

仪 器	规 格	主 要 用 途	注 意 事 项
锥形瓶（三角烧瓶）	分有塞、无塞等 按容量表示，如50 mL、100 mL、250 mL 等	① 反应器，振荡方便，适用于滴定反应 ② 装配气体发生器	① 盛液不宜太多，以免振荡时溅出 ② 加热时下垫石棉网或置于水浴中
平底烧瓶　圆底烧瓶 蒸馏烧瓶	分硬质和软质，有平底、圆底、长颈、短颈、细口、厚口和蒸馏烧瓶等几种 按容量表示，如100 mL、250 mL、500 mL 等	① 用作反应物多且需长时间加热的反应器 ② 装配气体发生器 ③ 平底烧瓶可做洗瓶 ④ 蒸馏烧瓶用于液体蒸馏	① 加热前外壁要擦干 ② 加热时固定在铁架台上，下垫石棉网，使受热均匀
滴瓶　细口瓶 广口瓶	按颜色分无色、棕色。按瓶口分细口瓶、广口瓶 瓶口上沿磨砂而不带塞的广口瓶叫集气瓶 按容量表示，如60 mL、125 mL、250 mL 等	① 滴瓶、细口瓶盛放液体试剂，广口瓶盛放固体试剂 ② 棕色瓶盛放见光易分解或不太稳定的试剂 ③ 集气瓶用于收集气体	① 滴管及瓶塞均不得互换 ② 盛碱液时，细口瓶用橡皮塞，滴瓶要改用套有滴管的橡皮塞 ③ 浓酸或其他会腐蚀胶头的试剂如溴等，不能长期存放在滴瓶中 ④ 具有磨口塞的试剂瓶不用时洗净后在磨口处垫上纸条 ⑤ 集气瓶收集气体后，用毛玻璃片盖住瓶口，以免气体逸出

(续表)

仪　器	规　格	主要用途	注意事项
称量瓶	分高型、低型两种。按瓶高 × 瓶径表示(mm),如:40×20、60×30、25×40 等	用于减量法称量试样低型称量瓶也可用于测定水分	① 不能直接加热 ② 盖子是磨口配套的,不能互换 ③ 不用时应洗净,在磨口处垫上纸条
容量瓶	按颜色分棕色和无色两种。以刻度以下的容量大小表示并注明温度,如 50 mL、100 mL、250 mL、500 mL 等	配制标准溶液,配制试样溶液或作溶液的定量稀释	① 不能加热 ② 磨口瓶塞是配套的,不能互换(也有配塑料塞的) ③ 不能代替试剂瓶用来存放溶液
移液管　吸量管	胖肚型移液管只有一个刻度。吸量管有分刻度,按刻度的最大标度表示,有 1 mL、2 mL、5 mL、10 mL 等	用于精确移取一定体积液体	① 用时先用少量要移取的液体淋洗 2~3 次 ② 一般移液管残留的最后一滴液体,不要吹出,但刻有"吹"字的完全流出式移液管例外
漏斗	普通漏斗按口径大小表示,如:40 mm、60 mm 等 安全漏斗可分直形、环形和球形	① 用于过滤或往口径小的容器里注入液体 ② 安全漏斗用于加液和装配气体发生器	① 不能用火直接加热 ② 在气体发生器中安全漏斗作加液用时,漏斗颈应插入液面内(液封),防止气体从漏斗逸出

（续表）

仪　器	规　格	主要用途	注意事项
分液漏斗 滴液漏斗	按容量大小表示,如60 mL、125 mL、250 mL等	① 分液漏斗用于互不相溶的液-液分离,用于从溶液中萃取某种成分或从液体产物中洗去杂质;在气体发生装置中,作加入液体用 ② 滴液漏斗主要用于添加液体试剂,用其加料,滴加速度易于控制,也便于实验者观察	① 不能用火直接加热 ② 分液漏斗及滴液漏斗上的磨口塞子、旋塞不能互换。旋塞不能漏液
抽滤瓶　布氏漏斗	布氏漏斗为瓷质。以直径大小表示;吸滤瓶为玻璃制品,以容量大小表示,如 250 mL、500 mL 等	两者配套使用,用于晶体或沉淀的减压过滤	① 不能直接加热 ② 滤纸要略小于漏斗的内径,又要把底部小孔全部盖住,以免漏滤 ③ 先抽气,后过滤,停止过滤时要先放气,后关泵
干燥管	有单球和双球、直型和弯型、普通和磨口等	内装干燥剂,用于干燥气体	① 干燥剂置于球形部分,不宜过多 ② 球形上、下部要填放少许玻璃纤维,避免气流将干燥剂粉末带出 ③ 大口进气,小口出气

（续表）

仪　器	规　格	主要用途	注意事项
干燥器	按玻璃颜色分为无色和棕色两种 按内径大小表示，如 100 mm、 150 mm、180 mm、200 mm 等	内放干燥剂。用于存放易吸湿的物质，也用于存放已经烘干或灼热后的物质和灼烧过的坩埚，以防还潮。	① 灼热的物品稍冷后才能放入 ② 放入的物品未完全冷却前要每隔一定时间开一开盖子，以调节干燥器内的气压 ③ 要按时更换干燥剂
研钵	以口径大小表示，如 60 mm、75 mm、90 mm 等 瓷质，也有玻璃、玛瑙或铁制品	磨细药品或将两种或两种以上固态物质通过研磨混匀 按固体的性质和硬度选用	① 不能作反应容器 ② 只能研磨不能捣碎（铁研钵除外），放入物质不宜超过容量的 1/3 ③ 易爆物质不能在研钵中研磨
试管架	有木质、铝质或塑料制品，有不同形状和大小	放试管用	加热的试管应稍冷后放入架中，铝质试管架要防止酸、碱腐蚀
试管夹 （铜）　（木）	有木制和金属制品，形状大同小异	用于加热时夹持试管	① 夹在试管上端（离管口约 2 cm 处） ② 要从试管底部套上或取下试管夹，不得横着套进套出 ③ 加热时手握试管夹的长柄，不要同时握住长柄和短柄

（续表）

仪　器	规　格	主要用途	注意事项
坩埚钳	铁或铜合金制品，表面常镀镍或铬	灼烧或加热坩埚时，夹持热的坩埚用	① 不要和化学药品接触，以免腐蚀 ② 放置时应将钳的尖端向上，以免沾污 ③ 使用铂坩埚时，所用坩埚钳尖端要包有铂片
漏斗架	木制，有螺丝可固定于铁架台或木架上	用于过滤时支持漏斗	活动的有孔板不能倒放
洗气瓶	有直管式、多孔式。按容量大小表示，如125 mL、250 mL、500 mL等	用于洗涤、净化气体，也可作安全瓶或缓冲瓶用	① 注意气体走向 ② 洗涤液用量为容器高度约 1/3，不得超过 1/2，防止压强过大，气体不易通过
表面皿	以直径大小表示，如45 mm、65 mm、90 mm等	盖在烧杯上防止液体在加热时迸溅或晾干晶体等其他用途	不能用火直接加热
蒸发皿	以口径大小表示，如60 mm、80 mm、95 mm，也有以容量大小表示的常用的为瓷质制品	用于溶液蒸发、浓缩和结晶，随液体性质不同，可选用不同质地的蒸发皿	① 能耐高温，但不能骤冷 ② 蒸发溶液时一般放在石棉网上加热，受热均匀，也可直接用火加热

(续表)

仪　器	规　格	主要用途	注意事项
坩埚	以容量大小表示,如25 mL、50 mL 等 常用的为瓷质,也有石英、铁、镍或铂制品	用于灼烧固体,随固体性质不同可选用不同质地的坩埚	① 放在泥三角上直接灼烧,瓷坩埚受热温度不得超过 1 473 K ② 加热或反应完毕后取下坩埚时,坩埚钳应预热,或者待坩埚稍冷后再取下,以防骤冷而使坩埚破裂,取下的坩埚应放在石棉网上,防止烫坏桌面
持夹　单爪夹　铁圈　铁架台	铁制品,铁夹也有铝制的,夹口常套橡皮或塑料 铁圈以直径大小表示,如 6 cm、9 cm、12 cm 等	装配仪器时,用于固定仪器 铁圈还可代替漏斗架使用	① 仪器固定在铁架台上时,仪器和铁架的重心应落在铁架台底盘中心 ② 铁夹夹持玻璃仪器时不宜过紧,以免碎裂
三脚架	铁制品,有大小、高低之分	放置较大或较重的加热容器	三角架的高度是固定的,一般是通过调整酒精灯的位置,使氧化焰刚好在加热容器的底部
泥三角	用铁丝弯成,套有瓷管,有大小之分	用于搁置坩埚加热用	① 使用前应检查铁丝是否断裂 ② 选用时,要使搁在上面的坩埚有 1/3 在泥三角的上部,2/3 在泥三角的下部
毛刷	按洗刷对象的名称表示,如试管刷、烧瓶刷、滴定管刷等	用于洗涤玻璃仪器	小心刷子顶端的铁丝捅破玻璃仪器底部

（续表）

仪　器	规　格	主要用途	注意事项
燃烧匙	燃烧匙有铁制品、铜制品、玻璃制品等	用于检验物质可燃性或进行固体和气体的燃烧反应	① 伸入集气瓶时，应由上而下慢慢放入，不能触及瓶壁 ② 用毕应立即洗净并干燥
药匙	由牛角、塑料、不锈钢等制成	取固体药品用	① 大小的选择应以盛取试剂后能放进容器口为准 ② 取用一种药品后，必须洗净并用滤纸碎片擦干才能取用另一种药品
石棉网	由铁丝编成，中间涂有石棉，其大小按石棉层的直径表示，如有10 cm、15 cm等	加热玻璃器皿时，垫上石棉网，使受热物质均匀受热，不致造成局部过热	不能与水接触，以免石棉脱落或铁丝生锈
水浴锅	有铜制品、铝制品等	用于间接加热	① 根据反应容器的大小选择好围环 ② 经常加水，防止锅内水烧干 ③ 用毕应将锅内剩水倒出并擦干
滴定管（酸式滴定管、碱式滴定管）	玻璃质，规格以容积（mL）表示。有酸式、碱式之分。酸式下端以玻璃旋塞控制流出液速度，碱式下端连接一个里面装有玻璃球的乳胶管来控制流液量	用于滴定或精确移取一定体积的溶液	不能加热及量取热的液体，使用前应检漏、排除其尖端气泡，酸、碱式不可互换使用

(续表)

仪　器	规　格	主要用途	注意事项
点滴板	瓷质。分白釉和黑釉两种。按凹穴多少分为四穴、六穴和十二穴等	用于生成少量沉淀或带色物质反应的实验,根据颜色的不同选用不同的点滴板	不能加热。不能用于含 HF 和浓碱的反应,用后要洗净
洗瓶	塑料质。规格以容积(mL)表示。一般为250 mL、500 mL	装蒸馏水或去离子水用。用于挤出少量水洗沉淀或仪器用	不能漏气,远离火源
密度计	它是一支中空的玻璃浮柱,上部有标线,下部为一重锤,内装铅粒。根据溶液相对密度的不同选用相适应的密度计。通常密度计分为两种:一种为轻表,用于测定相对密度小于 1 的溶液;一种为重表,用于测定相对密度大于 1 的溶液	密度计是用来测定溶液相对密度的仪器	测定溶液的相对密度时,将被测溶液注入大量筒里,然后将干净干燥的密度计慢慢地放入溶液中,为了避免密度计在溶液中摇晃与量筒壁接触而损坏,故浸入时,手不要马上松开,用手扶住密度计的上端,待密度计不再摇晃时,手才能轻轻松开。用后将密度计洗净、擦干,放回盒中
温度计	常用的温度计分为水银温度计和酒精温度计两种。它们有不同的量程和不同的精度。量程如 0~100℃、0~150℃、0~200℃ 等。精度如 1℃、0.2℃、0.1℃等	温度计是测量物体温度及化合物熔点、沸点的常用仪器	① 不能使温度计骤冷骤热,以防止水银温度计外壳玻璃受热不均匀而破裂 ② 温度计不能当搅棒使用 ③ 使用时轻拿轻放,用后及时洗净擦干,放回原处 ④ 测量时,温度计要放在合适的位置上

§3.2　台秤、分析天平和电子天平

一、台秤

1. 构造

台秤是实验室常用的称量仪器,但精确度不高,一般只能精确到 0.1 g。台秤的构造如图 3-1 所示。

台秤的横梁架在台秤座上。横梁的左右有两个盘子。横梁的中部有指针与刻度盘相对,根据指针在刻度盘左右摆动的情况,可以看出台秤是否处于平衡状态。

2. 使用方法

在称量物体之前,要先调整台秤的零点。将游码拨到游码标尺的"0"位处,检查台秤的指针是否停在刻度盘的中间位置。如果不在中间位置,可以调节台秤托盘下侧的平衡调节螺丝。当指针在刻度盘的中间左右摆动大

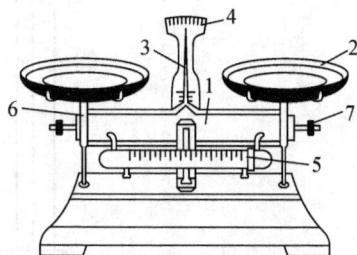

图 3-1　台秤的构造

1. 横梁　2. 盘　3. 指针　4. 刻度盘　5. 游码标尺　6. 游码　7. 平衡调节螺丝

致相等时,则台秤即处于平衡状态,此时指针即能停在刻度盘的中间位置,将此中间位置称为台秤的零点。

称量时,左盘放称量物,右盘放砝码。砝码用镊子夹取,10 g 或 5 g 以下质量的砝码,可移动游码标尺上的游码。当添加砝码到台称的指针停在刻度盘的中间位置时,台称处于平衡状态。此时指针所停的位置称为停点。零点与停点相符时(零点与停点之间允许偏差 1 小格以内),砝码的质量就是称量物的质量。

3. 注意事项

(1) 用镊子夹砝码,不能用手直接拿砝码。

(2) 不能称量热的物品。

(3) 称量物不能直接放在托盘上,根据情况可放在洁净光亮的纸上、表面皿或烧杯里。

(4) 称量物及盛器的总质量不能超过台秤的最大载重。

(5) 保持台秤的清洁,托盘上有药品或污物时,要及时清理。

(6) 称量结束后,将砝码放回到砝码盒中盖好盒盖,游码退到"0"处,使台秤恢复原状。

二、分析天平

用分析天平称量物体的质量,一般能精确到 0.000 1 g。最大载荷一般为 100~200 g。分析天平有不同的类型。下面只介绍半自动电光分析天平的构造和使用。

1. 构造

半自动电光分析天平的构造如图 3-2 所示。

(1) 天平梁

通常称横梁,是天平的主要部件。梁上装三个三棱形的玛瑙刀。一个装在天平梁的中央,刀口向下,用来支承天平梁,称为支点刀。它放在一个玛瑙平板的刀承上。另外两个玛瑙刀等距离地装在支点刀的两侧,刀口向上,用来悬挂称盘,称为承重刀。三个刀的棱边完全平行并且处在

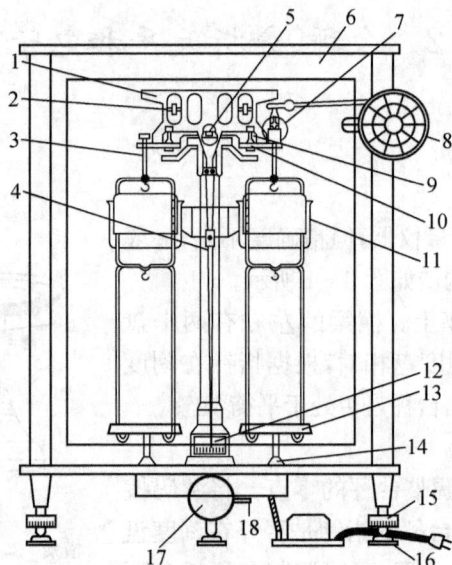

图 3-2　半自动电光分析天平的构造

1. 天平梁　2. 平衡螺丝　3. 吊耳　4. 指针　5. 支点刀　6. 框罩　7. 圈码
8. 指数盘　9. 支柱　10. 托梁架　11. 阻尼筒　12. 光屏　13. 称盘　14. 盘托
15. 螺丝足　16. 垫足　17. 升降旋钮　18. 扳手

同一水平面上。刀口的尖锐程度决定天平的灵敏度,直接影响称量的精确程度。因此在使用天平时务必要注意保护刀口。梁的两端装有两个平衡调节螺丝,用来调整梁的平衡位置(即调节零点)。

(2) 指针

固定在天平梁的中央。天平梁摆动时,指针也随着摆动。指针下端装有微分刻度标尺牌,光源通过光学系统将缩微标尺刻度放大,反射到光屏上。光屏中央有一条垂直的刻线,标尺投影与刻线的重合处即为天平的平衡位置。

(3) 吊耳(蹬)

吊耳的中间面向下的部分嵌有玛瑙平板。吊耳上还装有悬挂阻尼器内筒和天平盘的挂钩。当使用天平时,承重刀通过吊耳上的玛瑙平板与悬挂的阻尼器内筒和天平盘相连接。不使用天平时,托蹬将吊耳托住,使玛瑙平板与承重刀口脱开。

(4) 空气阻尼器(阻尼筒)

为了提高称量速度,减少称量时天平摆动的时间,尽快使天平静止,在天平盘上部装有两只阻尼器。阻尼器是由两只空铝盒组成,内盒比外盒小,正好套入外盒,二者间隙保持均匀,避免摩擦。当天平梁摆动时,由于两盒相对运动,盒内空气的阻力产生阻尼作用,从而阻止天平的摆动使其迅速地达到平衡。

(5) 升降枢(升降旋钮)

这是天平的重要部件。它连接着托梁架、盘托和光源。当使用天平时,打开升降枢,降下托梁架使三个玛瑙刀口与相应的玛瑙平板接触,同时盘托下降,天平处于摆动状态;光源也同时打开,在光屏上可以看到缩微标尺的投影。当不使用天平、加减砝码或取放称量物时,为保护刀口,一定要将升降枢的旋钮关闭。这时天平梁和盘托被托起,刀口与平板脱离,光源切断。

（6）螺旋足（天平足）

天平盒下面有三只足,前方两只足上装有螺旋,可使天平足升高或降低,以调节天平的水平位置。天平是否处于水平位置,可观察天平箱内的气泡水平仪。

（7）天平盒（箱）

由木框和玻璃制成的,将天平装在盒内,以防止气流、灰尘、水蒸气对天平和称量带来影响。盒前有一个可以上下移动的玻璃门,一般是不开的,只有在清理和调整天平时才使用。两侧的边门,供取放称量物和加减砝码时用,要随开随关,不得敞开。

（8）砝码和圈码（环码）

天平附有的砝码装在专用盒内,而圈码是通过机械加码装置来加减的。半机械加码电光天平有一个砝码指数盘旋钮,可以将 $10\sim990$ mg 范围内的圈码加到承受架上,但 1 g 以上的砝码仍需要用砝码盒中的砝码。由于数值相同的砝码间的质量仍有微小的差别,因此数值相同的砝码上均打有标记以示区别。砝码按一定次序在盒中排列。

2. 使用方法

（1）称前检查

在使用天平之前,首先要检查天平放置是否水平;机械加码装置是否指示 0.00 位置;圈码是否齐全,有无跳落;两盘是否空着;用毛刷将天平清扫一下。

（2）调节零点

天平的零点,指天平"空"载时的平衡点。每次称量之前都要先测定天平的零点。测定时接通电源,轻轻开启升降枢（应全部启开旋钮）,此时可以看到缩微标尺的投影在光屏上移动。当标尺投影稳定后,若光屏上的刻度线不与标尺 0.00 重合,可拨动扳手,移动光屏位置,使刻线与标尺 0.00 重合,零点即调好。若光屏移到尽头刻线还不能与标尺 0.00 重合,则请教师通过旋转平衡螺丝来调整。

（3）称量物体

在使用分析天平称量物体之前应将物体先在台秤上粗称,然后把称量物体放入天平左盘中央,把比粗称质量略大的砝码放在右盘中央,慢慢打开升降枢,根据指针的偏转方向或光屏上标尺移动方向来变换砝码。如果标尺向负方向移动即光屏上标尺的零点偏向标线的右方,则表示砝码质量大,应立即关好升降枢,减少砝码后再称量。若标尺向正方向移动即标尺的零点偏向标线的左方,则说明砝码不足,反复加减砝码至称量物比砝码质量大不超过 1 g 时,再转动指数盘加减砝码,直至光屏上的刻线与标尺投影上某一读数重合为止。

（4）读数

当光屏上的标尺投影稳定后,即可从标尺上读出 10 mg 以下的质量。有的天平标尺既有正值刻度,也有负值刻度。有的天平只有正值刻度。称量时一般都使刻线落在正值范围内,以免计算总量时有加有减而发生错误。标尺上读数一大格为 1 mg,一小格为 0.1 mg。

$$称量物质量 = 砝码质量 + \frac{圈码质量}{1\,000} + \frac{光标尺读数}{1\,000}$$

（5）称后检查

称量完毕,记下物体质量,将物体取出,砝码依次放回盒内原来位置。关好边门。圈码指数盘恢复到 0.00 位置,拔下电插销,罩好天平罩。

3. 称量方法

(1) 直接法

有些固体样品,不易吸收空气中的水分,在空气中性质稳定如金属矿石等,可用直接法称取。即先称出欲盛放称量物的容器的质量,然后根据需称样品的质量,调好砝码,将样品逐渐加到容器中,再称量容器和样品的总质量。两次称量结果的质量差即为样品的质量。

(2) 差减法

有些固体样品,易吸收空气中的水分,在空气中性质不稳定,要用差减法来称量。在差减法操作中,称量瓶不能用手直接拿,应用纸条套住瓶身中部用手指捏紧纸条进行操作(如图 3-3)。这样可以避免手汗和体温的影响。先在干净的称量瓶中加入一些样品,准确称量。然后用纸条将称量瓶取出,按图 3-3 所示倾倒样品,瓶盖也要用纸条衬垫,在盛接样品的容器上方打开瓶盖,并用瓶盖的下部轻轻敲称量瓶的瓶口,使样品缓慢倾入容器中。估计倾入的样品的量已够时,再边敲瓶口边将瓶身扶正,盖好瓶盖后方可离开容器的上方,再准确称量。两次称量结果的质量差即为倾出样品的质量。

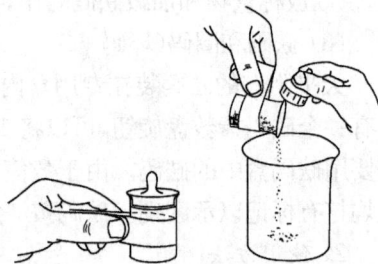

图 3-3　倾倒试样的方法

4. 使用规则和维护

(1) 天平室应不受阳光照射,保持干燥,防止腐蚀性气体的侵蚀。天平台应坚固而不受震动的影响。

(2) 天平箱内应保持清洁和干燥,要定期放置和更换干燥剂。

(3) 称量前要检查天平是否正常。

(4) 称量物不得超过天平的最大载重。不能称量热的物体,有腐蚀或吸湿性的物体必须放在密闭的容器内称量。不得将称量物直接放在天平盘上。

(5) 在天平上放取物品或加减砝码时,一定要关闭升降旋钮,以免损坏刀口。开启和关闭天平时要轻缓。

(6) 使用砝码时要用镊子,取下的砝码要放到砝码盒固定的位置上。

(7) 称量完毕后,将天平的各个部位恢复原位,关上天平门,罩好天平罩,切断电源。记好使用记录。

三、电子天平

电子天平是新一代的天平,它利用电子装置完成电磁力补偿或电磁力矩的调节,使物体在重力场中实现力的平衡或力矩的平衡。一般结构都是机电结合式的,由载荷接受与传递装置、测量与补偿装置等部件组成。用电子天平称量物体,快速准确。

近年来,我国已生产出多种型号的电子天平,FA/JA 系列是常见的一种。其中 FA1004 型的外形如图 3-4 所示。

电子天平的一般称量操作如下:

(1) 查看是否水平,若不水平,可通过水平调节脚调至水平。

(2) 接通电源,预热,可开启显示器。

(3) 按"ON"键,开启显示器,等待出现 0.000 0 g 后,即可称量。

（4）天平刚装好新启用，或使用时间较长，或移动、环境变化，都需要校正。校正方法为：按"CAL"键，显示 CAL—100 且 100 闪烁时，把 100 g 标准砝码放在称盘上，待显示 100.00 g 后取下砝码，显示 0.000 0 g。

（5）将称量物放在称盘上，待显示数据稳定并出现质量单位 g 后，即可读取、记录称量结果。如果用容器称取样品时，

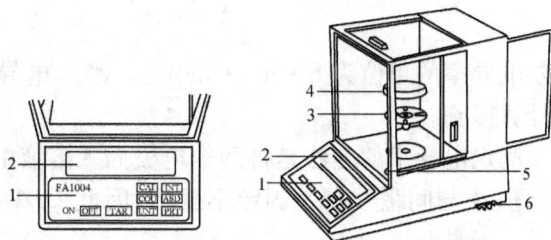

图 3-4 FA1004 型电子天平的外形图
1. 键板 2. 屏幕 3. 盘托
4. 称盘 5. 水平仪 6. 水平调节

按"TAR"，可实现去皮的功能，应充分利用扣除皮重的功能，扣除容器的皮重以直接读取样品的质量。

（6）取出称量物，按"OFF"键，关闭显示器。此时天平处于待机状态，如继续使用，不需要预热。如果天平长时间不用，应关闭电源。

电子天平还有一些其他功能。不同类型的电子天平有不同的操作方法，使用前请详细阅读使用说明书。

§3.3 电导率仪

一、基本原理

在电场作用下，电解质溶液导电能力的大小常以电阻 R 或电导 G 表示。电导是电阻的倒数：

$$G = \frac{1}{R}$$

电阻、电导的 SI 单位分别是欧姆（Ω）、西门子（S），显然 $1\ S = 1\ \Omega^{-1}$。

导体的电阻与其长度（L）成正比，而与其截面积（A）成反比：

$$R \propto \frac{L}{A} \text{ 或 } R = \rho \frac{L}{A}$$

式中：ρ 为电阻率或比电阻。根据电导与电阻的关系，可以得出：

$$G = \frac{1}{R} = \frac{1}{\rho \dfrac{L}{A}} = \frac{1}{\rho} \cdot \frac{A}{L} = \kappa \frac{A}{L}$$

$$\kappa = G \frac{L}{A}$$

式中：κ 称为电导率，它是长 1 m，截面积为 1 m^2 导体的电导，单位是 S·m^{-1}；对电解质溶液来说，电导率是电极面积为 1 m^2、两极间距离为 1 m 的两极之间的电导。溶液的浓度为 c，通常用 mol·L^{-1} 表示，含有 1 mol 电解质溶液的体积为：

$$\frac{1}{c} \text{ L 或 } \frac{1}{c} \times 10^{-3} \text{ m}^3$$

此时溶液的摩尔电导率等于电导率和溶液体积的乘积：

$$\Lambda_m = \kappa \frac{10^{-3}}{c}$$

摩尔电导率的单位为 $S \cdot m^2 \cdot mol^{-1}$。摩尔电导率的数值通常是测定溶液的电导率,用上式计算得到。

　　测定电导率的方法是将两个电极插入溶液中,测出两极间的电阻。对某一电极而言,电极面积 A 与间距 L 都是固定不变的,因此 L/A 是常数,称为电极常数或电导池常数,用 J 表示。于是有

$$G = \kappa \frac{1}{J} \quad \text{或} \quad \kappa = \frac{J}{R_x}$$

由于电导的单位西门子太大,常用毫西门子(mS)、微西门子(μS)表示,它们之间的关系是:

$$1\,S = 10^3\,mS = 10^6\,\mu S$$

　　电导率仪的测量原理(如图3-5)是:由振荡器发生的音频交流电压加到电导池电阻与量程电阻所组成的串联回路中时,如溶液的电压越大,电导池电阻越小,量程电阻两端的电压就越大,电压经交流放大器放大,再经整流后推动直流电表,由电表可直接读出电导值。

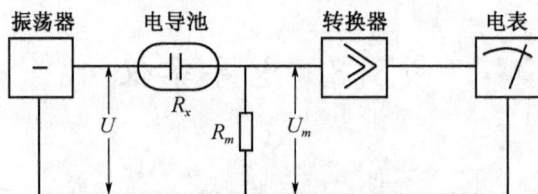

图3-5　电导率仪的测定原理图

二、DDS-11A 型电导率仪

1. 外形结构

DDS-11A 型电导率仪的外形如图3-6所示。

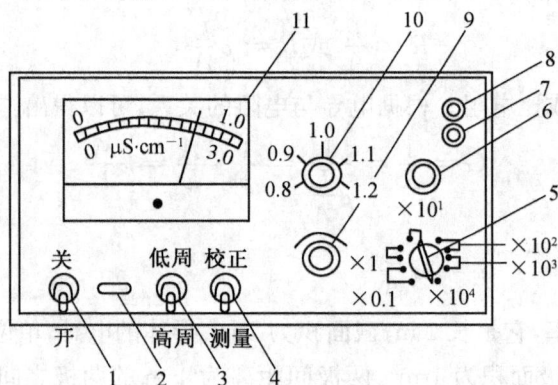

图3-6　DDS-11A 型电导率仪的外形图

1. 电源开关　2. 指示灯　3. 高周、低周开关　4. 校正、测量开关　5. 量程选择　6. 电容补偿调节器　7. 电极插口　8. 10 mV 输出端口　9. 校正调节器　10. 电极常数调节器　11. 表头

2. 使用方法

（1）打开电源开关前，观察表针是否指零，如不指零，可调正表头上的螺丝，使表针指零。

（2）将"4"（校正/测量开关）扳到"校正"的位置。

（3）插接电源线，打开电源开关，并预热数分钟（待指针完全稳定下来为止），调节"9"（校正调节器）使电表指示满度。

（4）当使用 1～8 量程来测量电导率低于 300 $\mu S \cdot cm^{-1}$ 的溶液时，选用"低周"，将"3"（高周、低周开关）扳到"低周"即可。当使用 9～11 量程来测量电导率在 300～10^4 $\mu S \cdot cm^{-1}$ 范围里的溶液时，则将"3"扳到"高周"。

（5）将量程选择开关"5"扳到所需要的测量范围。若预先不知道所测溶液的电导率的范围，应先把其扳到最大电导率的测量挡，然后逐渐下挡，以防打弯表针。

（6）根据实际情况选择电极，如表 3-1 所示。

表 3-1　量程范围与配套电极

量　程	电导率 / $\mu S \cdot cm^{-1}$	测量频率	配套电极
1	0～0.1	低周	DJS-1 型光亮电极
2	0～0.3	低周	DJS-1 型光亮电极
3	0～1	低周	DJS-1 型光亮电极
4	0～3	低周	DJS-1 型光亮电极
5	0～10	低周	DJS-1 型光亮电极
6	0～30	低周	DJS-1 型铂黑电极
7	0～10^2	低周	DJS-1 型铂黑电极
8	0～$3×10^2$	低周	DJS-1 型铂黑电极
9	0～10^3	高周	DJS-1 型铂黑电极
10	0～$3×10^3$	高周	DJS-1 型铂黑电极
11	0～10^4	高周	DJS-1 型铂黑电极
12	0～10^5	高周	DJS-10 型铂黑电极

（7）将电极插头插入电极的插口内，旋紧插口上的紧固螺丝，再将电极浸入到待测液中。

（8）把"10"（电极常数调节器）调到所选用电极的电极常数的位置。

（9）再调节"9"（校正调节器）使电表指示满刻度。

（10）将"4"扳到"测量"的位置，测量溶液的电导率，读出电表指针指示的数值，再乘上量程上选择开关所指示的倍数，即为被测溶液的电导率。量程开关在 1、3、5、7、9、11 各挡时读表头上行（黑线）的数值，量程开关在 2、4、6、8、10 各挡时读表头下行（红线）的数值。将"4"再扳到"校正"的位置，看指针是否满刻度。再扳到"测量"的位置，重新测定一次，取其平均值。

（11）"4"扳到"校正"的位置，取出电极，用蒸馏水冲洗，放回盒中。

（12）关闭电源，拔下插头。

3. 注意事项

（1）电极的引线不能潮湿，否则将测不准。

(2) 高纯水被注入容器后迅速测定,否则电导增加很快,因为空气中的 CO_2 溶入水中,变成 CO_3^{2-}。

(3) 盛装被测溶液的容器必须清洁,无离子玷污。

§3.4　pH 计

一、测量原理

pH 计测量 pH 的方法是电势测定法。以 pH 玻璃电极作为测量电极(也称指示电极),以甘汞电极作为参比电极,一起浸入被测溶液中,组成一个原电池,其电池的电动势 E 为

$$E = E_{甘汞} - E_{玻}$$

式中:$E_{甘汞}$ 为甘汞电极的电极电位,$E_{甘汞}$ 与溶液的 pH 及其他组分无关,在一定温度下为一定值;$E_{玻}$ 为 pH 玻璃电极的电极电位,$E_{玻} = E_{玻}^{\circ} - 0.059\,2\,pH$(25℃时),$E^{\circ}$ 为电极的标准电位,在确定条件下为常量。即

$$E = E_{甘汞} - E_{玻} + 0.059\,2\,pH = K + 0.059\,2\,pH$$

在一定条件下,K 为常量,所以 E 与 pH 成直线关系。只要确定 K 值,就可以测得溶液的 pH。由于 K 受到较多不确定因素的影响,难以获得一个确定不变的值,所以在每次测定 pH 之前,都需要用准确 pH 的标准缓冲溶液进行对照测定。而在实际工作中,只需用标准缓冲溶液对测量仪器进行准确定位(校正),就可以直接测量出待测溶液的 pH。

二、常用电极

1. 甘汞电极

甘汞电极由金属汞、甘汞(Hg_2Cl_2)和 KCl 溶液组成,电极反应为

$$Hg_2Cl_2 + 2e^- \rightleftharpoons 2Hg + 2Cl^-$$

电极电位与 KCl 溶液中 Cl^- 的活度有关,25℃时为

$$E = E_{Hg_2Cl_2/Hg}^{\circ} - 0.059\,2\,\lg a_{Cl^-}\ (V)$$

电极中 KCl 的浓度通常有 $0.1\,mol \cdot L^{-1}$、$1\,mol \cdot L^{-1}$ 和饱和溶液三种,而以饱和溶液最为常用,称为饱和甘汞电极。甘汞电极的电位随温度不同而略有变化,其关系如下:

$0.1\,mol \cdot L^{-1}$ 甘汞电极:$E = 0.333\,8\,V - 7 \times 10^{-5}(t-25)\,V$

$1\,mol \cdot L^{-1}$ 甘汞电极:$E = 0.282\,0\,V - 2.4 \times 10^{-4}(t-25)\,V$

饱和甘汞电极:$E = 0.241\,5\,V - 7.6 \times 10^{-4}(t-25)\,V$

式中:t 为温度(℃),V 为电位单位伏特。使用甘汞电极时,温度不得超过 70℃,否则 Hg_2Cl_2 会分解;电极腔内的液接部位不能有气泡存在,否则将可能引起测量断路或读数不稳定;电极腔内的液面高度应高于测量液面约 2 cm,以防止测量溶液向电极内渗透,如果液面过低,可从加液口添加相应的 KCl 溶液;饱和甘汞电极腔内的溶液中应保持有少量的 KCl 晶体,以确保其饱和。图 3-7 为饱和甘汞电极的结构图。

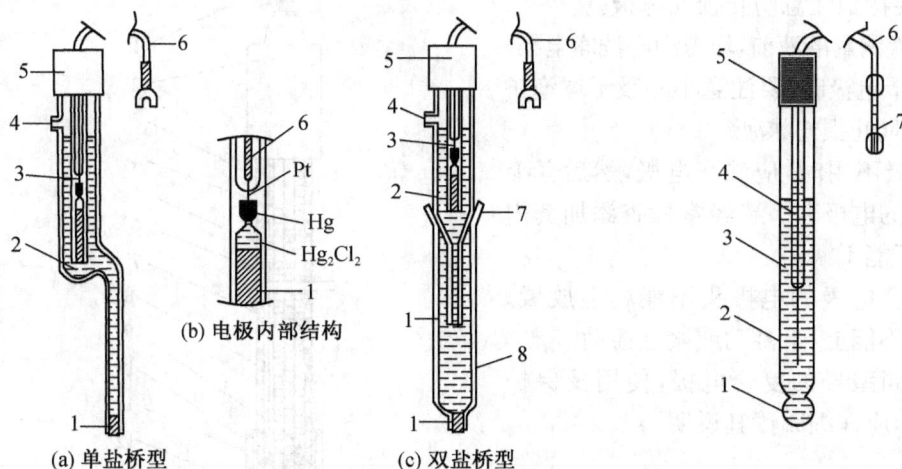

图 3-7 为饱和甘汞电极的结构图

1. 多孔性物质 2. 饱和 KCl 溶液 3. 内电极
4. 加液口 5. 绝缘帽 6. 导线 7. 可卸盐桥
套管 8. 可卸盐桥溶液

图 3-8 pH 玻璃电极的结构图

1. 电极球泡 2. 玻璃外壳 3. 含 Cl⁻ 的
缓冲溶液 4. Ag/AgCl 电极 5. 绝缘帽
6. 导线 7. 电极插座

2. pH 玻璃电极

pH 玻璃电极对溶液中的 H^+ 能响应,用于测量溶液的 pH 或作为酸碱电位滴定的指示电极。pH 玻璃电极的结构如图 3-8 所示。电极的下端是用特殊玻璃吹制成直径为 $0.5\sim 1\ cm$、厚度约为 $0.1\ mm$ 的薄膜小球,内装 pH 一定且含有 Cl^- 的缓冲溶液(称为内参比溶液),插入一根 Ag—AgCl 电极(称为内参比电极)。pH 玻璃电极浸入待测溶液时,由于 H^+ 在玻璃膜内外表面的交换、迁移作用而产生电极电位,电位大小与待测溶液的 H^+ 活度关系为(25℃):

$$E_{玻} = E_{玻}^\ominus + 0.059\,2\ \lg a_{H^+} = E_{玻}^\ominus - 0.059\,2\ pH$$

使用 pH 玻璃电极时应注意如下事项:

(1) 电极使用时应在蒸馏水或 $0.1\ mol \cdot L^{-1}$ 的盐酸溶液中浸泡 24 h 以上,电极暂不使用时也应浸泡在蒸馏水中。

(2) 需注意电极的使用 pH 范围,超出范围时会产生较大的测量误差。

(3) 电极应在所规定的温度范围内使用,温度较高时,电极内阻降低,有利于测定,但将使电极寿命缩短。

(4) 要注意电极内参比溶液中有无气泡,如有应小心除去。

(5) 电极球的玻璃膜很薄,极易因碰撞或挤压而破碎,应特别注意保护。

3. pH 复合电极

为了使操作、保管更方便,使用时不易损坏,目前的酸度计大多配用 pH 复合电极,即把 pH 玻璃电极和外参比电极(一般用 Ag-AgCl 电极)以及外参比溶液一起装在一根电极塑管中,合为一体,底部露出的玻璃球泡有护罩加以保护,电极头还有一个带有保护液(一般为饱和 KCl 溶液)的外套。pH 玻璃电极和外参比电极的引线用缆线及复合插头与测量仪器连接。其结构如图 3-9 所示。

使用 pH 复合电极时应注意如下事项:

(1) 新电极必须在 pH=4 或 pH=7 缓冲溶液中调节并浸泡过夜。

(2) 使用复合电极时,一般不能用电极搅拌溶液,有时遇到溶液较少时,可以用电极轻轻搅动,但要特别注意防止损伤电极。

　　(3)更换测量溶液前,均需细心洗净电极。用吸水纸吸干电极时,要注意小心吸干球泡护罩内的水分,防止损伤球泡。

　　(4)电极不用时,应洗净电极,然后套上带有保护液的电极套。要经常检查添加套内的保护液,不能干涸。

　　(5)复合电极的电极头不能朝上放置。使用时电极不能上、下翻动或剧烈摇动。

　　(6)不同型号的复合电极,使用及保护上有所不同,应仔细阅读其说明。

三、pHS-3C 型酸度计

　　1. 外形结构

　　pHS-3C 型酸度计(外形结构如图 3-10)是精密数字显示酸度计。该机可测定水溶液的 pH 和电位(mV)值,还可以配上离子选择性电极,测出该电极的电极电位。

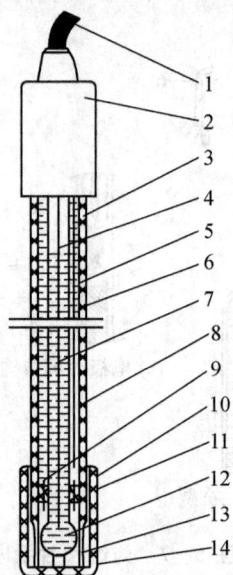

图 3-9　pH 复合电极
1. 电极导线　2. 电极帽　3. 电极塑壳　4. 内参比电极　5. 外参比电极　6. 电极支持杆　7. 内参比溶液　8. 外参比溶液　9. 液接面　10. 密封圈　11. 硅胶圈　12. 电极球泡　13. 球泡护罩　14. 护罩

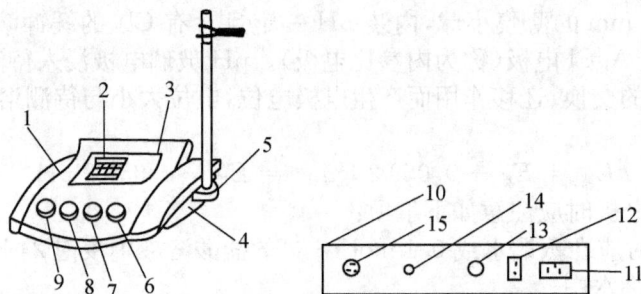

图 3-10　pHS-3C 型酸度计的外形结构图
1. 机箱盖　2. 显示屏　3. 面板　4. 机箱底　5. 电极梗插座　6. 定位调节旋钮
7. 斜率补偿调节旋钮　8. 温度补偿调节旋钮　9. 选择开关旋钮　10. 仪器后面板
11. 电源插座　12. 电源开关　13. 保险丝　14. 参比电极接口　15. 测量电极插座

　　2. 使用方法

　　(1)准备工作

　　① 插上电源,按下电源开关,预热 30 min;

　　② 用蒸馏水清洗电极,用滤纸吸干,然后夹在电极夹上,并连接好。

　　(2)标定

　　① 仪器使用前首先要标定。一般情况下仪器在连续使用时,每天要标定一次。

　　② 在测量电极插座 15 处插入复合电极;若不用复合电极,则在测量电极插座 15 处插入玻璃电极插头,参比电极接入参比电极接口 14 处。

　　③ 打开电源开关,按 pH/mV 按钮,使仪器进入 pH 测量状态。

④ 按"温度"按钮,显示溶液温度值(此时温度指示灯亮),然后按"确认"键,仪器确定溶液温度后回到 pH 测量状态。

⑤ 把用蒸馏水清洗过的电极插入 pH＝6.86 的标准缓冲溶液中,待读数稳定后按"定位"键(此时 pH 指示灯慢闪烁,表明仪器在定位标定状态)调节定位调节旋钮使读数为该溶液当时温度下的 pH,然后按"确认"键,进入 pH 测量状态,pH 指示灯停止闪烁。

⑤ 把用蒸馏水清洗过的电极插入 pH＝4.0(或 pH＝9.18)的标准缓冲溶液中,待读数稳定后按"斜率"键(此时 pH 指示灯慢闪烁,表明仪器在斜率标定状态)调节斜率补偿调节旋钮使读数为该溶液当时温度下的 pH,然后按"确认"键,进入 pH 测量状态,pH 指示灯停止闪烁,标定完成。

⑥ 用蒸馏水清洗电极后即可对被测溶液进行测量。

若在标定过程中操作失误或按键按错而使仪器测量不正常,可关闭电源,然后按住"确认"键再开启电源,使仪器恢复初始状态。然后重新标定。

注意:经标定后,"定位"键及"斜率"键不能再按,如果触动此键,此时仪器 pH 指示灯闪烁,请不要按"确认"键,而是按"pH/mV",使仪器重新进入 pH 测量即可,而无须再进行标定。

标定的缓冲溶液一般第一次用 pH＝6.86 的溶液,第二次用接近被测溶液 pH 的缓冲液,如被测溶液为酸性时,缓冲溶液应选 pH＝4.00;如被测溶液为碱性时则选 pH＝9.18 的缓冲溶液。

3. 注意事项

(1) 电极的插入端必须保持干燥整洁。不用时,将短路插头插入插座,防止灰尘及水汽侵入。

(2) 测量时,电极的引入导线应保持静止,否则会引起测量不稳定。

(3) 要保证缓冲溶液的可靠性,否则导致测量误差。

(4) 一定注意电极的保护。

§3.5　分光光度计

一、基本原理

分光光度计的基本原理是溶液中的物质在某单色光的照射激发下,产生了对光吸收的效应。物质对光的吸收是具有选择性的,各种不同的物质都具有其各自的吸收光谱,因此当某单色光通过溶液时,其能量就会被吸收而减弱,光能量减弱的程度和物质的浓度有一定的比例关系,即 Lambort-Beer 定律。

$$A = -\lg T = \varepsilon b c$$

式中:A 为吸光度,又称光密度;T 为透射率($T = I_t / I_o$,I_o 是入射光强度,I_t 是透射光强度);ε 为摩尔吸光系数(L·mol^{-1}·cm^{-1}),与物质的性质、入射光的波长和溶液的温度等因素有关;b 为样品光程即液层的厚度(cm),通常使用 1.0 cm 的吸收池,$b = 1$ cm;c 为样品浓度(mol·L^{-1})。

分光光度法就是以 Lambort-Beer 定律为基础建立起来的分析方法。

通常用光的吸收曲线(光谱)来描述有色溶液对光的吸收情况。将不同波长的单色光依次照射一定浓度的有色溶液,分别测定其吸光度 A,以波长 λ 为横坐标,以吸光度 A 为纵坐标作图,所得的曲线称为光的吸收曲线(或光谱),如图3-11。最大吸收峰处对应的单色光波长称为最大吸收波长 λ_{max},选用 λ_{max} 的光进行测量,此时物质对光的吸收程度最大,测定的灵敏度最高。

一般在测量样品前,先测工作曲线,即在与测定样品相同的条件下,先测量一系列已知准确浓度的标准溶液的吸光度 A,画出 $A\sim c$ 的曲线,即工作曲线(如图3-12)。待样品的吸光度 A_x 测出后,就可以在工作线上求出相应的浓度 c_x。

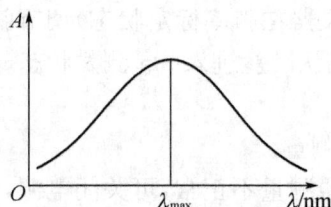

图3-11　光的吸收曲线　　　　　图3-12　工作曲线

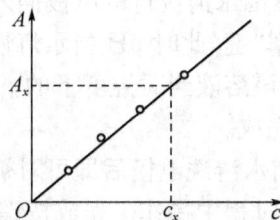

二、分光光度计的结构和使用

1. 721型分光光度计

(1) 721型分光光度计结构

721分光光度计外形示意图如图3-13所示。

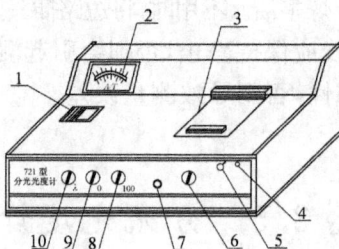

图3-13　721型分光光度计外形图

1. 波长读数盘　2. 读数电表　3. 比色皿暗箱　4. 电源指示灯
5. 电源开关　6. 灵敏度选择旋钮　7. 比色皿座架拉杆　8.
"100％"透射率调节旋钮　9."0"透射率调节旋钮　10. 波长调
节旋钮

721型分光光度计的内部主要由光源部件、单色光器部件、入射光和出射光光量调节器、光电管暗盒(电子放大器)部件和稳压装置等几部分组成(如图3-14)。从光源发出的

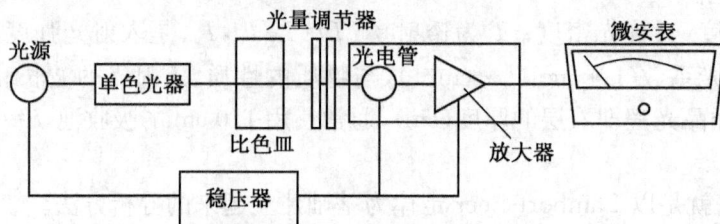

图3-14　721型分光光度计的基本结构示意图

连续辐射光线，射到聚光透镜上，会聚后，再经过平面镜转角 90°，反射至入射狭缝。由此入射到单色光器内，狭缝正好位于球面准直物镜的焦面上，当入射光经过准直物镜反射后，就以一束平行光射向棱镜。光线进入棱镜后，进行色散。色散后回来的光线，再经过准直镜反射，就会聚在出光狭缝上，再经过聚光镜后进入比色皿，光线一部分被吸收，透过的光进入光电管，产生相应的光电流，经过放大后在微安表上读出。

（2）721 型分光光度计使用方法

① 在仪器未接通电源时，电表的指针必须位于"0"刻线上，若不是这种情况，则可用电表上的校正螺丝进行调节（卸下机壳）。

② 在进行测定前，先将仪器电源开关接通，打开比色皿暗箱盖，预热 15 min 以上，选择需用的单色波长，调节"0"调节旋钮，使电表指针指"0"，然后盖上比色皿暗箱盖，将比色皿放在参比溶液（空白溶液或蒸馏水）校正位置（一般为比色皿架第一格），转动"100％"调节旋钮，使电表指针指"100"。

③ 仪器预热或测量时，如果转动"100％"调节旋钮至极限时，电表指针仍不能指在"100％"，可把灵敏度选择旋钮调至"2"挡以提高灵敏度，重新调"0"和"100％"。若电表指针仍不能调到"100％"，则旋至"3"挡"4 挡"或"5"挡，逐挡调试。在保证能调到"100％"的情况下，尽可能采用较低档，使仪器有更高的稳定性。

④ 在大幅度改变测试波长时，在调整"0"和"100％"后稍等片刻，（钨灯在急剧改变亮度后需要一段热平衡时间），当指针稳定后重新调整"0"和"100％"即可工作。

⑤ 测量时，打开比色皿暗箱，放入装有待测溶液的比色皿，可同时放入多个待测溶液。拿比色皿时只能捏住比色皿毛玻璃的两面，放入比色皿架前需用滤纸吸干外壁沾有的溶液，再用擦镜纸擦干净，放比色皿时应让透光面对准光路。轻轻拉动比色皿座架拉杆，使待测溶液进入光路，此时表头指针所示为该待测溶液的吸光度（A）或透射率（T）。依次将其它待测溶液拉至光路，分别读取测定值（测定后最好将参比溶液推回至光路中，重测一次）。

⑥ 测量完毕，打开暗箱盖，关闭电源，取出比色皿，洗净后放在指定的位置，关好暗箱盖，罩好仪器。

（3）注意事项

① 测定时，比色皿要用被测液荡洗 2～3 次，以避免被测液浓度的改变。

② 要用吸水纸将附着在比色皿外表面的溶液擦干。擦时应注意保护其透光面，勿使产生划痕。拿比色皿时，手指只能捏住毛玻璃的两边。

③ 比色皿放入比色皿架内时，应注意它们的位置，尽量使它们前后一致，且一定要放正，不能倾斜，否则容易产生误差。

④ 为了防止光电管疲劳，在不测定时，应经常使暗箱盖处于启开位置。连续使用仪器的时间一般不超过 2 h，最好是歇半小时后，再继续使用。

⑤ 测定时，应尽量使吸光度在 0.1～0.65，这样可以得到较高的准确度。

⑥ 仪器不能受潮，使用中应注意放大器和单色器上的两个硅胶干燥筒（在仪器底部）里的防潮硅胶是否变色，如果硅胶的颜色已变红，应立即取出更换。

⑦ 比色皿用过后，要及时洗净，并用蒸馏水荡洗，倒置晾干后存放在比色皿盒内。

⑧ 比色皿严禁加热、烘烤，急用干的比色皿时，可用酒精荡洗后用冷风吹干，绝不可用超声波清洗器清洗。

⑨ 仪器使用半年左右或搬动后,要校正波长。

2. 722 型分光光度计

(1) 外形结构

722 型分光光度计是以碘钨灯为光源、衍射光栅为色散元件、端窗式光电管为光电转换器的单色束、数显式可见分光光度计。可用的波长范围为 330～800 nm,波长的精度 ±2 nm,光谱带宽 6 nm,吸光度的显示范围为 0～1.999 A,吸光度的精度为 ±0.004 A(在 0.5 A 处)。试样架可置放 4 个吸收池。附件盒里有 4 只 1 cm 的吸收池和 1 块镨钕滤光片。722 型分光光度计的外形如图 3-15 所示。

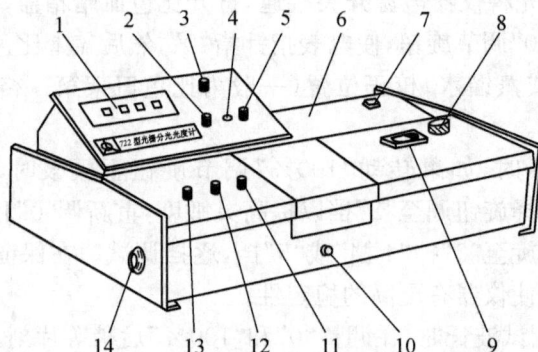

图 3-15　722 型分光光度计外形图

1. 数显器　2. 吸光度调零旋钮　3. 选择开关　4. 调斜率电位器　5. 浓度旋钮
6. 光源室　7. 电源开关　8. 波长手轮　9. 波长刻度窗　10. 比色皿座拉杆
11. 100%T旋钮　12. 0%T旋钮　13. 灵敏度调节　14. 干燥箱

(2) 使用方法

① 将灵敏度旋钮置于"1"挡(放大倍率最小),选择开关置于"T"挡。

② 开启电源,指示灯亮并将波长调至所需波长,预热 20 min。

③ 打开试样室盖(光门自动关闭),调节"0%T"旋钮,使数字显示为"0.00"。

④ 将盛有参比液的吸收池置于试样架的第一格内,盛有试样的吸收池置于第二格内,盖上试样室的盖(此时光门打开,光电管受热)。将参比溶液推入光路,调节"100%T"旋钮,使数字显示为"100.0"。如果显示不到"100.0",则增大灵敏度挡"2"或"3",再调节"100%T"旋钮,直到显示为"100.0"。

⑤ 重复操作步骤③和④,直到仪器显示稳定。

⑥ 将选择开关置于"A"挡,此时吸光度显示为".000",若不是,则调节吸光度调节旋钮使之显示为".000"。然后将试样推入光路,此时显示值即为试样的吸光度。

⑦ 实验过程中,可随时将参比溶液推入光路以检查其吸光度零点是否变化。如果不是".000",则应将选择开关置于"T"挡,用"100%T"旋钮调节至"100.0",再将选择开关置"A"挡,这时如不是".000",则可调节吸光度调零旋钮。如果大幅度改变测试波长时,应稍等片刻(因为能量变化急剧,光电管受光后响应缓慢,需一段时间光响应平衡),待稳定后重新调整"0"和"100%T"后才可工作。

⑧ 浓度 c 的测量:选择开关由"A"旋置"c",将已标定浓度的样品放入光路,调节浓度旋钮,使数字显示为标定值。然后将被测样品推入光路,即可读出被测样品的浓度值。

⑨ 仪器使用完毕,应先关闭电源,再取出比色皿,洗净后放回原处。

3．TU－1901 型双光束紫外可见分光光度计

(1)仪器的外型结构

TU－1901 型分光光度计是以钨灯为可见光源,氘灯为紫外光源,光栅为色散元件,光电倍增管为接收器的单波长双光束分光光度计,可用波长范围为 190～900 nm,仪器系统如图 3－16 所示。

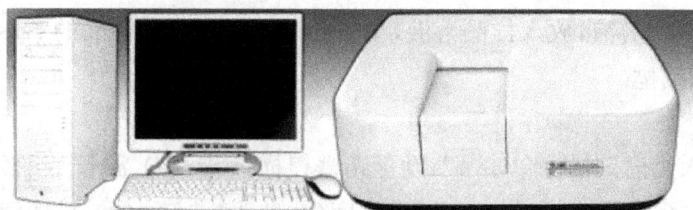

图 3－16　TU－1901 型双光束紫外可见分光光度计

单波长双光束分光光度计的基本原理是从光源中发出的光经过单色器后被一个旋转的扇形反射镜(切光器)分为强度相等的两束光,分别通过参比溶液和样品溶液,然后交替照在一个检测器上,对两个光束的信号进行比较测量,仪器的光学系统如图 3－17 所示。

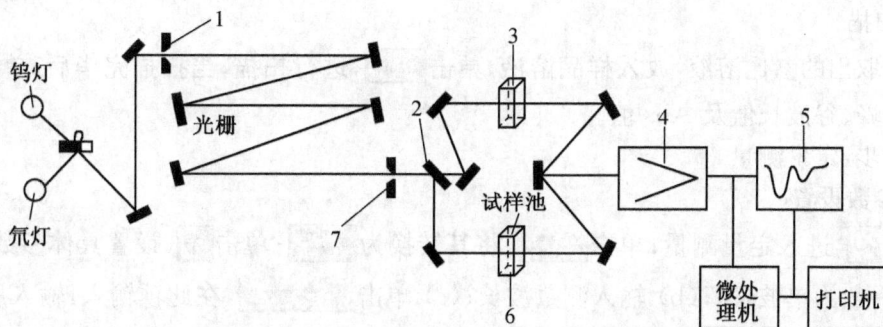

图 3－17　双光束分光光度计原理示意图

1. 进口狭缝　2. 切光器　3. 参比池　4. 检测器　5. 记录仪　6. 试样池　7. 出口狭缝

双光束动态反馈,比例记录测光系统,能够保证基线稳定,与单光束分光光度计相比具有直接消除两个比色皿的误差;不用拉动吸收池,减小移动误差;对光源要求不高;可以自动连续扫描吸收光谱的特点。

此外 TU－1901 型双光束分光光度计配有基于 WINDOWS 环境设计的 UV Win 中文操作软件,能够充分利用现代先进的计算机技术,提高工作效率,可以对样品进行光度测量、光谱扫描、时间扫描、定量计算的相关操作。

(2) TU－1901 型双光束分光光度计使用方法

第一步:开机。依次打开打印机、计算机,主机电源。

第二步:仪器初始化。在计算机窗口上双击 图标,仪器进行自检,大约需要 4 分钟。如果自检各项都"OK"预热半小时后,便可进入以下操作。

第三步:光度测量

① 参数设置

单击 A 按钮,进入光度测量。单击 P,设置光度测量参数,具体输入:(a) 波长数;(b) 相应波长值(从长波到短波);(c) 测光方式(一般为 Abs);(d) 重复测量几次,是否取平均值,单击确认键退出设置参数。

② 校零

单击 Auto zero,将两个样品池中都放入参比溶液,单击 OK。校完后,取出外池参比溶液。

③ 测量

倒掉取出的参比溶液,放入样品溶液,单击 Read;即可测出样品的 Abs 值。

第四步:光谱扫描

① 参数设置

单击 ,进入光谱扫描。单击 P,设置光谱扫描参数,(a) 波长范围(先输长波再输短波);(b) 测光方式(一般为 Abs);(c) 扫描速度(一般为中速);(d) 采样间隔(一般为 1 nm 或 0.5 nm);(e) 记录范围(一般为 0~1)。单击 确认 退出参数设置。

② 基线校正

单击 Base line,将两个样品池中都放入参比溶液单击 OK,校完后单击 Yes 存入基线,取出参比溶液。

③ 扫描

倒掉取出的参比溶液,放入样品溶液,单击 Start,进行扫描,当扫描完毕后,单击 检出图谱的峰、谷波长值及 Abs 值。

第五步:定量测量

① 参数设置

单击 ,进入定量测量;单击 Stand_ard...,将其转换为 Un_known;单击 P,设置具体参数:(a) 测量模式(一般为单波长);(b) 输入测量波长;(c) 单击 参考,在此项输入:输入所配制标准样品个数;输入相对应的标样浓度;选择是否插入零点;选择曲线方式(一般为 $C = K_0 A + K_1 \cdots \cdots$);单击 确认 退出参数设置。

② 校零

将两个样品池中都放入参比溶液,单击 Auto zero 校零,校完后取出参比溶液。

③ 测量标准样品

单击 Read,倒掉取出的参比溶液,放入一号标准样品,单击 确认。依次类推将所配标准样品测完。然后在主菜单中单击 数据处理[D] 下拉菜单 工作曲线[W]... 检查曲线情况;单击 确认 退出。

④ 样品测定

单击 Un_known,将 Un_known 转换为 Stand_ard,放入未知浓度样品,单击 Read,即可测出样品浓度。

第六步:关机

① 退出紫外软件操作系统后,依次关掉主机、计算机、打印机电源。

② 取出并洗净比色皿,盖好防尘罩并做好仪器使用记录。

第四章 基础实验

§4.1 实验导言与仪器的认领、洗涤及干燥

一、实验目的

(1) 了解实验的基础知识。
(2) 认识与领取实验常用仪器。
(3) 练习玻璃仪器的洗涤和干燥方法。

二、预习提要

(1) 实验的基础知识,详见第一章。
(2) 玻璃仪器的洗涤和干燥方法,详见§2.1。

二、实验用品

仪器:学生常用仪器。
材料:去污粉(或洗衣粉),铬酸洗液。

四、实验内容

(1) 学习实验的基础知识,包括实验目的与要求、成绩评定、实验规则与安全守则、实验事故与三废的处理、误差分析与数据的处理等。
(2) 认识与领取实验常用仪器。
(3) 玻璃仪器的洗涤。按指导教师的具体要求,练习用去污粉(或洗衣粉)和铬酸洗液洗涤玻璃仪器。
(4) 玻璃仪器的干燥。按指导教师的具体要求,练习仪器的干燥方法。

五、问题与思考

(1) 怎样检查玻璃仪器已经洗涤干净?
(2) 用铬酸洗液洗涤仪器时,应注意哪些事项?

§4.2 分析天平称量练习

一、实验目的

(1) 了解分析天平的构造,学会分析天平的使用方法。

(2) 学习用直接称量法和减量称量法称量试样。

(3) 培养准确、整齐、及时记录实验原始数据的习惯。

二、预习提要

(1) 观看分析天平操作录像,了解分析天平的构造、原理及使用方法。

(2) 分析天平称取试样的常用方法。

(3) 天平的使用规则及注意事项。

三、实验原理

详见第 3 章 3.2 节。

对于一些不易吸水、在空气中较稳定的试样。如金属、某些矿样和基准物质等,称量时,可先称某一容器(如小烧杯、表面皿、称量纸或铝铲等)的准确质量,然后把所需要的试样量加进容器中,并准确称取容器和试样的质量,前后两次质量之差即为试样的质量。这种方法称直接称量法或增量法。

减量称量法适用于称取易吸水、易被氧化或易与 CO_2 反应的物质。称取固体试样时,将适量试样装入称量瓶中,先称得称量瓶和试样的总质量,然后倒出所需试样的估计量,再称得称量瓶和剩余试样的质量,两次质量之差即为称得试样的准确质量。

四、实验用品

仪器:分析天平,托盘天平,称量瓶,烧杯,表面皿。

试剂:固体粉末试样。

五、实验内容

1. 天平使用前的检查

(1) 检查砝码是否齐全,各砝码位置是否正确,圈码是否完好并挂在圈码钩上,读数盘的读数是否为零位。

(2) 检查天平是否处于休止状态,天平梁和吊耳的位置是否正确。

(3) 检查天平是否处于水平状态,如不水平,可调节天平箱前下方的垫脚螺丝,使气泡水准器中的气泡位于正中。

(4) 天平盘上如有灰尘或其它的落入物,应该用软毛刷轻扫干净。

2. 称量练习

(1) 直接称量法

称取 0.500 0 g 试样两份。称量方法如下:

① 在分析天平上准确称出洁净干燥的表面皿的质量(可先在台称上粗称),记录称量数据。

② 在天平的右盘上增加 500 mg 圈码。

③ 用牛角匙将试样慢慢加到表面皿的中央,直到天平的平衡点与称量表面皿时基本一致,记录称量数据和试样的实际质量。如此反复练习 2～3 次。

(2) 减量称量法

称取 0.3~0.4 g 试样两份。

① 取两个洁净、干燥的小烧杯,分别在分析天平上准确称至 0.1 mg,记录其质量 m_0 和 m_0'。

② 取一个洁净、干燥的称量瓶,加入约 1 g 的试样,然后在分析天平上准确称其质量,记为 m_1。转移 0.3~0.4 g 的试样至第一个烧杯中,称称量瓶及剩余试样的质量,记为 m_2;以同法再转移 0.3~0.4 g 的试样至第二个烧杯中,称其质量,记为 m_3。连续两次质量之差,即为该份试样的质量。

③ 分别称量两个已有试样的小烧杯,记录其质量为 m_1' 和 m_2'。

（3）称量后天平的检查

称量结束后,应检查:

① 天平是否关闭;

② 天平盘上的物品和砝码是否取出,圈码有无脱落,是否复位;

③ 天平箱内及桌面上有无纸屑、脏物,并及时进行清理;

④ 天平罩是否罩好;

⑤ 在"天平使用记录本"上签名登记。

3. 实验数据的记录及处理

（1）直接称量法数据记录及处理

称量编号 记录项目	Ⅰ	Ⅱ
表面皿质量 / g		
试样＋表面皿质量 / g		
试样质量 / g		

（2）减量法称量数据记录及处理

称量编号 记录项目	Ⅰ	Ⅱ
m(称瓶＋试样)/ g	$m_1 =$	$m_2 =$
	$m_2 =$	$m_3 =$
m(称出试样)/ g	$m_{s1} =$	$m_{s2} =$
m(小烧杯＋试样)/ g	$m_1' =$	$m_2' =$
m(空烧杯)/ g	$m_0 =$	$m_0' =$
m(烧杯中试样)/ g	$m_{s1}' =$	$m_{s2}' =$
偏差 /mg		

六、问题与思考

（1）什么情况下用直接法称量? 什么情况下用减量法称量?

（2）使用天平时,为什么要强调轻开轻关天平旋钮? 为什么必须先关闭旋钮,方可取放称量物质、加减砝码和圈码?

（3）在减量法称样的过程中,称量瓶内的试样吸湿,对称量结果造成怎样的误差? 试样倾到烧杯后再吸湿,对称量结果是否有影响?

（4）称量速率太慢,对减量称量法和直接称量法的称量结果将造成怎样的误差?

（5）在实验中记录称量数据应准确至几位? 为什么?

（6）使用称量瓶时,如何操作才能保证试样不致损失?

附 注

（1）称量时若发现天平调不到零点、启动后摆动不正常或其他故障,应及时报告指导教师或实验室工作人员,不得擅自处理。教师或工作人员可根据实际情况指导学生处理。

（2）一盒砝码中的同值砝码,其质量误差不完全一样。同值砝码上均带有区别标记,称量过程中若只需使用其中的一个时,则应固定使用一个,以减少称量误差。

（3）称取一份试样时,最好敲一到二次就能完成,如果反复敲倒多次,容易引起试样损失或吸湿。

（4）砝码越大,其质量的允许误差越大,用减量法称量时,应尽可能改变小砝码,以减少由于改变砝码所引起的称量误差。

§4.3　溶液的配制

一、实验目的

（1）掌握几种常用的配制溶液的方法。

（2）练习台秤、电子天平、量筒、移液管、容量瓶的使用方法。

二、预习提要

常用溶液的配制方法,详见§2.6。

二、实验用品

仪器:烧杯,量筒,移液管,容量瓶,台秤,电子天平,试剂瓶。

试剂:$NaOH(s)$,$H_2C_2O_4 \cdot 2H_2O(s)$, HCl(浓),CH_3COOH 标准溶液($0.1\ mol \cdot L^{-1}$)。

四、实验内容

1. 粗略配制

（1）用 NaOH 固体配制 $0.1\ mol \cdot L^{-1}$ NaOH 溶液 200 mL。

在台秤上称取所需 NaOH 固体,放在烧杯里,加适量蒸馏水,搅拌使固体完全溶解后,用蒸馏水稀释至刻度,然后将溶液移入试剂瓶中,贴上标签,备用。

（2）用浓 HCl 配制 100 mL 2 mol $\cdot$ L^{-1} HCl 溶液

先算出所需要浓 HCl 的用量,用量筒量取所需的浓 HCl,倒入装有少量水的烧杯中混合,再用蒸馏水稀释至刻度。搅动使其均匀,然后移入试剂瓶中,贴上标签,备用。

2. 准确配制

（1）用移液管取 25 mL CH_3COOH 标准溶液（$0.1 \text{ mol} \cdot L^{-1}$），放入 50 mL 容量瓶中，用蒸馏水稀释到标线处。但需注意，当液面将接近标线时，应使用滴管小心地逐滴将水加到标线处，摇匀。

（2）配制 250 mL $0.05 \text{ mol} \cdot L^{-1}$ 草酸标准溶液

先算出所需要 $H_2C_2O_4 \cdot 2H_2O$ 的质量，用电子天平称量，然后转入烧杯中，用适量的蒸馏水溶解，溶液转移到 250 mL 容量瓶中，再用少量的蒸馏水淋洗烧杯和玻璃棒数次，每次的淋洗液也注入容量瓶中，加蒸馏水至标线处，摇匀。

五、问题与思考

（1）用容量瓶配制溶液时，要不要先把容量瓶干燥？要不要用被稀释的溶液润洗？为什么？

（2）蒸馏水润洗后的移液管在使用前还要用吸取的溶液来润洗，为什么？

附 注

教师可根据后继教学的需要，调整和更换所配制的药品。

§4.4 滴定分析基本操作练习

一、实验目的

（1）学习常用分析仪器的正确使用方法。
（2）学会滴定基本操作，正确判断终点。

二、预习提要

（1）观看滴定分析基本操作录像，分析仪器的洗涤方法。
（2）滴定管、容量瓶、移液管的操作方法。
（3）指示剂的变色原理。

三、实验原理

$0.1 \text{ mol} \cdot L^{-1}$ HCl（强酸）滴定 $0.1 \text{ mol} \cdot L^{-1}$ NaOH（强碱），化学计量点的 pH 为 7.0，滴定的突跃范围为 4.3～9.7，选用在突跃范围变色的指示剂，可保证有足够的准确度。在指示剂不变的情况下，$0.1 \text{ mol} \cdot L^{-1}$ HCl 与 $0.1 \text{ mol} \cdot L^{-1}$ NaOH 相互滴定时，所消耗的体积之比值 V_{HCl}/V_{NaOH} 应是一定的，改变被滴定溶液的体积，此体积之比应基本不变。借此，可以检验滴定操作技术和判断终点的能力。

四、实验用品

仪器：酸式滴定管，碱式滴定管，锥形瓶，移液管，洗瓶，烧杯，量筒。
药品：HCl（$6 \text{ mol} \cdot L^{-1}$），NaOH(s)，甲基橙（$1 \text{ g} \cdot L^{-1}$），酚酞（$2 \text{ g} \cdot L^{-1}$ 乙醇溶液）。

五、实验内容

1. 溶液配制

(1) 0.1 mol·L^{-1} HCl 溶液 用洁净量筒量取约 8～9 mL 6 mol·L^{-1} HCl 溶液,加水稀释至 500 mL,混合均匀。

(2) 0.1 mol·L^{-1} NaOH 溶液 称取固体 NaOH 2 g,置于烧杯中,加入蒸馏水使其溶解,加水稀释至 500 mL,混合均匀。

2. 酸碱溶液的相互滴定

(1) 滴定管用洗涤液、自来水、蒸馏水洗干净后,用 0.1 mol·L^{-1} NaOH 溶液润洗碱式滴定管 2～3 次,每次用 5～10 mL 溶液润洗。然后将滴定剂装入碱式滴定管,赶去管尖气泡,调节滴定管液面至"0.00"刻度,静置片刻,准确读数并记录。取酸式滴定管用上述方法装入 HCl 溶液,调节滴定管液面至"0.00"刻度。

(2) 在 250 mL 锥形瓶中加入约 20 mL 的 NaOH 溶液,2 滴甲基橙指示剂,用酸式滴定管中的盐酸溶液进行滴定操作练习。练习过程中,可以不断补充 NaOH 溶液和 HCl 溶液,反复进行练习,直至操作熟练再进行下面的实验。

(3) 由碱式滴定管中放出 NaOH 溶液 20～25 mL 于锥形瓶中,静置一分钟后准确读数,加入 2 滴甲基橙指示剂,用 0.1 mol·L^{-1} HCl 溶液滴定,近终点时,用洗瓶吹洗锥形瓶内壁,再继续滴定半滴 HCl 至溶液由黄色转变为橙色。记下读数。平行测定三次,计算体积比 V_{HCl}/V_{NaOH},要求相对偏差在 0.3% 以内。

(4) 用移液管移取 25 mL 0.1 mol·L^{-1} HCl 溶液于 250 mL 锥形瓶中,加入 2～3 滴酚酞指示剂,用 0.1 mol·L^{-1} NaOH 溶液滴至溶液呈微红色,此红色保持 30 s 不褪色即为终点。平行测定三次,要求三次之间消耗 NaOH 溶液的体积的最大差值 ≤0.04 mL。

3. 数据记录及处理

(1) HCl 溶液滴定 NaOH 溶液(指示剂甲基橙)

记录项目 ＼ 滴定编号	Ⅰ	Ⅱ	Ⅲ
终点读数 $V(NaOH)$/mL			
起始读数 $V(NaOH)$/mL			
$V(HCl)$/mL			
$V(HCl)/V(NaOH)$			
平均值 $V(HCl)/V(NaOH)$			
偏 差			
平均偏差			
相对平均偏差%			

(2) NaOH 溶液滴定 HCl 溶液(指示剂酚酞)

记录项目 \ 滴定编号	Ⅰ	Ⅱ	Ⅲ
$V(HCl)/mL$			
$V(NaOH)/mL$			
平均值 $V(NaOH)/mL$			
三次间 $V(NaOH)$ 最大绝对差值/mL			

六、问题与思考

(1) 酸式滴定管和碱式滴定管在使用上有何不同? 如何检漏?

(2) 配制 NaOH 溶液时,应选用何种天平称取试剂,为什么?

(3) 标准溶液装入滴定管之前,为什么要用该溶液润洗滴定管 2～3 次? 锥形瓶是否也需用标准溶液润洗,为什么?

(4) 滴定至临近终点时加入半滴的操作是怎样进行的?

(5) 本实验中配置 HCl 溶液和 NaOH 溶液时,量取 HCl 的量和称取固体 NaOH 的量是如何计算得出的?

> **附 注**

(1) NaOH 溶液腐蚀玻璃,保存时不能使用玻璃塞。

(2) 若甲基橙由黄色至橙色终点不好观察,可用三个锥形瓶进行比较,一锥形瓶中放入 50 mL 水,滴入甲基橙 1 滴,呈现黄色;另一锥形瓶中加入 50 mL 水,滴入甲基橙 1 滴,滴入半滴 $0.1\ mol\cdot L^{-1}$ HCl 溶液,则为橙色;另取一锥形瓶中加入 50 mL 水,滴入甲基橙 1 滴,滴入 2 滴 $0.1\ mol\cdot L^{-1}$ HCl 溶液,则呈红色。

§4.5 玻璃细工与塞子钻孔

一、实验目的

(1) 了解煤气灯(或酒喷灯)的原理和构造,并学会使用。

(2) 练习玻璃管的截断、弯曲、拉细、熔光、扩口及塞子钻孔等基本操作。

二、预习提要

玻璃细工和塞子钻孔方法,详见 §2.3。

二、实验用品

仪器:煤气灯(或酒精喷灯),钻孔器,三角锉(或小砂轮片)。

试剂:酒精(工业级)。

材料:玻璃棒,玻璃管,橡皮塞。

四、实验内容

(1) 按指导教师要求的规格制作玻璃棒若干支。
(2) 按指导教师要求的规格制作玻璃导管若干支。
(3) 按指导教师要求的规格制作滴管若干支。
(4) 按指导教师的要求,练习塞子钻孔。

五、问题与思考

(1) 使用酒精灯及酒精喷灯应注意哪些事项?
(2) 玻璃管的截断、弯曲、拉细、熔光、扩口及塞子钻孔时,要怎样正确操作?

§4.6　粗食盐的提纯

一、实验目的

(1) 掌握用化学方法提纯氯化钠的原理。
(2) 练习溶解、蒸发、浓缩、干燥、常压过滤、减压过滤等基本操作。
(3) 学习 Ca^{2+}、Mg^{2+}、SO_4^{2-} 的定性检验方法。

二、预习提要

(1) 粗食盐中一般含有哪些杂质? 如何用化学方法除去这些杂质? 设计提纯方案。
(2) 溶解、蒸发、浓缩、干燥、常压过滤、减压过滤等操作规范。

三、实验原理

粗食盐中含有不溶性杂质(如泥、砂等)和可溶性杂质(如 Ca^{2+}、Mg^{2+}、K^+ 和 SO_4^{2-} 等)。将粗食盐溶于水,用过滤的方法可以除去不溶性杂质。可加入 $BaCl_2$ 溶液,使 SO_4^{2-} 生成 $BaSO_4$ 沉淀,用过滤法除去。

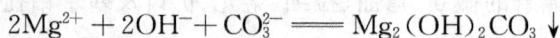

$$Ba^{2+} + SO_4^{2-} \Longrightarrow BaSO_4 \downarrow$$

食盐中的 Mg^{2+}、Ca^{2+} 以及为沉淀 SO_4^{2-} 而带入的 Ba^{2+},在加入 $NaOH$ 溶液和 Na_2CO_3 溶液后,可生成相应沉淀经过滤除去。

$$2Mg^{2+} + 2OH^- + CO_3^{2-} \Longrightarrow Mg_2(OH)_2CO_3 \downarrow$$

$$Ba^{2+} + CO_3^{2-} \Longrightarrow BaCO_3 \downarrow$$

$$Ca^{2+} + CO_3^{2-} \Longrightarrow CaCO_3 \downarrow$$

过量 $NaOH$ 和 Na_2CO_3,可通过加 HCl 除去。

$$CO_3^{2-} + 2H^+ \Longrightarrow CO_2 \uparrow + H_2O$$

$$H^+ + OH^- \Longrightarrow H_2O$$

对于很少量的可溶性杂质(如 K^+ 等),在溶液蒸发、浓缩析出结晶 $NaCl$ 时,绝大部分仍然会留在母液中,从而与氯化钠分离。

四、实验用品

仪器:台秤,烧杯,普通漏斗,布氏漏斗,吸滤瓶,蒸发皿,石棉网,酒精灯,真空泵。

药品:粗食盐,HCl(2 mol·L^{-1}、6 mol·L^{-1}),HAc(6 mol·L^{-1}),NaOH(2 mol·L^{-1}、6 mol·L^{-1}),BaCl$_2$(1 mol·L^{-1}),Na$_2$CO$_3$(1 mol·L^{-1}),(NH$_4$)$_2$C$_2$O$_4$(0.5 mol·L^{-1}),镁试剂。

材料:pH 试纸,滤纸

五、实验内容

1. 粗食盐的提纯

(1) 粗食盐的溶解

在台秤上称取 8 g 粗食盐,放入小烧杯中,加入 35 mL 蒸馏水,用玻璃棒搅拌,并加热使其溶解。

(2) SO$_4^{2-}$ 及不溶性杂质的除去

将溶液加热至近沸,在不断搅拌下缓慢逐滴加入 1 mol·L^{-1} 的 BaCl$_2$ 溶液(约 2 mL)。将烧杯离开热源,静置,待上层溶液澄清时,用吸管吸取少量上层清液,放入试管中,滴加 $1\sim2$ 滴 6 mol·L^{-1} HCl溶液,再滴入 $1\sim2$ 滴 BaCl$_2$ 溶液,检验 SO$_4^{2-}$ 是否除净。若清液没有出现浑浊现象,说明 SO$_4^{2-}$ 已沉淀完全;若清液变浑浊,则表明 SO$_4^{2-}$ 尚未除尽,需再滴加 BaCl$_2$ 溶液,直到 SO$_4^{2-}$ 沉淀完全为止。继续用小火加热 $3\sim5$ min,过滤,弃去沉淀,保留滤液。

(3) Ca^{2+}、Mg^{2+}、Ba^{2+} 的除去

在上述滤液中加入 1 mL 2 mol·L^{-1} 的 NaOH 溶液和 3 mL 1 mol·L^{-1} 的 Na$_2$CO$_3$ 溶液,加热至近沸。待沉淀沉降后,仿照(2)中的方法,用 Na$_2$CO$_3$ 溶液检验 Ba^{2+} 等离子已沉淀完全后,继续用小火加热 $3\sim5$ min,过滤,弃去沉淀,保留滤液。

(4) OH$^-$、CO$_3^{2-}$ 的除去

在滤液中逐滴加入 2 mol·L^{-1} HCl,充分搅拌,并用搅棒蘸取滤液在 pH 试纸上检验,使滤液呈微酸性(pH$=3\sim4$)为止。

(5) 蒸发、浓缩、结晶

将调好酸度的滤液置于蒸发皿中,用小火加热蒸发,浓缩至稀糊状,但切不可将溶液蒸干。冷却到室温后,用布氏漏斗抽滤,尽量抽干。

(6) 干燥

将晶体重新置于干净的蒸发皿中,在石棉网上用小火加热烘干。

(7) 计算收率

产品冷却后,在台秤上称量产品质量,计算收率。

2. 产品纯度的检验

称取粗食盐和提纯后食盐各 1 g,分别用 5 mL 蒸馏水溶解,然后各分装于三支试管中,形成三个对照组。

(1) SO$_4^{2-}$ 的检验

在第一组的两种溶液中分别加入 $1\sim2$ 滴 6 mol·L^{-1} HCl 溶液,再加入 2 滴 1 mol·L^{-1} BaCl$_2$ 溶液,分别观察有无白色沉淀产生。

(2) Ca^{2+} 的检验

在第二组的两种溶液中各加入 2 滴 6 mol·L^{-1} HAc 溶液,再加入 2 滴 0.5 mol·L^{-1} 的 $(NH_4)_2C_2O_4$ 溶液,分别观察有无白色沉淀产生。

(3) Mg^{2+} 的检验

在第三组两种溶液中,各加入数滴 6 mol·L^{-1} NaOH 溶液,使溶液呈微碱性(用 pH 试纸试验),再加入 2~3 滴镁试剂,分别观察有无蓝色沉淀产生。

通过定性的检验结果,初步判断提纯后食盐的纯度。

六、问题与思考

(1) 中和过量的 NaOH 和 Na_2CO_3,为什么只选 HCl 溶液,用其他酸是否可以?

(2) 在除去 Ca^{2+}、Mg^{2+}、SO_4^{2-} 时,为什么先除去 SO_4^{2-}?

(3) 为什么在浓缩、结晶 NaCl 时,大多数的 K^+ 会留在母液中?

(4) 查阅文献,了解加碘盐的制备方法及劣质盐对人体的危害。

附　注

(1) 为使沉淀完全,要求加入的 $BaCl_2$、NaOH、Na_2CO_3 沉淀剂要稍过量,注意不能过量太多。

(2) 把握好检验 SO_4^{2-}、Ba^{2+} 等是否除尽这一关,耐心认真做好检验工作。

(3) 在除去 Ca^{2+}、Mg^{2+}、SO_4^{2-} 等时,要注意随时补充由于加热煮沸而蒸发掉的水,以免 NaCl 析出。

(4) 浓缩结晶时,一定要用小火,切不可把溶液蒸干。

(5) 镁试剂为对硝基苯偶氮间苯二酚,分子式为:$O_2N-\!\!\!\!\bigcirc\!\!\!\!-N=\!N-\!\!\!\!\bigcirc\!\!\!\!\overset{\text{HO}}{\underset{\text{OH}}{}}$,镁试剂在酸性溶液中呈黄色,在碱性溶液中呈红色或紫色,但被 $Mg(OH)_2$ 沉淀吸附后,则呈蓝色,因此可用来检验 Mg^{2+} 的存在。

§4.7　食用白醋中总酸度的测定

一、实验目的

(1) 学习移液管、容量瓶、滴定管的正确使用方法。

(2) 练习酸碱滴定的基本操作。

二、预习提要

(1) 滴定分析的基本操作。

(2) 酸碱反应的基本理论。

(3) 滴定终点的控制与正确判断。

三、实验原理

滴定是常用的测定溶液浓度的方法。利用酸碱反应可以测定酸或碱的浓度。食醋约含

3%～5%的 HAc，此外，还含有少量其他有机酸。当用 NaOH 滴定时，所得结果为食醋的总酸度，通常用含量较多的 HAc 来表示。滴定反应如下：

$$HAc + NaOH == NaAc + H_2O$$

根据反应方程式可得：

$$c(NaOH)V(NaOH) = c(HAc)V(HAc)$$

达到化学计量点时溶液显碱性（pH＝8.7），因此常选酚酞作为指示剂。

本实验先用邻苯二甲酸氢钾标定氢氧化钠溶液的浓度，再用已标定的氢氧化钠溶液滴定白醋的总酸度。

四、实验用品

仪器：酸式滴定管，碱式滴定管，移液管，容量瓶，锥形瓶。

试剂：邻苯二甲酸氢钾（s），氢氧化钠（$0.1\ mol \cdot L^{-1}$），酚酞（0.2%），食用白醋。

五、实验内容

1. NaOH 溶液的标定

准确称取三份 0.4～0.6 g 邻苯二甲酸氢钾基准物，分别放入三个 250 mL 的锥形瓶中，各加入 30～40 mL 的蒸馏水溶解后，滴加 1～2 滴酚酞指示剂。在碱式滴定管中装入待标定的 NaOH 溶液，排除气泡，调整液面，定位，准确记录液面的读数（小数点后两位）。当碱液滴入酸中时，局部出现红色，随着摇动锥形瓶红色很快消失。当接近终点时，红色消失较慢，这时一定要逐滴慢慢加入碱液，每加一滴，都应将溶液摇匀，观察红色是否消失，必要时滴半滴（控制液滴悬而不落，用锥形瓶内壁把液滴碰下来），用洗瓶吹洗锥形瓶内壁，摇匀，若半分钟后微红色不消失，即达到滴定终点，记录滴定管液面的读数。平行滴定三次。

2. 白醋中总酸度的测定

用移液管吸取白醋试液 25.00 mL 置于 250 mL 的容量瓶中，用蒸馏水稀释至刻度，摇匀。用移液管移取 25.00 mL 稀释后的试液三份分别置于三个锥形瓶中，分别加入 2 滴酚酞指示剂。用 NaOH 溶液滴定至刚出现微红色，30 s 不褪色即为终点，记录 NaOH 溶液所消耗的体积。平行滴定三次。

3. 数据记录与处理

（1）NaOH 溶液浓度的标定

记录与计算　　　滴定序号	1	2	3
$V(NaOH)/mL$			
$W_{邻苯二甲酸氢钾}/g$			
$c(NaOH)/mol \cdot L^{-1}$			
$c(NaOH)$平均值$/mol \cdot L^{-1}$			
相对偏差/%			
相对平均偏差/%			

(2) 白醋溶液酸度的计算

滴定序号 记录与计算	1	2	3
$c(NaOH)$标液/mol·L^{-1}			
$V_{白醋稀释液}$/mL	25.00	25.00	25.00
$V(NaOH)$/mL			
白醋稀释液总酸度/mol·L^{-1}			
白醋稀释液总酸度/g·L^{-1}			
白醋原液总酸度/g·L^{-1}			
白醋原液总酸度平均值/g·L^{-1}			
相对偏差/%			
相对平均偏差/%			

六、问题与思考

(1) 能否用试剂直接配制准确浓度的 NaOH 溶液或 HCl 溶液？为什么？

(2) 用 HCl 溶液滴定 NaOH 溶液时常采用甲基橙作指示剂，而用 NaOH 溶液滴定 HCl 溶液时却常使用酚酞作为指示剂，为什么？

(3) 在滴定分析实验中，滴定管、移液管为何需用滴定剂或要移取的溶液润洗？滴定用的锥形瓶是否也要用盛装的溶液润洗？为什么？

(4) 滴定白醋总酸度时，以下情况对实验结果有何影响？

① 滴定完后，滴定管尖嘴外留有液滴。

② 滴定完后，滴定管尖嘴内有气泡。

③ 滴定完后，滴定管内壁挂有液滴。

附 注

(1) 记录和处理实验数据要注意有效数字的保留。

(2) 滴定将到终点时，可用少量蒸馏水冲洗锥形瓶内壁，以减少误差。

(3) 滴定完后，滴定管尖嘴外不应留有液滴，滴定管尖嘴内不应有气泡。

(4) 实验完毕后将滴定管洗净，倒挂在滴定台上。

(5) 碱滴定酸用酚酞作指示剂时，滴定终点溶液呈微碱性，会吸收空气中的 CO_2，而使溶液趋近中性，使褪色，所以若半分钟后微红色不消失，即达到滴定终点。

§4.8 二氧化碳相对分子质量的测定

一、实验目的

(1) 了解气体密度法测定二氧化碳相对分子质量的原理和方法。

（2）练习启普发生器的使用和气体净化操作，学会气压计的使用。

（3）熟练称量操作。

二、预习提要

（1）启普发生器的使用。

（2）气体发生和净化操作。

三、实验原理

根据阿伏加德罗定律，同温、同压、同体积的气体的物质的量相同，所以只要在相同温度和压力下，测定相同体积的两种气体的质量，若其中一种气体的相对分子质量为已知，即可求得另一种气体的相对分子质量。

本实验是测定同温、同压、同体积下的二氧化碳气体与空气（其平均相对分子质量为29.0）的质量，这时，二氧化碳的相对分子质量可根据下式计算：

$$M_r(CO_2) = \frac{m(CO_2)}{m(空气)} \times 29.0$$

四、实验用品

仪器：启普发生器，台秤，分析天平，气压计，洗气瓶，锥形瓶。

药品：$CaCO_3(s)$，$HCl(6\ mol \cdot L^{-1})$，H_2SO_4（浓）。

材料：橡皮塞，橡皮管，导气管。

五、实验内容

（1）取一个洁净而干燥的 250 mL 的锥形瓶，选一个合适的橡皮塞塞紧瓶口（做一个记号，以标示塞子塞入瓶口的位置，以后每次塞入同一位置进行称量），在电子天平上称量瓶、塞和空气的质量 m_1（瓶＋塞＋空气），准确到 0.000 1 g。

（2）按图 4-1 所示，从启普发生器产生的二氧化碳气体，经过水、浓 H_2SO_4 净化后，导入该锥形瓶内。必须把导管插入瓶底，把瓶内的空气赶尽，收集满气体后，缓慢取出导管，用橡皮塞塞紧瓶口。在电子天平上称量瓶、塞和 CO_2 的质量 m_2（瓶＋塞＋CO_2）。重复通入 CO_2 气体与称量操作，直到前后两次的质量相差不超过 1 mg 为止。

（3）在该锥形瓶内加水至塞子塞入的深度（记号处），用橡皮塞塞紧瓶口（塞子下面不要留有气泡），在台秤上称量瓶、水和塞子的质量 m_3（瓶＋塞＋水），称准至 0.1 g。

（4）数据记录与结果处理

项　　目	数　　据
实验时的温度 T/K	
实验时的大气压 p/Pa	
空气＋瓶＋塞子的质量 m_1/g	

续表

项　目	数　据
CO_2＋瓶＋塞子的质量 m_2/g	
水＋瓶＋塞子的质量 m_3/g	
锥形瓶的容积 V/cm^3	
瓶内空气的质量/g	
瓶内 CO_2 气体的质量/g	
CO_2 的相对分子质量	
相对误差%	

六、问题与思考

（1）从启普发生器中出来的 CO_2 气体中可能含有什么杂质？用水、浓 H_2SO_4 净化各起什么作用？

（2）为什么装有 CO_2 的锥形瓶和塞子的质量要在电子天平上称量，而装有水的锥形瓶和塞子的质量则可以在台秤上称量？两者的要求有什么不同？

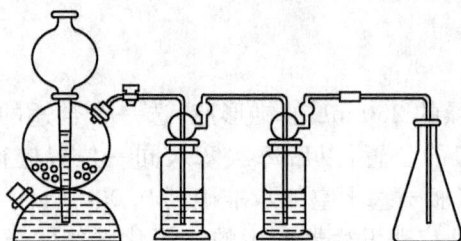

图 4-1　CO_2 制备、净化和收集装置

附注

（1）在往锥形瓶中通 CO_2 时，CO_2 气流要充足但通气时间不宜过长。

（2）收集 CO_2 气体的锥形瓶必须干燥，多次称量瓶＋塞＋CO_2 的质量直至恒重。

（3）每次称量时，塞子要塞至同样的位置，且用同一台电子天平称量。

§4.9　pH 法测定醋酸解离平衡常数和解离度

一、实验目的

（1）理解并掌握弱酸解离平衡的概念。

（2）掌握 pH 法测定醋酸解离平衡常数和解离度的原理和方法。

（3）学习酸度计的使用方法。

（4）熟练滴定操作。

二、预习提要

（1）弱电解质解离平衡的基础知识。
（2）pH 计的使用。

三、实验原理

本实验通过测定醋酸（HAc）溶液的 pH 来求算 HAc 的标准解离平衡常数。

醋酸在水溶液中存在下列解离平衡：

$$HAc \rightleftharpoons H^+ + Ac^-$$

设醋酸的原始浓度为 c_0，平衡时 $c(H^+) = c(Ac^-)$，$c(HAc) = c_0 - c(H^+)$。

则其标准解离平衡常数表达式为：

$$K^\ominus(HAc) = \frac{\{c(Ac^-)/c^\ominus\}\{c(H^+)/c^\ominus\}}{c(HAc)/c^\ominus}$$

解离度（α）的表达式为：

$$\alpha = \frac{c(H^+)}{c_0} \times 100\%$$

当 $\alpha < 5\%$ 时，$c(HAc) \approx c_0$，即

$$K^\ominus(HAc) = \frac{\{c(H^+)/c^\ominus\}^2}{c_0/c^\ominus}$$

在一定温度下，用酸度计可以测定一系列已知浓度的醋酸溶液的 pH，根据 $pH = -\lg(c(H^+)/c^\ominus)$，可换算出相应的 $c(H^+)$，将 $c(H^+)$ 的不同值代入上式，可求出一系列对应的 $K^\ominus(HAc)$ 值，取其平均值，即为该温度下醋酸的解离平衡常数。

四、实验用品

仪器：酸度计，移液管，吸量管，锥形瓶，烧杯，碱式滴定管，容量瓶。

药品：酚酞指示剂，HAc（0.20 mol·L^{-1}），NaOH 标准溶液（0.2 mol·L^{-1}，已标定）。

五、实验内容

1. HAc 溶液浓度的标定

用移液管平行吸取三份 25.00 mL 0.20 mol·L^{-1} HAc，分别置于三个 250 mL 锥形瓶中，各加 $2\sim3$ 滴酚酞指示剂，分别用标准 NaOH 溶液滴定至溶液呈现微红色，且半分钟内不褪色为止。记下所用 NaOH 溶液的体积，算出 HAc 溶液的精确浓度。

2. 配制不同浓度的 HAc 溶液

用移液管或吸量管分别移取 5.00 mL、10.00 mL、25.00 mL 已标定过的 HAc 溶液于三个 50 mL 容量瓶中，用蒸馏水稀释至刻度摇匀，配制成不同浓度的 HAc 溶液。

3. HAc 溶液 pH 的测定

把上述三种稀释的和未稀释的 HAc 溶液按浓度由稀到浓编号为 1、2、3、4。将它们分别加入四只干燥的 50 mL 烧杯中，按浓度由稀到浓的顺序分别用 pH 计测定它们的 pH，记录

数据,并记录实验时的室温。

4. 数据处理

(1) HAc 准确浓度的计算

滴定序号	1	2	3
NaOH 标准溶液的浓度/mol·L^{-1}			
NaOH 溶液的用量/mL			
HAc 溶液的用量/mL			
HAc 溶液的浓度/mol·L^{-1}			
HAc 溶液浓度的平均值/mol·L^{-1}			

(2) HAc 解离平衡常数和解离度的计算

温度_____℃

编号	c_0(HAc)/mol·L^{-1}	pH	c(H$^+$)/mol·L^{-1}	α	$K^{\ominus}$(HAc) 测定值	$K^{\ominus}$(HAc) 平均值
1						
2						
3						
4						

六、问题与思考

(1) 同温下不同浓度的 HAc 溶液的电离度是否相同? 解离平衡常数是否相同?

(2) 下列情况能否用近似公式:

$$K^{\ominus}(\text{HAc}) = \frac{\{c(\text{H}^+)/c^{\ominus}\}^2}{c_0(\text{HAc})/c^{\ominus}}$$

求标准解离平衡常数?

① 所测 HAc 溶液浓度极稀(醋酸的电离度大于 5%)。

② 在 HAc 溶液中(醋酸的电离度小于 5%)加入一定数量的 NaAc(s)(假设溶液的体积不变)。

(3) 实验中影响测定结果准确性的因素有哪些?

附 注

(1) pH 计的使用详见第四章 §3.4。

(2) 25℃,醋酸标准解离平衡常数的文献值为 1.8×10^{-5}。

§4.10 氯化铵生成热的测定

一、实验目的

（1）了解量热法测定反应热效应的一般原理和方法，加深对有关热化学基础知识的理解。
（2）学习温度计、秒表的使用。
（3）学习数据测量、记录、处理等方法。

二、预习提要

化学热力学基础知识。

三、实验原理

在热力学标准状态下和温度 T 下，由稳定单质生成 1 mol 化合物时的焓变称为该物质的标准摩尔生成焓（简称为生成焓或生成热），用 $\Delta_f H_m^\ominus$ 表示，单位为 $kJ \cdot mol^{-1}$。

本实验通过测定盐酸和氨水反应的中和热及氯化铵固体的溶解热，再利用盐酸和氨水已知的生成热，即可求得氯化铵的生成热。由盖斯定律，可知：

$$\Delta_f H_m^\ominus(NH_4Cl, s) = \Delta_f H_m^\ominus(HCl, aq) + \Delta_f H_m^\ominus(NH_3, aq) + \Delta_r H_m^\ominus - \Delta_s H_m^\ominus(NH_4Cl)$$

式中：$\Delta_f H_m^\ominus$ 为生成热；$\Delta_s H_m^\ominus$ 为溶解热；$\Delta_r H_m^\ominus$ 为盐酸和氨水反应的中和热。

本实验采用普通的保温杯和温度计作为简易量热计（图 4-2）。

可以利用下式计算出反应的反应热：

$$\Delta_r H_m^\ominus = -\frac{C\Delta T}{n}$$

式中：n 为被测物质的物质的量；ΔT 为量热系统温度的改变值；C 为量热计系统的热容。

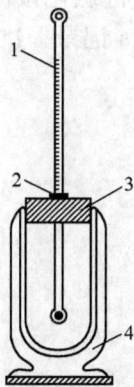

图 4-2 保温杯式简易量热计装置
1. 温度计 2. 橡皮圈 3. 泡沫塑料 4. 保温杯

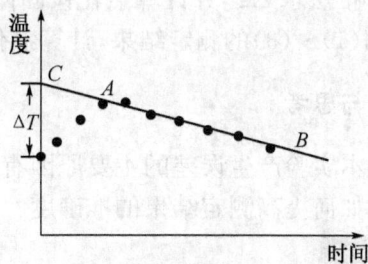

图 4-3 温度-时间曲线

在实际测量中，量热计并非是一个绝热体系，在反应过程中有热量散失，导致有时不能观察到最大的温度变化。为了消除这种影响，常用外推作图法校正，求 ΔT。方法是以温度对时间作图，在所得的各点中作一最佳直线 AB，延长 BA 与纵轴相交于 C，C 点所表示的温度就是系统上升的最高温度(图 4-3)。

量热计系统的热容 C 是指量热计系统的温度升高 1 K 是所需的热量。本实验利用已知盐酸和氢氧化钠反应的中和热($\Delta_r H_m^\circ = -57.3 \text{ kJ} \cdot \text{mol}^{-1}$)来求得 C:

$$C = -\frac{n\Delta_r H_m^\circ}{\Delta T}$$

四、实验用品

仪器:保温杯量热计,精密温度计(分刻度为 0.1℃),移液管,台秤,秒表,洗耳球。

药品:NaOH($1.0 \text{ mol} \cdot \text{L}^{-1}$),HCl($1.0 \text{ mol} \cdot \text{L}^{-1}$,$1.5 \text{ mol} \cdot \text{L}^{-1}$),NH$_3 \cdot$ H$_2$O($1.5 \text{ mol} \cdot \text{L}^{-1}$),NH$_4$Cl(s)。

五、实验内容

(1) 量热计热容的测定

量取 50 mL 1.0 mol $\cdot$ L^{-1} NaOH 倒入量热计,盖好盖子,5 min 后开始记录温度,读数精确到 0.1℃(以下同),适当摇动,每隔 30 s 记录一次,直至温度基本稳定。打开盖子,把 50 mL 1.0 mol $\cdot$ L^{-1} HCl 倒入量热计中,立即盖好盖子,同时记录温度和时间,适当摇动,每隔 30 s 记录一次,当温度达到最高点后再继续记录 3 min。

用外推法求 ΔT,并计算量热计的热容 C。

(2) 盐酸和氨水反应中和热的测定

按(1)的操作,以 1.5 mol $\cdot$ L^{-1} NH$_3 \cdot$ H$_2$O 代替 1.0 mol $\cdot$ L^{-1} NaOH,用 1.5 mol $\cdot$ L^{-1} HCl 代替 1.0 mol $\cdot$ L^{-1} HCl,重复上述实验。

用外推法求 ΔT,并计算盐酸和氨水反应中和热。

(3) 氯化铵溶解热的测定

在量热计中加入 100 mL 蒸馏水,待温度稳定后,记录温度。用台秤称取与(2)的反应溶液中相同的氯化铵的质量(氯化铵预先在 105℃下干燥),将氯化铵固体迅速倒入量热计中,立即盖好盖子,同时记录温度和时间,适当摇动,每隔 30 s 记录一次,当温度下降到最低点后再继续记录 3 min。

用外推法求 ΔT,并计算氯化铵固体的溶解热。

根据(1)~(3)的测定结果,计算氯化铵的生成热。

六、问题与思考

(1) 本实验产生误差的主要原因有哪些?

(2) 如何提高测定结果的准确度?

附 注

(1) 温度计要插入溶液中下部,但勿碰到杯底。

(2) 手捧保温瓶摇荡时,应离开桌面,摇荡动作要轻摇,均匀而充分。

(3) 每次使用量热计之前应洗涤干净,并吸干水分。

(4) 文献查得 25℃ 时,NH$_3$(aq)、HCl(aq) 和 NH$_4$Cl(s) 的生成热分别为 $-80.12 \text{ kJ} \cdot$ mol^{-1}、$-167.16 \text{ kJ} \cdot$ mol^{-1} 和 $-314.43 \text{ kJ} \cdot$ mol^{-1}。

§4.11　化学反应速率与活化能的测定

一、实验目的

（1）测定过二硫酸铵和碘化钾反应的反应速率，并计算反应级数、反应速率常数和反应的活化能。

（2）加深理解浓度、温度和催化剂对反应速率的影响。

（3）学习实验数据的表达与处理。

二、预习提要

化学动力学的初步知识及基本理论。

三、实验原理

在水溶液中过二硫酸铵和碘化钾发生如下反应：

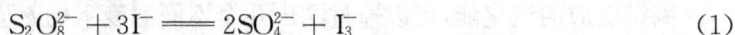

$$S_2O_8^{2-} + 3I^- = 2SO_4^{2-} + I_3^- \tag{1}$$

瞬时速度为：

$$r = kc^m(S_2O_8^{2-})c^n(I^-)$$

式中：k 是反应速率常数；m 与 n 之和是反应级数。若 $c(S_2O_8^{2-})$、$c(I^-)$ 是起始浓度，则 r 表示初速率（r_0）。

平均速率为：

$$\bar{r} = \frac{-\Delta c(S_2O_8^{2-})}{\Delta t}$$

由于本实验在 Δt 时间内反应物浓度的变化很小，所以可近似地用平均速率代替初速率：

$$r_0 = \frac{-\Delta c(S_2O_8^{2-})}{\Delta t} = kc^m(S_2O_8^{2-})c^n(I^-)$$

为了能够测出反应在 Δt 时间内 $S_2O_8^{2-}$ 浓度的改变值，需要在混合 $(NH_4)_2S_2O_8$ 和 KI 溶液时，加入一定体积已知浓度的 $Na_2S_2O_3$ 溶液和淀粉溶液，这样在反应（1）进行的同时还进行反应：

$$2S_2O_3^{2-} + I_3^- = S_4O_6^{2-} + 3I^- \tag{2}$$

这个反应进行得非常快，几乎瞬间完成，而反应（1）比反应（2）慢得多。因此，由反应（1）生成的 I_3^- 立即与 $S_2O_3^{2-}$ 反应，生成无色的 $S_4O_6^{2-}$ 和 I^-。所以在反应的开始阶段看不到碘与淀粉反应而显示的特有蓝色。但是一旦 $Na_2S_2O_3$ 耗尽，反应（1）继续生成的 I^- 就与淀粉反应而呈现出特有的蓝色。

由于从反应开始到蓝色出现标志着 $S_2O_3^{2-}$ 全部耗尽，所以从反应开始到出现蓝色这段时间 Δt 里，$S_2O_3^{2-}$ 浓度的改变 $\Delta c(S_2O_3^{2-})$ 实际上就是 $Na_2S_2O_3$ 的起始浓度。

从反应式（1）和（2）可以看出，$S_2O_8^{2-}$ 减少的量为 $S_2O_3^{2-}$ 减少量的一半，所以 $S_2O_8^{2-}$ 在 Δt 时间内减少的量可以从下式求得：

$$\Delta c(S_2O_8^{2-}) = \frac{\Delta c(S_2O_3^{2-})}{2}$$

即：

$$r = -\frac{\Delta c(S_2O_3^{2-})}{2\Delta t} = \frac{c(S_2O_3^{2-})}{2\Delta t}$$

通过改变反应物 $S_2O_8^{2-}$ 和 I^- 的初始浓度，可以得到该反应不同初始浓度时的初速率。

可以通过分别控制其中一种反应物的浓度为定值，测定其反应速率，然后经数学处理及作图来求反应级数。

通过固定 I^- 浓度不变来求 m。当 $c(I^-)$ 不变时：

$$r = kc^m(S_2O_8^{2-})c^n(I^-) = k'c^m(S_2O_8^{2-})$$

两边取对数后，$\lg r$ 对 $\lg c(S_2O_8^{2-})$ 作图，可得斜率为 m 的一条直线，这样就求得 m。

同理 $S_2O_8^{2-}$ 浓度固定不变，可求出 n 值。

求得 r、m、n 以后，可由下式求得 k 值，即

$$k = \frac{r}{c^m(S_2O_8^{2-})c^n(I^-)} = -\frac{\Delta c(S_2O_8^{2-})}{\Delta t c^m(S_2O_8^{2-})c^n(I^-)} = \frac{c(S_2O_3^{2-})}{2\Delta t c^m(S_2O_8^{2-})c^n(I^-)}$$

测定反应的活化能，可以通过测出几个不同温度下的 k 值，然后再通过作 $\lg k \sim \frac{1}{T}$ 图而求得。由阿累尼乌斯公式，反应速率常数 k 与反应温度 T 有下面的关系式：

$$\lg k = -\frac{E_a}{2.303RT} + C = -\frac{E_a}{19.147T} + C$$

式中：E_a 为反应活化能；R 为气体常数($8.314\ \text{J} \cdot \text{mol}^{-1} \cdot \text{K}^{-1}$)；$T$ 为绝对温度(K)；C 是积分常数(对同一反应，C 值不变)，作 $\lg k \sim \frac{1}{T}$ 图，可得一直线，其斜率为 $-\frac{E_a}{19.147}$，所以 $E_a = -19.147 \times$ 斜率。

首先测定在室温的 k 值，然后测定高于室温和低于室温的速率常数 k 值，作图，即可计算其反应的活化能。

四、实验用品

仪器：烧杯，试管，量筒，秒表，温度计，恒温水浴锅。

药品：$(NH_4)_2S_2O_8$($0.20\ \text{mol} \cdot \text{L}^{-1}$)，$KI$($0.20\ \text{mol} \cdot \text{L}^{-1}$)，$Na_2S_2O_3$($0.010\ \text{mol} \cdot \text{L}^{-1}$)，$KNO_3$($0.20\ \text{mol} \cdot \text{L}^{-1}$)，$(NH_4)_2SO_4$($0.20\ \text{mol} \cdot \text{L}^{-1}$)，$Cu(NO_3)_2$($0.20\ \text{mol} \cdot \text{L}^{-1}$)，淀粉溶液($0.4\%$)。

材料：冰。

五、实验步骤

1. 浓度对化学反应速率的影响

在室温条件下进行表 4-1 中编号 I 的实验。用量筒分别量取 $20.0\ \text{mL}\ 0.20\ \text{mol} \cdot \text{L}^{-1}$ KI 溶液、$8.0\ \text{mL}\ 0.010\ \text{mol} \cdot \text{L}^{-1}$ $Na_2S_2O_3$ 溶液和 $2.0\ \text{mL}\ 0.4\%$ 淀粉溶液，全部加入烧杯中，混合均匀。然后用另一量筒取 $20.0\ \text{mL}\ 0.20\ \text{mol} \cdot \text{L}^{-1}$($NH_4)_2S_2O_8$ 溶液，迅速倒入上述混合液中，同时启动秒表，并不断搅动，仔细观察。当溶液刚出现蓝色时，立即按停秒表，记录

反应时间和室温。

用同样方法按照表 4-1 的用量进行编号 Ⅱ、Ⅲ、Ⅳ、Ⅴ 的实验。

表 4-1 浓度对反应速率的影响　　　　室温：＿＿＿＿℃

实 验 编 号		Ⅰ	Ⅱ	Ⅲ	Ⅳ	Ⅴ
试剂用量 /mL	$0.20\ mol\cdot L^{-1}(NH_4)_2S_2O_8$	20.0	10.0	5.0	20.0	20.0
	$0.20\ mol\cdot L^{-1}$ KI	20.0	20.0	20.0	10.0	5.0
	$0.010\ mol\cdot L^{-1}\ Na_2S_2O_3$	8.0	8.0	8.0	8.0	8.0
	0.4%淀粉溶液	2.0	2.0	2.0	2.0	2.0
	$0.20\ mol\cdot L^{-1}\ KNO_3$	0	0	0	10.0	15.0
	$0.20\ mol\cdot L^{-1}(NH_4)_2SO_4$	0	10.0	15.0	0	0
混合液中反应物起始浓度 /mol·L^{-1}	$(NH_4)_2S_2O_8$					
	KI					
	$Na_2S_2O_3$					
反应时间 $\Delta t/s$						
$S_2O_8^{2-}$ 的浓度变化 $\Delta c(S_2O_8^{2-})$/mol·L^{-1}						
反应速率 r/mol·$L^{-1}\cdot s^{-1}$						

2. 温度对化学反应速率的影响

按表 4-2 实验 Ⅳ 中的药品用量，将装有碘化钾、硫代硫酸钠、硝酸钾和淀粉混合溶液的烧杯和装有过二硫酸铵溶液的小烧杯，放入冰水浴中冷却，待它们温度冷却到低于室温约 10℃ 时，将过二硫酸铵溶液迅速加到混合溶液中，同时记时并不断搅动，当溶液刚出现蓝色时，记录反应时间。此实验编号记为 Ⅵ。

同样方法在热水浴中进行高于室温 10℃ 的实验。此实验编号记为 Ⅶ。

将此 Ⅵ、Ⅶ 的实验数据和 Ⅳ 的实验数据记入表 4-2 中进行比较。

表 4-2 温度对化学反应速率的影响

实验编号	Ⅳ	Ⅵ	Ⅶ
反应温度 T/K			
反应时间 $\Delta t/s$			
反应速率 r /mol·$L^{-1}\cdot s^{-1}$			

3. 催化剂对化学反应速率的影响

按表 4-1 实验 Ⅳ 的用量，把碘化钾、硫代硫酸钠、硝酸钾和淀粉溶液加到 150 mL 烧杯中，再加入 2 滴 $0.02\ mol\cdot L^{-1}\ Cu(NO_3)_2$ 溶液，搅匀，然后迅速加入过二硫酸铵溶液，搅动、记时。将此实验的反应速率与表 4-1 中实验 Ⅳ 的反应速率定性地进行比较。

4. 数据处理

(1) 反应级数和反应速率常数的计算

表4-3　反应级数和反应速率常数的计算

实验编号	I	II	III	IV	V
lg r					
lg $c(S_2O_8^{2-})$					
lg $c(I^-)$					
m					
n					
速率常数 $k/\ mol^{-1} \cdot L \cdot s^{-1}$					
平均速率常数 $k/mol^{-1} \cdot L \cdot s^{-1}$					

（2）反应活化能的计算

表4-4　反应活化能的计算

实验编号	室温时平均反应速率常数	VII	IV
反应速率常数 $k/\ mol^{-1} \cdot L \cdot s^{-1}$			
lg k			
$\dfrac{1}{T}/K^{-1}$			
反应活化能 $E_a/kJ \cdot mol^{-1}$			

六、问题与思考

（1）若不用 $S_2O_8^{2-}$，而用 I^- 或 I_3^- 的浓度变化来表示反应速率，则反应速率常数 k 是否一样？

（2）为什么本实验可以用反应出现蓝色的时间长短来计算反应速率？溶液出现蓝色后，反应是否终止了？

（3）如何解释浓度、温度、催化剂对反应速率的影响？

附　注

（1）若碘化钾溶液有碘析出，或出现浅黄色现象，不能使用。过二硫酸铵溶液需要新配制，因为时间长了过二硫酸铵易分解，如所配制过二硫酸铵溶液的 pH<3，证明该试剂已有分解，不适合本实验使用。

（2）取用各种反应溶液应有专用的量筒和滴管并贴上标签。

（3）应注意加入溶液的次序，在 $(NH_4)_2S_2O_8$ 溶液加入之前，要将其他溶液先混合，搅拌均匀后，再迅速加入 $(NH_4)_2S_2O_8$ 溶液。

（4）当溶液出现蓝色的瞬时，就应立即停表记时，第二次使用秒表之前应检查是否回零。

（5）本实验活化能的文献值为 $51.8\ kJ \cdot mol^{-1}$。

（6）作图法求 m、n、E_a 时，要注意画取直线的原则。

（7）作图时，注明坐标轴的名称、标值、量纲。

§4.12　电导率法测定硫酸钡的溶度积

一、实验目的

(1) 熟悉沉淀的生成、陈化、离心分离、洗涤等基本操作。
(2) 学习饱和溶液的制备。
(3) 掌握电导率法测定难溶盐溶度积的原理和方法。
(4) 掌握电导率仪的使用。

二、预习提要

(1) 溶解-沉淀平衡的基本理论。
(2) 电解质溶液电导、电导率、摩尔电导等基本概念。
(3) 电导率仪的使用。

三、实验原理

在 $BaSO_4$ 的饱和溶液中,存在着下列平衡:

$$BaSO_4(s) \rightleftharpoons Ba^{2+} + SO_4^{2-}$$

其一定温度下 $BaSO_4$ 的溶度积为:

$$K_{sp}^{\ominus}(BaSO_4) = \{c(Ba^{2+})/c^{\ominus}\}\{c(SO_4^{2-})/c^{\ominus}\} = \{c(BaSO_4)/c^{\ominus}\}^2$$

本实验通过测定 $BaSO_4$ 饱和溶液的电导率,再根据电导率与浓度的关系,计算出 $c(BaSO_4)$,进而即可求出 $BaSO_4$ 的溶度积。

电解质溶液的电导 G 为:

$$G = \frac{1}{R}$$

式中:R 为电阻;G 单位为西门子(siemans),符号为 S。

电导率 κ 为:

$$\kappa = G\frac{l}{A}$$

式中:l 为电极间的距离;A 为电极的面积;$\frac{l}{A}$ 称为电极常数或电导池常数,对于某给定的电极来说,一般是由制造厂给出;κ 单位为 $S \cdot m^{-1}$。

Λ_m 表示摩尔电导,即在一定温度下,相距 1 m 的两个平行电极之间,含有 1 mol 电解质溶液的电导率,称为摩尔电导,单位为 $S \cdot m^2 \cdot mol^{-1}$。$\Lambda_m$ 与 κ(电导率)、c(电解质溶液的浓度)的关系为:

$$\Lambda_m = \frac{\kappa}{c}$$

用电导率仪测定 $BaSO_4$ 饱和溶液的电导率,通过下式可算出 $BaSO_4$ 的浓度:

$$c(BaSO_4) = \frac{\kappa(BaSO_4)}{1\,000\Lambda_m(BaSO_4)}$$

在实验中,所测得的 $BaSO_4$ 饱和溶液的电导率,包含有水电离出的 H^+ 和 OH^-,所以计算时必须减去,即:

$$\kappa(BaSO_4) = \kappa(BaSO_4\ 溶液) - \kappa(H_2O)$$

则硫酸钡溶度积的计算式为:

$$K_{sp}^{\ominus}(BaSO_4) = \left\{\frac{\kappa(BaSO_4\ 溶液) - \kappa(H_2O)}{1\ 000\Lambda_m(BaSO_4)}\right\}^2$$

已知 25℃时,硫酸钡饱和溶液的 Λ_m 为 $286.88\times10^{-4}S \cdot m^2 \cdot mol^{-1}$。

四、实验用品

仪器:雷磁 DDS - 11A 型电导率仪,DJS - 1 型铂光亮电极,离心机,烧杯,酒精灯,表面皿,离心试管。

药品:H_2SO_4(0.05 mol · L^{-1}),$BaCl_2$(0.05 mol · L^{-1}),$AgNO_3$(0.01 mol · L^{-1})。

五、实验内容

1. $BaSO_4$ 沉淀的制备

(1) 取 0.05 mol · L^{-1} $BaCl_2$ 和 H_2SO_4 溶液各 30 mL,分别倒入小烧杯中。

(2) 将 H_2SO_4 溶液加热至近沸时,在不断搅拌下,逐滴将 $BaCl_2$ 溶液加入到 H_2SO_4 溶液中,继续加热近沸 10 min(适当搅拌),静置、陈化。当沉淀上面的溶液澄清时,用倾析法倾去上层清液。

(3) 将沉淀和少量余液,用玻璃棒搅成乳状,分次转移至离心试管中,进行离心分离,弃去溶液。

(4) 在小烧杯中盛约 40 mL 蒸馏水,加热近沸,用其洗涤离心管中的 $BaSO_4$ 沉淀,每次加入约 4~5 mL 水,用玻璃棒将沉淀充分搅拌,再离心分离,弃去洗涤液。重复洗涤至洗涤液中无 Cl^- 为止(至少洗涤 4 次)。

2. $BaSO_4$ 饱和溶液的制备

在上面制得的纯 $BaSO_4$ 沉淀中,加入少量水,用玻璃棒将沉淀搅混后,全部转移到小烧杯中,再加蒸馏水 60 mL,搅拌均匀后,加热近沸 10 min(适当搅拌),稍冷后,再搅拌 5 min,静置、冷却至室温。

静置、陈化,当沉淀上面的溶液澄清时,即可进行电导率的测定。

3. 电导率的测定(测定方法见§3.3)

(1) 测定配制 $BaSO_4$ 饱和溶液的蒸馏水的电导率。

(2) 测定 $BaSO_4$ 饱和溶液的电导率。

4. 数据处理

室温/ ℃_____

$\kappa(H_2O)/\ S \cdot m^{-1}$	
$\kappa(BaSO_4\ 溶液)/\ S \cdot m^{-1}$	
$\Lambda_m/S \cdot m^2 \cdot mol^{-1}$	
$c(BaSO_4)/mol \cdot L^{-1}$	
$K_{sp}^{\ominus}(BaSO_4)$	

六、问题与思考

（1）制备 $BaSO_4$ 时，为什么要反复洗涤沉淀？否则对实验结果有何影响？

（2）在测定 $BaSO_4$ 的电导率时，水的电导为什么不能忽略？

附　注

（1）制备 $BaSO_4$ 沉淀时，一定要反复洗涤沉淀，将 Cl^- 除干净，否则会造成很大的实验误差。每次用热水洗涤时，注意将离心试管底部的 $BaSO_4$ 沉淀搅起来，充分搅拌，再离心分离。

（2）待 $BaSO_4$ 饱和溶液冷却至室温且上层液澄清时再测定其电导率。

（3）正确使用电导率仪。注意：① 测量时手不要靠近盛液烧杯，更不要接触烧杯，以免人体感应而造成较大的测量误差；② 盛装被测溶液的容器必须清洁，无离子玷污；③ 测量完毕后，将测量开关拨到校正位置，量程开关拨到最大挡；④ 拆下的电极用蒸馏水洗干净，用清洁纸条吸干，放回盒中。

§4.13　离子交换法测定碘化铅的溶度积

一、实验目的

（1）了解利用离子交换法测定难溶盐的溶度积的原理及实验操作技术。

（2）进一步练习滴定操作。

二、预习提要

（1）沉淀溶解平衡的基本理论。

（2）离子交换法的基本原理和操作技术。

三、实验原理

离子交换树脂是带有活性基团的高分子聚合物。带有酸性交换基团能与阳离子进行交换的树脂称为阳离子交换树脂，而带有碱性交换基团能与阴离子进行交换的树脂称为阴离子交换树脂。这些离子交换树脂广泛用来进行水的净化、金属回收以及离子的分离等。

碘化铅的沉淀溶解平衡方程式：

$$PbI_2(s) \Longrightarrow Pb^{2+} + 2I^-$$

溶度积表达式：

$$K_{sp}^{\circ} = \{c(Pb^{2+})/c^{\circ}\}\{c(I^-)/c^{\circ}\}^2 = 4\{c(Pb^{2+})/c^{\circ}\}^3$$

本实验用强酸型阳离子交换树脂测定碘化铅的溶度积。其交换反应可用下式来表示：

$$2R^-H^+ + Pb^{2+} \Longrightarrow R_2^-Pb^{2+} + 2H^+$$

用标准 NaOH 溶液来滴定交换下来的 H^+ 浓度，进而推算出饱和溶液中 Pb^{2+} 的浓度，即可以求出 PbI_2 的溶度积。

四、实验用品

仪器：烧杯，移液管，碱式滴定管，锥形瓶，离子交换柱（或用碱式滴定管代替），玻璃漏斗。

药品:强酸型阳离子交换树脂(732 型,实验室预先处理好),碘化铅(s),NaOH 标准溶液(0.005 mol·L^{-1}),溴百里酚蓝指示剂,HCl(2 mol·L^{-1}),HNO$_3$(1 mol·L^{-1}),AgNO$_3$(0.1 mol·L^{-1})。

五、实验内容

1. 碘化铅饱和溶液的制备

将过量的碘化铅固体溶于经煮沸除去二氧化碳的蒸馏水中,充分搅拌并放置过夜,使之达到溶解沉淀平衡。然后用定量滤纸进行过滤(所用的漏斗、接收器必须是干燥的),滤液即为 PbI$_2$ 饱和溶液。测量并记录饱和 PbI$_2$ 溶液的温度。

2. 树脂的处理

(1) 漂洗

新树脂常含有一些低聚物、色素等杂质,必须用清水漂洗。将 732 型强酸性阳离子交换树脂用蒸馏水漂洗,然后用蒸馏水浸泡 24～48 h。

(2) 转型

为了使强酸性阳离子交换树脂完全被氢离子所饱和,应该将强酸性阳离子交换树脂浸泡在 2.0 mol·L^{-1} HCl 溶液中,不断搅拌半小时,浸泡 24 h。用蒸馏水洗至呈中性(用 pH 试纸检验)和不含 Cl$^-$(用 AgNO$_3$ 溶液检验)。

(3) 装柱

装柱前,把交换柱下端填入少许玻璃棉,以防离子交换树脂随流出液流出。将处理好的离子交换树脂放入蒸馏水中,与蒸馏水一起转移到交换柱中,液面一定要高于离子交换树脂,且树脂中无气泡。

(4) 交换和洗涤

用移液管移取 25.00 mL PbI$_2$ 饱和溶液,放入离子交换柱中,控制交换柱流出液的速度为每分钟 20～25 滴。用洗净的锥形瓶承接流出液。在 PbI$_2$ 饱和溶液差不多完全流入树脂床时,加入蒸馏水淋洗树脂至流出液的 pH 为 6～7。淋洗时的流出液也应承接在同一锥形瓶中,在整个交换和洗涤过程中应注意勿使流出液损失,且要注意液面始终高出树脂。

(5) 滴定

以溴百里酚蓝为指示剂,用 NaOH 标准溶液(0.005 mol·L^{-1})滴定锥形瓶中的收集液,溶液由黄色变为鲜明的蓝色(pH=6.2～7.6)即为滴定终点,记下所用 NaOH 溶液的体积。

(6) 离子交换树脂的再生处理

使用过的离子交换树脂经再生处理后,可以重新使用。用约 100 mL 1 mol·L^{-1} HNO$_3$ 淋洗,然后用蒸馏水洗涤至流出液为中性,即可再使用。

3. 数据处理

项 目	数 据
PbI_2 饱和溶液温度/K	
NaOH 标准溶液浓度/mol·L^{-1}	
饱和 PbI_2 溶液用量/mL	
滴定时 NaOH 标准溶液用量 /mL	
H^+ 浓度/mol·L^{-1}	
Pb^{2+} 浓度/mol·L^{-1}	
$K_{sp}^{\ominus}(PbI_2)$	

六、问题与思考

(1) 离子交换时,为什么要控制液体的流速不宜太快? 为什么要自始至终保持液面高于离子交换树脂层?

(2) 制备 PbI_2 饱和溶液时,为什么要用煮沸过的水溶解 PbI_2 固体?

(3) 在交换和洗涤过程中,如果流出液有小部分损失掉,会对实验结果造成什么影响?

(4) 本实验离子交换树脂的再生处理时用 HNO_3,能否用 HCl 或 H_2SO_4? 为什么?

附 注

(1) 本实验装柱是非常关键的一步,若装柱时出现气泡,可加入蒸馏水,使液面高出树脂,并用玻璃棒搅动树脂,以便赶走气泡。

(2) 离子交换时,滴速不要太快,且保持树脂浸泡在溶液中。

(3) 收集 H^+ 交换液和淋洗液时,切勿使流出液损失。

(4) 本实验测定 $K_{sp}^{\ominus}$ 值的数量级为 $10^{-9} \sim 10^{-10}$ 为合格。

§4.14 分光光度法测定磺基水杨酸合铁(Ⅲ) 配合物的组成及稳定常数

一、实验目的

(1) 了解分光光度法测定溶液中配合物的组成和稳定常数的原理和方法。

(2) 练习使用分光光度计。

二、预习提要

(1) 配位化合物的基本知识。

(2) 分光光度计的使用。

三、实验原理

当一束具有一定波长的单色光通过有色溶液时,一部分光被溶液吸收,一部分光透过溶

液。有色物质对光的吸收程度与溶液的浓度 c 和穿过的液层厚度 d 的乘积成正比,即:

$$A = lg\, I_0/I_t = kcd$$

这就是朗伯-比耳定律。式中,k 为吸光系数;A 为吸光度;I_0 为入射光强度;I_t 为透射光强度。当同种物质,液层厚度固定时,上式可表示为:

$$A = lg\, I_0/I_t = k'c$$

即吸光度与溶液的浓度成正比。由分光光度计测定 A,进而可以推算配合物的组成和稳定常数。

磺基水杨酸(H_3R)的结构式为:

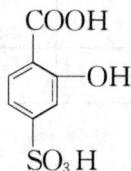

$$\text{COOH} \atop \text{OH} \atop \text{SO}_3\text{H}$$

磺基水杨酸与 Fe^{3+} 可以形成稳定的配合物,所形成的配合物组成随 pH 不同而异。本实验用等物质的量系列法测定 pH<3 时磺基水杨酸与 Fe^{3+} 形成的红褐色配合物的组成和表观稳定常数。

等物质的量系列法就是保持每份溶液中金属离子的浓度和配体的浓度之和不变的前提下,改变这两种溶液的相对量,配制一系列溶液并测定每份溶液的吸光度。以 A 对 M 的物质的量分数或 L 的物质的量分数作图,曲线上与吸光度极大值对应的物质的量比就是该有色配合物中金属离子 M 与配位体 L 的组成之比。

图 4-4 表示一个典型的低稳定性的配合物 ML 的物质的量比与吸光度曲线。将两边直线部分延长相交于 E,E 点位于 0.5,即金属离子与配体的物质的量比为 1∶1。从图可见,当完全以 ML 形式存在时,在 E 点 ML 的浓度最大,对应的吸光度为 A_1,但是由于配合物有一部分离解,实际测得的最大吸光度为 A_2。设配合物离解度为 α,则有:

$$\alpha = \frac{A_1 - A_2}{A_1}$$

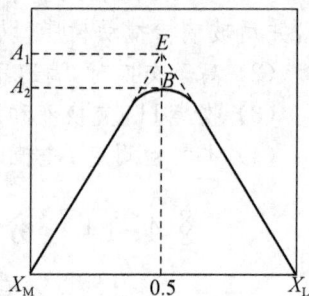

图 4-4　等物质的量系列法

对 1∶1 型配合时,存在如下平衡:

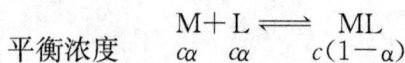

平衡浓度

$$\begin{array}{ccc} M & + L & \rightleftharpoons & ML \\ c\alpha & c\alpha & & c(1-\alpha) \end{array}$$

$$K^{\ominus} = \frac{c(ML)/c^{\ominus}}{\{c(M)/c^{\ominus}\}\{c(L)/c^{\ominus}\}} = \frac{1-\alpha}{c\alpha^2}c^{\ominus}$$

式中 c 为与 E 点对应的溶液中 M 离子的浓度

四、实验用品

仪器:721 型分光光度计,烧杯,容量瓶,吸量瓶,锥形瓶。

药品:$HClO_4$(0.01 mol·L^{-1}),磺基水杨酸(0.010 0 mol·L^{-1},用 0.01 mol·L^{-1} $HClO_4$ 溶液配制),$NH_4Fe(SO_4)_2$(0.010 0 mol·L^{-1},用 0.01 mol·L^{-1} $HClO_4$ 溶液配制)。

五、实验内容

1. 配制溶液

(1) 配制 $0.0010\ mol \cdot L^{-1}\ NH_4Fe(SO_4)_2$ 溶液和 $0.0010\ mol \cdot L^{-1}$ 磺基水杨酸溶液

准确吸取 10 mL $0.0100\ mol \cdot L^{-1}\ NH_4Fe(SO_4)_2$ 溶液,加入 100 mL 容量瓶中,用 $0.01\ mol \cdot L^{-1}\ HClO_4$ 溶液稀释至刻度,摇匀备用。

同样方法配制 $0.0010\ mol \cdot L^{-1}$ 磺基水杨酸溶液。

(2) 按下表准确量取列出各溶液的体积,分别注入 11 只干净干燥的烧杯中,摇匀。

编号	$0.01\ mol \cdot L^{-1}$ $HClO_4$ 溶液 的体积/mL	$0.0010\ mol \cdot L^{-1}$ Fe^{3+} 溶液 的体积/mL	$0.0010\ mol \cdot L^{-1}$ H_3R 溶液 的体积/mL	H_3R 物质 的量分数	吸光度
1	10.00	10.00	0		
2	10.00	9.00	1.00		
3	10.00	8.00	2.00		
4	10.00	7.00	3.00		
5	10.00	6.00	4.00		
6	10.00	5.00	5.00		
7	10.00	4.00	6.00		
8	10.00	3.00	7.00		
9	10.00	2.00	8.00		
10	10.00	1.00	9.00		
11	10.00	0	10.00		

2. 测定吸光度

用分光光度计(波长为 500 nm 的光源)测定上述各溶液的吸光度,记录测得数据。

3. 数据处理

(1) 以 A 为纵坐标,以配体 L 的物质的量分数为横坐标作图,求算配合物的组成。

(2) 求出该配合物 α 和稳定常数 $K^{\ominus}$。

六、问题与思考

(1) 使用分光光度计时,在操作上应注意什么?

(2) 本实验中,能否用体积分数代替物质的量的分数为横坐标作图?

(3) 在测定吸光度时,如温度变化较大,对测得的稳定常数有影响吗?

(4) 为何要保持每一份测定溶液的 pH 一致?

附注

(1) 磺基水杨酸与 Fe^{3+} 所形成的配合物组成随 pH 不同而异。

（2）要准确配制好一系列测定体系，盛装溶液的烧杯预先洗净、干燥。

（3）要正确使用分光光度计。

（4）药品的配制

$HClO_4$（0.01 mol·L^{-1}）：将 4.4 mL 70% $HClO_4$ 加入到 50 mL 水中，再稀释到 5 000 mL。

Fe^{3+} 溶液（0.01 mol·L^{-1}）：用 4.82 g 分析纯硫酸铁铵$(NH_4)Fe(SO_4)_2·12H_2O$ 晶体溶于 1 L 0.01 mol·L^{-1}高氯酸中配制而成。

磺基水杨酸（0.001 0 mol·L^{-1}）：用 2.54 g 分析纯磺基水杨酸溶于 1 L 0.01 mol·L^{-1}高氯酸配制而成。

§4.15　硝酸钾的制备和提纯

一、实验目的

（1）利用物质溶解度随温度变化的不同，学习用复分解反应制备盐类的方法。

（2）练习用重结晶法提纯物质。

（3）学会溶解、过滤、结晶等基本操作。

二、预习提要

（1）根据温度对物质溶解度影响的不同，用复分解反应制备盐类的原理和方法。

（2）用重结晶法提纯物质的原理和方法。

三、实验原理

复分解法是制备无机盐类的常用方法。本实验是用 $NaNO_3$ 和 KCl 通过复分解反应来制取 KNO_3。当 KCl 和 $NaNO_3$ 溶液混合时，在混合液中存在 K^+、Na^+、Cl^-、NO_3^- 四种离子，由这四种离子组成的四种盐在不同的温度下的溶解度如表 4-5。

表 4-5　几种盐类在不同温度下的溶解度(g/100 g H_2O)

温度/℃ 盐	0	10	20	30	50	80	100
NaCl	37.5	35.8	36.0	36.3	36.8	38.4	39.8
$NaNO_3$	73.0	80.0	88.0	96.0	114.0	148.0	180.0
KCl	27.6	31.0	34.0	37.0	42.6	51.1	56.7
KNO_3	13.3	20.9	31.6	45.8	83.5	169.0	246.0

由表中的数据可以看出，四种盐的溶解度在不同温度下的差别是非常显著的。氯化钠的溶解度随温度变化不大，而 KNO_3 的溶解度却随温度的升高迅速增大。因此，只要把 $NaNO_3$ 和 KCl 的混合液在较高温度下加热浓缩，首先析出 NaCl 晶体，将 NaCl 晶体趁热过滤除去，滤液冷却后，其中的 KNO_3 因溶解度急剧下降而析出，就可得到含少量 NaCl 等杂质的晶体，然后可用重结晶的方法提纯 KNO_3。

四、实验用品

仪器：水泵，烧杯，量筒，表面皿，布氏漏斗，吸滤瓶，台秤。

试剂：$NaNO_3(s)$，$KCl(s)$，$AgNO_3(0.1 \ mol \cdot L^{-1})$，$HNO_3(5 \ mol \cdot L^{-1})$。

材料：滤纸。

五、实验内容

1. 硝酸钾的制备

（1）在台秤上称取 21 g 固体 $NaNO_3$，18.5 g 固体 KCl，放入 100 mL 烧杯中，加入 35 mL蒸馏水，用酒精灯加热溶解。

（2）继续加热并不断搅拌，大约蒸发至原溶液体积的 2/3 左右，这时 $NaCl$ 晶体析出。趁热迅速进行减压过滤。

（3）滤液迅速转入 50 mL 烧杯，冷却，KNO_3 晶体析出，减压过滤，尽量吸干。

（4）称重，计算 KNO_3 粗产品的百分率。

2. 用重结晶法提纯 KNO_3

除保留 0.5 g 的粗产品提供纯度检验外，将粗产品放在 50 mL 烧杯中，按 $m(KNO_3)$：$m(H_2O)=2:1$ 的比例计算加水量，加入计算量的蒸馏水，加热搅拌至晶体全部溶解为止。然后冷却，待大量 KNO_3 晶体析出后减压过滤，称重，计算产率。

3. 产品纯度的检验

分别称取 0.5 g 的 KNO_3 粗产品和一次重结晶的产品放入两个小烧杯中，各加 20 mL 蒸馏水溶解，各取 1 mL 稀释至 100 mL，各取稀释液 1 mL，各加 2 滴 $0.1 \ mol \cdot L^{-1} \ AgNO_3$ 溶液，观察现象，比较纯度。

六、问题与思考

（1）产品的主要杂质是什么？

（2）实验中为何要趁热过滤除去 $NaCl$ 晶体？

附 注

（1）除去 $NaCl$ 时，大约蒸发至原溶液体积的 2/3 左右，若所剩溶液的体积较大，则析出的 $NaCl$ 较少，产品的纯度差；若所剩溶液的体积较少，则有部分 KNO_3 析出，产品的产量低。

（2）加热蒸发析出 $NaCl$ 时，要不断搅拌，否则大量析出的 $NaCl$ 晶体会引起暴沸，使浓的盐溶液溅出烧杯，严重时会将烧杯冲倒。

（3）趁热抽滤除去 $NaCl$ 时动作要迅速，事先做好充分的准备。为防止抽滤时部分 KNO_3 在吸滤瓶中析出，将吸滤瓶可预先放在沸水浴或烘箱中预热或抽滤时将吸滤瓶浸在沸水浴中。抽滤后趁热迅速把滤液转移到小烧杯中。

§4.16　草酸盐共沉淀法制备铁氧体磁粉

一、实验目的

（1）掌握共沉淀法合成无机粉体物质的方法。

（2）了解马弗炉的结构及使用方法。

二、预习提要

（1）查阅有关铁氧体材料制备的资料。

（2）马弗炉的结构及使用方法。

（3）化学沉淀合成法的一般原理。

三、实验原理

铁氧体一般是指铁系元素和一种或多种其他金属元素的复合氧化物,是一种常用的磁性材料,广泛用于软磁、旋磁、矩磁材料,以及用作磁记录介质、磁泡材料等。

化学共沉淀法即在控制反应温度、浓度、化学计量比以及 pH 等工艺条件下,加入沉淀剂使溶液中按一定计量比混合的物质同时共沉淀。沉淀物经分离、干燥后在高温炉(马弗炉)中焙烧,使沉淀物发生高温固相反应,从而获得性能优良的微米级、甚至纳米级的粉体材料。

本实验选用草酸盐作为共沉淀剂,它和 $Zn(II)$、$Ni(II)$、$Fe(II)$ 可以同时沉淀而形成共沉淀物:

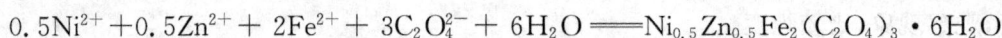

$$0.5Ni^{2+} + 0.5Zn^{2+} + 2Fe^{2+} + 3C_2O_4^{2-} + 6H_2O = Ni_{0.5}Zn_{0.5}Fe_2(C_2O_4)_3 \cdot 6H_2O$$

共沉淀物经高温分解及固相反应获得镍锌铁氧体粉料:

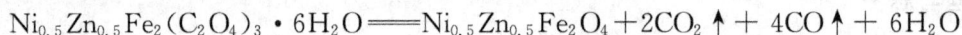

$$Ni_{0.5}Zn_{0.5}Fe_2(C_2O_4)_3 \cdot 6H_2O = Ni_{0.5}Zn_{0.5}Fe_2O_4 + 2CO_2\uparrow + 4CO\uparrow + 6H_2O$$

四、实验用品

仪器:马弗炉,恒温水浴,烧杯,圆底烧瓶,磁力搅拌器,布氏漏斗,瓷坩埚,移液管,磁石,光学显微镜。

药品:用含 0.1%(质量分数)H_2SO_4 的蒸馏水配制 $NiSO_4$($0.7\ mol \cdot L^{-1}$)、$ZnSO_4$($0.7\ mol \cdot L^{-1}$)、$FeSO_4$($0.7\ mol \cdot L^{-1}$)和$(NH_4)_2C_2O_4$($0.35\ mol \cdot L^{-1}$)。

五、实验内容

（1）按实验原理中的共沉淀化学反应式计算各盐溶液的用量(制取 5 g 草酸盐共沉淀物,溶液总体积为 400 mL)。

（2）将草酸盐溶液盛于另一烧杯中待用,其他料液准确移取至烧瓶中。分别加热上述料液和草酸盐溶液至 65℃,并恒温,搅拌,然后将草酸盐溶液倒入反应料液中,搅拌 5 min,取出,以流水冷至室温后放置片刻。用布氏漏斗抽滤,以蒸馏水洗涤沉淀至无 SO_4^{2-} 为止(用 Ba^{2+} 检查),最后用少量乙醇淋洗一次,抽干。

（3）将滤饼转入蒸发皿中,在烘箱中干燥,然后转入瓷坩埚,并放入马弗炉中,在 200℃下烘烤 1～2 h 后,慢慢升温至 700℃,保温半小时后停止加热,待炉温降至 100℃以下时,取出瓷坩埚,得到具有尖晶石结构的镍锌铁氧体粉料。将产品放入干燥器中,待冷却后称重,计算产率。

(4) 用磁铁检查产品是否有磁性。用光学显微镜观察产品的粉体形貌(有条件的可用电子显微镜观察产品初级颗粒的形貌)。

六、问题与思考

(1) 何为化学共沉淀技术,该技术的特点是什么?
(2) 产物滤饼为何物? 将它放在马弗炉中焙烧的目的是什么?

附 注

(1) 控制好制备草酸盐共沉淀物的条件,并将 SO_4^{2-} 洗干净。
(2) 正确使用马弗炉。

§4.17 四碘化锡的制备

一、实验目的

(1) 学习利用非水溶剂制备无机物四碘化锡的方法。
(2) 掌握回流、水浴加热等基本操作。

二、预习提要

(1) 收集查看利用非水溶剂制备无机物四碘化锡的资料。
(2) 四碘化锡的重要性质。

三、实验原理

四碘化锡是橙红色的针状晶体,熔点 416.6 K,沸点 637 K。因四碘化锡易水解,不宜在水溶液中制备,可采用在加热条件下锡与碘蒸气进行反应或利用非水溶剂的合成方法进行制备。本实验采用非水溶剂法。可被选用的非水溶剂有四氯化碳、冰醋酸、三氯甲烷、石油醚等。在非水溶剂中加热碘与锡箔,反应如下:

$$Sn + 2I_2 \longrightarrow SnI_4$$

冷却后析出 SnI_4 晶体。

本实验介绍常规和微型制备 SnI_4 的方法,可根据教学需要选择。

四、实验用品

仪器:电子天平,圆底烧瓶,回流冷凝管,烧杯,温度计,酒精灯,铁架台,蒸发皿,干燥管,抽滤瓶,布氏漏斗;若选择微型制备方法还需要磁力搅拌器,调压器,加热器,结晶皿。
药品:锡箔,碘,无水氯化钙,冰醋酸,乙酸酐,氯仿,石油醚(微型制备)。

五、实验内容

1. 常规实验

准确称取约 4.0 g 碘和 1.5 g 锡箔(剪成碎片),放入已洗净、烘干的 100~150 mL 圆底烧瓶,再加入 30 mL 冰醋酸和 30 mL 乙酸酐,加入几粒沸石(以防暴沸)。装配好反应装置(如图 4-5),空气浴(或水浴)加热使混合物沸腾,保持回流状态直至反应完全为止(至冷凝下来的液滴由紫色变为无色)。停止加热,趁热用倾析法把溶液倒入洁净、干燥的小烧杯内,冷却至室温即有橙红色的四碘化锡晶体析出,减压抽滤。将所得晶体放在干燥的小烧杯中,加 30 mL 氯仿,温水浴溶解,迅速抽滤,滤液倒入蒸发皿中,放在通风橱内直至氯仿完全挥发,得到橙红色晶体。称量产品,计算产率。未反应的锡箔保留。

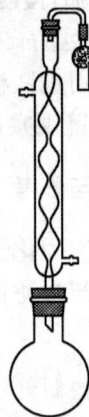

2. 微型实验

准确称取约 0.500 0 g 晶体碘和 0.200 0 g 锡箔(剪成碎片),

图 4-5　SnI₄ 制备装置

放入已洗净、烘干的 30 mL 圆底烧瓶,再加入 10 mL 石油醚。装配好回流冷凝器等反应装置,用磁力搅拌器在水浴上加热回流。控制水浴温度在 85~95℃之间,调节冷凝水的流量,使含碘石油醚的冷凝液不高于冷凝器的中间部位。保持回流状态直至反应完全为止(至冷凝下来的石油醚液滴由紫色变为无色)。停止加热撤掉水浴,待不沸腾后取下冷凝管,趁热用倾析法把溶液倒入 30 mL 洁净、干燥的小烧杯内,使未反应的锡片留在烧瓶内。烧瓶内壁及剩余锡箔上沾有的 SnI₄ 晶体,可用 1~2 mL 热石油醚洗涤,洗涤液合并到上述小烧杯内,将其放到冰浴中冷却、结晶。用倾析法把上层清液沿玻璃棒小心倒入回收瓶,最后将盛有结晶的小烧杯置于水浴上干燥,称量产品,计算产率。

六、问题与思考

(1) 为什么制备 SnI₄ 要在非水溶剂中进行?

(2) 在制备实验操作中应注意哪些问题?

(3) 本实验以哪一种原料过量为好? 为什么?

附 注

(1) 安装好回流装置,并控制好回流温度。

(2) 所用玻璃仪器要干燥。

(3) 注意有机溶剂的使用安全。

§4.18　醋酸铬(Ⅱ)水合物的制备

一、实验目的

(1) 学习在无氧条件下制备易被氧化的不稳定化合物的原理和方法。

(2) 巩固沉淀的洗涤、过滤等操作。

二、预习提要

(1) Cr(Ⅱ)、Cr(Ⅲ)化合物的性质。

（2）制备醋酸铬（Ⅱ）水合物的原理和方法。

三、实验原理

通常铬（Ⅱ）的化合物非常不稳定，它们能迅速被空气中氧氧化为铬（Ⅲ）的化合物。醋酸铬（Ⅱ）是淡红棕色结晶性物质，不溶于水，但易溶于盐酸。这种溶液亦与其他所有亚铬酸盐相似，能吸收空气中的氧气。

制备容易被氧气氧化的化合物不能在大气气氛下进行，常用惰性气体作保护性气氛，如 N_2、Ar 气氛等。有时也在还原性气氛下合成。

本实验在封闭体系中利用金属锌作还原剂，将三价铬还原为二价，再与醋酸钠溶液作用制得醋酸铬（Ⅱ）。反应体系中产生的氢气除了增大体系压强使 Cr（Ⅱ）溶液进入 NaAc 溶液中，同时，氢气还起到隔绝空气使体系保持还原性气氛的作用。

制备反应的离子方程式如下：

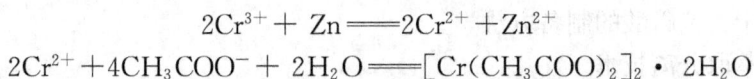

$$2Cr^{3+} + Zn \Longrightarrow 2Cr^{2+} + Zn^{2+}$$

$$2Cr^{2+} + 4CH_3COO^- + 2H_2O \Longrightarrow [Cr(CH_3COO)_2]_2 \cdot 2H_2O$$

四、实验用品

仪器：吸滤瓶，两孔橡皮塞，滴液漏斗，锥形瓶，烧杯，布氏漏斗（或砂滤漏斗），台秤，量筒。

试剂：浓盐酸，乙醇（分析纯），乙醚（分析纯），去氧水（已煮沸过的蒸馏水），六水合三氯化铬（s），锌粒，无水醋酸钠（s）。

五、实验内容

仪器装置如图 4-6 所示。

称取 5 g 无水醋酸钠于锥形瓶中，用12 mL去氧水配成溶液。

在吸滤瓶中放入 8 g 锌粒和 5 g 三氯化铬晶体，加入 6 mL 去氧水，摇动吸滤瓶，得到深绿色混合物。夹住通往醋酸钠溶液的橡皮管，通过滴液漏斗缓慢加入浓盐酸 10 mL，并不断摇动吸滤瓶，溶液逐渐变为蓝绿色到亮蓝色。当氢气仍然较快放出时，松开右边橡皮管，夹住图左边橡皮管，以迫使二氯化铬溶液进入盛

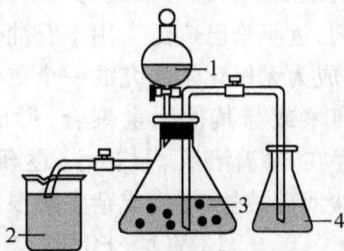

图 4-6 制备醋酸铬（Ⅱ）装置图
1. 滴液漏斗内装浓盐酸 2. 水封 3. 抽滤瓶内装锌粒 4. 锥形瓶内装醋酸钠水溶液

有醋酸钠溶液的锥形瓶中。搅拌，形成红色醋酸亚铬沉淀。用铺有双层滤纸的布氏漏斗过滤沉淀，并用 15 mL 去氧水洗涤数次，然后用少量乙醇，乙醚各洗涤三次。将产物薄薄一层铺在表面皿上，在室温下使其干燥。称量，计算产率。保存产品。

六、问题与思考

（1）为何要用封闭的装置制备醋酸铬（Ⅱ）？

（2）反应物锌要过量，为什么？产物为什么用乙醇、乙醚洗涤？

(3) 根据醋酸铬(Ⅱ)的性质,该化合物如何保存?

附　注

(1) 反应物锌应当多量,浓盐酸适量。

(2) 滴酸的速度不宜太快,反应时间要足够长(约 1 h)。

(3) 产品必须洗涤干净。

(4) 产品在惰性气氛下密封保存。严格地密封保存的醋酸铬(Ⅱ)样品可始终保持砖红色。然而,若空气进入样品,它就逐渐变成灰绿色,这是被氧化物质的特征颜色。

§4.19　十二钨磷酸的制备

一、实验目的

(1) 学习十二钨磷酸的制备方法。

(2) 练习萃取分离技术。

二、预习提要

(1) 同多酸和杂多酸的概念及应用。

(2) 萃取原理和操作。

三、实验原理

由同种含氧酸根离子缩合形成的离子叫做同多阴离子,其酸称为同多酸。由不同种类的含氧酸根阴离子缩合形成的离子叫做杂多阴离子,其酸称杂多酸。杂多酸作为一种新型的催化剂,近年来已广泛应用于石油化工、冶金、材料、医药等许多领域。有关杂多酸的研究课题,已成为无机化学研究的一个重要方向。钨在化学性质上的显著特点之一是在一定条件下易自聚或与其他元素聚合,形成多酸或多酸盐。在碱性条件中 W(Ⅵ)以正钨酸根 WO_4^{2-} 存在,随着溶液 pH 减小,逐渐聚合为多酸根离子。在上述聚合过程中,加入一定量的磷酸盐或硅酸盐,则生成杂多酸根离子,如十二钨磷酸根离子:

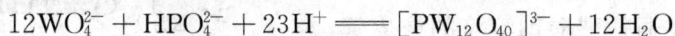

$$12WO_4^{2-} + HPO_4^{2-} + 23H^+ \Longrightarrow [PW_{12}O_{40}]^{3-} + 12H_2O$$

由于钨杂多酸在强酸性溶液中易与乙醚生成加合物,故本实验采用乙醚萃取来制备十二钨磷酸。

四、实验用品

仪器:烧杯,分液漏斗,蒸发皿,水浴锅。

药品:二水合钨酸钠(s),磷酸氢二钠(s),HCl(6 mol·L^{-1},浓),乙醚,H$_2$O$_2$(3%)。

五、实验内容

(1) 取 20 g 二水合钨酸钠和 3.2 g 磷酸氢二钠溶于 80 mL 热水(60~70℃)中,边加热边搅拌下,缓慢向水溶液中加入 20 mL 浓 HCl 溶液,继续加热 0.5 h,溶液为澄清略显黄色。若溶液呈现蓝色,是由于钨被还原的结果,须向溶液中滴加 3% 过氧化氢或溴水至蓝色褪去,冷却。

（2）将烧杯中的溶液和析出的少量固体一并转移至分液漏斗中。向分液漏斗中加入 28 mL 乙醚,再分 3～4 次加入 8 mL 6 mol·L^{-1} 盐酸,振荡（适时放气）、静置,液体分三层。分出下层油状的醚合物,收集醚合物,放入蒸发皿中。

（3）将蒸发皿置于装有沸水的烧杯上,水浴蒸发乙醚,直至液体表面出现晶膜。若在蒸发过程中,液体变蓝,则须滴加少许 3% 过氧化氢至蓝色褪去。

（4）将蒸发皿放在通风处使醚在空气中渐渐挥发掉,即可得到白色或浅黄色十二钨磷酸固体。

六、问题与思考

（1）十二钨磷酸较易被还原,在制备过程中要注意哪些问题?

（2）在使用乙醚时,要注意哪些事项?

（3）萃取分离时,静置后溶液分三层,每层各为何物?

附 注

（1）乙醚有毒,沸点低（35.6℃）,挥发性强,易燃、易爆。因此,使用时要加小心,实验室内严禁明火。蒸醚过程应在通风橱内进行。

（2）萃取操作要规范,注意适时放气。

§4.20　解离平衡、沉淀溶解平衡和配位平衡

一、实验目的

（1）加深理解解离平衡、水解平衡、沉淀溶解平衡、配位平衡的基础知识。

（2）探讨影响化学平衡移动的因素。

（3）掌握离心分离的基本操作。

（4）巩固酸度计的使用。

二、预习提要

解离平衡、水解平衡、沉淀溶解平衡、配位平衡的基本理论。

三、实验原理

弱酸、弱碱在水溶液中发生部分解离,存在解离平衡。例如醋酸在水溶液中存在下列离解平衡:

$$HAc \rightleftharpoons H^+ + Ac^-$$

其标准解离常数表达式为:

$$K^{\circ}(HAc) = \frac{\{c(Ac^-)/c^{\circ}\}\{c(H^+)/c^{\circ}\}}{\{c(HAc)/c^{\circ}\}}$$

在弱电解质溶液中加入含有相同离子的另一易溶强电解质时,会引起平衡移动而使弱电解质的电离程度减小,这就是同离子效应。

在弱酸(弱碱)及其盐的混合溶液中,适当稀释或加入少量的酸或碱,其 pH 改变很小,这种能保持 pH 相对稳定的溶液称为缓冲溶液,这种作用称为缓冲作用。

盐类(除了强酸强碱盐)在水溶液中会发生水解反应,存在水解平衡。如 NaAc 水溶液中:

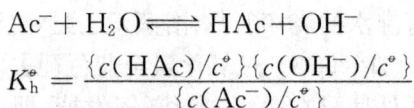

$$Ac^- + H_2O \rightleftharpoons HAc + OH^-$$

$$K_h^\ominus = \frac{\{c(HAc)/c^\ominus\}\{c(OH^-)/c^\ominus\}}{\{c(Ac^-)/c^\ominus\}}$$

盐类水解程度的大小主要与盐类的本性有关,此外还受温度、浓度、酸度的影响。

在一定温度下,难溶电解质在水溶液中建立沉淀溶解平衡:

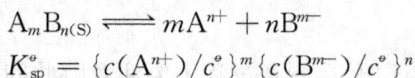

$$A_m B_{n(S)} \rightleftharpoons mA^{n+} + nB^{m-}$$

$$K_{sp}^\ominus = \{c(A^{n+})/c^\ominus\}^m \{c(B^{m-})/c^\ominus\}^n$$

$K_{sp}^\ominus$ 称为溶度积。将任意状态下的离子浓度幂的乘积 Q_i(离子积)与溶度积比较:① 当 $Q_i = K_{sp}^\ominus$ 时,是饱和溶液,沉淀和溶解处于平衡状态;② 当 $Q_i < K_{sp}^\ominus$ 时,是不饱和溶液,无沉淀析出,若系统中原来有沉淀,则沉淀溶解,直到溶液饱和;③ 当 $Q_i > K_{sp}^\ominus$ 时,是过饱和溶液,有沉淀从溶液中析出,直到溶液呈饱和状态。

配合离子,例如$[Ag(NH_3)_2]^+$在水溶液中存在着配位平衡:

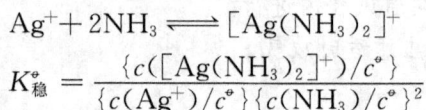

$$Ag^+ + 2NH_3 \rightleftharpoons [Ag(NH_3)_2]^+$$

$$K_稳^\ominus = \frac{\{c([Ag(NH_3)_2]^+)/c^\ominus\}}{\{c(Ag^+)/c^\ominus\}\{c(NH_3)/c^\ominus\}^2}$$

$K_稳^\ominus$ 称为稳定常数。通过配位反应形成的配合物,其许多性质如溶解度、颜色、氧化还原性等都与组成配合物的原物质有很大不同。沉淀的生成、氧化还原反应、溶液的酸碱性往往会引起配位平衡的移动。

四、实验用品

仪器:pH 计,离心机。

药品:$NH_4Ac(s)$,$NaAc(s)$,$Fe(NO_3)_3 \cdot 9H_2O(s)$,$CuSO_4 \cdot 5H_2O(s)$,$NH_3 \cdot H_2O$(浓,6 mol·L^{-1},2 mol·L^{-1},0.1 mol·L^{-1}),HAc(0.1 mol·L^{-1}),NaAc(0.1 mol·L^{-1}),HCl(2 mol·L^{-1},0.1 mol·L^{-1}),NaOH(0.1 mol·L^{-1}),HNO_3(6 mol·L^{-1},2 mol·L^{-1}),Na_2CO_3(饱和,0.1 mol·L^{-1}),NaCl(0.1 mol·L^{-1}),$Al_2(SO_4)_3$(0.1 mol·L^{-1}),$Pb(NO_3)_2$(0.1 mol·L^{-1},0.001 mol·L^{-1}),KI(0.1 mol·L^{-1},0.001 mol·L^{-1}),$HgCl_2$(0.1 mol·L^{-1}),$(NH_4)_2C_2O_4$(饱和),$CaCl_2$(0.5 mol·L^{-1}),$AgNO_3$(0.1 mol·L^{-1}),$CuSO_4$(0.1 mol·L^{-1}),Na_2S(0.1 mol·L^{-1}),K_2CrO_4(0.05 mol·L^{-1}),乙醇(95%),NH_4F(10%),$FeCl_3$(0.1 mol·L^{-1}),KSCN(0.1 mol·L^{-1}),$NiSO_4$(0.1 mol·L^{-1}),丁二酮肟(1%),$K_3[Fe(CN)_6]$(0.1 mol·L^{-1}),$FeSO_4$(0.1 mol·L^{-1}),$K_4[Fe(CN)_6]$(0.1 mol·L^{-1}),CCl_4,KBr(0.1 mol·L^{-1}),$Na_2S_2O_3$(0.5 mol·L^{-1}),H_2SO_4(浓,1 mol·L^{-1}),Na_2SO_4(0.5 mol·L^{-1}),酚酞溶液,甲基橙溶液。

材料:pH 试纸,滤纸。

五、实验内容

1. 解离平衡

（1）弱酸、弱碱的解离平衡

① 在两支试管中各加入 $0.1\ mol \cdot L^{-1}\ NH_3 \cdot H_2O$ 溶液 2 mL，再分别加入 1 滴酚酞溶液，然后在其中的一支试管中加入少量的醋酸铵固体，振荡试管，观察溶液颜色的变化，与另一支试管中溶液的颜色比较，并解释之。

② 在两支试管中各加入 $0.1\ mol \cdot L^{-1}\ HAc$ 溶液 2 mL，再分别加入 1 滴甲基橙，然后在其中的一支试管中加入少量的醋酸钠固体，振荡试管，观察溶液颜色的变化，与另一支试管中溶液的颜色比较，并解释之。

（2）缓冲溶液的缓冲作用

① 在 100 mL 的烧杯中加入 $0.1\ mol \cdot L^{-1}\ HAc$ 和 $0.1\ mol \cdot L^{-1}\ NaAc$ 溶液各 25 mL，搅拌均匀，用 pH 计测 pH。保留此溶液。

② 向①所得溶液中加蒸馏水 50 mL，搅拌均匀，用 pH 计测 pH。保留此溶液。

③ 将②所得的溶液分成两等份，一份加入 $0.1\ mol \cdot L^{-1}\ HCl$ 10 滴，另一份加入 $0.1\ mol \cdot L^{-1}\ NaOH$ 10 滴，用 pH 计分别测定 pH。

④ 取两个 100 mL 的烧杯，各加入 50 mL 的蒸馏水，一份加入 $0.1\ mol \cdot L^{-1}\ HCl$ 10 滴，另一份加入 $0.1\ mol \cdot L^{-1}\ NaOH$ 10 滴，用 pH 计分别测定 pH。

比较①、②、③、④所测得的 pH，分析缓冲溶液的缓冲作用及缓冲原理。

（3）盐类水解

① 在三支试管中各加入 1 mL $0.1\ mol \cdot L^{-1}\ Na_2CO_3$、$NaCl$、$Al_2(SO_4)_3$，分别用 pH 试纸测定 pH，解释之。

② 取少量 $Fe(NO_3)_3 \cdot 9H_2O(s)$ 放在试管中，加 5 mL 蒸馏水使其溶解，分成三份。第一份留作比较，第二份中加入 $2\ mol \cdot L^{-1}\ HNO_3$ 1～2 滴，第三份用小火加热，比较三个试管中溶液颜色的深浅变化，并解释之。

③ 在试管中加入 5 滴 $0.1\ mol \cdot L^{-1}\ Al_2(SO_4)_3$，然后滴加 $0.1\ mol \cdot L^{-1}\ Na_2CO_3$ 溶液，观察现象，写出反应方程式。

2. 沉淀溶解平衡

（1）沉淀的生成

① 在试管中加入 $0.1\ mol \cdot L^{-1}\ Pb(NO_3)_2$ 5 滴和 $0.1\ mol \cdot L^{-1}\ KI$ 溶液 10 滴，观察并记录现象，写出反应方程式。

② 在试管中加入 $0.001\ mol \cdot L^{-1}\ Pb(NO_3)_2$ 溶液 5 滴和 $0.001\ mol \cdot L^{-1}\ KI$ 溶液 10 滴，观察并记录现象。解释之。

（2）沉淀的溶解

① 在试管中加入饱和 $(NH_4)_2C_2O_4$ 溶液 5 滴和 $0.5\ mol \cdot L^{-1}\ CaCl_2$ 溶液 5 滴，观察现象。然后再逐滴加入 $2\ mol \cdot L^{-1}\ HCl$，振荡试管观察现象，解释并写出有关反应方程式。

② 在试管中加入 1 滴 $0.1\ mol \cdot L^{-1}\ HgCl_2$ 溶液，然后加入 1 滴 $0.1\ mol \cdot L^{-1}\ KI$ 溶液，观察现象，再继续加入 KI 溶液，观察现象，解释之。

③ 在试管中加入 $0.1\ mol \cdot L^{-1}\ CuSO_4$ 溶液 5 滴和 $0.1\ mol \cdot L^{-1}\ Na_2S$ 溶液 5 滴，观察

现象,再加入 6 mol·L⁻¹ HNO₃,用小火加热(在通风橱中反应),观察现象并解释。

(3) 分步沉淀

在试管中加入 0.5 mL 0.1 mol·L⁻¹ NaCl 溶液和 0.5 mL 0.05 mol·L⁻¹ K₂CrO₄ 溶液,然后逐滴加入 0.1 mol·L⁻¹ AgNO₃ 溶液,边加边振荡,观察形成的沉淀的颜色变化,试解释之。

(4) 沉淀的转化

在两支试管中各加入 0.5 mol·L⁻¹ CaCl₂ 溶液 10 滴和 0.5 mol·L⁻¹ Na₂SO₄ 溶液 10 滴,剧烈振荡(或摩擦)以生成沉淀,离心分离,弃去清液,在一支含有沉淀的试管中滴加 2 mol·L⁻¹ HCl 溶液,观察沉淀是否溶解,在另一支试管中加入 1 mL Na₂CO₃ 饱和溶液,剧烈振荡(或搅拌)8~10 min,离心分离,弃去清液,沉淀用蒸馏水洗涤 2~3 次,然后在沉淀中滴加 2 mol·L⁻¹ HCl,观察现象,写出有关方程式。

3. 配位平衡

(1) 配合物的生成

① 在台秤上称量 1.5 g CuSO₄·5H₂O,放在烧杯中,加 5 mL 水和 2 滴浓硫酸,加热搅拌溶解,冷却后,逐滴加入浓 NH₃·H₂O,直至生成的 Cu₂(OH)₂SO₄ 沉淀溶解生成深蓝色溶液为止。然后再慢慢加入 6 mL 95% 的乙醇,观察晶体的析出。抽滤,用少量乙醇洗涤晶体,观察晶体 [Cu(NH₃)₄]SO₄·H₂O 的颜色。保留晶体。

② 在白色点滴板上加入 0.1 mol·L⁻¹ NiSO₄ 溶液、6 mol·L⁻¹ NH₃·H₂O 和 1% 二乙酰二肟溶液各 1 滴,观察现象,并解释。

(2) 配离子与简单离子的区别

① 分别向两支盛着 0.5 mL 0.1 mol·L⁻¹ FeCl₃ 溶液和 0.1 mol·L⁻¹ K₃[Fe(CN)₆] 溶液的试管中加入几滴 0.1 mol·L⁻¹ KSCN 溶液,观察现象。比较两者有何不同,说明原因。

② 取两支试管,分别加入 0.5 mL 0.1 mol·L⁻¹ FeSO₄ 溶液和 0.1 mol·L⁻¹ K₄[Fe(CN)₆] 溶液,再各加几滴 0.1 mol·L⁻¹ Na₂S 溶液,观察是否都有沉淀生成? 为什么?

③ 取 0.5 mL 0.1 mol·L⁻¹ FeCl₃ 溶液,加入几滴 0.1 mol·L⁻¹ KI 溶液,再加入几滴 CCl₄,振荡后,观察 CCl₄ 层的颜色,写出反应方程式。

以 K₃[Fe(CN)₆] 溶液代替 FeCl₃ 溶液,做同样的实验,观察现象。比较两者有何不同,并加以解释。

(3) 配位平衡的移动

① 配位平衡与沉淀平衡:向离心试管中加入 0.5 mL 0.1 mol·L⁻¹ AgNO₃ 溶液,滴加 0.5 mL 0.1 mol·L⁻¹ NaCl 溶液,有什么现象? 离心分离,弃去清液。加入 2 mol·L⁻¹ NH₃·H₂O,至沉淀溶解。滴加 0.1 mol·L⁻¹ KBr 溶液,有什么现象? 离心分离,弃去清液。滴加 0.5 mol·L⁻¹ Na₂S₂O₃ 溶液,边加边振荡,有什么现象? 再滴 0.1 mol·L⁻¹ KI 溶液,又有什么现象?

根据 AgCl、AgBr、AgI 的溶度积及 [Ag(NH₃)₂]⁺、[Ag(S₂O₃)₂]³⁻ 稳定常数解释上述一系列现象,并写出相应的反应方程式。

② 配位平衡与酸碱平衡:取少量自制 [Cu(NH₃)₄]SO₄·H₂O 晶体,逐滴加入 2 mol·L⁻¹ NH₃·H₂O,并振荡试管,直到 [Cu(NH₃)₄]SO₄·H₂O 晶体溶解为止,观察溶液的颜色。再向溶液中逐滴加入 1 mol·L⁻¹ H₂SO₄ 溶液,边滴加边振荡,溶液的颜色有何变化? 是否有

沉淀产生？继续加入 H_2SO_4 溶液到溶液显酸性又有什么变化？解释现象，说明原因。

③ 配位平衡与氧化还原平衡：向 5 滴 $0.1 \text{ mol} \cdot L^{-1}$ $FeCl_3$ 溶液中，滴加 $0.1 \text{ mol} \cdot L^{-1}$ KI 溶液，振荡试管，观察溶液颜色的变化，发生了什么反应？再向溶液中逐滴加 10% NH_4F 溶液，溶液颜色又有什么变化？又发生了什么反应？解释现象，写出反应式。

六、问题与思考

（1）衣服上沾有铁锈时，常用草酸洗去，试说明原因。

（2）在检出卤素离子混合物中的 Cl^- 时，用 $2 \text{ mol} \cdot L^{-1}$ $NH_3 \cdot H_2O$ 处理卤化银沉淀，处理后所得的氨溶液用 HNO_3 酸化得白色沉淀，这种现象可以证明 Cl^- 的存在，为什么？

（3）可用哪些不同类型的反应，使 $[Fe(SCN)_n]^{3-n}$ 的红色褪去？

（4）试解释为什么 $NaHCO_3$ 水溶液呈碱性？而 $NaHSO_4$ 水溶液呈酸性？

（5）为什么 Na_2S 溶液不能使 $K_4[Fe(CN)_6]$ 溶液产生 FeS 沉淀，而饱和 H_2S 溶液能使铜氨配合物的溶液产生 CuS 沉淀？

（6）利用沉淀-配位溶解法设计一个实验方案，分离混合液中的 Ag^+、Fe^{3+}、Cu^{2+}。

附 注

（1）加入乙醇以降低配合物的溶解度，使 $[Cu(NH_3)_4]SO_4 \cdot H_2O$ 结晶析出。

（2）Ni^{2+} 与二乙酰二肟反应生成桃红色的螯合物，若 H^+ 浓度过大不利于螯合物的生成，OH^- 的浓度也不宜太高，否则生成 $Ni(OH)_2$ 沉淀。合适的酸度范围为 $pH = 5 \sim 10$。

（3）$[Cu(NH_3)_4]^{2+}$：深蓝色；$[Fe(SCN)_n]^{3-n}$：血红色；$[FeF_6]^{3-}$：无色；$[Ag(NH_3)_2]^+$：无色；$[Ag(S_2O_3)_2]^{3-}$：无色；$[Fe(CN)_6]^{3-}$：红棕色；$[Fe(CN)_6]^{4-}$：黄色。

（4）离心机的使用应注意离心管对称放置，缓慢加速，结束时应缓慢减速。

§4.21 氧化还原反应与电化学

一、实验目的

（1）加深理解电极电势的概念及电极电势与氧化还原反应的关系。

（2）掌握浓度、介质的酸碱性对电极电势、氧化还原反应的影响。

（3）掌握原电池、电化学腐蚀、电解池等基础知识。

二、预习提要

（1）氧化还原反应的基本概念。

（2）电极电势的概念、能斯特方程及其应用。

（3）影响氧化还原反应的因素。

（4）原电池和电解池的工作原理。

三、实验原理

物质的氧化还原能力可用它们的氧化型-还原型（例如 Fe^{3+}/Fe^{2+}，I_2/I^-，Cu^{2+}/Cu）所组成的电对的电极电势相对大小来衡量。一个电对的电极电势代数值愈大，其氧化型的氧化能力愈强,其还原型的还原能力愈弱,反之亦然。根据电极电势的大小,可以判断氧化还原反应的方向,当氧化剂对应的电对的电极电势大于还原剂对应的电对的电极电势时,反应能向正向自发进行。

电极反应的能斯特(Nernst)方程为:

$$E = E^{\circ} + \frac{0.059\,2\text{ V}}{z}\lg\frac{[氧化型]}{[还原型]}$$

可以看出,若电对的[氧化型]增大,则 E 增大;若电对的[还原型]增大,则 E 减小。因此凡影响[氧化型]、[还原型]的因素(如酸度、沉淀物的生成、配合物的生成),都影响电极电势的值,从而也对氧化还原反应产生影响。

利用氧化还原反应产生电流的装置叫做原电池,它是把化学能转化为电能的一种装置,放电时负极上发生氧化反应,不断给出电子,通过外电路流入正极,正极不断得到电子,发生还原反应。电化学腐蚀是由于金属在电解质溶液中发生与原电池相似的电化学过程而引起的一种腐蚀,腐蚀电池中较活泼的金属作为负极(阳极)而被氧化,产生腐蚀;而正极(阴极)仅起传递电子的作用,本身不被腐蚀。

电解是在外电源的作用下被迫发生的氧化还原反应,是把电能转化为化学能的一种装置。在电解池中,与电源正极相连的电极称为电解池的正极(阳极),发生氧化反应;与电源负极相连的电极称为电解池的负极(阴极),发生还原反应。

四、实验用品

仪器:稳压电源,锌电极,铜电极,石墨电极,伏特计,盐桥,表面皿,烧杯。

试剂:$NaCl(s)$,$KCl(s)$,$MnO_2(s)$,$KI(0.1\text{ mol}\cdot L^{-1})$,$FeCl_3(0.1\text{ mol}\cdot L^{-1})$,溴水,$KBr(0.1\text{ mol}\cdot L^{-1})$,$FeSO_4(0.1\text{ mol}\cdot L^{-1})$,$CuSO_4(1\text{ mol}\cdot L^{-1})$,$ZnSO_4(1\text{ mol}\cdot L^{-1})$,$NH_3$(浓),$KIO_3(0.1\text{ mol}\cdot L^{-1})$,$NaOH(6\text{ mol}\cdot L^{-1})$,$H_2SO_4(3\text{ mol}\cdot L^{-1},1\text{ mol}\cdot L^{-1})$,$Na_2SO_3(0.1\text{ mol}\cdot L^{-1})$,$KMnO_4(0.01\text{ mol}\cdot L^{-1})$,$HCl$(浓,$1\text{ mol}\cdot L^{-1}$,$0.1\text{ mol}\cdot L^{-1}$),$HAc(6\text{ mol}\cdot L^{-1})$,$K_3[Fe(CN)_6](0.01\text{ mol}\cdot L^{-1})$,$NaCl$(饱和),$H_2C_2O_4(0.5\text{ mol}\cdot L^{-1})$,$CCl_4$,碘水,酚酞,琼脂。

材料:导线,淀粉 KI 试纸,红色石蕊试纸。

五、实验内容

1. 电极电势与氧化还原反应

(1) 在试管中加入 0.5 mL 0.1 mol·L^{-1} KI 溶液和 2 滴 0.1 mol·L^{-1} $FeCl_3$ 溶液,混匀后,再加入 0.5 mL CCl_4。充分振荡,观察 CCl_4 层的颜色有何变化。

(2) 用 0.1 mol·L^{-1} KBr 溶液代替 0.1 mol·L^{-1} KI 溶液进行相同的实验,观察实验现象。

(3) 按上述实验的操作方法用 3 滴碘水和 3 滴溴水分别与 0.5 mL 0.1 mol·L^{-1} $FeSO_4$ 溶液作用,观察有何现象。

根据以上实验结果,定性比较 Br_2/Br^-、I_2/I^- 和 Fe^{3+}/Fe^{2+} 三个电对的电极电势的大小,指出哪个是最强的氧化剂? 哪个是最强的还原剂? 并说明电极电势与氧化还原反应的关系。

2. 浓度对电极电势的影响

（1）取两只小烧杯，分别加入 30 mL 1 mol·L^{-1} CuSO$_4$ 溶液和 1 mol·L^{-1} ZnSO$_4$ 溶液，然后在 CuSO$_4$ 溶液中插入铜片，在 ZnSO$_4$ 溶液插入锌片，组成两个电极，中间用盐桥相通，用导线将锌片和铜片分别与伏特计的负极和正极相接（图4-7）。测量原电池的电压，记下读数。

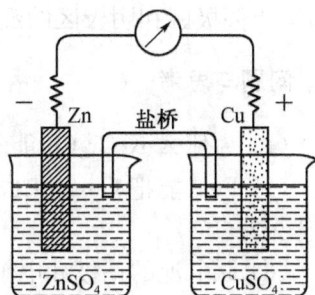

图 4-7 Cu-Zn 原电池的装置

（2）取下 CuSO$_4$ 溶液的烧杯，在其中加入浓氨水，搅拌，至生成的沉淀完全溶解，形成深蓝色溶液。测量原电池的电压，记下读数。

（3）再在 ZnSO$_4$ 溶液的烧杯中加入浓氨水，搅拌，至生成的沉淀完全溶解，形成无色溶液。测量原电池的电压，记下读数。

将（2）的电压与（1）比较、（3）的电压与（2）比较，分别有何变化？为什么？

3．酸度和浓度对氧化还原反应的影响

（1）酸度的影响

① 向试管中加入 0.5 mL 0.1 mol·L^{-1}KI 溶液和 2～3 滴 0.1 mol·L^{-1} KIO$_3$ 溶液，再加几滴淀粉溶液，混匀后有无变化？然后滴加 1 mol·L^{-1} H$_2$SO$_4$ 溶液酸化混合液，有何变化？最后滴加 6 mol·L^{-1} NaOH 溶液，使混合液显碱性，又有什么变化？写出有关反应方程式。

② 向三支试管中各加入 0.5 mL 0.1 mol·L^{-1} Na$_2$SO$_3$ 溶液，分别加入 0.5 mL 1 mol·L^{-1} H$_2$SO$_4$、0.5 mL 蒸馏水和 0.5 mL 6 mol·L^{-1} NaOH 溶液，摇匀后，再往 3 支试管中各加入 2 滴 0.01 mol·L^{-1} KMnO$_4$ 溶液，观察颜色的变化有何不同，写出反应式。

③ 向两支试管中各加入 0.5 mL 0.1 mol·L^{-1} KBr 溶液，再分别加入 5 滴 3 mol·L^{-1} H$_2$SO$_4$ 和 6 mol·L^{-1} HAc，然后再往两支试管中各加入 2 滴 0.01 mol·L^{-1} KMnO$_4$ 溶液。观察并比较两支试管中的紫色溶液褪色的快慢。写出反应方程式，并加以解释。

（2）浓度的影响

向试管中加入少量固体 MnO$_2$ 和 1.0 mL 1 mol·L^{-1} HCl 溶液，用湿的淀粉-KI 试纸在管口试验有无 Cl$_2$ 产生。用浓 HCl 溶液代替 1 mol·L^{-1} HCl 溶液进行实验，比较、解释两次实验的结果，并写出反应式（此实验应在通风橱内进行，可微热促进反应）。

4．电解

在 U 形管中加入饱和 NaCl 溶液，使其液面保持在 U 形管支管下 1 cm 处，再将 U 形管固定在铁架台上，把石墨电极插入 U 形管内的溶液中，用导线将它接在低压电源的正、负极上（如图 4-8）。在阴极附近滴入 2 滴酚酞。打开电源开关，把电压调至 12 V，进行电解，观察阴极、阳极产生的现象，将湿润的淀粉-KI 试纸放在阳极一端的支管口，观察现象。写出电极反应和电解反应式。

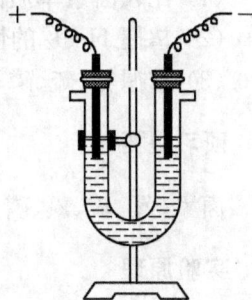

图 4-8 电解 NaCl 溶液的装置

5．电化学腐蚀

取两枚铁钉，用砂纸打磨干净，在一根铁钉的中部紧绕一根细铜丝，在另一根铁钉的中部紧绕一根锌条，把它们浸在 0.5 mol·L^{-1} H$_2$C$_2$O$_4$ 中浸洗 1 min，取出后用蒸馏水冲洗干净，然后分别放在两只烧杯中，倒入尚未凝结的铁氰酚酞琼胶中，把铁钉浸没，放至一段时间，观察铁钉附近的琼胶颜色的变化，说明原因,写出阳极区和阴极区的反应式。

六、问题与思考

(1) 为什么 $K_2Cr_2O_7$ 能氧化浓 HCl 中的 Cl^-,而不能氧化 NaCl 浓溶液中的 Cl^-?

(2) Fe^{3+} 能把 Cu 氧化成 Cu^{2+},而 Cu^{2+} 又能把 Fe 氧化为 Fe^{2+},这两个反应有无矛盾?为什么?

(3) 原电池的正极和电解池的阳极、原电池的负极和电解池的阴极其电极反应的本质是否相同?

(4) 电解 NaCl 水溶液时,为什么得不到金属钠?

附 注

(1) 盐桥的制作:将 2 g 琼脂和 30 g KCl 加入 100 mL 的水中,在不断搅拌下加热溶解,煮沸数分钟,趁热倒入 U 形管中,冷却即成。若有断裂层或气泡要排除,否则会增加电阻。

(2) 铁氰酚酞琼胶的制作:将 150 mL 的蒸馏水煮沸,加入 1.5 g 琼脂,搅拌,使其全部溶解,再加入 NaCl 固体 2 g,酚酞指示剂(1%)3 mL,0.1 mol·L^{-1} HCl 1 mL 和 0.01 mol·L^{-1} $K_3[Fe(CN)_6]$ 1.5 mL,搅拌溶解成混合液。

(3) 在电化学腐蚀实验中,阳极区被腐蚀的金属变成金属离子(Fe^{2+}、Zn^{2+}),与 $K_3[Fe(CN)_6]$ 发生如下反应:

$$3Fe^{2+} + 2[Fe(CN)_6]^{3-} == Fe_3[Fe(CN)_6]_2 \downarrow (蓝色)$$

$$3Zn^{2+} + 2[Fe(CN)_6]^{3-} == Zn_3[Fe(CN)_6]_2 \downarrow (黄棕色)$$

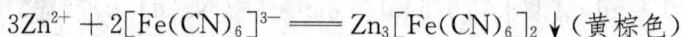

在阴极区,发生如下反应:

$$O_2 + 2H_2O + 4e^- == 4OH^- (使酚酞变红)$$

§4.22 卤素、氧、硫、氮、磷、硅、硼

一、实验目的

(1) 比较卤素单质的氧化性和卤离子的还原性,掌握氯的含氧酸盐的氧化性。

(2) 掌握 H_2O_2 的性质。

(3) 掌握氮、硫、磷、硅、硼常见含氧酸及其盐的性质。

二、预习提要

卤素、氧、硫、氮、磷、硅及硼的重要化合物的性质。

三、实验原理

卤素的价电子构型为 ns^2np^5,是典型的非金属元素。卤素单质在常温下都是以双原子分子存在,它们都是氧化剂,卤素单质的氧化性顺序是 $F_2 > Cl_2 > Br_2 > I_2$,卤离子的还原能力为 $I^- > Br^- > Cl^- > F^-$。

卤化氢易溶于水,其水溶液称为氢卤酸,氢氟酸为弱酸,其余均为强酸,并且具有一定的还原性,其中 HI 的还原性最强。

除氟以外,卤素能形成四种氧化态的含氧酸(次、亚、正、高)。这些含氧酸及其盐在性质上呈现明显的规律性。例如:

$$氧化性:HClO > HClO_2 > HClO_3 > HClO_4$$

$$酸\quad 性:HClO < HClO_2 < HClO_3 < HClO_4$$

次氯酸和次氯酸盐都是强氧化剂。例如:

$$NaClO + 2HCl(浓) \Longrightarrow Cl_2\uparrow + NaCl + H_2O$$

$$NaClO + 2KI + H_2O \Longrightarrow I_2 + NaCl + 2KOH$$

$$2NaClO + MnSO_4 \Longrightarrow MnO_2\downarrow + Na_2SO_4 + Cl_2\uparrow$$

卤酸盐在酸性溶液中都是较强的氧化剂,例如:

$$KClO_3 + 6KI + 3H_2SO_4 \Longrightarrow 3I_2 + KCl + 3K_2SO_4 + 3H_2O$$

若 $KClO_3$ 过量,则继续发生如下反应:

$$2HClO_3 + I_2 \Longrightarrow 2HIO_3 + Cl_2\uparrow$$

氧族元素位于周期表中ⅥA族,其价电子构型为 ns^2np^4。其中氧和硫为较活泼的非金属元素。

H_2O_2 是一种淡蓝色的粘稠液体,通常所用的 H_2O_2 溶液为含 H_2O_2 3%或30%的水溶液。H_2O_2 不稳定,易分解放出 O_2,光照、受热、增大溶液碱性或存在痕量重金属物质(如 Cu^{2+}、Mn^{2+} 等),都会加速 H_2O_2 的分解。

$$2H_2O_2 \Longrightarrow 2H_2O + O_2\uparrow$$

H_2O_2 中氧的氧化态居中,所以 H_2O_2 既有氧化性又有还原性。例如:

$$H_2O_2 + 2I^- + 2H^+ \Longrightarrow I_2 + 2H_2O$$

$$5H_2O_2 + 2MnO_4^- + 6H^+ \Longrightarrow 5O_2\uparrow + 2Mn^{2+} + 8H_2O$$

在酸性溶液中,H_2O_2 与 $Cr_2O_7^{2-}$ 反应生成 $CrO(O_2)_2$。$CrO(O_2)_2$ 不稳定,在水溶液中与 H_2O_2 进一步反应生成 Cr^{3+}。

$$4H_2O_2 + Cr_2O_7^{2-} + 2H^+ \Longrightarrow 2CrO(O_2)_2 + 5H_2O$$

$$2CrO(O_2)_2 + 7H_2O_2 + 6H^+ \Longrightarrow 2Cr^{3+} + 7O_2\uparrow + 10H_2O$$

由于 $CrO(O_2)_2$ 能与某些有机溶剂如乙醚、戊醇等形成较稳定的蓝色配合物,故此反应常用来鉴定 H_2O_2。

硫化氢稍溶于水,具有较强的还原性,H_2S 的水溶液易被空气中的氧氧化而析出硫。

$$2H_2S + O_2 \Longrightarrow 2S\downarrow + 2H_2O$$

SO_2 溶于水生成 H_2SO_3,H_2SO_3 及其盐常作为还原剂,但遇到比其强的还原剂时,则表现出氧化性。

$$H_2SO_3 + I_2 + H_2O \Longrightarrow SO_4^{2-} + 2I^- + 4H^+$$

$$5SO_3^{2-} + 2MnO_4^- + 6H^+ \Longrightarrow 5SO_4^{2-} + 2Mn^{2+} + 3H_2O$$

$$H_2SO_3 + 2H_2S \Longrightarrow 3S\downarrow + 3H_2O$$

$Na_2S_2O_3$ 既有氧化性又有还原性,但以还原性为主。

$$2S_2O_3^{2-} + I_2 \Longrightarrow S_4O_6^{2-} + 2I^-$$

$$S_2O_3^{2-} + 4Cl_2 + 5H_2O \Longrightarrow 2SO_4^{2-} + 8Cl^- + 10H^+$$

$S_2O_3^{2-}$ 遇酸分解:

$$S_2O_3^{2-} + 2H^+ \Longrightarrow SO_2\uparrow + S\downarrow + H_2O$$

$S_2O_3^{2-}$ 与 Ag^+ 反应，$S_2O_3^{2-}$ 过量时，生成配离子：

$$2S_2O_3^{2-} + Ag^+ \Longrightarrow [Ag(S_2O_3)_2]^{3-}$$

过硫酸盐在酸性介质中具有强氧化性，例如：

$$5S_2O_8^{2-} + 2Mn^{2+} + 8H_2O \Longrightarrow 2MnO_4^- + 10SO_4^{2-} + 16H^+$$

Ag^+ 为该反应的催化剂。

氮、磷位于周期表 ⅤA 族，价电子构型分别为 $2s^2 2p^3$ 及 $3s^2 3p^3$。

HNO_2 极不稳定，只能存在于冷的很稀的溶液中，常温下即发生歧化分解。

$$2HNO_2 \Longrightarrow NO_2\uparrow + NO\uparrow + H_2O$$

亚硝酸及其盐即具有氧化性又具有还原性。硝酸具有强氧化性。

磷酸为非氧化性的三元中强酸，分子间易脱水缩合而成环状或链状的多磷酸。与磷酸的分级解离相对应，易溶的磷酸盐发生分级水解。在难溶的磷酸盐中，正盐的溶解度最小。

硅酸是一种几乎不溶于水的弱酸，由于硅酸易发生缩合作用。所以硅酸从水溶液中析出时一般呈凝胶状，烘干、脱水后可得到硅胶，用 $CoCl_2$ 溶液浸泡后制成的硅胶称为变色硅胶，用作干燥剂。

由于硼的价电子数少于价轨道数，故硼的化学性质主要表现在缺电子性质上。

硼酸为片状晶体，它在热水中的溶解度较大。硼酸是一元弱酸，它在水溶液中不是本身释放 H^+，而是分子中的硼原子加合了来自水的 OH^- 而使水释放出了 H^+。

$$H_3BO_3 + H_2O \Longrightarrow B(OH)_4^- + H^+$$

在硼酸溶液中加入多羟基化合物(如甘油)，由于生成了比 $[B(OH)_4]^-$ 更稳定的配离子，上述平衡右移，从而大大增强硼酸的酸性。

在浓 H_2SO_4 存在下，硼酸能与醇(如甲醇、乙醇)发生酯化反应生成硼酸酯，该硼酸酯燃烧呈特有的绿色火焰。此性质用于鉴定硼酸及硼酸盐。

硼酸可缩合为链状或环状的多硼酸。常见的多硼酸是四硼酸，其盐为硼砂($Na_2B_4O_7 \cdot 10H_2O$)。硼砂、B_2O_3、H_3BO_3 在熔融状态均能溶解一些金属氧化物，并因金属的不同而显示特征的颜色。

四、实验用品

仪器：烧杯，试管，表面皿，离心机，酒精灯。

药品：二氧化锰(s)，过二硫酸钾(s)，氯化钙(s)，氯化钠(s)，溴化钾(s)，碘化钾(s)，硝酸钴(s)，硫酸铜(s)，硫酸镍(s)，硫酸锌(s)，三氯化铁(s)，硼酸(s)，硼砂($Na_2B_4O_7 \cdot 10H_2O$)(s)，锌片，HCl(浓、6 mol·L^{-1}、2 mol·L^{-1})，H_2SO_4(浓、1 mol·L^{-1})，HNO_3(浓、0.5 mol·L^{-1})，NaOH(6 mol·L^{-1})，KI(0.2 mol·L^{-1})，KBr(0.1 mol·L^{-1})，KMnO$_4$(0.1 mol·L^{-1})，$K_2Cr_2O_7$(0.5 mol·L^{-1})，KClO$_3$(饱和)，NaClO(饱和)，NaCl(0.1 mol·L^{-1})，$Na_2S_2O_3$(0.2 mol·L^{-1})，Na_2SO_3(0.1 mol·L^{-1})，$CuSO_4$(0.1 mol·L^{-1})，$MnSO_4$(0.2 mol·L^{-1}、0.002 mol·L^{-1})，$ZnSO_4$(0.1 mol·L^{-1})，$CdSO_4$(0.1 mol·L^{-1})，$AgNO_3$(0.2 mol·L^{-1})，$Hg(NO_3)_2$(0.1 mol·L^{-1})，$NaNO_2$(饱和、0.5 mol·L^{-1})，Na_3PO_4(0.1 mol·L^{-1})，Na_2HPO_4(0.1 mol·L^{-1})，NaH_2PO_4(0.1 mol·L^{-1})，$Na_4P_2O_7$(0.1 mol·L^{-1})，$CaCl_2$(0.5 mol·L^{-1})，Na_2SiO_3(20%)，$NH_3 \cdot H_2O$(浓、2 mol·L^{-1})，H_2O_2(3%)，氯

水,溴水,碘水,CCl_4,乙醚,无水乙醇,甘油,淀粉溶液(2%),H_2S溶液(饱和)。

材料:pH试纸,淀粉碘化钾试纸,醋酸铅试纸,红色石蕊试纸,蓝色石蕊试纸,冰,木条。

五、实验内容

1. 卤素的性质

(1)卤素的氧化性和卤离子的还原性比较

设计实验,证明氧化性:$Cl_2 > Br_2 > I_2$;证明还原性:$I^- > Br^- > Cl^-$。

(2)次氯酸盐和氯酸盐的氧化性

① 次氯酸盐的氧化性 取三支试管分别注入0.5 mL饱和次氯酸钠溶液。第一支试管中加入4～5滴0.2 mol·L^{-1} KI溶液,2滴1 mol·L^{-1} H_2SO_4溶液。第二支试管中加入4～5滴0.2 mol·L^{-1}的$MnSO_4$溶液。第三支试管中加入4～5滴浓盐酸。

观察以上实验现象,写出有关反应方程式。

② 氯酸盐的氧化性 向0.5 mL 0.2 mol·L^{-1} KI溶液中,滴加几滴1 mol·L^{-1} H_2SO_4酸化,再滴入几滴饱和的$KClO_3$溶液,观察有何现象。继续往该溶液中滴加$KClO_3$溶液,又有何变化,解释实验现象,写出相应的反应方程式。

2. 过氧化氢的性质

(1)H_2O_2的氧化性和还原性

设计实验,分别证明H_2O_2的氧化性和还原性。

(2)H_2O_2的催化分解

自选催化剂,催化分解H_2O_2,并通过实验验证。

(3)H_2O_2的鉴定

在试管中加入2 mL 3% H_2O_2、0.5 mL乙醚、1 mL 1 mol·L^{-1} H_2SO_4和3～4滴0.5 mol·L^{-1}的$K_2Cr_2O_7$溶液,振荡试管,观察溶液和乙醚层的颜色有何变化。

3. 硫的含氧酸盐的性质

(1)SO_3^{2-}的氧化还原性

设计实验,分别证明SO_3^{2-}的氧化性和还原性,写出有关的反应方程式。

(2)$S_2O_3^{2-}$的性质

设计实验验证:① $S_2O_3^{2-}$在酸中的不稳定性;② $S_2O_3^{2-}$的还原性;③ $S_2O_3^{2-}$的配位性。写出有关的反应方程式。

(3)$S_2O_8^{2-}$的氧化性

在试管中加入3 mL 1 mol·L^{-1} H_2SO_4溶液、3 mL蒸馏水、3滴0.002 mol·L^{-1} $MnSO_4$溶液,混合均匀后分为两份:在第一份中加入少量过二硫酸钾固体;第二份中加入1滴0.2 mol·L^{-1} $AgNO_3$溶液和少量过二硫酸钾固体。将两支试管同时放入同一个热水浴中加热,溶液的颜色有何变化?写出反应方程式。

比较以上实验结果并解释之。

4. 氮的含氧酸及其盐的性质

(1)亚硝酸和亚硝酸盐

① 亚硝酸的生成和分解 把1 mL 3 mol·L^{-1} H_2SO_4溶液和1 mL饱和$NaNO_2$溶液分别在冰水中冷却,然后将两者混合,继续放在冰水中,观察反应情况和产物的颜色。将试

管从冰水中取出,放置片刻(在通风橱内进行),观察有何现象发生,写出相应的反应方程式。

② NO_2^- 的氧化性和还原性　设计实验,分别证明 NO_2^- 的氧化性和还原性,写出有关的反应方程式。

(2) 硝酸的氧化性

分别往两支各盛少量锌片的试管中加入 1 mL 浓 HNO_3(在通风橱内进行)和 1 mL $0.5\ mol \cdot L^{-1}\ HNO_3$ 溶液,观察两者反应现象。将两滴锌与稀硝酸反应的溶液滴到一只表面皿上,再将润湿的红色石蕊试纸贴于另一只表面皿凹处。向装有溶液的表面皿中加 3 滴 $6\ mol \cdot L^{-1}NaOH$ 溶液,迅速将贴有试纸的表面皿倒扣其上并且放在热水浴上加热。观察红色石蕊试纸是否变为蓝色。此法称为气室法,用于检验 NH_4^+。写出以上反应的方程式。

5. 磷酸盐的性质

(1) 酸碱性

① 用 pH 试纸测定 $0.1\ mol \cdot L^{-1}\ Na_3PO_4$、$Na_2HPO_4$ 和 NaH_2PO_4 溶液的 pH。

② 分别往三支试管中注入 0.5 mL $0.1\ mol \cdot L^{-1}$ 的 Na_3PO_4、Na_2HPO_4 和 NaH_2PO_4 溶液,再各滴加适量的 $0.1\ mol \cdot L^{-1}\ AgNO_3$ 溶液。是否有沉淀产生?试验溶液的酸碱性有无变化?解释之。写出有关的反应方程式。

(2) 溶解性

分别取 $0.1\ mol \cdot L^{-1}$ 的 Na_3PO_4、Na_2HPO_4 和 NaH_2PO_4 溶液各 0.5 mL,加入等量的 $0.5\ mol \cdot L^{-1}\ CaCl_2$ 溶液,观察有何现象,用 pH 试纸测定它们的 pH。滴加 $2\ mol \cdot L^{-1}$ 氨水,各有何变化?再滴加 $2\ mol \cdot L^{-1}$ 盐酸,又有何变化?

比较磷酸钙、磷酸氢钙、磷酸二氢钙的溶解性,说明它们之间相互转化的条件,写出反应方程式。

(3) 配位性

取 0.5 mL $0.1\ mol \cdot L^{-1}$ 的 $CuSO_4$ 溶液,逐滴加入 $0.1\ mol \cdot L^{-1}$ 的焦磷酸钠溶液,观察沉淀的生成,继续滴加焦磷酸钠溶液,至沉淀溶解,写出相应的反应方程式。

6. 硅酸和硅酸盐

(1) 硅酸水凝胶的生成

往 2 mL 20%硅酸钠溶液中慢慢滴加 $6\ mol \cdot L^{-1}$ 盐酸,观察产物的颜色、状态。

(2) 微溶性硅酸盐的生成——"水中花园"

在 100 mL 的小烧杯中加入约 50 mL 20%的硅酸钠溶液,然后把氯化钙、硝酸钴、硫酸铜、硫酸镍、硫酸锌、三氯化铁固体各一小粒投入杯内(注意各固体之间保持一定间隔),放置一段时间后观察实验现象。

7. 硼化合物的性质

(1) 硼酸的性质

取一支试管加入 0.5 g H_3BO_3 晶体,加水 1~2 mL 振荡试管,观察是否完全溶解?然后加热,继续观察 H_3BO_3 晶体是否溶解,试说明 H_3BO_3 溶解度与温度的关系。用 pH 试纸试验溶液的酸性,此时往溶液中加入 5 滴甘油,混匀后测其 pH,解释酸度变化的原因。

(2) 硼的焰色反应

取 1 只瓷坩埚放少许硼砂(或 H_3BO_3),加入约 1 mL 无水乙醇,再加几滴浓 H_2SO_4,混合后点火,观察火焰的颜色,用它来鉴定硼酸及硼酸盐。

六、问题与思考

(1) 用碘化钾淀粉试纸检验氯气时,试纸先呈蓝色,当在氯气中放置时间较长后,蓝色褪去,为什么?

(2) 氯能从含碘离子的溶液中取代出碘,碘又能从氯酸钾溶液中取代氯,这两个反应有无矛盾?

(3) 以铅颜料〔$2PbCO_3 \cdot Pb(OH)_2$〕做画,天长日久为什么会变黑? 如果小心地用 H_2O_2 稀溶液处理,为什么又可以恢复原来的色彩?

(4) 长久放置的硫化氢、硫化钠、亚硫酸钠水溶液会发生什么变化? 为什么?

(5) 硫代硫酸钠溶液与硝酸银溶液反应时,为何有时为硫化银沉淀,有时又为 $[Ag(S_2O_3)_2]^{3-}$ 配离子?

(6) 试设计利用 H_2O_2 的分解反应制备氧气的实验装置。

(7) NaH_2PO_4 显酸性,是否酸式盐溶液都显酸性? 举例说明。

(8) 为什么说硼酸是一元酸? 在硼酸溶液中加入多羟基化合物后,溶液的酸度会怎样变化,为什么?

附 注

(1) 本次实验接触到一些有毒、强氧化性、强腐蚀性物质。实验中要注意安全操作。

氯气为剧毒、有刺激性气味的黄绿色气体,少量吸入人体会刺激鼻、喉部,引起咳嗽和喘息,大量吸入甚至会导致死亡。硫化氢是无色有臭鸡蛋气味的有毒气体,空气中含有 0.05% 的 H_2S 就能引起中毒,它主要是引起人体中枢神经系统中毒,产生头晕、头痛呕吐,严重时可引起昏迷、意识丧失,窒息甚至死亡。二氧化硫是剧毒刺激性气体。溴蒸气对气管、肺部、眼、鼻、喉都有强烈的刺激作用,液溴具有强烈的腐蚀性,能灼伤皮肤。氯酸钾是强氧化剂,与可燃物质接触、加热、摩擦或撞击容易引起燃烧和爆炸,所有氮的氧化物均有毒,其中 NO_2 对人类危害最大。NO_2 对人体粘膜造成损害时会引起肿胀充血和呼吸系统损害等多种病症;损害神经系统会引起眩晕、无力、痉挛、面部发绀;损害造血系统会破坏血红素等。

(2) 针对自行设计的实验内容,认真查阅参考资料,写出实验操作步骤,注明反应条件和相应的反应方程式。尽可能使用书中已列出的药品。

(3) 很多物质都有催化 H_2O_2 分解的作用,例如新鲜血液中的过氧化氢酶,也具有催化 H_2O_2 分解的作用,因此医院里用 H_2O_2 溶液洗伤口。当 H_2O_2 涂于伤口处时,H_2O_2 立即分解,释放出的氧起消毒杀菌的作用。实验室也常用 MnO_2 催化 H_2O_2 分解以制得氧气。

(4) 仔细观察实验现象,做好记录,控制药品用量。

(5) 硅酸凝胶的生成实验,一定要慢慢滴加 HCl 溶液。

(6) "水中花园"的生成是由于难溶硅酸盐的半透膜性质产生的。

(7) 本次实验所列内容较多,教师可根据教学实际进行取舍。

§4.23　碱金属、碱土金属、铝、锡、铅

一、实验目的

(1) 学习钠、钾、镁、铝单质的还原性。

(2) 掌握锡(Ⅱ)的还原性和铅(Ⅳ)的氧化性。

(3) 掌握碱土金属、铝、锡、铅的氢氧化物的生成和性质。

(4) 比较镁、钙、钡的碳酸盐、硫酸盐、草酸盐、铬酸盐的溶解性。

(5) 掌握锡、铅难溶盐的生成和性质。

(6) 学习用焰色反应鉴定元素。

二、预习提要

(1) 碱金属、碱土金属单质及化合物的性质。

(2) 铝、锡、铅单质及化合物的性质。

三、实验原理

s 区元素包括 ⅠA 的碱金属和 ⅡA 族的碱土金属。它们是活泼金属。

碱金属盐类的最大特点是绝大多数易溶于水,而且在水中能完全电离,只有极少数盐类是微溶的。例如六羟基锑酸钠 $Na[Sb(OH)_6]$、酒石酸氢钾 $KHC_4H_4O_6$、钴亚硝酸钠钾 $K_2Na[Co(NO_2)_6]$ 等。钠、钾的一些微溶盐常用于鉴定钠、钾离子。

碱土金属盐类的重要特征是它们的难溶性,除氯化物、硝酸盐、硫酸镁、铬酸镁易溶于水外,其余碳酸盐、硫酸盐、草酸盐、铬酸盐等皆难溶。

碱金属和部分碱土金属的盐在氧化焰中灼烧时,能使火焰呈现出一定颜色,称为焰色反应。可以根据火焰的颜色定性地鉴别这些元素的存在。

铝位于第ⅢA族,价电子结构为 $3s^2 3p^1$,化学性质活泼,是典型的两性元素,又是一个亲氧元素。铝的标准电极电势的数值虽较负,但在水中稳定,主要是由于金属表面形成致密的氧化膜不溶于水,这种氧化膜有良好的抗腐蚀作用。

锡、铅位于第ⅣA族,价电子结构为 $ns^2 np^2$,是中等活泼的金属,主要氧化态为+2、+4,它们的氧化物不溶于水。$Sn(Ⅱ)$ 和 $Pb(Ⅱ)$ 的氢氧化物都是白色沉淀,具有两性。

铅的+2氧化态较稳定,而锡的+4氧化态较稳定,所以 $Sn(Ⅱ)$ 具有还原性,$Pb(Ⅳ)$ 具有强氧化性。

$PbCl_2$ 是白色沉淀,微溶于冷水,易溶于热水,也溶于浓盐酸中形成配合物 $H_2[PbCl_4]$。PbI_2 为金黄色丝状有亮光的沉淀,易溶于沸水,溶于过量 KI 溶液,形成可溶性配合物 $K_2[PbI_4]$。$PbCrO_4$ 为难溶的黄色沉淀,溶于硝酸和较浓的碱。$PbSO_4$ 为白色沉淀,能溶解于饱和的 NH_4Ac 溶液中。

四、实验用品

仪器:离心机,离心试管,试管,坩埚,烧杯,酒精灯。

试剂：HCl（$2\ mol\cdot L^{-1}$、$6\ mol\cdot L^{-1}$、浓），HNO_3（$6\ mol\cdot L^{-1}$、浓），H_2SO_4（$2\ mol\cdot L^{-1}$），HAc（$2\ mol\cdot L^{-1}$），$NaOH$（$2\ mol\cdot L^{-1}$、$6\ mol\cdot L^{-1}$），Na_2CO_3（$0.1\ mol\cdot L^{-1}$），$MgCl_2$（$0.1\ mol\cdot L^{-1}$），$CaCl_2$（$0.1\ mol\cdot L^{-1}$），$SrCl_2$（$0.1\ mol\cdot L^{-1}$），$BaCl_2$（$0.1\ mol\cdot L^{-1}$），$Al_2(SO_4)_3$（$0.1\ mol\cdot L^{-1}$），$SnCl_2$（$0.1\ mol\cdot L^{-1}$），$SnCl_4$（$0.1\ mol\cdot L^{-1}$），$Pb(NO_3)_2$（$0.1\ mol\cdot L^{-1}$），$HgCl_2$（$0.1\ mol\cdot L^{-1}$），KI（$0.1\ mol\cdot L^{-1}$），Na_2SO_4（$0.5\ mol\cdot L^{-1}$），$(NH_4)_2C_2O_4$（$0.5\ mol\cdot L^{-1}$），K_2CrO_4（$0.1\ mol\cdot L^{-1}$），$MnSO_4$（$0.1\ mol\cdot L^{-1}$），Na_2S（$1\ mol\cdot L^{-1}$），H_2S（饱和溶液），$Bi(NO_3)_3$（$0.1\ mol\cdot L^{-1}$），NH_4Ac（饱和），Na^+、K^+、Ca^{2+}、Sr^{2+}、Ba^{2+}试液（$10\ g\cdot L^{-1}$）或固体，酚酞指示剂，金属钠，金属钾，镁条，铝片，$PbO_2(s)$。

材料：铂丝或镍铬丝，砂纸，小刀，镊子，火柴。

五、实验内容

1. 钠、钾、镁、铝单质的还原性

（1）钠、镁、铝与氧的反应

① 金属钠和氧的反应　用镊子夹取一小块金属钠，用滤纸吸干其表面的煤油，放入干燥的坩埚中加热。当钠开始燃烧时，停止加热，观察反应现象及产物的颜色和状态。试自行设计实验判断产物是 Na_2O 还是 Na_2O_2。

② 镁条在空气中燃烧　取一小段镁条，用砂纸除去表面的氧化物。点燃，观察燃烧情况。

③ 铝在空气中氧化——铝毛的生成　取一小片铝片，用砂纸除去表面的氧化物，然后在其上滴加 4 滴 $0.1\ mol\cdot L^{-1}$ $HgCl_2$ 溶液，用镊子夹住棉球或纸将溶液擦干（注意：剧毒！），将铝片置于空气中，观察铝片上长出的铝毛，写出有关的反应方程式。

（2）钠、钾、镁与水的反应

① 取一小块金属钠，用滤纸吸干其表面煤油，将其放入盛有 1/4 体积水和 1 滴酚酞的 250 mL 烧杯中，观察反应情况。

② 用与①相同的方法做钾与水的反应，并与①的反应现象进行比较。

③ 取一段擦干净的镁条，投入盛有 2 mL 蒸馏水的试管中，加 1 滴酚酞，观察反应情况。水浴加热，继续观察反应现象。

2. 锡（Ⅱ）的还原性和铅（Ⅳ）的强氧化性

（1）锡（Ⅱ）的还原性

① 取 3 滴 $0.1\ mol\cdot L^{-1}$ $HgCl_2$ 溶液，加入 $0.1\ mol\cdot L^{-1}$ $SnCl_2$ 溶液 1 滴，观察现象，继续加入 $SnCl_2$ 溶液，观察反应现象有何变化？写出有关的反应方程式。此反应可用来鉴定 Sn^{2+} 或 Hg^{2+}。

② 取 0.5 mL $0.1\ mol\cdot L^{-1}$ $SnCl_2$ 溶液，逐滴加入 $6\ mol\cdot L^{-1}$ $NaOH$ 溶液，直到生成的沉淀溶解，再滴加 $0.1\ mol\cdot L^{-1}$ $Bi(NO_3)_3$ 溶液，观察现象，写出反应方程式。此反应可用来鉴定 Sn^{2+} 和 Bi^{3+}。

（2）铅（Ⅳ）的强氧化性

① 取少量 PbO_2 固体，加入浓 HCl，观察现象，写出反应方程式。

② 取少量 PbO_2 固体，加入 2 mL $2\ mol\cdot L^{-1}$ H_2SO_4 及 2 滴 $0.1\ mol\cdot L^{-1}$ $MnSO_4$ 溶液，微热，静置，观察溶液的颜色，写出反应方程式。

3. 镁、钙、钡、铝、锡、铅氢氧化物的生成和性质在六支试管中,分别加入 0.5 mL 0.1 mol·L⁻¹ MgCl₂、CaCl₂、BaCl₂、Al₂(SO₄)₃、SnCl₂、Pb(NO₃)₂,然后逐滴加入 2 mol·L⁻¹ NaOH 溶液。观察沉淀的生成,写出有关的反应方程式。

把以上沉淀各分成两份,分别加入 6 mol·L⁻¹ NaOH 溶液和 6 mol·L⁻¹ HCl 溶液,分别观察沉淀是否溶解,写出有关的反应方程式。

4. 碱土金属难溶盐的生成和性质

(1) 碳酸盐的生成和性质

在三支试管中,分别加入 0.5 mL 0.1 mol·L⁻¹的 MgCl₂、CaCl₂ 和 BaCl₂ 溶液,再各加入 0.5 mL 0.1 mol·L⁻¹ Na₂CO₃ 溶液,稍加热,观察现象。试验各沉淀能否溶于 2 mol·L⁻¹ HAc 溶液。

(2) 硫酸盐的生成和性质

在三支试管中,各加入 0.5 mL 0.1 mol·L⁻¹的 CaCl₂、SrCl₂ 和 BaCl₂ 溶液,再各加入 0.5 mol·L⁻¹ Na₂SO₄ 溶液,观察沉淀的生成(若无沉淀生成,可用玻璃棒摩擦试管壁)。试验各沉淀是否溶于 6 mol·L⁻¹ HCl 溶液。

(3) 铬酸盐的生成和性质

在三支试管中,各加入 0.5 mL 0.1 mol·L⁻¹的 MgCl₂、CaCl₂ 和 BaCl₂ 溶液,再各加入 0.5 mL 0.1 mol·L⁻¹ K₂CrO₄ 溶液,观察现象。试验各沉淀是否溶于 2 mol·L⁻¹ HAc 及 2 mol·L⁻¹ HCl 溶液。

(4) 草酸盐的生成和性质

在三支试管中,各加入 0.5 mL 0.1 mol·L⁻¹的 CaCl₂、SrCl₂ 和 BaCl₂ 溶液,再各加入数滴 0.5 mL 0.5 mol·L⁻¹ (NH₄)₂C₂O₄ 溶液,观察沉淀生成。试验各沉淀是否溶于 2 mol·L⁻¹ HAc 和 2 mol·L⁻¹ HCl 溶液。

5. 锡、铅难溶盐的生成和性质

(1) 铅(Ⅱ)的氯化物和碘化物

① 氯化铅 制取少量 PbCl₂ 沉淀,观察其颜色,并分别试验其在热水和浓 HCl 中的溶解情况。

② 碘化铅 制取少量 PbI₂ 沉淀,观察其颜色,并比较其在沸水、冷水中的溶解情况。

(2) 铬酸铅

制取少量 PbCrO₄ 沉淀,观察其颜色,并分别试验其在 6 mol·L⁻¹ HNO₃ 和 6 mol·L⁻¹ NaOH 溶液中的溶解情况。

(3) 硫酸铅

制取少量 PbSO₄ 沉淀,观察其颜色,并试验其在饱和 NH₄Ac 溶液中的溶解情况。

(4) 锡、铅的硫化物

① 硫化亚锡和硫化锡 取三支离心试管,各加入 10 滴 0.1 mol·L⁻¹ SnCl₂ 溶液,滴加饱和 H₂S 水溶液,观察沉淀的颜色。离心,用蒸馏水洗涤沉淀,然后分别试验沉淀与 6 mol·L⁻¹ HCl、1 mol·L⁻¹ Na₂S 溶液和浓 HNO₃ 的作用,写出有关反应方程式。用 0.1 mol·L⁻¹ SnCl₄ 代替 SnCl₂ 溶液,进行上述实验,写出有关反应方程式。

② 硫化铅 取三支离心试管,各加入 10 滴 0.1 mol·L⁻¹ Pb(NO₃)₂ 溶液,再滴加饱和 H₂S 水溶液,观察沉淀的颜色。离心,用蒸馏水洗涤沉淀,然后分别试验沉淀与 6 mol·L⁻¹ HCl、1 mol·L⁻¹ Na₂S 和浓 HNO₃ 的作用,写出有关反应方程式。

6. 碱金属和碱土金属的焰色反应

取镶有铂丝（或镍铬丝）的玻璃棒一根（金属丝的尖端弯成环状），按下列方法清洁：浸铂丝于 6 mol·L^{-1} HCl 中（放在滴板的凹穴内），在煤气灯的氧化焰上灼烧片刻，再浸入酸中，取出再灼烧，如此反复数次，直至火焰不再呈任何颜色（用镍铬丝时，仅能烧至呈淡黄色），这时铂丝才算洁净。

用纯净的铂丝蘸取 Na$^+$ 试液或固体灼烧之，观察火焰的颜色。

用上述的清洁法把铂丝处理干净。用与上面相同的操作，分别观察钾、钙、锶和钡等盐溶液或固体的焰色反应。

六、问题与思考

（1）钠和镁的标准电极电势相差无几（分别为 -2.71 V 和 -2.37 V），为什么两者与水反应的激烈程度却不相同？

（2）如何解释镁、钙、钡的氢氧化物和碳酸盐的溶解度大小的递变规律？

（3）实验室中怎样配制和保存 SnCl$_2$ 溶液？

（4）为什么 SnS 不溶于 Na$_2$S，而 SnS$_2$ 可溶于 Na$_2$S？

（5）试用两种方法鉴别 SnCl$_2$ 和 SnCl$_4$。

（6）若实验室中发生镁燃烧的事故，能否用水或二氧化碳灭火器来扑火？

（7）设计方案，分离下列混合离子：
$$Mg^{2+}、Ca^{2+}、Ba^{2+}$$

附 注

（1）金属钠、钾的保存。金属钠、钾遇水剧烈反应甚至爆炸，通常将它们保存在煤油中，放在阴凉处。使用时应在煤油中切割成小快，用镊子夹取并用滤纸把煤油吸干。切勿与皮肤接触。未用完的金属碎屑不能乱丢。

（2）做焰色反应实验时，用铂丝鉴定一种元素后，如欲再鉴定另一种元素时，必须把铂丝处理干净。鉴定 K$^+$ 时，即使有微量的 Na$^+$ 存在，K$^+$ 显示的紫色火焰也将被 Na$^+$ 的黄色火焰所遮蔽，故需通过蓝色的钴玻璃观察 K$^+$ 的火焰，因为蓝色玻璃能够吸收黄色光。

（3）铝毛实验中，擦干用的棉球或纸不能乱扔。

§4.24 铬、锰、铁、钴、镍

一、实验目的

（1）掌握铬、锰、铁、钴、镍各主要氧化态化合物的性质。

（2）掌握铁、钴、镍配合物的生成和性质。

二、预习提要

铬、锰、铁、钴、镍重要化合物及其性质。

三、实验原理

铬是ⅥB族元素，原子的价电子层结构为 3d^{5}4s^1，常见的是氧化态为 $+3$ 和 $+6$ 的化合物。

铬(Ⅲ)盐与氨水或氢氧化钠溶液反应,生成灰蓝色的 $Cr(OH)_3$ 胶状沉淀,它具有两性,既溶于酸又溶于碱。铬(Ⅲ)具有还原性,且在碱性介质中的还原性较强。例如:

$$2CrO_2^- + 3H_2O_2 + 2OH^- \rightleftharpoons 2CrO_4^{2-} + 4H_2O$$

常见的铬(Ⅵ)的化合物是铬酸盐和重铬酸盐,这两种铬酸根在水溶液中可以相互转化。

$$2CrO_4^{2-} + 2H^+ \rightleftharpoons Cr_2O_7^{2-} + H_2O$$

当重铬酸盐遇 Ba^{2+}、Pb^{2+}、Ag^+ 等离子时,将生成溶度积小的铬酸盐。所以无论向铬酸盐溶液或重铬酸盐溶液中加入这些离子,生成的都是铬酸盐沉淀。例如:

$$Cr_2O_7^{2-} + 2Ba^{2+} + H_2O \rightleftharpoons 2H^+ + 2BaCrO_4 \downarrow$$

铬(Ⅵ)在酸性介质中表现出强氧化性。例如:

$$Cr_2O_7^{2-} + 3SO_3^{2-} + 8H^+ \rightleftharpoons 2Cr^{3+} + 3SO_4^{2-} + 4H_2O$$
$$Cr_2O_7^{2-} + 6Fe^{2+} + 14H^+ \rightleftharpoons 2Cr^{3+} + 6Fe^{3+} + 7H_2O$$

锰为ⅦB族元素,原子的价电子层结构为 $3d^5 4s^2$,常见的是氧化态为 $+2$、$+4$ 和 $+7$ 的化合物。

锰(Ⅱ)盐与碱或氨水反应,生成白色的 $Mn(OH)_2$ 沉淀。$Mn(OH)_2$ 为碱性氢氧化物,在空气中易被氧化。

$$2Mn(OH)_2 + O_2 \rightleftharpoons 2MnO(OH)_2$$

锰(Ⅱ)在酸性介质中比较稳定,当遇到强氧化剂如 $NaBiO_3$、PbO_2、$K_2S_2O_8$ 等,被氧化成紫色的 MnO_4^-。

二氧化锰是锰(Ⅳ)的重要化合物,在酸性介质中二氧化锰是一种强氧化剂。

$$MnO_2 + SO_3^{2-} + 2H^+ \rightleftharpoons Mn^{2+} + SO_4^{2-} + H_2O$$
$$MnO_2 + 4HCl(浓) \rightleftharpoons MnCl_2 + Cl_2 \uparrow + 2H_2O$$

在碱性条件下,二氧化锰被氧化为锰(Ⅵ)的化合物。

$$2MnO_2 + 4KOH + O_2 \rightleftharpoons 2K_2MnO_4 + 2H_2O$$

K_2MnO_4 只有在强碱性溶液中($pH \geqslant 12$)才能稳定。如果在酸性、弱碱性或中性条件下,会发生歧化反应。

$$3MnO_4^{2-} + 4H^+ \rightleftharpoons 2MnO_4^- + MnO_2 \downarrow + 2H_2O$$

锰(Ⅶ)的化合物中最常见的是高锰酸钾。它是强氧化剂,它的还原产物受介质的酸碱性的影响。例如:

$$2MnO_4^- + 5SO_3^{2-} + 6H^+ \rightleftharpoons 2Mn^{2+} + 5SO_4^{2-} + 3H_2O$$
$$2MnO_4^- + 3SO_3^{2-} + H_2O \rightleftharpoons 2MnO_2 \downarrow + 3SO_4^{2-} + 2OH^-$$
$$2MnO_4^- + SO_3^{2-} + 2OH^- \rightleftharpoons 2MnO_4^{2-} + SO_4^{2-} + H_2O$$

铁、钴、镍为ⅧB族元素,也称为铁系元素。常见的氧化态为 $+2$、$+3$。

二价态的氢氧化物具有还原性,还原性的递变规律为:

$$Fe(OH)_2 > Co(OH)_2 > Ni(OH)_2$$

例如 $Fe(OH)_2$ 很快被空气中的氧氧化,$Co(OH)_2$ 缓慢被空气中的氧氧化,而 $Ni(OH)_2$ 则不能被空气中的氧氧化。

三价态的氢氧化物具有氧化性,氧化性的递变规律为:

$$Fe(OH)_3 < Co(OH)_3 < Ni(OH)_3$$

例如分别用浓盐酸处理这三种氢氧化物,发生的反应如下:

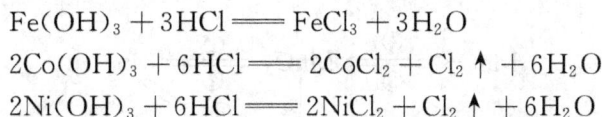

$$Fe(OH)_3 + 3HCl = FeCl_3 + 3H_2O$$

$$2Co(OH)_3 + 6HCl = 2CoCl_2 + Cl_2\uparrow + 6H_2O$$

$$2Ni(OH)_3 + 6HCl = 2NiCl_2 + Cl_2\uparrow + 6H_2O$$

铁系元素能形成多种配合物,这些配合物的形成,常常作为 Fe^{2+}、Fe^{3+}、Co^{2+}、Ni^{2+} 的鉴定方法。

四、实验用品

仪器:离心机,离心试管,试管,酒精灯,石棉网。

试剂:$(NH_4)_2Cr_2O_7(s)$,$NaBiO_3(s)$,$MnO_2(s)$,$(NH_4)_2Fe(SO_4)_2 \cdot 6H_2O(s)$,$NH_4Cl(s)$,$H_2SO_4(2\ mol \cdot L^{-1})$,$HCl(浓,2\ mol \cdot L^{-1})$,$NaOH(2\ mol \cdot L^{-1}、6\ mol \cdot L^{-1})$,$NH_3 \cdot H_2O$($2\ mol \cdot L^{-1}、6\ mol \cdot L^{-1}$,浓),$K_2Cr_2O_7(0.1\ mol \cdot L^{-1})$,$KMnO_4(0.01\ mol \cdot L^{-1})$,$KI$($0.1\ mol \cdot L^{-1}$),$Na_2SO_3(0.1\ mol \cdot L^{-1})$,$BaCl_2(0.1\ mol \cdot L^{-1})$,$Pb(NO_3)_2(0.1\ mol \cdot L^{-1})$,$Cr_2(SO_4)_3(0.1\ mol \cdot L^{-1})$,$MnSO_4(0.1\ mol \cdot L^{-1})$,$AgNO_3(0.1\ mol \cdot L^{-1})$,$K_2CrO_4$($0.1\ mol \cdot L^{-1}$),$CoCl_2(0.5\ mol \cdot L^{-1})$,$NiSO_4(0.2\ mol \cdot L^{-1})$,$FeSO_4(0.1\ mol \cdot L^{-1})$,$FeCl_3(0.1\ mol \cdot L^{-1})$,$K_3[Fe(CN)_6](0.1\ mol \cdot L^{-1})$,$K_4[Fe(CN)_6](0.1\ mol \cdot L^{-1})$,$KSCN(1\ mol \cdot L^{-1})$,$NaClO(饱和)$,$H_2O_2(3\%)$,乙醚,氯水,戊醇,$CCl_4$,丁二酮肟($1\%$)。

材料:KI-淀粉试纸。

五、实验内容

1. 铬的重要化合物的性质

(1) $(NH_4)_2Cr_2O_7$ 的分解

在一支干燥的试管中加少量的 $(NH_4)_2Cr_2O_7(s)$,将试管垂直固定,用酒精灯加热,观察反应情况及产物的状态和颜色,写出反应式。

(2) 设计方案,完成下列转化:

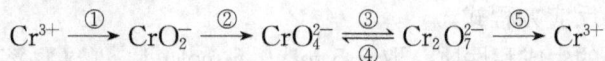

$$Cr^{3+} \xrightarrow{①} CrO_2^- \xrightarrow{②} CrO_4^{2-} \underset{④}{\overset{③}{\rightleftharpoons}} Cr_2O_7^{2-} \xrightarrow{⑤} Cr^{3+}$$

要求:写出各转化实验的实验步骤;记录现象,解释并写出反应方程式。

(3) 难溶性铬酸盐的生成和性质

取三支试管各加入 $1\ mL\ 0.1\ mol \cdot L^{-1}\ K_2CrO_4$ 溶液,分别滴加 $0.1\ mol \cdot L^{-1}$ 的 $AgNO_3$ 溶液、$BaCl_2$ 溶液及 $Pb(NO_3)_2$ 溶液,观察产物的颜色和状态,写出反应式。

2. 锰的重要化合物

(1) $Mn(OH)_2$ 的生成和性质

取二支试管各加入 $1\ mL\ 0.1\ mol \cdot L^{-1}\ MnSO_4$ 溶液,另取一支试管加入 $2\ mL\ 2\ mol \cdot L^{-1}$ $NaOH$ 溶液,加热煮沸,除去 O_2,再用长滴管吸取该 $NaOH$ 溶液伸入盛有 $MnSO_4$ 溶液试管底部,挤压胶头放出 $NaOH$ 溶液(整个操作过程要尽量避免将空气带进溶液)。观察二支试管中的产物的颜色和状态。在其中一支试管内加入 $2\ mol \cdot L^{-1}\ HCl$ 溶液数滴;观察沉淀是否溶解。在另一支试管中加入 $2\ mol \cdot L^{-1}\ NaOH$ 溶液,观察沉淀是否溶解。放置一段时间后,注意沉淀颜色有何变化? 写出有关反应式。

(2) 设计方案,完成下列转化:

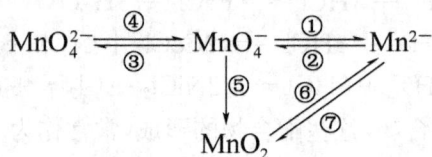

$$MnO_4^{2-} \underset{③}{\overset{④}{\rightleftharpoons}} MnO_4^- \underset{②}{\overset{①}{\rightleftharpoons}} Mn^{2-}$$

$$MnO_4^- \xrightarrow{⑤} MnO_2$$

$$Mn^{2-} \underset{⑦}{\overset{⑥}{\rightleftharpoons}} MnO_2$$

要求:写出各转化实验的实验步骤;记录现象,解释并写出反应方程式。

3. 铁、钴、镍的重要氢氧化物

(1) M(Ⅱ)氢氧化物的生成和性质

① 氢氧化亚铁的生成和性质 取一支试管,加入 1 mL 蒸馏水和几滴稀 H_2SO_4,煮沸赶尽溶于水中的 O_2,然后加入少量 $(NH_4)_2Fe(SO_4)_2 \cdot 6H_2O$ 晶体使其溶解。在另一试管中加入 1 mL 6 mol·L^{-1} NaOH 溶液小心煮沸,除去 O_2。冷却后,用一支长滴管吸取该 NaOH 溶液,将滴管插到盛 $(NH_4)_2Fe(SO_4)_2$ 溶液试管的底部,慢慢放出 NaOH 溶液(这步操作目的是为避免将空气中 O_2 带入溶液),观察产物的颜色及状态。摇荡后,放置一段时间,观察有何变化,解释现象并写出反应方程式。

② 氢氧化钴(Ⅱ)的生成和性质 取一支试管加入 0.5 mL 0.5 mol·L^{-1} $CoCl_2$ 溶液,再滴加 2 mol·L^{-1} NaOH 溶液,直到生成 $Co(OH)_2$ 沉淀。放置一段时间,观察有何变化,解释现象并写出反应方程式。

③ 氢氧化镍(Ⅱ)的生成和性质 取一支试管加入 0.5 mL 0.2 mol·L^{-1} $NiSO_4$ 溶液,再滴加 2 mol·L^{-1} NaOH 溶液,观察现象。放置一段时间后,有何变化? 解释现象。

根据上述实验结果,比较Fe(Ⅱ)、Co(Ⅱ)、Ni(Ⅱ)氢氧化物还原性强弱及其递变规律。

(2) M(Ⅲ)氢氧化物的生成和性质

① 氢氧化铁的生成和性质 取 1 mL 0.1 mol·L^{-1} $FeCl_3$ 溶液,滴加 2 mol·L^{-1} NaOH 溶液,观察现象。然后加 0.5 mL 浓 HCl 溶液,观察有何现象,并用 KI-淀粉试纸检验是否有氯气产生。在此 $FeCl_3$ 溶液中滴加数滴 0.1 mol·L^{-1} KI 溶液和 0.5 mL CCl_4,振荡后,观察现象,写出反应方程式。

② 氢氧化钴(Ⅲ)的生成和性质 取 0.5 mL 0.5 mol·L^{-1} $CoCl_2$ 溶液,滴加 2 mol·L^{-1} NaOH 溶液和氯水数滴,得棕色氢氧化钴(Ⅲ)沉淀,然后在沉淀中加入浓 HCl 0.5 mL,观察现象,并用 KI-淀粉试纸检验是否有氯气产生,解释现象并写出反应方程式。

③ 氢氧化镍(Ⅲ)的生成和性质 取 0.5 mL 0.2 mol·L^{-1} $NiSO_4$ 溶液,滴加 2 mol·L^{-1} NaOH 溶液和氯水数滴,得棕黑色氢氧化镍(Ⅲ)沉淀。然后加入浓 HCl 0.5 mL,观察现象,并用 KI-淀粉试纸检验是否有氯气产生,写出反应方程式。

综合上述实验:比较铁、钴、镍三价氢氧化物与二价氢氧化物的颜色有何不同? 比较 Fe(Ⅲ)、Co(Ⅲ)、Ni(Ⅲ)氢氧化物氧化性强弱及其变化规律。

4. 铁、钴、镍的配合物

(1) 铁配合物的生成和性质

① 取 0.5 mL 0.1 mol·L^{-1} $FeSO_4$ 溶液,加入 1 滴 0.1 mol·L^{-1} $K_3[Fe(CN)_6]$ 溶液,观察蓝色沉淀的生成。写出反应方程式。此反应可作为 Fe^{2+} 的鉴定反应。

② 取 0.5 mL 0.1 mol·L^{-1} $FeCl_3$ 溶液,加入 1 滴 0.1 mol·L^{-1} $K_4[Fe(CN)_6]$ 溶液,

观察蓝色沉淀的生成,写出反应方程式。此反应可作为 Fe^{3+} 的鉴定反应。

③ 取 $0.5\ mL\ 0.1\ mol \cdot L^{-1}\ FeCl_3$ 溶液,滴加 $1\ mol \cdot L^{-1}\ KSCN$ 溶液,观察现象,写出反应方程式。此反应可作为 Fe^{3+} 的鉴定反应。

(2) 钴配合物的生成和性质

① 取几滴 $0.5\ mol \cdot L^{-1}\ CoCl_2$ 溶液,加入 $0.5\ mL$ 戊醇,然后滴加 $1\ mol \cdot L^{-1}\ KSCN$ 溶液,振荡,戊醇层呈现蓝色表示有 Co^{2+} 存在,写出反应方程式。此反应可作为 Co^{2+} 的鉴定反应。

② 取 $0.5\ mL\ 0.5\ mol \cdot L^{-1}\ CoCl_2$ 溶液,加入少量 NH_4Cl 固体,然后滴加浓 $NH_3 \cdot H_2O$,观察黄褐色 $[Co(NH_3)_6]^{2+}$ 配合物的生成。静置一段时间,观察溶液颜色有何变化 (必要时可滴加 $3\%\ H_2O_2$ 溶液并加少量活性炭作催化剂)。如溶液变为橙黄色,则表示有 $[Co(NH_3)_6]^{3+}$ 生成,解释现象。

(3) 镍的配合物

① 取几滴 $0.2\ mol \cdot L^{-1}\ NiSO_4$ 溶液于试管中,加 2 滴 $6\ mol \cdot L^{-1}\ NH_3 \cdot H_2O$,再加入 1 滴 1% 丁二酮肟(又名二乙酰二肟)的乙醇溶液,生成桃红色沉淀,表示有 Ni^{2+} 存在,写出反应方程式。此反应可作为 Ni^{2+} 的鉴定反应。

② 取 $2\ mL\ 0.2\ mol \cdot L^{-1}\ NiSO_4$ 溶液,滴加 $2\ mol \cdot L^{-1}\ NH_3 \cdot H_2O$,观察现象。再加入过量浓 $NH_3 \cdot H_2O$,观察沉淀溶解情况及溶液颜色的变化,解释现象,并写出反应方程式。

六、问题与思考

(1) 不用其他试剂,将下列几种溶液一一鉴别出来:
$AgNO_3$,$NaOH$,$KSCN$,$FeCl_3$,$SnCl_2$,$CoCl_2$,$NiSO_4$,K_2CrO_4

(2) 某实验小组在做 Na_2O_2 和 $KMnO_4$ 反应的实验时,发现所加 H_2SO_4 溶液的量不同,出现下列三种现象:加少量 H_2SO_4 时溶液呈绿色;适量时生成棕色沉淀;过量时溶液几乎无色。试解释之。

(3) 浓盐酸与 $Fe(OH)_3$、$Co(OH)_3$ 和 $Ni(OH)_3$ 的反应有何不同? 为什么?

(4) 为什么向 $K_2Cr_2O_7$ 溶液中加入 $BaCl_2$ 溶液,得到的沉淀是 $BaCrO_4$ 而不是 $BaCr_2O_7$?

(5) 向 $FeCl_3$ 溶液中加入 NH_4SCN 溶液,再加入饱和的 NaF 溶液,溶液的颜色有什么变化,为什么? 用 NH_4SCN 鉴定 Co^{2+} 时,Fe^{3+} 存在干扰,如何排除 Fe^{3+} 的干扰?

(6) 变色硅胶中含有的氯化钴起什么作用?

(7) 设计方案,分离和鉴定下列各组混合离子:

① Al^{3+}、Cr^{3+}、Mn^{2+}、Zn^{2+}

② Fe^{3+}、Al^{3+}、Cr^{3+}、Ni^{2+}

③ Cr^{3+}、Fe^{3+}、Co^{2+}、Ni^{2+}

附　注

(1) $KMnO_4$ 固体与浓 H_2SO_4 相混合是一种极强的氧化剂,因为有 Mn_2O_7 生成,它受热能发生爆炸。与有机物质接触,可发生剧烈的爆炸或燃烧,因此千万要小心。

(2) Co^{2+} 与 $NaOH$ 反应生成 $Co(OH)_2$ 沉淀,由于沉淀颗粒的大小、溶液的碱度及所吸附的离子等因素的影响,可出现蓝色、绿色和粉红色三种沉淀。一般蓝色沉淀较不稳定,放置或加热都可转变为粉红色。

(3) 二价钴的水合盐(或水溶液)是粉红色的,脱水后为蓝色。由于蓝色的 $CoCl_2$ 在潮湿的空气中变为粉红色,故可用于检出水分。变色硅胶就是掺有 $CoCl_2$(作指示剂)的硅胶,它吸水后变红,就是这个道理。它们的相互转化温度和特征颜色如下:

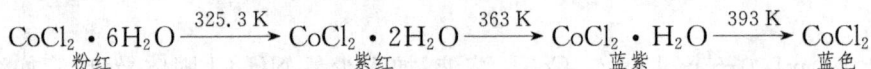

$$CoCl_2 \cdot 6H_2O \xrightarrow{325.3\,K} CoCl_2 \cdot 2H_2O \xrightarrow{363\,K} CoCl_2 \cdot H_2O \xrightarrow{393\,K} CoCl_2$$
$$\text{粉红} \qquad\qquad \text{紫红} \qquad\qquad \text{蓝紫} \qquad\qquad \text{蓝色}$$

(4) $CoCl_2$ 与氨水反应,当有铵盐存在时,则抑制氨水电离而形成 $[Co(NH_3)_6]^{2+}$,使溶液呈黄褐色。

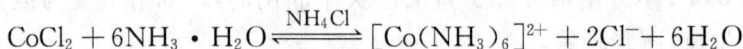

$$CoCl_2 + 6NH_3 \cdot H_2O \underset{NH_4Cl}{\rightleftharpoons} [Co(NH_3)_6]^{2+} + 2Cl^- + 6H_2O$$

$[Co(H_2O)_6]^{2+}$ 不稳定,可被空气氧化为橙黄色的 $[Co(H_2O)_6]^{3+}$。

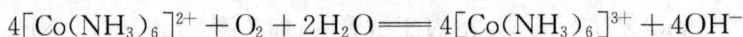

$$4[Co(NH_3)_6]^{2+} + O_2 + 2H_2O \Longrightarrow 4[Co(NH_3)_6]^{3+} + 4OH^-$$

(5) 过去和近来的不少无机(或普通)化学教材或实验书上,都把 Fe^{3+} 与 $K_4[Fe(CN)_6]$ 反应生成的蓝色沉淀称为普鲁士蓝,把 Fe^{2+} 与 $K_3[Fe(CN)_6]$ 反应生成的蓝色沉淀称为腾氏蓝,并把这两个反应的方程式表示为:

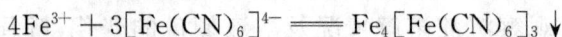

$$4Fe^{3+} + 3[Fe(CN)_6]^{4-} \Longrightarrow Fe_4[Fe(CN)_6]_3 \downarrow$$

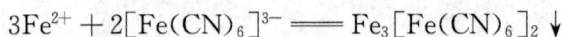

$$3Fe^{2+} + 2[Fe(CN)_6]^{3-} \Longrightarrow Fe_3[Fe(CN)_6]_2 \downarrow$$

随着科学技术的不断发展,已由 X 射线、磁性数据都证明了普鲁士蓝和腾氏蓝的组成和结构完全相同,是属于同一种物质。为了更合理地反映这一事实,不少教材都把它们的组成统一表示为 $KFe[Fe(CN)_6] \cdot H_2O$,并称之为"铁蓝"。

(6) 制取 $Mn(OH)_2$ 和 $Fe(OH)_2$ 的操作过程要避免将空气带入溶液中。

§4.25　铜、银、锌、镉、汞

一、实验目的

(1) 掌握铜、银、锌、镉、汞常见化合物的生成和性质。

(2) 学习铜、银、汞的氧化还原性,并掌握铜(Ⅰ)与铜(Ⅱ)、汞(Ⅰ)与汞(Ⅱ)的相互转化条件。

二、预习提要

铜、银、锌、镉、汞主要化合物及其性质。

三、实验原理

ds 区元素包括周期表中的 ⅠB 和 ⅡB 族中的元素。铜、银位于 ⅠB 族,价电子构型为 $(n-1)d^{10}ns^1$,铜的主要化合物的氧化数为 +1 和 +2,银主要形成氧化数为 +1 的化合物。锌、镉、汞位于 ⅡB 族,价电子构型为 $(n-1)d^{10}ns^2$,它们都能形成氧化数为 +2 的化合物,汞还能形成氧化数为 +1 的化合物。

Zn(OH)₂ 为两性。Cu(OH)₂ 以碱性为主,但能溶于较浓的 NaOH 溶液中。Cd(OH)₂ 基本为碱性。Hg(OH)₂ 和 AgOH 很不稳定,极易分解成相应的氧化物。

ZnS 为白色,溶于稀 HCl。CdS 为黄色,不溶于稀 HCl 而溶于浓 HCl。CuS 和 Ag₂S 为黑色,两者溶于浓 HNO₃。HgS 为黑色,溶于王水。

Cu^{2+}、Ag^+、Zn^{2+}、Cd^{2+}、Hg^{2+} 都易形成配合物,如 $[Cu(NH_3)_4]^{2+}$、$[Zn(NH_3)_4]^{2+}$、$[HgI_4]^{2-}$、$[Hg(SCN)_4]^{2-}$、$[Ag(NH_3)_2]^+$ 等。

铜和汞的电势图（$E°/V$）分别如下:

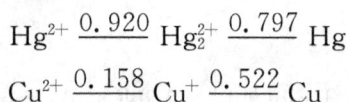

$$Hg^{2+} \xrightarrow{0.920} Hg_2^{2+} \xrightarrow{0.797} Hg$$

$$Cu^{2+} \xrightarrow{0.158} Cu^+ \xrightarrow{0.522} Cu$$

对于铜来说,$E°_右 > E°_左$,Cu(Ⅰ)易歧化成 Cu(Ⅱ)和 Cu,但当 Cu(Ⅰ)形成沉淀或生成配合物时,在还原剂的作用下,Cu(Ⅱ)也能转化为 Cu(Ⅰ)的化合物。

对于汞来说,与铜相反,$E°_右 < E°_左$,Hg(Ⅱ)和 Hg 反应易转化为 Hg(Ⅰ)。但当 Hg(Ⅱ)生成沉淀或配合物时,Hg(Ⅰ)也能转化成 Hg(Ⅱ)的化合物。

四、实验用品

仪器:恒温水浴锅,离心机,试管,烧杯。

试剂:Cu 粉,Hg,HCl($2\ mol \cdot L^{-1}$、$6\ mol \cdot L^{-1}$、浓),H₂SO₄($3\ mol \cdot L^{-1}$),HNO₃($2\ mol \cdot L^{-1}$、$6\ mol \cdot L^{-1}$、浓),H₂S(饱和),NaOH($2\ mol \cdot L^{-1}$、$6\ mol \cdot L^{-1}$、40%),NH₃·H₂O($2\ mol \cdot L^{-1}$、浓),CuCl₂($0.5\ mol \cdot L^{-1}$),KI($0.1\ mol \cdot L^{-1}$),NaCl($0.1\ mol \cdot L^{-1}$),Na₂S₂O₃($0.1\ mol \cdot L^{-1}$),AgNO₃($0.1\ mol \cdot L^{-1}$),ZnSO₄($0.1\ mol \cdot L^{-1}$),CuSO₄($0.1\ mol \cdot L^{-1}$),Hg(NO₃)₂($0.1\ mol \cdot L^{-1}$),CdSO₄($0.1\ mol \cdot L^{-1}$),葡萄糖溶液(10%),NH₄Cl($0.1\ mol \cdot L^{-1}$),NH₄SCN($0.1\ mol \cdot L^{-1}$)。

五、实验内容

1. 氢氧化物或氧化物的性质

(1) 氢氧化铜的生成和性质

取三支试管(A、B、C),各加入 0.5 mL 0.1 mol·L⁻¹ CuSO₄ 溶液,分别滴加 2 mol·L⁻¹ NaOH 溶液,观察现象。然后将 A 管沉淀加热,往 B 管加 3 mol·L⁻¹ H₂SO₄,C 管加过量的 40% NaOH 溶液,观察现象并写出有关反应方程式。

(2) 氧化银的生成和性质

取两支离心试管(A、B),各加入 0.5 mL 0.1 mol·L⁻¹ AgNO₃ 溶液,慢慢滴加新配制的 2 mol·L⁻¹ NaOH 溶液,观察现象。离心、弃去上层清液,用蒸馏水洗涤沉淀,在 A 管中加入 2 mol·L⁻¹ HNO₃,在 B 管中加入 2 mol·L⁻¹NH₃·H₂O,观察现象。写出有关的反应方程式。

(3) 锌、镉氢氧化物的生成和性质

取两支试管(A、B),各加入 1 mL 0.1 mol·L⁻¹ ZnSO₄ 溶液,分别滴加入 2 mol·L⁻¹ NaOH 溶液,观察沉淀的生成,然后在 A 管中加入 2 mol·L⁻¹ HCl,在 B 管中加入 2 mol·L⁻¹ NaOH 溶液,观察现象。写出有关的反应方程式。

用 0.1 mol·L^{-1} CdSO$_4$ 取代 0.1 mol·L^{-1} ZnSO$_4$,做上述实验。

（4）氧化汞的生成和性质

取一支离心试管,加入 0.5 mL 0.1 mol·L^{-1} Hg(NO$_3$)$_2$ 溶液,然后滴加 2 mol·L^{-1} NaOH 溶液,观察现象。离心、弃去上层清液,加入 2 mol·L^{-1} HCl 溶液,观察现象。

2. 硫化物的生成和性质

自行设计方案,分别生成铜、银、锌、镉、汞的硫化物沉淀,并分别选一种试剂将它们溶解。

3. 配合物的生成和性质

（1）氨合物的生成

取 0.1 mol·L^{-1} CuSO$_4$、0.1 mol·L^{-1} AgNO$_3$、0.1 mol·L^{-1} ZnSO$_4$、0.1 mol·L^{-1} CdSO$_4$ 溶液各 0.5 mL,分别滴加 2 mol·L^{-1} NH$_3$·H$_2$O,观察沉淀的生成,加入过量 NH$_3$·H$_2$O,各又有什么变化? 写出有关的反应方程式。用 0.1 mol·L^{-1} Hg(NO$_3$)$_2$ 溶液做同样实验,观察现象。

（2）汞配合物的生成

取 1 滴 0.1 mol·L^{-1} Hg(NO$_3$)$_2$ 溶液,滴加 0.1 mol·L^{-1} KI,观察沉淀的生成,继续滴加至沉淀刚好溶解,写出反应方程式。然后在溶液中加入数滴 40% NaOH 溶液,再加几滴 0.1 mol·L^{-1} NH$_4$Cl 溶液,生成红棕色沉淀物,这个反应常用来鉴定 NH$_4^+$。

取 5 滴 0.1 mol·L^{-1} Hg(NO$_3$)$_2$ 溶液,滴加 0.1 mol·L^{-1} NH$_4$SCN,观察沉淀的生成,继续滴加至沉淀刚好溶解。再往该溶液中加几滴 0.1 mol·L^{-1} ZnSO$_4$ 溶液,观察白色沉淀 Zn[Hg(SCN)$_4$]的生成,若现象不明显,可以用玻璃棒摩擦试管壁,该反应可定性检验 Zn^{2+}。

4. 铜、银、汞的氧化还原性

（1）铜的氧化还原性

① 氧化亚铜的生成和性质　取一支试管,加入 0.5 mL 0.1 mol·L^{-1} CuSO$_4$ 溶液,加入过量 6 mol·L^{-1} NaOH 溶液,至沉淀溶解溶液呈深蓝色,再加入数滴 10% 葡萄糖溶液,摇匀,放在水浴中微热,观察现象。离心分离,用蒸馏水洗涤沉淀,往沉淀中加入 3 mol·L^{-1} H$_2$SO$_4$ 溶液,观察现象,写出有关方程式。

② 氯化亚铜的生成和性质　取一支试管,加入 10 mL 0.5 mol·L^{-1} CuCl$_2$ 溶液,加入浓盐酸 3 mL 和少量铜粉,加热振荡,直至溶液呈深棕色。吸出少量溶液,加到盛有 10 mL 蒸馏水的试管中,如有白色沉淀产生,迅速把全部溶液倾倒入一个盛有 100 mL 蒸馏水的烧杯中,静置,让沉淀沉降,洗涤沉淀。

取两份少许沉淀,一份与浓 NH$_3$·H$_2$O 作用,一份与浓盐酸作用,观察现象,写出有关的反应方程式。

③ 碘化亚铜的生成　取 1 mL 0.1 mol·L^{-1} CuSO$_4$ 溶液,滴加 0.1 mol·L^{-1} KI 溶液,观察现象,再滴加 0.1 mol·L^{-1} Na$_2$S$_2$O$_3$ 溶液(不宜过多),观察现象,写出反应方程式。

（2）银的氧化还原性

取一支试管,依次用 6 mol·L^{-1} NaOH 和蒸馏水洗净,加入 2 mL 0.1 mol·L^{-1} AgNO$_3$ 溶液,逐滴加入 2 mol·L^{-1} NH$_3$·H$_2$O,至生成的沉淀刚好溶解。再往溶液中加入 2 滴 NH$_3$·H$_2$O,然后加入 10% 葡萄糖溶液数滴,摇匀后把试管放在水浴中加热,观察试管壁上有何变化? 说明原因,写出反应方程式。实验完毕,用 6 mol·L^{-1} HNO$_3$ 溶解银镜,并回收。

(3) 汞的氧化还原性

取 1 mL 0.1 $mol \cdot L^{-1}$ $Hg(NO_3)_2$ 溶液，加入 1 滴汞，充分振荡，用滴管把清液转入另两支试管中(余下的汞回收)。在一支试管中滴加 0.1 $mol \cdot L^{-1}$ NaCl，另一支试管中滴加 2 $mol \cdot L^{-1}$ $NH_3 \cdot H_2O$，观察现象，写出反应方程式。

5. 分离和鉴定

设计方案，分离和鉴定下列各组混合离子(任选一组)：

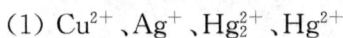

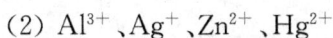

(1) Cu^{2+}、Ag^{+}、Hg_2^{2+}、Hg^{2+}

(2) Al^{3+}、Ag^{+}、Zn^{2+}、Hg^{2+}

(3) Cu^{2+}、Ag^{+}、Zn^{2+}、Cd^{2+}

要求：① 写出分离鉴定的图示步骤；② 记录现象，写出有关反应方程式；③ 保留鉴定实验的样品，以备检查。

六、问题与思考

(1) 进行银镜反应时，为什么要先把银离子转变成银氨离子？如何才能使镀层光亮？如何洗净试管上的银镜？

(2) 使用汞时应注意什么？为什么储存汞要用水封？

(3) 制备 CuI 沉淀时，加入 $Na_2S_2O_3$ 溶液的目的是什么？为什么不宜加入过量的 $Na_2S_2O_3$ 溶液？

(4) 有两瓶失落标签的试剂，已知是甘汞和升汞，试用两种化学方法鉴别它们。

(5) 比较 Cu^{2+}、Ag^{+}、Zn^{2+}、Cd^{2+}、Hg^{2+}、Hg_2^{2+} 与氨水的反应。

附 注

(1) $Cu(OH)_2$ 微显两性，能溶于浓碱。在浓 NaOH 中形成蓝紫色 $[Cu(OH)_4]^{2-}$ 配位离子。

(2) 由于制备条件不同，Cu_2O 晶粒的大小差异，可呈现黄、橙、红等不同的颜色。

(3) 银镜反应实验，若试管不干净，往往生成黑色沉淀，得不到光亮的银镜。银镜反应方程式：

$$2Ag(NH_3)_2^+ + C_6H_{11}O_5CHO + 2OH^- \longrightarrow 2Ag\downarrow + C_6H_{11}O_5COO^- + NH_4^+ + 3NH_3 + H_2O$$

(4) 汞的安全使用：汞易挥发，它在人体内会积累起来，引起慢性中毒。所以贮存时，要加入适量的水，使汞在水面下，以减少挥发。使用时，应将盛有汞的容器放在搪瓷盆上，以免汞洒落在桌子上或地上。万一洒落时，要用吸管尽可能地把汞吸起来。并用硫磺粉洒在汞洒落的地方，使汞转变为硫化汞。

(5) 含镉、汞废液的处理：任意排放含镉、汞的废液，会造成环境的污染，应设法使镉、汞转化为难溶物而除去。

① 镉废液的处理：在废液中加石灰或电石渣，使镉离子转变为难溶的 $Cd(OH)_2$ 沉淀除去。

$$Cd^{2+} + 2OH^- \longrightarrow Cd(OH)_2\downarrow$$

② 含汞废液的处理：用废铜屑、锌粒作为还原剂处理废液，可直接回收金属汞。或在废

液中加入 Na_2S,使汞转变成难溶的 HgS 沉淀而除去,除汞效率可达 99%。

$$Hg^{2+} + S^{2-} \xlongequal{\quad} HgS\downarrow$$

(6) 教师可根据实际教学需要,选择相应的实验项目。

§4.26　纸色谱法分离与鉴定某些金属离子

一、实验目的

(1) 掌握纸色谱法分离金属离子的基本原理及操作技术。
(2) 掌握比移值 R_f 的计算及应用。

二、预习提要

(1) 纸色谱法分离的基本原理及操作技术。
(2) 比移值 R_f 的定义。

三、实验原理

　　纸色谱是在滤纸上进行的色谱分析法。在滤纸的下端滴上少量含金属阳离子的混合液,待试液干后,将滤纸的底边浸入展开剂中(一般为含水的有机溶剂),由于毛细作用,展开剂沿滤纸上升。滤纸纤维所吸附的水构成了固定相,有机溶剂构成了流动相。当展开剂经过阳离子试样时,试样各组分在固定相和流动相中的分配系数不同。在有机溶剂中溶解度较大的组分倾向于随展开剂向上流动,向上迁移的速率较快,而在水中溶解度较大的组分倾向于滞留原来的位置,向上迁移的速率较慢。由于它们以不同的速率在纸上迁移,一段时间后便可达到分离的目的。阳离子在纸上迁移的距离与许多因

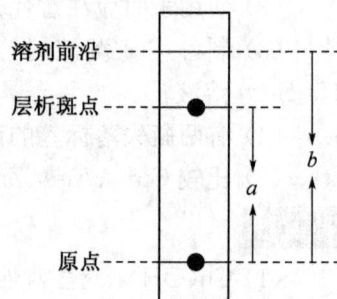

图 4-9　纸色谱展开图

素有关。当层析纸、固定相、流动相和温度固定时,每种阳离子的比移值 R_f 基本为一常数。R_f 的定义为:

$$R_f = \frac{\text{原点至层析斑点中心的距离}}{\text{原点至溶剂前沿的距离}} = \frac{a}{b}$$

本实验用纸色谱法分离与鉴定 Fe^{3+}、Cu^{2+}、Co^{2+}、Ni^{2+}。

四、实验用品

　　仪器:毛细管,广口瓶,烧杯,量筒,镊子。
　　药品:HCl (浓),氨水(浓),丙酮,$FeCl_3$($0.5\ mol \cdot L^{-1}$),$CuCl_2$($0.5\ mol \cdot L^{-1}$),$CoCl_2$($0.5\ mol \cdot L^{-1}$),$MnCl_2$($0.5\ mol \cdot L^{-1}$),Fe^{3+}、Cu^{2+}、Co^{2+}、Ni^{2+} 混合液,未知液(含 Fe^{3+}、Cu^{2+}、Co^{2+}、Mn^{2+} 中的两种)。
　　材料:滤纸,铅笔,直尺。

五、实验内容

1. 点样

取一张 13 cm×16 cm 的滤纸。以 16 cm 长的边为底边,距离下端 2 cm 处用铅笔画一条平行底边的直线为原点线,将滤纸折叠成八片。除左右最外两片外,在直线上分别用毛细管于每片的中心依次点样(Fe^{3+}、Cu^{2+}、Co^{2+}、Mn^{2+}、混合物、未知物)。要求试样斑点的直径小于 0.5 cm。自然晾干试样斑点。将滤纸折叠成一定的形状,使其能垂直立于台面上(图 4-10)。

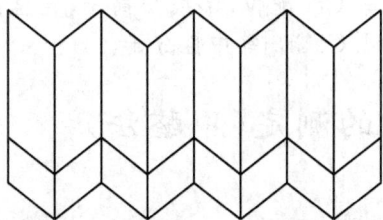

图 4-10 滤纸折叠示意图 　　　　图 4-11 纸色谱简易装置示意图

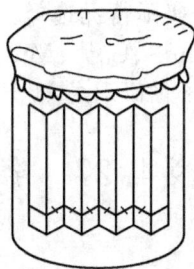

2. 展开

按丙酮∶浓盐酸∶水=19∶4∶2 体积比的比例配制展开剂。在一个大烧杯中加入一定量的展开剂,将滤纸以原点线在下放入烧杯。展开剂液面必须略低于原点线。滤纸垂直树立,不得与杯壁接触。烧杯口用塑料薄膜蒙上(图 4-11)。

当展开剂前沿到达距离滤纸顶部 2 cm 处时,取出滤纸,迅速用铅笔将展开剂前沿标出。

3. 显色

自然干燥滤纸,将滤纸平放在干燥器的瓷板上,干燥器的底部盛有浓氨水,盖好盖子,5 min 后取出。

4. 数据处理

(1)记录各斑点显示的颜色。

(2)用铅笔画下各斑点的轮廓,分别测量各斑点中心距原点基线的距离,测量展开剂前沿与原点基线的距离。计算各组分的 R_f。

组　　分	Fe^{3+}	Cu^{2+}	Co^{2+}	Mn^{2+}	未知液	
					斑点1	斑点2
斑点中心距原点基线的距离(a/cm)						
展开剂前沿与原点基线的距离(b/cm)						
R_f						

(3)确定未知液中含有的离子有:_____。

六、问题与思考

(1)本实验展开剂中加盐酸的目的是什么?如果盐酸的浓度降低,预测 R_f 将如何变化?

(2) 展开时烧杯口密封与敞口相比,R_f 值有什么不同? 为什么?

附 注

(1) 点样练习

取一片滤纸,用毛细管吸取溶液后垂直接触到滤纸上,当形成直径为 0.3~0.5 cm 的圆形斑点时,立即提起毛细管。反复练习几次,直到能点出直径小于或接近直径为 0.5 cm 的斑点为止。

(2) 当离子斑点无色或颜色较浅时,常需要加上显色剂,使离子斑点显出特征的颜色。显色剂种类根据实际情况选择。

(3) Fe^{3+}、Cu^{2+}、Co^{2+}、Mn^{2+} 在盐酸中都可以与 Cl^- 配位,形成配离子,在强酸性溶液中,配离子会质子化而形成 $H[FeCl_4]$、$H[CuCl_3]$、$H[CoCl_3]$ 等中性分子。

§4.27　铵盐中含氮量的测定(甲醛法)

一、实验目的

(1) 了解弱酸强化的基本原理。

(2) 掌握用甲醛法测定铵盐中氮含量的原理和方法。

(3) 掌握酸碱指示剂的选择原理,熟练滴定操作和滴定终点的判断。

二、预习提要

(1) 理解弱酸强化的基本原理和方法。

(2) 氨态氮的测定原理及操作方法。

(3) 标准溶液的配制、标定,终点 pH 的计算,酸碱指示剂的选择。

三、实验原理

氮在自然界的存在形式比较复杂,测定物质中氮含量时,可以用总氮、铵态氮、硝酸态氮,酰胺态氮等表示方法。由于铵盐中 NH_4^+ 的酸性太弱($K_a = 5.6 \times 10^{-10}$),不能用 NaOH 标准溶液直接滴定,故要采用蒸馏法(又称凯氏定氮法)或甲醛法进行测定。

甲醛与 NH_4^+ 作用生成质子化的六亚甲基四胺和 H^+,反应式为:

$$4NH_4^+ + 6HCHO =\!=\!= (CH_2)_6N_4H^+ + 3H^+ + 6H_2O$$

生成的 $(CH_2)_6N_4H^+$ 的 K_a 为 7.1×10^{-6},可以被 NaOH 准确滴定,因而该反应称为弱酸的强化,这里 4 mol NH_4^+ 在反应中生成了 4 mol 可被准确滴定的酸,故氮与 NaOH 的化学计量数比为 1。

若试样中含有游离酸,加甲醛之前应事先以甲基红为指示剂,用 NaOH 溶液预中和至甲基红变为黄色(pH≈6),再加入甲醛,以酚酞为指示剂用 NaOH 标准溶液滴定强化后的产物。

四、实验用品

仪器:电子天平或半自动电光天平。

药品：NaOH 溶液（0.1 mol·L^{-1}），甲基红指示剂（2 g·L^{-1} 60％的乙醇溶液或其钠盐的水溶液），酚酞指示剂（2 g·L^{-1}乙醇溶液），甲醛（1∶1），KHC$_8$H$_4$O$_4$（基准试剂），铵盐（硫酸铵或氯化铵）。

五、实验内容

1. NaOH 溶液的配制与标定

以减量法称量 KHC$_8$H$_4$O$_4$ 三份于 250 mL 锥形瓶中，每份 0.4～0.6 g，加入 20～30 mL 蒸馏水，待完全溶解后，加入 1～2 滴酚酞指示剂，用待标定的 NaOH 溶液滴定至微红色并保持半分钟不褪色即为终点，计算 NaOH 溶液的浓度和测定的相对偏差。

2. 甲醛溶液的处理

甲醛中常含有微量酸，应事先中和。其方法如下：取原瓶装甲醛上层清液于烧杯中，加水稀释一倍，加入 1～2 滴酚酞指示剂，用标准碱溶液滴定甲醛溶液至呈现微红色。

3. (NH$_4$)$_2$SO$_4$ 试样中氮含量的测定

准确称取 (NH$_4$)$_2$SO$_4$ 试样 1.5～2 g 于小烧杯中，加入少量蒸馏水溶解，溶液定量转移至 250 mL 容量瓶中，用蒸馏水稀释至刻度，摇匀。移取 3 份 25.00 mL 试液分别置于 250 mL 锥形瓶中，加入 1 滴甲基红指示剂，用 0.1 mol·L^{-1} NaOH 溶液中和至黄色，加入 10 mL（1∶1）甲醛溶液，再加 1～2 滴酚酞指示剂，充分摇匀，放置 1 min 后，用 0.1 mol·L^{-1} NaOH 标准溶液滴定至溶液由红色刚度为无色，并持续 30 s，不褪色即为终点。

六、问题与思考

（1）NaOH 标准溶液能否用直接配制法配制？为什么？标定 NaOH 标准溶液的基准物有哪几种，本实验选用的基准物有什么显著的优点？

（2）NH$_4^+$ 为 NH$_3$ 的共轭酸，为什么不能直接用 NaOH 溶液滴定？

（3）NH$_4$NO$_3$、NH$_4$Cl 或 NH$_4$HCO$_3$ 中的含氮量能否用甲醛法测定？

（4）为什么中和甲醛中的游离酸使用酚酞指示剂，而中和 (NH$_4$)$_2$SO$_4$ 试样中的游离酸却使用甲基红指示剂？

附 注

（1）为除去 NaOH 吸收 CO$_2$ 形成的 Na$_2$CO$_3$，可称取 5～6 g 固体置于 250 mL 烧杯中，用煮沸并冷却后的蒸馏水 5～10 mL 迅速洗涤 2～3 次，以除去 NaOH 表面少量的 Na$_2$CO$_3$，再用水溶解稀释到一定体积。

（2）甲醛常以白色聚合状态存在，此白色乳状物是多聚甲醛。可加入少量的浓硫酸加热使之解聚。

（3）由于 NH$_4^+$ 与甲醛的反应在室温下进行较慢，故加入甲醛后，需放置几分钟，使反应完全。

（4）中和游离酸所消耗的 NaOH，其体积不计。

§4.28　混合碱中 NaOH、Na₂CO₃ 含量的测定

一、实验目的

（1）掌握 HCl 标准溶液的配制和标定方法。

（2）掌握混合碱测定原理、突跃范围及指示剂的选择。

（3）掌握双指示剂法判断混合碱组成的操作技术。

二、预习提要

（1）基准物质 Na_2CO_3、硼砂的化学性质，标定反应产物 pH 的计算。

（2）双指示剂法分步滴定原理，混合碱测定原理与组成的判断。

三、实验原理

混合碱是 Na_2CO_3 与 NaOH 或 Na_2CO_3 与 $NaHCO_3$ 的混合物。常以 HCl 标准溶液为滴定剂，采用双指示法进行分析，测定各组分的含量。

在混合碱的试液中加入酚酞指示剂，用 HCl 标准溶液滴定至溶液由红色刚变为无色，消耗的 HCl 标准溶液的体积为 V_1 mL。此时试液中所含 NaOH 完全被中和，Na_2CO_3 被滴定到 $NaHCO_3$，反应如下：

$$NaOH + HCl == NaCl + H_2O$$
$$Na_2CO_3 + HCl == NaHCO_3 + NaCl$$

再加入甲基橙指示剂，继续用 HCl 标准溶液滴定至溶液由黄色变为橙色，消耗 HCl 标准溶液的体积 V_2 mL。此时 $NaHCO_3$ 被中和成 H_2CO_3，反应为：

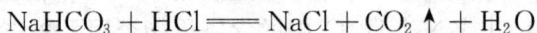

$$NaHCO_3 + HCl == NaCl + CO_2\uparrow + H_2O$$

根据 V_1 和 V_2 可以判断出混合碱的组成。

四、实验用品

仪器：电子天平或半自动电光天平，烘箱，干燥器。

药品：HCl 溶液（$0.1 \ mol \cdot L^{-1}$），基准物硼砂（$Na_2B_4O_7 \cdot 10H_2O$），无水 Na_2CO_3（于 270℃干燥 2～3 h，然后放入干燥器内冷却后备用），甲基橙指示剂（$1 \ g \cdot L^{-1}$），酚酞指示剂（$2 \ g \cdot L^{-1}$ 乙醇溶液），甲基红（$2 \ g \cdot L^{-1}$ 60％的乙醇溶液）。

五、实验内容

1. $0.1 \ mol \cdot L^{-1}$ HCl 溶液的标定

（1）用无水 Na_2CO_3 基准物质标定　准确称取 0.20 g 无水 Na_2CO_3 三份于 250 mL 锥形瓶中，加入 20～30 mL 水使之溶解，再加入 1～2 滴甲基橙指示剂，用待标定的 HCl 溶液滴定至溶液由黄色变为橙色即为终点。计算 HCl 溶液的浓度。

（2）用硼砂 $Na_2B_4O_7 \cdot 10H_2O$ 标定　称取硼砂 0.4～0.6 g 三份，分别倾入 250 mL 锥形瓶中，加水 50 mL 使之溶解，加入 2 滴甲基红指示剂，用 HCl 标准溶液滴定至溶液由黄色

变为浅红色即为终点。根据硼砂的质量和滴定时所消耗的 HCl 溶液的体积,计算 HCl 溶液的浓度。

2. 混合碱分析

(1) 准确称取试样约 1.5～2 g 于烧杯中,加少量水使其溶解,必要时可稍加热促进溶解。冷却后,将溶液定量转入 250 mL 容量瓶中,加水稀释至刻度,充分摇匀。

(2) 平行移取试液 25.00 mL 三份分别放入 250 mL 锥形瓶中,加水 20 mL,加入 1～2 滴酚酞指示剂,用 HCl 标准溶液滴定溶液由红色刚变为无色,即为第一终点,记下 V_1。然后,再加入 1～2 滴甲基橙指示剂于此溶液中,继续用 HCl 标准溶液滴定至黄色恰变为橙色,即为第二终点,记下 V_2。平行测定三次,根据 V_1、V_2 的大小判断混合物的组成,计算各组分的含量。

六、问题与思考

(1) 为什么配制 $0.1\ mol \cdot L^{-1}$ HCl 溶液 1 L 需要量取浓 HCl 溶液 9 mL? 写出主要计算式。

(2) 无水 Na_2CO_3 保存不当,吸收了 1‰ 的水分,用此基准物质标定 HCl 溶液浓度时,对其结果产生何种影响?

(3) 标定 HCl 的两种基准物质 Na_2CO_3 和 $Na_2B_4O_7 \cdot 10H_2O$ 各有哪些优缺点?

(4) 在以 HCl 溶液滴定时,怎样使用甲基橙及酚酞两种指示剂来判别试样是由 $NaOH - Na_2CO_3$ 或 $Na_2CO_3 - NaHCO_3$ 组成的? 写出计算公式。

附注

(1) $Na_2B_4O_7 \cdot 10H_2O$ 应在置有 NaCl 和蔗糖的饱和溶液的干燥器内保存,以使相对湿度为 60%,防止结晶水失去。

(2) 硼砂在 20℃ 时,100 g 水中可溶解 5 g,如温度太低,可适量地加入温热的蒸馏水,加速溶解。但滴定时一定要冷至室温。

(3) 滴定速度宜慢,近终点时每加一滴后摇匀,至颜色稳定后再加第二滴,否则,因颜色变化较慢,容易过量。

(4) 因试样中常含有杂质和水分,故称试样应多些,尽量使之具有代表性。并应预先在 270～300℃ 处理成干基试样。

§4.29　天然水总硬度的测定

一、实验目的

(1) 掌握 EDTA 标准溶液的配制和标定原理。

(2) 了解水的硬度的表示方法。

(3) 掌握络合滴定测定水的总硬度的原理和方法。

(4) 掌握金属指示剂的使用条件。

二、预习提要

(1) 络合滴定的基本原理。

(2) 络合滴定中控制溶液酸度的重要性及缓冲溶液的选择。

(3) 金属指示剂作用的条件。

三、实验原理

EDTA 常因吸附约 0.3% 的水分和其中含有少量杂质而不能直接用做标准溶液。通常先把 EDTA 配成所需要的大概浓度,然后用基准物质标定。

用于标定 EDTA 的基准物质有,含量不低于 99.95% 的某些金属,如 Cu、Zn、Ni、Pb 等,以及它们的金属氧化物或某些盐类,如 $ZnSO_4 \cdot 7H_2O$、$MgSO_4 \cdot 7H_2O$、$CaCO_3$ 等。

水硬度的测定分为水的总硬度以及钙-镁硬度两种,前者是测定 Ca、Mg 总量,后者则是分别测定 Ca 和 Mg 的含量。

世界各国表示水硬度的方法不尽相同,表 4-6 列出一些国家水硬度的换算关系。我国采用 $mmol \cdot L^{-1}$ 或 $mg \cdot L^{-1}$($CaCO_3$)为单位表示水的硬度。

表 4-6　一些国家水硬度单位换算表

硬度单位	$mmol \cdot L^{-1}$	德国硬度	法国硬度	英国硬度	美国硬度
1 $mmol \cdot L^{-1}$	1.000 00	2.804 0	5.005 0	3.511 0	50.050
1 德国硬度	0.356 63	1.000 0	1.784 8	1.252 1	17.848
1 法国硬度	0.199 82	0.560 3	1.000 0	0.701 5	10.000
1 英国硬度	0.284 83	0.798 7	1.425 5	1.000 0	14.255
1 美国硬度	0.019 98	0.056 0	0.100 0	0.070 2	1.000

本实验用 EDTA 络合滴定法测定水的总硬度。在 pH=10 的缓冲溶液中,以铬黑 T 为指示剂,用三乙醇胺和 Na_2S 掩蔽 Fe^{3+}、Al^{3+}、Cu^{2+}、Pb^{2+}、Zn^{2+} 等共存离子。如果 Mg^{2+} 的浓度小于 Ca^{2+} 浓度的 1/20,则需加入 5 mL Mg^{2+}-EDTA 溶液。

四、实验用品

仪器:电子天平或半自动电光天平,烘箱,干燥器。

药品:乙二胺四乙酸二钠盐(0.01 $mol \cdot L^{-1}$ $Na_2H_2Y \cdot 2H_2O$,相对分子质量 372.2),$CaCO_3$ 基准物质(于 110℃烘箱中干燥 2 h,稍冷后置于干燥器中冷却至室温,备用),氨水(1:2),甲基红(1 $g \cdot L^{-1}$ 60% 乙醇溶液),NH_3-NH_4Cl 缓冲溶液(称取 20 g NH_4Cl,溶于水后,加 100 mL 原装氨水,用蒸馏水稀释至 1 L,pH≈10),铬黑 T 指示剂(5 $g \cdot L^{-1}$ 溶于含有 25 mL 三乙醇胺,75 mL 无水乙醇中,用水稀释至 1 L,低温保存),三乙醇胺(200 $g \cdot L^{-1}$),Na_2S(20 $g \cdot L^{-1}$),HCl 溶液(1:1),Mg^{2+}-EDTA 溶液。

五、实验内容

1. 0.02 $mol \cdot L^{-1}$ EDTA 溶液的配制和标定

(1) 0.02 $mol \cdot L^{-1}$ Ca^{2+} 标准溶液的配制

计算配制 250 mL 0.02 $mol \cdot L^{-1}$ Ca^{2+} 标准溶液所需的 $CaCO_3$ 质量。用差减法准确称取计算所得质量的基准 $CaCO_3$ 于小烧杯中,先以少量水润湿,盖上表面皿,从烧杯嘴处往烧杯中滴加约 5 mL(1:1)HCl 溶液,使 CaCO₃ 全部溶解。冷却后用水冲洗烧杯内壁和表面皿,定量转移 CaCO₃ 溶液于 250 mL 容量瓶中,用水稀释至刻度,摇匀,计算标准 Ca²⁺ 的浓度。

(2) 0.02 mol·L⁻¹ EDTA 溶液的配制

计算配制 500 mL 0.02 mol·L⁻¹ EDTA 二钠盐所需 EDTA 的质量。称取上述质量的 EDTA 于 200 mL 烧杯中,加水,温热溶解,冷却后移入聚乙烯塑料瓶中。

(3) 0.02 mol·L⁻¹ EDTA 溶液的标定

用移液管吸取 25.00 mL Ca²⁺ 标准溶液于锥形瓶中,加 1 滴甲基红,用氨水中和 Ca²⁺ 标准溶液中的 HCl,当溶液由红变黄即可。加 20 mL 水和 5 mL Mg²⁺ - EDTA,然后加入 10 mL NH₃ - NH₄Cl 缓冲溶液,再加 3 滴铬黑 T 指示剂,立即用 EDTA 滴定,当溶液由酒红色变为蓝紫色即为终点。平行滴定 3 次,取平均值计算 EDTA 的准确浓度。

2. 水的总硬度测定

用移液管吸取 100.00 mL 自来水于 250 mL 锥形瓶中,加入 1~2 滴 HCl 使试液酸化,煮沸数分钟以除去 CO₂。冷却后,加入 3 mL 三乙醇胺溶液,5 mL 氨性缓冲溶液,1 mL Na₂S 溶液以掩蔽重金属离子,再加入 3 滴铬黑 T 指示剂,立即用 EDTA 标准溶液滴定,当溶液由红色变为蓝紫色即为终点。平行测定 3 次,计算水样的总硬度,以 mg·L⁻¹(CaCO₃)表示结果。

六、问题与思考

(1) 我国通常用什么来表示水的硬度?

(2) 标定和滴定为什么要在缓冲溶液中进行? 如果没有缓冲溶液存在,将会导致什么现象发生?

(3) 写出以 ρ_{CaCO_3}(单位为 mg·L⁻¹)表示水的总硬度的计算公式,并计算本实验中水样的总硬度。

(4) 本实验能否采用二甲酚橙为指示剂? 为什么?

附 注

(1) 在选用纯金属做为标准物质时,应注意金属表面氧化膜的存在会带来标定时的误差,届时应将氧化膜用细砂纸擦去,或用稀酸把氧化膜溶掉,先用蒸馏水,再用乙醚或丙酮冲洗,于 105℃ 的烘箱中烘干,冷却后再称重。

(2) 当水样中 Mg²⁺ 含量较低时,铬黑 T 指示剂终点变色不够敏锐,可加入一定量的 Mg²⁺ - EDTA 混合液,使终点变色敏锐。

§4.30 过氧化氢含量的测定

一、实验目的

(1) 了解 KMnO₄ 溶液的配制方法及保存条件。

(2) 掌握用 Na₂C₂O₄ 标定 KMnO₄ 溶液的原理和条件。

(3) 学习高锰酸钾法测定过氧化氢的原理和方法。

二、预习内容

(1) $KMnO_4$ 溶液的配制方法及标定原理。

(2) 高锰酸钾法测定过氧化氢的原理和方法。

(3) 影响氧化还原反应速度的因素及提高反应速度的方法。

三、实验原理

$KMnO_4$ 试剂中常含有少量 MnO_2 和其他杂质,而且蒸馏水中也含有微量还原性物质,可与 MnO_4^- 反应,析出 $MnO(OH)_2$ 沉淀;MnO_2 和 $MnO(OH)_2$ 又能进一步促进 $KMnO_4$ 分解,此外,光、热、酸、碱也能促进 $KMnO_4$ 分解,因此不能直接用于配制标准溶液。配制时称取稍多于理论量的 $KMnO_4$ 固体,溶解在规定体积的蒸馏水中,并加热煮沸约 1 h,放置 7~10 d 后,用微孔玻璃砂芯漏斗过滤,除去析出的沉淀。将过滤的 $KMnO_4$ 溶液贮藏于棕色瓶中,放置暗处,以待标定。

标定 $KMnO_4$ 的基准物质很多,有 $H_2C_2O_4 \cdot 2H_2O$、$Na_2C_2O_4$、$(NH_4)_2Fe(SO_4)_2 \cdot 6H_2O$、$As_2O_3$、纯铁丝等。其中最常用的是 $Na_2C_2O_4$。在 H_2SO_4 介质中,MnO_4^- 与 $C_2O_4^{2-}$ 的反应为:

$$2MnO_4^- + 5C_2O_4^{2-} + 16H^+ = 2Mn^{2+} + 10CO_2\uparrow + 8H_2O$$

上述反应的速度缓慢,在滴定过程中常将溶液加热至 75~85℃时,并保持足够的酸度,控制好滴定速度(开始时应逐滴缓慢加入 $KMnO_4$),以保证反应完全。

H_2O_2 是一种常用的消毒剂,在医药上使用较为广泛。在酸性条件下,可用 $KMnO_4$ 标准溶液直接测定 H_2O_2,其反应如下:

$$2MnO_4^- + 5H_2O_2 + 6H^+ = 2Mn^{2+} + 5O_2\uparrow + 8H_2O$$

因 H_2O_2 不稳定,反应在室温下进行。

四、实验用品

仪器:电子天平或半自动电光天平,调温电炉。

药品:$Na_2C_2O_4$ 基准物质(于 105℃ 干燥 2 h 后备用),H_2SO_4(1∶3),$KMnO_4$ 溶液(0.02 mol·L^{-1}),$MnSO_4$(1 mol·L^{-1})。

五、实验步骤

1. 0.02 mol·L^{-1} $KMnO_4$ 溶液的配制及标定

称取 3.2 g $KMnO_4$ 溶于 1 L 水中,用玻璃棉过滤后放于试剂瓶中备用。

称取 0.15 g $Na_2C_2O_4$ 于锥形瓶中,加 50 mL 水,10 mL 硫酸,加热至 75~85℃,趁热用 $KMnO_4$ 溶液滴定至微红色(30 s 不褪),平行标定三次,计算 $KMnO_4$ 浓度和相对偏差。

2. H_2O_2 含量的测定

准确移取 1.00 mL H_2O_2 于 250 mL 容量瓶中,稀释定容至 250 mL。用移液管吸取 25.00 mL H_2O_2 溶液,放入 250 mL 锥形瓶中,加 5 mL 3 mol·L^{-1} H_2SO_4,用 $KMnO_4$ 标准溶液滴定至微红色,平行测定三次,计算原装瓶中 H_2O_2 含量(体积百分含量)。

六、问题与思考

(1) 配制 $KMnO_4$ 溶液时应注意些什么？用 $Na_2C_2O_4$ 标定 $KMnO_4$ 溶液时，为什么开始滴入的紫色消失缓慢，后来却消失得越来越快，直至滴定终点出现稳定的紫红色？

(2) 高锰酸钾法常用什么作指示剂？如何指示终点？

(3) 如何计算 $KMnO_4$ 溶液浓度？

(4) H_2O_2 有什么重要性质？使用时应注意些什么？

(5) 如何计算 H_2O_2 的含量？

附 注

(1) 过氧化氢同时具有强氧化性，使用时避免接触皮肤。

(2) 标定 $KMnO_4$ 时需加热至瓶口有水珠凝结，或看到冒气，但不能过热，防止 $KMnO_4$ 在酸性条件下分解。在滴定过程中温度不低于 $60℃$。

(3) 严格控制滴定速度，慢一快一慢，开始反应慢，第一滴红色消失后加第二滴，此后反应加快时可以快滴，但仍是逐滴加入，防止 $KMnO_4$ 过量分解造成误差，滴定至颜色褪去较慢时再放慢速度。

(4) 滴定 H_2O_2 时室温下滴定速度更慢，要严格控制速度。

§4.31 水中化学耗氧量(COD)的测定(高锰酸钾法)

一、实验目的

(1) 初步了解环境分析的重要性及水样的采集和保存方法。

(2) 对水中化学耗氧量(COD)与水体污染的关系有所了解。

(3) 掌握 $KMnO_4$ 溶液的配制及标定，高锰酸钾法测定水中 COD 的原理及方法。

二、预习提要

(1) 水中化学耗氧量的概念，与水体污染的关系。

(2) 高锰酸钾法测定水中 COD 的原理及方法。

(3) 自身指示剂、自动催化反应等概念的理解。

三、实验原理

化学耗氧量(COD)是度量水体受还原性物质(主要是有机物)污染程度的综合性指标。它是指水体中易被强氧化剂氧化的还原性物质所消耗的氧化剂的量，换算成氧的含量(以 $mg \cdot L^{-1}$ 计)。测定时，在水样中加入 H_2SO_4 及一定量的 $KMnO_4$ 溶液，置沸水浴中加热，使其中的还原性物质氧化，剩余的 $KMnO_4$ 用一定量过量的 $Na_2C_2O_4$ 还原，再以 $KMnO_4$ 标准溶液返滴 $Na_2C_2O_4$ 的过量部分。由于 Cl^- 对此法有干扰，因而本法仅适合于地表水、地下水、饮用水和生活污水中 COD 的测定，含 Cl^- 较高的工业废水则应采用 $K_2Cr_2O_7$ 法测定。反应式为：

$$4MnO_4^- + 5C + 12H^+ \longrightarrow 4Mn^{2+} + 5CO_2\uparrow + 6H_2O$$

$$2MnO_4^- + 5C_2O_4^{2-} + 16H^+ \stackrel{}{=\!=\!=} 2Mn^{2+} + 10CO_2\uparrow + 8H_2O$$

据此,测定结果的计算式为:

$$COD = \dfrac{\left[\dfrac{5}{4}c(MnO_4^-)\cdot(V_1+V_2)(MnO_4^-) - \dfrac{1}{2}c(C_2O_4^{2-})V(C_2O_4^{2-})\right]\times 32.00\times 1\,000}{V_{水样}}$$

式中:V_1 为第一次加入 $KMnO_4$ 溶液体积;V_2 为第二次加入 $KMnO_4$ 溶液体积。

四、实验用品

仪器:电子天平或半自动电光天平,调温电炉。

药品:$Na_2C_2O_4$ 基准物质(在 105℃ 干燥 2 h 后备用),H_2SO_4 溶液(1:3),$KMnO_4$ 溶液($0.02\ mol\cdot L^{-1}$),$MnSO_4$($1\ mol\cdot L^{-1}$),$Na_2C_2O_4$ 标准溶液($0.05\ mol\cdot L^{-1}$)。

五、实验内容

1. $0.02\ mol\cdot L^{-1}\ KMnO_4$ 标准溶液的配制与标定

(1) 配制

称取 $KMnO_4$ 固体约 1.6 g 溶于 500 mL 水中,盖上表面皿,加热至沸并保持微沸状态 1 h,将溶液在室温条件下静置 2~3 天后用微孔玻璃漏斗(3 号或 4 号)过滤。滤液贮存于棕色试剂瓶中。

(2) 标定

准确称取 1.7 g 左右 $Na_2C_2O_4$ 基准物质于小烧杯中,加水溶解后,定量转移至 250 mL 容量瓶中,以水稀释至刻度。移取 25.00 mL 溶液于 250 mL 锥形瓶中,加入 20 mL 水,加入 10 mL H_2SO_4,在水浴上加热到 75~85℃。趁热用 $KMnO_4$ 溶液滴定。开始滴定时反应速率慢,待溶液中产生了 Mn^{2+} 后,滴定速度可加快,直到溶液呈现微红色并持续半分钟内不褪色即为终点,平行测定三次,计算相对偏差。

2. 水中化学耗氧量的测定

(1) 吸取 $0.02\ mol\cdot L^{-1}\ KMnO_4$ 标准溶液 25.00 mL 溶液置于 250 mL 容量瓶中,以新煮沸且冷却的蒸馏水稀释至刻度。

(2) 吸取上述 $Na_2C_2O_4$ 标准溶液 10.00 mL 置于 100 mL 容量瓶中,以蒸馏水稀释至刻度,浓度约为 $0.005\ mol\cdot L^{-1}$。

(3) 视水质污染程度取水样 10~100 mL,置于 250 mL 锥形瓶中,补加蒸馏水至总体积为 100 mL。加 10 mL H_2SO_4,再准确加入 10 mL $0.002\ mol\cdot L^{-1}\ KMnO_4$ 溶液,立即加热至沸,若此时红色褪去,说明水样中有机物含量较多,应补加适量 $KMnO_4$ 溶液至试样溶液呈现稳定的红色。从冒第一个大泡开始计时,用小火准确煮沸 10 min,取下锥形瓶,趁热加入 10.00 mL $0.005\ mol\cdot L^{-1}\ Na_2C_2O_4$ 标准溶液,摇匀,此时溶液应当由红色转为无色。用 $0.002\ mol\cdot L^{-1}\ KMnO_4$ 标准溶液滴定至稳定的淡红色即为终点。平行测定三次取平均值。

另取 100 mL 蒸馏水代替水样,同时操作,求得空白值,计算耗氧量时将空白值减去。

六、问题与思考

(1) 用 $Na_2C_2O_4$ 标定 $KMnO_4$ 溶液时,为什么开始滴入的 $KMnO_4$ 紫红色消失缓慢,后来却会消失得越来越快,直至滴定终点出现稳定的紫红色?

（2）用 $Na_2C_2O_4$ 基准物质标定 $KMnO_4$ 时,能否用 HNO_3、HCl 和 HAc 控制酸度? 为什么?

（3）水样加入 $KMnO_4$ 煮沸后,若紫红色消失说明什么? 应采取什么措施?

（4）有哪些方法测定 COD? 当水样中 Cl^- 含量较高时,能否用该法测定? 为什么?

（5）应选用什么物质清洗干净滴定管装入 $KMnO_4$ 溶液后沾附的物质?

附　注

（1）因 $Na_2C_2O_4$ 与 $KMnO_4$ 溶液开始反应速率很慢,可加入 2~3 滴 $MnSO_4$ 溶液（相当于 10~13 mg Mn^{2+}）为催化剂,以加快反应速率。

（2）蒸馏水中常含有少量的还原性物质,使 $KMnO_4$ 还原为 $MnO_2 \cdot nH_2O$。它能加速 $KMnO_4$ 的分解,故通常将 $KMnO_4$ 煮沸一段时间,放置 2~3 天,使之充分作用,然后将沉淀物过滤除去。

（3）在室温条件下,$KMnO_4$ 与 $C_2O_4^{2-}$ 之间的反应速率缓慢,故加热提高反应速率。但温度不能太高,若超过 85℃ 则有部分 $H_2C_2O_4$ 分解,反应式如下:

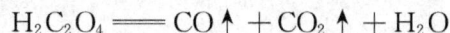

$$H_2C_2O_4 \Longrightarrow CO\uparrow + CO_2\uparrow + H_2O$$

（4）水样采集后,应加入 H_2SO_4 使 pH<2,抑制微生物繁殖。试样尽快分析,必要时在 0~5℃ 保存,在 48 h 内测定。取水样的量由外观可初步判断:洁净透明的水样取 100 mL,污染严重、浑浊的水样取 10~30 mL,补加蒸馏水至 100 mL。

§4.32　铁矿中全铁含量的测定（无汞定铁法）

一、实验目的

（1）掌握 $K_2Cr_2O_7$ 标准溶液的配制及使用。

（2）学习 $K_2Cr_2O_7$ 法测定铁的原理及方法。

（3）学习氧化还原滴定前的预处理,对无汞定铁有所了解,增强环保意识。

（4）了解二苯胺磺酸钠指示剂的作用原理。

二、预习提要

（1）氧化还原滴定预处理的重要性,预处理的方法。

（2）$K_2Cr_2O_7$ 法测定铁的原理及方法。

（3）条件电位、氧化还原指示剂等概念的理解与应用。

三、实验原理

用 HCl 分解铁矿石后,在热 HCl 溶液中,以甲基橙为指示剂,用 $SnCl_2$ 将 Fe^{3+} 还原至 Fe^{2+},并过量 1~2 滴。经典方法是用 $HgCl_2$ 氧化过量的 $SnCl_2$,除去 Sn^{2+} 的干扰,但 $HgCl_2$ 造成环境污染,本实验采用无汞定铁法。还原反应为:

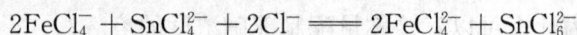

$$2FeCl_4^- + SnCl_4^{2-} + 2Cl^- \Longrightarrow 2FeCl_4^{2-} + SnCl_6^{2-}$$

使用甲基橙指示 $SnCl_2$ 还原 Fe^{3+} 的原理是:Sn^{2+} 将 Fe^{3+} 还原完后,过量的 Sn^{2+} 可将甲

基橙还原为氢化甲基橙而褪色,不仅指示了还原的终点,Sn^{2+}还能继续使氢化甲基橙还原成 N,N-二甲基对苯二胺和对氨基苯磺酸,过量的 Sn^{2+} 则可以消除。反应为:

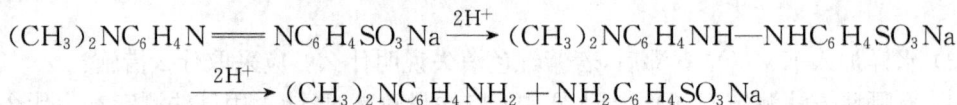

$$(CH_3)_2NC_6H_4N \Longrightarrow NC_6H_4SO_3Na \xrightarrow{2H^+} (CH_3)_2NC_6H_4NH—NHC_6H_4SO_3Na$$

$$\xrightarrow{2H^+} (CH_3)_2NC_6H_4NH_2 + NH_2C_6H_4SO_3Na$$

以上反应为不可逆的,因而甲基橙的还原产物不消耗 $K_2Cr_2O_7$。

HCl 溶液浓度应控制在 $4\ mol \cdot L^{-1}$,若大于 $6\ mol \cdot L^{-1}$,Sn^{2+} 会先将甲基橙还原为无色,无法指示 Fe^{3+} 的还原反应。HCl 溶液浓度低于 $2\ mol \cdot L^{-1}$,则甲基橙褪色缓慢。滴定反应为:

$$6Fe^{2+} + Cr_2O_7^{2-} + 14H^+ \Longrightarrow 6Fe^{3+} + 2Cr^{3+} + 7H_2O$$

滴定突跃范围为 $0.93 \sim 1.34\ V$,使用二苯胺磺酸钠为指示剂时,由于它的条件电位为 $0.85\ V$,因而需加入 H_3PO_4 使滴定生成的 Fe^{3+} 生成 $[Fe(HPO_4)]_2^-$ 而降低 Fe^{3+}/Fe^{2+} 电对的电位,使突跃范围变成 $0.71 \sim 1.34\ V$,指示剂可以在此范围内变色,同时也消除了 $FeCl_4^-$ 黄色对终点观察的干扰。

四、实验用品

仪器:电子天平或半自动电光天平,烘箱,电炉。

药品:$K_2Cr_2O_7$(将 $K_2Cr_2O_7$ 在 $150 \sim 180\ ℃$ 干燥 2 h,置于干燥器中冷却至室温),HCl(浓),$SnCl_2$($50\ g \cdot L^{-1}$)(将 5 g $SnCl_2 \cdot 2H_2O$ 溶于 20 mL 浓热 HCl 溶液中,加水稀释至 100 mL),$SnCl_2$($100\ g \cdot L^{-1}$),$H_2SO_4 - H_3PO_4$ 混酸(将 15 mL 浓 H_2SO_4 缓慢加至 70 mL 水中,冷却后加入 15 mL 浓 H_3PO_4 混匀),甲基橙($1\ g \cdot L^{-1}$),二苯胺磺酸钠指示剂($2\ g \cdot L^{-1}$)。

五、实验内容

1. $0.008\ 3\ mol \cdot L^{-1}$ $K_2Cr_2O_7$ 标准溶液的配制

精确称取 $0.610\ 5$ g $K_2Cr_2O_7$ 于 100 mL 烧杯中,加蒸馏水溶解后,定量转移至 250 mL 容量瓶中,加水稀释至刻度,摇匀。

2. 铁含量的测定

(1) 准确称取铁矿石粉 $1.2 \sim 1.5$ g 于 250 mL 烧杯中,用少量水润湿,加入 20 mL 浓 HCl 溶液,盖上表面皿,在通风橱中低温加热分解试样。用少量水吹洗表面皿及烧杯壁,冷却后转移至 250 mL 容量瓶中,稀释至刻度并摇匀。

(2) 移取试样溶液 25.00 mL 于锥形瓶中,加 8 mL 浓 HCl 溶液,加热近沸,加入 6 滴甲基橙,趁热边摇动锥形瓶边逐滴加入 $100\ g \cdot L^{-1}$ $SnCl_2$ 还原 Fe^{3+}。溶液由橙变红,再慢慢滴加 $50\ g \cdot L^{-1}$ $SnCl_2$ 至溶液变为淡粉色,再摇几下直至粉色褪去。立即用流水冷却,加 50 mL 蒸馏水、20 mL 硫磷混酸、4 滴二苯胺磺酸钠,立即用 $K_2Cr_2O_7$ 标准溶液滴定到稳定的紫红色为终点,平行测定三次,计算矿石中铁的含量。

六、问题与思考

(1) $K_2Cr_2O_7$ 为什么可以直接称量配制准确浓度的溶液?

(2) $SnCl_2$ 还原 Fe^{3+} 的条件是什么?怎样控制 $SnCl_2$ 不过量?

(3) 以 $K_2Cr_2O_7$ 溶液滴定 Fe^{2+} 时,加入 H_3PO_4 的作用是什么?

(4) 本实验中甲基橙起什么作用?

附　注

(1) 在矿石溶解完全后,应还原一份试样,立即滴定一份,以免 Fe^{2+} 在空气中暴露太久,被空气中的氧氧化而影响结果。

(2) 如刚加入 $SnCl_2$ 溶液,红色立即褪去,说明 $SnCl_2$ 已经过量,可补加 1 滴甲基橙,以除去稍过量的 $SnCl_2$,此时溶液若呈现浅红色,表明 $SnCl_2$ 不过量。

(3) $SnCl_2$ 要新鲜配制。

§4.33　间接碘量法测定硫酸铜中铜含量

一、实验目的

(1) 掌握 $Na_2S_2O_3$ 溶液的配制及标定方法。

(2) 掌握间接碘量法测定铜的原理和操作过程。

(3) 了解淀粉指示剂的作用原理。

二、预习提要

(1) $Na_2S_2O_3$、I_2 的化学性质。

(2) 间接碘量法测铜主要反应条件、误差来源及消除方法。

(3) 沉淀转化原理。

三、实验原理

在弱酸溶液中,Cu^{2+} 与过量的 KI 作用,生成 CuI 沉淀,同时析出 I_2,反应式如下:

$$2Cu^{2+} + 4I^- \longrightarrow 2CuI \downarrow + I_2$$

或

$$2Cu^{2+} + 5I^- \longrightarrow 2CuI \downarrow + I_3^-$$

析出的 I_2 以淀粉为指示剂,用 $Na_2S_2O_3$ 标准溶液滴定:

$$I_2 + 2S_2O_3^{2-} \longrightarrow 2I^- + S_4O_6^{2-}$$

Cu^{2+} 与 I^- 之间的反应是可逆的,加入过量 KI,可使 Cu^{2+} 的还原趋于完全,CuI 沉淀吸附 I_3^-,又会使结果偏低。为了减少 CuI 沉淀对 I_2 的吸附,可在大部分 I_2 被 $Na_2S_2O_3$ 溶液滴定后,再加入 KCN 或 KSCN,使 CuI($K_{SP} = 1.1 \times 10^{-12}$)沉淀转化为更难溶的 CuSCN 沉淀($K_{SP} = 4.8 \times 10^{-15}$)。

$$CuI + SCN^- \longrightarrow CuSCN \downarrow + I^-$$

CuSCN 吸附 I_2 的倾向较小,因而可以提高测定结果的准确度。KSCN 应在接近终点时加入,否则 SCN^- 会还原大量存在的 I_2,致使测定结果偏低。溶液的 pH 一般应控制在 3.0~4.0 之间。酸度过低,Cu^{2+} 易水解,使反应不完全,结果偏低,而且反应速率慢,终点拖长;酸度过高,则 I^- 被空气中的氧氧化为 I_2(Cu^{2+} 催化该反应),使结果偏高。

Fe^{3+} 能氧化 I^-,对测定有干扰,但可加入 NH_4HF_2 掩蔽。

由于结晶的 $Na_2S_2O_3 \cdot 5H_2O$ 一般都含有少量杂质,同时还易风化及潮解,所以 $Na_2S_2O_3$ 标准溶液不能用直接法配制,而应采用标定法配制。配制时,使用新煮沸后冷却的蒸馏水并加入少量 Na_2CO_3,以减少水中溶解的 CO_2,杀死水中的微生物,使溶液呈碱性,并放置暗处 $7 \sim 14$ 天后标定,以减少由于 $Na_2S_2O_3$ 的分解带来的误差。

$Na_2S_2O_3$ 溶液可用 $K_2Cr_2O_7$ 作基准物标定。

$K_2Cr_2O_7$ 先与 KI 反应析出 I_2:

$$Cr_2O_7^{2-} + 6I^- + 14H^+ \xrightarrow{\hspace{1cm}} 2Cr^{3+} + 3I_2 + 7H_2O$$

析出的 I_2 再用 $Na_2S_2O_3$ 标准溶液滴定。

四、实验用品

仪器:电子天平或半自动电光天平,烘箱,电炉。

药品:$K_2Cr_2O_7$(将 $K_2Cr_2O_7$ 在 $150 \sim 180℃$ 干燥 2 h,置于干燥器中冷却至室温),$Na_2S_2O_3$(0.1 mol·L^{-1}),KI(200 g·L^{-1}),淀粉溶液(5 g·L^{-1}:0.5 g 可溶性淀粉用少量水搅匀,加入 100 mL 沸水),NH_4SCN 溶液(100 g·L^{-1}),HCl($1:1$),H_2SO_4(1 mol·L^{-1}),NH_4HF_2(200 g·L^{-1}),氨水($1:1$),HAc($1:1$),铜盐试样。

五、实验内容

1. $K_2Cr_2O_7$ 标准溶液的配制

精确称取 1.2 g 左右 $K_2Cr_2O_7$ 于 100 mL 烧杯中,加蒸馏水溶解后,定量转移至 250 mL 容量瓶中,加水稀释至刻度,摇匀,计算其准确浓度。

2. 0.1 mol·L^{-1} $Na_2S_2O_3$ 溶液的配制与标定

(1) 称取 $12 \sim 13$ g $Na_2S_2O_3 \cdot 5H_2O$ 于烧杯中,加新煮沸经冷却的蒸馏水溶解,加入约 0.1 g Na_2CO_3,稀释至 1 L,贮存于棕色试剂瓶中,在暗处放置 $3 \sim 5$ 天后标定。

(2) 准确移取 25.00 mL $K_2Cr_2O_7$ 标准溶液于锥形瓶中,加入 5 mL 6 mol·L^{-1} HCl 溶液,5 mL 200 g·L^{-1} KI 溶液,盖上表面皿,摇匀放在暗处 5 min。待反应完全后,加入 100 mL 蒸馏水,用待标定的 $Na_2S_2O_3$ 溶液滴定至淡黄色,然后加入 2 mL 5 g·L^{-1} 淀粉指示剂,继续滴定至溶液呈现亮绿色为终点。计算 $Na_2S_2O_3$ 浓度,平行测定三次,计算平均值和相对偏差。

3. 铜含量的测定

准确称取一定量的铜盐试样,置于 250 mL 锥形瓶中,加入 1 mL HCl($1:1$)、10 mL 水,使试样溶解完全后,加 50 mL 水,滴加($1:1$)氨水至溶液中刚刚有稳定的沉淀出现,然后加入 8 mL($1:1$)HAc,10 mL NH_4HF_2 缓冲溶液,10 mL KI 溶液,用 0.1 mol·L^{-1} $Na_2S_2O_3$ 溶液滴定至呈淡黄色。再加入 3 mL 5 g·L^{-1} 淀粉指示剂,滴定至浅蓝色,最后加入 10 mL NH_4SCN 溶液,继续滴定至溶液的蓝色消失。根据滴定时所消耗的 $Na_2S_2O_3$ 的体积,计算 Cu 的含量。

六、问题与思考

(1) 已知 $E^{\ominus}(Cu^{2+}/Cu^+) = 0.159$ V,$E^{\ominus}(I_3^-/I^-) = 0.545$ V,为何在本实验中 Cu^{2+} 即能使 I^- 氧化为 I_2?

（2）标定 $Na_2S_2O_3$ 溶液的基准物质有哪些？以 $K_2Cr_2O_7$ 标定 $Na_2S_2O_3$ 时，终点的亮绿色是什么物质的颜色？

（3）碘量法测定铜时，为什么常要加入 NH_4HF_2？为什么临近终点时加入 NH_4SCN（或 $KSCN$）？

（4）碘量法测定铜为什么要在弱酸性介质中进行？在用 $K_2Cr_2O_7$ 标定 $S_2O_3^{2-}$ 溶液时，先加入 5 mL 6 mol·L^{-1} HCl 溶液，而用 $Na_2S_2O_3$ 溶液滴定时却要加入 100 mL 蒸馏水稀释，为什么？

附　注

（1）在合适的酸度条件下，$K_2Cr_2O_7$ 与过量 KI 的定量反应约需 5 min 才能反应完全。

（2）加淀粉不能太早，因滴定反应中产生大量 CuI 沉淀，若淀粉与 I_2 过早形成蓝色络合物，大量 I_3^- 被 CuI 沉淀吸附，终点呈较深的灰色，不好观察。

（3）加入 NH_4SCN 不能过早，而且加入后要剧烈摇动，有利于沉淀的转化和释放出吸附的 I_3^-。

（4）NH_4HF_2 对玻璃有腐蚀作用，滴定结束后应立即把锥形瓶中的溶液倒去并洗净。

§4.34　葡萄糖含量的测定

一、实验目的

（1）学习 I_2 溶液的配制和标定方法。
（2）掌握碘量法测定葡萄糖含量的原理和方法，葡萄糖含量的计算。
（3）熟悉淀粉指示剂的使用方法。

二、预习提要

（1）$Na_2S_2O_3$、I_2 的化学性质。
（2）间接碘量法测定葡萄糖的过程及原理、误差来源及消除方法。

三、实验原理

碘与 NaOH 作用可生成次碘酸钠（NaIO），葡萄糖（$C_6H_{12}O_6$）能定量地被次碘酸钠氧化成葡萄糖酸（$C_6H_{12}O_7$）。在酸性条件下，未与葡萄糖作用的次碘酸钠可转变成碘（I_2）析出，因此只要用 $Na_2S_2O_3$ 标准溶液滴定析出 I_2，便可计算出 $C_6H_{12}O_6$ 的含量。其反应如下：

I_2 与 NaOH 作用：

$$I_2 + 2NaOH = NaIO + NaI + H_2O$$

$C_6H_{12}O_6$ 与 NaIO 定量作用：

$$C_6H_{12}O_6 + NaIO = C_6H_{12}O_7 + NaI$$

未作用的 NaIO 在碱性条件下发生歧化反应：

$$3NaIO = NaIO_3 + 2NaI$$

在酸性条件下：

$$NaIO_3 + 5NaI + 6HCl = 3I_2 + 6NaCl + 3H_2O$$

析出过量的 I_2 可用 $Na_2S_2O_3$ 溶液滴定:

$$I_2 + 2S_2O_3^{2-} == 2I^- + S_4O_6^{2-}$$

根据葡萄糖与 $Na_2S_2O_3$ 之间反应的化学计量比,可计算葡萄糖的含量。本法可作为葡萄糖注射液葡萄糖含量测定。

$$\omega(C_6H_{12}O_6) = \frac{\left[c(I_2) \cdot V(I_2) - \frac{1}{2}c(Na_2S_2O_3) \cdot V(Na_2S_2O_3)\right]M(C_6H_{12}O_6)}{V_{试样}}$$

四、实验用品

仪器:电子天平或半自动电光天平。

药品:$Na_2S_2O_3$($0.05\ mol \cdot L^{-1}$),HCl($2\ mol \cdot L^{-1}$、$6\ mol \cdot L^{-1}$),NaOH($0.2\ mol \cdot L^{-1}$),I_2 溶液($0.05\ mol \cdot L^{-1}$),淀粉($5\ g \cdot L^{-1}$),KI 固体,$K_2Cr_2O_7$ 标准溶液($0.008\ 3\ mol \cdot L^{-1}$)。

五、实验内容

1. $0.05\ mol \cdot L^{-1}\ Na_2S_2O_3$溶液的配制与标定

(1) 准确移取 25.00 mL $K_2Cr_2O_7$ 标准溶液于锥形瓶中,加入 5 mL 6 mol · L^{-1} HCl 溶液,5 mL 200 g · L^{-1} KI 溶液,盖上表面皿,摇匀放在暗处 5 min。待反应完全后,加入 100 mL 蒸馏水,用待标定的 $Na_2S_2O_3$ 溶液滴定至淡黄色,然后加入 2 mL 5 g · L^{-1} 淀粉指示剂,继续滴定至溶液呈现亮绿色为终点。计算 $Na_2S_2O_3$ 浓度,平行测定三次,计算平均值和相对偏差。

2. $0.05\ mol \cdot L^{-1}\ I_2$溶液的配制与标定

(1) 称取 3.2 g I_2 于小烧杯中,加 6 g KI,先用约 30 mL 水溶解,待 I_2 完全溶解后,稀释至 250 mL,摇匀,贮于棕色瓶中,放置暗处。

(2) 移取 10.00 mL I_2 溶液于 250 mL 锥形瓶中,加 100 mL 水稀释,用已标定好的 $Na_2S_2O_3$ 标准溶液滴定至浅黄色,加入 2 mL 淀粉溶液,继续滴定至蓝色刚好消失,即为终点。计算出 I_2 溶液的浓度。

3. 葡萄糖含量测定

取 5%葡萄糖注射液准确稀释 10 倍,摇匀后移取 25.00 mL 于锥形瓶中,准确加入 I_2 标准溶液 25.00 mL,慢慢滴加 0.2 mol · L^{-1} NaOH 溶液,边加边摇,直至溶液呈淡黄色。将锥形瓶用小表面皿盖好,在暗处放置 10~15 min,加 2 mol · L^{-1} HCl 溶液 6 mL 使成酸性,立即用 $Na_2S_2O_3$ 溶液滴定,至溶液呈浅黄色时,加入淀粉溶液 3 mL,继续滴至蓝色消失,即为终点,记下滴定读数。计算注射液中葡萄糖的质量分数。

六、问题与思考

(1) 配制 I_2 溶液时为何要加入 KI?为何要先用少量水溶解后再稀释至所需体积?

(2) 碘量法主要误差有哪些?如何避免?

附 注

(1) 加碱的速度不能过快,否则生成的 NaIO 来不及氧化葡萄糖,使测定结果偏低。

(2) 加淀粉不能太早,否则影响终点观察。

§4.35　工业苯酚纯度的测定

一、实验目的

（1）掌握以溴酸钾法与碘量法配合使用来间接测定苯酚的原理和方法。

（2）学会直接配制精确浓度溴酸钾标准溶液的方法，熟悉碘量瓶的使用。

（3）了解"空白试验"的意义和作用，熟悉"空白试验"的方法和应用。

二、预习提要

（1）间接碘量法、溴酸钾法测定苯酚的原理，写出各步的反应方程式。

（2）溴酸钾标准溶液的性质，测定苯酚的主要反应条件。

（3）苯酚含量测定的计算公式。

（4）空白试验的意义和方法。

三、实验原理

苯酚的测定是基于苯酚与 Br_2 作用生成稳定的三溴苯酚。由于上述反应进行较慢，而 Br_2 极易挥发，液 Br_2 不稳定，故一般使用 $KBrO_3$（含有 KBr）标准溶液，在酸性介质中 $KBrO_3$ 与 KBr 反应产生相当量的游离 Br_2，Br_2 取代苯酚中的氢生成溴化物，溴代反应完毕后，剩余的 Br_2 与过量 KI 作用，置换出 I_2，析出的 I_2 再用 $Na_2S_2O_3$ 标准溶液滴定。

该法适用于测定工业苯酚的纯度。在这个测定中 $Na_2S_2O_3$ 溶液的浓度是在与测定苯酚相同条件下进行标定的，这样可以减少由于 Br_2 的挥发损失等因素而引起误差。

四、实验用品

仪器：碘量瓶，台秤，烘箱，酸式滴定管，碱式滴定管，分析天平。

药品：$KBrO_3$ 基准物质，KBr 固体，HCl 溶液（1∶1），KI 溶液（$100\ g \cdot L^{-1}$），淀粉溶液（1%），NaOH 溶液（10%），$Na_2S_2O_3$ 标准溶液（$0.1\ mol \cdot L^{-1}$）。

五、实验内容

1. $KBrO_3$ - KBr 标准溶液的配制

称取干燥过的 $KBrO_3$ 基准试剂 1.670 0 g，置于 100 mL 烧杯中，加入 10 g KBr，用少量水溶解后，定量转入 500 mL 容量瓶中，用水稀释至刻度，混匀，得此溶液的浓度为 0.020 00 $mol \cdot L^{-1}$。

2. 苯酚纯度的测定

（1）准确称取 0.2～0.3 g 工业苯酚于盛有 5 mL 10% NaOH 溶液的 100 mL 烧杯中，加少量水使之溶解，然后转入 250 mL 容量瓶中，用水洗烧杯数次，洗涤溶液一并转入容量瓶中，再用水稀释至刻度，混匀。

（2）准确吸取此试液 10 mL 于 250 mL 碘量瓶中，再吸取 10 mL $KBrO_3$ - KBr 标准溶液加入碘量瓶，并加入 10 mL 1∶1 HCl 溶液，迅速加塞振摇 1～2 min，再静置 5～10 min，

此时生成白色三溴苯酚沉淀和 Br_2。加入 10% KI 溶液 10 mL，摇匀，静置 5～10 min。用少量水冲洗瓶塞和瓶颈上的附着物，再加水 25 mL，最后用 $0.1\ mol \cdot L^{-1}$ $Na_2S_2O_3$ 标准溶液滴定至呈淡黄色。加 1 mL 1% 淀粉溶液，继续滴定至蓝色消失，即为终点。记下消耗的 $Na_2S_2O_3$ 标准溶液体积，并同时作空白试验。根据实验结果计算苯酚的质量分数。

六、问题与思考

(1) 配合使用溴酸钾法与碘量法测定苯酚的原理是什么？

(2) 为什么测定苯酚要在碘量瓶中进行？若用锥形瓶代替碘量瓶，会产生什么影响？

(3) 配制 $KBrO_3$ - KBr 标准溶液时为什么 $KBrO_3$ 需准确称量，而 KBr 不需准确称量？

(4) 苯酚含量的测定为何不能用溴标准溶液直接滴定？

附　注

(1) 苯酚在水中溶解度较小，加入 NaOH 溶液后，NaOH 能与苯酚生成易溶于水的苯酚钠。

(2) 本实验操作过程中应尽量避免溴的挥发损失。$KBrO_3$ - KBr 溶液遇酸即迅速产生游离 Br_2，Br_2 易挥发，因此加 HCl 溶液时，应将瓶塞盖上（不要盖严），让 HCl 溶液沿瓶塞流入，随即塞紧，并加水封住瓶口；当加入 KI 溶液时，不要打开瓶塞，只能稍松开瓶塞使 KI 溶液沿瓶塞流入，以免 Br_2 挥发损失。

(3) 在实验中使用 $KBrO_3$（含有 KBr）标准溶液在酸性介质中反应，产生的 Br_2 与苯酚起溴代反应，反应完毕后，过量的 Br_2 不能用 $Na_2S_2O_3$ 直接滴定，因为 $Na_2S_2O_3$ 易被 Br_2、Cl_2 等较强氧化剂非定量地氧化为 SO_4^{2-}。所以采用过量 KI 与 Br_2 作用，置换出 I_2，再用 $Na_2S_2O_3$ 标准溶液滴定，即为间接碘量法测定。

§4.36　沉淀滴定法测定生理盐水中氯化钠含量

一、实验目的

(1) 学习银量法测定氯的原理和方法。

(2) 掌握莫尔法的实际应用。

二、预习提要

(1) 莫尔法、佛尔哈德法和法扬司法的原理及条件。

(2) 分步沉淀原理。

(3) 莫尔法主要误差来源及消除方法。

三、实验原理

银量法需借助指示剂来确定终点。根据所用指示剂的不同，银量法又分为莫尔法、佛尔哈德法和法扬司法。

本实验是在中性溶液中以 K_2CrO_4 为指示剂。用 $AgNO_3$ 标准溶液来测定 Cl^- 的含量：

$$Ag^+ + Cl^- =\!=\!= AgCl（白色）$$

$$2Ag^+ + CrO_4^{2-} \Longrightarrow Ag_2CrO_4(砖红色)$$

由于 AgCl 的溶解度小于 Ag_2CrO_4 的溶解度，所以在滴定过程中 AgCl 先沉淀出来，当 AgCl 定量沉淀后，微过量的 $AgNO_3$ 溶液便与 CrO_4^{2-} 生成砖红色的 Ag_2CrO_4 沉淀，指示出滴定的终点。

本法也可用于测定有机物中氯的含量。

四、实验用品

仪器：电子天平或半自动电光天平。

药品：$AgNO_3$ 固体，NaCl 基准试剂，K_2CrO_4（5%），生理盐水样品。

五、实验内容

1. $0.1\ mol \cdot L^{-1}\ AgNO_3$ 标准溶液的配制

$AgNO_3$ 标准溶液可直接用分析纯的 $AgNO_3$ 结晶配制，但由于 $AgNO_3$ 不稳定，见光易分解，若要精确测定，则需用基准物（NaCl）来标定。

（1）直接配制

在一小烧杯中精确称入用于配制 $100\ mL\ 0.1\ mol \cdot L^{-1}$ 标准溶液的 $AgNO_3$，加适量水溶解后，转移到 100 mL 容量瓶中，用水稀释至标线，计算其准确浓度。

（2）间接配制

将 NaCl 置于坩埚中，用煤气灯加热至 $500 \sim 600\ ℃$ 干燥后，冷却，放置在干燥器中冷却、备用。

称取 $1.7\ g\ AgNO_3$，溶解后稀释至 100 mL。准确称取 $0.15 \sim 0.2\ g$ NaCl 三份，分别置于三个锥形瓶中，各加 25 mL 水使其溶解。加 1 mL K_2CrO_4 溶液。在充分摇动下，用 $AgNO_3$ 溶液滴定至溶液刚出现稳定的砖红色。记录 $AgNO_3$ 溶液的用量。平行滴定三次。计算 $AgNO_3$ 溶液的浓度。

2. 测定生理盐水中 NaCl 的含量

将生理盐水稀释 1 倍后，用移液管精确移取已稀释的生理盐水 25.00 mL 置于锥形瓶中，加入 1 mL K_2CrO_4 指示剂，用标准 $AgNO_3$ 溶液滴定至溶液刚出现稳定的砖红色（边摇边滴）。平行滴定三次，计算 NaCl 含量。

六、问题与思考

（1）K_2CrO_4 指示剂浓度的大小对 Cl^- 的测定有何影响？

（2）滴定液的酸度应控制在什么范围为宜？为什么？若有 NH_4^+ 存在时，对溶液的酸度范围的要求有什么不同？

（3）如果要用莫尔法测定酸性氯化物溶液中的氯，事先应采取什么措施？

（4）本实验可不可以用荧光黄代替 K_2CrO_4 作指示剂？为什么？

附　注

$AgNO_3$ 不稳定，见光易分解，使用后的滴定管先用稀氨水洗涤，再用自来水冲洗干净。

§4.37　氯化钡中钡含量的测定

一、实验目的

(1) 了解测定 $BaCl_2 \cdot 2H_2O$ 中钡含量的原理和方法。

(2) 掌握晶形沉淀的制备、过滤、洗涤、灼烧及恒重等基本操作技术。

二、预习提要

(1) 实验前应预习本教材 2.8 的有关内容,观看重量分析基本操作录像。

(2) 重量法测定钡含量的原理。

(3) 晶形沉淀的性质及沉淀条件。

(4) 重量法中误差的来源与减少误差的方法。

三、实验原理

$BaSO_4$ 重量法,既可用于测定 Ba^{2+},也可用于测定 SO_4^{2-} 的含量。

称取一定量 $BaCl_2 \cdot 2H_2O$,用水溶解,加稀 HCl 溶液酸化,加热至微沸,在不断搅动下,慢慢地加入稀、热的 H_2SO_4,Ba^{2+} 与 SO_4^{2-} 反应,形成晶形沉淀。沉淀经陈化、过滤、洗涤、烘干、炭化、灰化、灼烧后,以 $BaSO_4$ 形式称量,可求出 $BaCl_2 \cdot 2H_2O$ 中 Ba 的含量。

Ba^{2+} 可生成一系列微溶化合物,如 $BaCO_3$、BaC_2O_4、$BaCrO_4$、$BaHPO_4$、$BaSO_4$ 等,其中以 $BaSO_4$ 溶解度最小,100 mL 溶液中,100℃时溶解 0.4 mg,25℃时仅溶解 0.25 mg。当过量沉淀剂存在时,溶解度大为减小,一般可以忽略不计。

$BaSO_4$ 重量法一般在 $0.05\ mol \cdot L^{-1}$ 左右的盐酸介质中进行沉淀,它是为了防止产生 $BaCO_3$,$BaHAsO_4$ 沉淀以及防止生成 $Ba(OH)_2$ 共沉淀。同时,适当提高酸度,增加 $BaSO_4$ 在沉淀过程中的溶解度,以降低其相对过饱和度,有利于获得较好的晶形沉淀。

用 $BaSO_4$ 重量法测定 Ba^{2+} 时,一般用稀 H_2SO_4 作沉淀剂。为了使 $BaSO_4$ 沉淀完全,H_2SO_4 必须过量。由于 H_2SO_4 在高温下可挥发除去,故沉淀带下的 H_2SO_4 不致引起误差,因此沉淀剂可过量 50%～100%。如果用 $BaSO_4$ 重量法测定 SO_4^{2-} 时,沉淀剂只允许过量 20%～30%,因为 $BaCl_2$ 灼烧时不易挥发除去。

$PbSO_4$、$SrSO_4$ 的溶解度均较小,Pb^{2+}、Sr^{2+} 对钡的测定有干扰。NO_3^-、ClO_3^-、Cl^- 等阴离子和 K^+、Na^+、Ca^{2+}、Fe^{3+} 等阳离子均可引起共沉淀现象,故应严格控制沉淀条件,减少共沉淀现象,以获得纯净的 $BaSO_4$ 晶形沉淀。

四、实验用品

仪器:电子天平,烘箱,马弗炉,恒温水浴,瓷坩埚(25 mL 2～3 个),定量滤纸(慢速或中速),淀帚(1 把),玻璃漏斗(2 个)。

药品:$H_2SO_4(1\ mol \cdot L^{-1},0.1\ mol \cdot L^{-1})$,$HCl(2\ mol \cdot L^{-1})$,$HNO_3(2\ mol \cdot L^{-1})$,$AgNO_3(0.1\ mol \cdot L^{-1})$,$BaCl_2 \cdot 2H_2O(s)$。

五、实验内容

1. 沉淀的制备

准确称取两份 $0.4 \sim 0.6$ g $BaCl_2 \cdot 2H_2O$ 试样,分别置于 250 mL 烧杯中,加入约 100 mL 水,3 mL 2 mol·L^{-1} HCl 溶液,搅拌溶解,加热至近沸。

另取 4 mL 1 mol·L^{-1} H_2SO_4 两份于两个 100 mL 烧杯中,加水 30 mL,加热至近沸,趁热将两份 H_2SO_4 溶液分别用小滴管逐滴地加入到两份热的钡盐溶液中,并用玻璃棒不断搅拌,直至两份 H_2SO_4 溶液加完为止。待 $BaSO_4$ 沉淀下沉后,于上层清液中加入 $1 \sim 2$ 滴 H_2SO_4(0.1 mol·L^{-1})溶液,仔细观察沉淀是否完全。沉淀完全后,盖上表面皿(切勿将玻璃棒拿出杯外),放置过夜陈化。也可将沉淀放在水浴或沙浴上,保温 40 min,陈化。

2. 沉淀的过滤和洗涤

用慢速或中速滤纸倾泻法过滤。用稀 H_2SO_4(用 1 mL 1 mol·L^{-1} 加 100 mL 水配成)洗涤沉淀 $3 \sim 4$ 次,每次约 10 mL。然后,将沉淀定量转移到滤纸上,用沉淀帚由上到下擦拭烧杯内壁,并用折叠滤纸时撕下的小片滤纸擦拭杯壁,并将此小片滤纸放于漏斗中,再用稀 H_2SO_4 洗涤 $4 \sim 6$ 次,直至洗涤液中不含 Cl^- 为止(检查方法:用试管收集 2 mL 滤液,加 1 滴 2 mol·L^{-1} HNO$_3$ 酸化,加入 2 滴 AgNO$_3$,若无白色浑浊产生,表示 Cl^- 已洗净)。

3. 空坩埚的恒重

将两个洁净的瓷坩埚放在(800 ± 20)℃的马弗炉中灼烧至恒重。第一次灼烧 40 min,第二次后每次只灼烧 20 min。灼烧也可在煤气灯上进行。

4. 沉淀的灼烧和恒重

将折叠好的沉淀滤纸包置于已恒重的瓷坩埚中,经烘干、炭化、灰化后,在(800 ± 20)℃的马弗炉中灼烧至恒重。计算 $BaCl_2 \cdot 2H_2O$ 中 Ba 的含量。

六、问题与思考

(1)重量分析中,对沉淀形式、称量形式有何要求?

(2)为什么要在稀热 HCl 中且不断搅拌下逐滴加入沉淀剂沉淀 $BaSO_4$?HCl 加入太多有何影响?

(3)为什么要在热溶液中沉淀 $BaSO_4$,但要在冷却后过滤?晶形沉淀为何要陈化?

(4)什么叫做倾泻法过滤?洗涤沉淀时,为什么用洗涤液或水都要少量、多次?

(5)什么叫做灼烧至恒重?

附 注

(1)不同酸度下 100 mL 溶液中硫酸钡的溶解情况如下:

表 4-7 不同酸度下硫酸钡的溶解度

酸浓度/(mol·L^{-1})	溶解度 /(mg·100 g^{-1} H$_2$O)
0	0.2
1	8.9
2	10.1

(2) H_2SO_4 溶液应逐滴加入,如果加入太快,由于局部浓度过大,生成很多颗粒极细的硫酸钡沉淀,增加了吸附杂质的量,且会造成过滤困难,甚至造成穿滤。

(3) 洗涤时应注意:吹入洗涤液要轻,以防沉淀溅出;每次用的洗涤液应少,少量多次;尽可能使所有的洗涤液流完后再加下次洗涤液。

(4) 滤纸灰化时空气要充足,否则 $BaSO_4$ 易被滤纸的炭还原为灰黑色的 BaS:

$$BaSO_4 + 4C = BaS + 4CO\uparrow$$
$$BaSO_4 + 4CO = BaS + 4CO_2\uparrow$$

如遇此情况,可用 2~3 滴(1:1)H_2SO_4,小心加热,冒烟后重新灼烧。

(5) 灼烧温度不能太高,如超过 950℃,可能有部分 $BaSO_4$ 分解:

$$BaSO_4 = BaO + SO_3\uparrow$$

§4.38　钢铁中镍含量的测定

一、实验目的

(1) 了解丁二酮肟镍重量法测定镍的原理和方法。
(2) 掌握用玻璃坩埚过滤等重量分析法基本操作。

二、预习提要

(1) 丁二酮肟镍重量法测定镍的原理。
(2) 重量分析的基本过程,误差的主要来源及消除方法。
(3) 重量分析法基本操作。

三、实验原理

丁二酮肟是二元弱酸(以 H_2D 表示),离解平衡为:

其分子式为 $C_4H_8O_2N_2$,摩尔质量 116.2 g·mol^{-1}。研究表明,只有 HD^- 状态才能在氨性溶液中与 Ni^{2+} 发生沉淀反应:

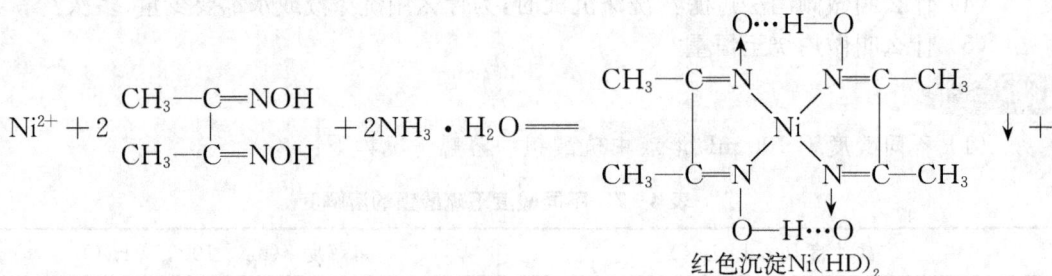

$2NH_4^+ + 2H_2O$

经过滤、洗涤、在 120℃下烘干至恒重,称得丁二酮肟镍沉淀的质量 $m[Ni(HD)_2]$,以下式计算 Ni 的质量分数:

$$\omega(\text{Ni}) = \frac{m[\text{Ni}(\text{HD})_2] \times \dfrac{M(\text{Ni})}{M[\text{Ni}(\text{HD})_2]}}{m_s}$$

本法沉淀介质的酸度为 pH＝8～9 的氨性溶液。酸度大，生成 H_2D，使沉淀溶解度增大，酸度小，由于生成 D^{2-}，同样将增加沉淀的溶解度。氨浓度太高，会生成 Ni^{2+} 的氨络合物。

丁二酮肟是一种高选择性的有机沉淀剂，它只与 Ni^{2+}、Pd^{2+}、Fe^{2+} 生成沉淀。Co^{2+}、Cu^{2+} 与其生成水溶性络合物，不仅会消耗 H_2D，且会引起共沉淀现象。若 Co^{2+}、Cu^{2+} 含量高时，最好进行二次沉淀或预先分离。

由于 Fe^{3+}、Al^{3+}、Cr^{3+}、Ti^{4+} 等离子在氨性溶液中生成氢氧化物沉淀，干扰测定。故在溶液加氨水前，需加入柠檬酸或酒石酸等络合剂，使其生成水溶性的络合物。

四、实验用品

仪器：电子天平，烘箱，真空泵，抽滤瓶，恒温水浴，电炉，G4 微孔玻璃坩埚，布氏漏斗。

药品：混合酸 $HCl+HNO_3+H_2O$(3∶1∶2)，酒石酸钠或柠檬酸溶液($500\ g\cdot L^{-1}$)，丁二酮肟($10\ g\cdot L^{-1}$ 乙醇溶液)，氨水(1∶1)，HCl 溶液(1∶1)，HNO_3($2\ mol\cdot L^{-1}$)，$AgNO_3$($0.1\ mol\cdot L^{-1}$)，氨-氯化铵洗涤液(每 100 mL 水中加 1 mL 氨水和 1 g NH_4Cl)，钢铁试样。

五、实验内容

准确称取试样(含 Ni 30～80 mg)两份，分别置于 500 mL 烧杯中，加入 20～40 mL 混合酸，盖上表面皿，低温加热溶解后，煮沸除去氮的氧化物，加入 5～10 mL 酒石酸溶液(每克试样加入 10 mL)，然后在不断搅拌下，滴加(1∶1)氨水至溶液 pH＝8～9，此时溶液转为蓝绿色。如有不溶物，应将沉淀过滤，并用热的氨-氯化铵洗涤液洗涤沉淀数次(洗涤液与滤液合并)。滤液用(1∶1)HCl 酸化，用热水稀释至约 300 mL，加热至 70～80℃，在不断搅拌下，加入 $10\ g\cdot L^{-1}$ 丁二酮肟乙醇溶液沉淀 Ni^{2+}(每毫克约需 1 mL $10\ g\cdot L^{-1}$ 丁二酮肟乙醇溶液)，最后再多加 20～30 mL。但所加试剂的总量不要超过试液体积的 1/3，以免增大沉淀的溶解度。然后在不断搅拌下，滴加(1∶1)氨水使溶液 pH 为 8～9，在 60～70℃下保温 30～40 min。取下，稍冷后，用已恒重的 G4 微孔玻璃坩埚进行减压过滤，用微氨性的 $20\ g\cdot L^{-1}$ 酒石酸溶液洗涤烧杯和沉淀 8～10 次，再用温热水洗涤沉淀至无 Cl^- 为止(检查 Cl^- 时，可将滤液以稀 HNO_3 酸化，用 $AgNO_3$ 检查)。将带有沉淀的微孔玻璃坩埚置于 130～150℃ 烘箱中烘 1 h，冷却，称量，再烘干，称量，直至恒重为止。根据丁二酮肟镍的质量，计算试样中镍的含量。

六、问题与思考

(1) 溶解试样时加入 HNO_3 的作用是什么？

(2) 本实验中滤液用(1∶1)HCl 酸化的作用何在？

(3) 为了得到纯净的丁二酮肟镍沉淀，应选择和控制好哪些实验条件？

(4) 重量法测定镍,也可将丁二酮肟镍灼烧成氧化镍称量(至恒重)。这与本方法相比较,哪种方法较为优越? 为什么?

附 注

(1) 实验完毕,微孔玻璃坩埚以稀盐酸洗涤干净。

(2) 称取试样时,含 Ni 量要适当,不能过多,否则沉淀过多,操作不便。

(3) 实验中为得到颗粒较大的晶形沉淀,首先在酸性溶液中加入沉淀剂,再滴加氨水使溶液的 pH 逐渐升高,沉淀随之慢慢析出,这样能够得到较大的晶形沉淀。

(4) 沉淀时需加热溶液至 70~80℃,但温度不宜过高,否则乙醇挥发太多,引起丁二酮肟本身的沉淀,且高温下柠檬酸或酒石酸能部分还原 Fe^{3+} 为 Fe^{2+},对测定有干扰。

(5) 对丁二酮肟镍沉淀的恒重,可视两次质量之差不大于 0.4 mg 时为符合要求。

§4.39　邻菲罗啉分光光度法测定铁

一、实验目的

(1) 掌握邻菲罗啉测定铁的原理和方法。

(2) 学习吸收曲线、工作曲线的绘制及最大吸收波长的选择。

(3) 了解分光光度计的结构和正确的使用方法。

二、预习提要

(1) 邻菲罗啉测定铁的原理。

(2) 朗伯-比尔定律,最大吸收波长、摩尔吸收系数、吸收曲线、工作曲线的意义。

(3) 光度分析的基本过程与显色反应条件的选择。

三、实验原理

邻菲罗啉(邻二氮菲 phen)是测定微量铁的较好试剂。pH=2~9 的溶液中,试剂与 Fe^{2+} 生成稳定的红色络合物,最大吸收峰在 510 mm 波长处。其 $1 g K_稳 = 21.3$,摩尔吸光系数 $\varepsilon = 1.1 \times 10^4\ L \cdot mol^{-1} \cdot cm^{-1}$,其反应式如下:

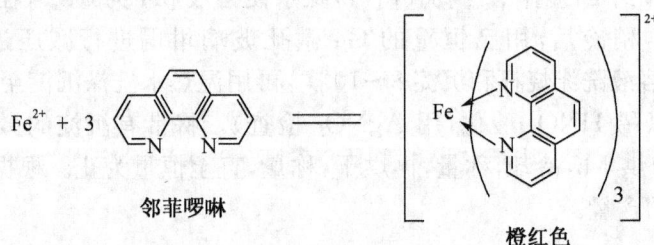

在显色前,首先用盐酸羟胺把 Fe^{3+} 还原为 Fe^{2+}:

$$4Fe^{3+} + 2NH_2OH =\!=\!= 4Fe^{2+} + N_2O + H_2O + 4H^+$$

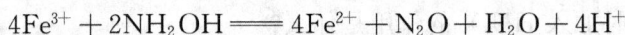

测定时,控制溶液酸度在 pH=2~9 较适宜,酸度过高,反应速度慢,酸度太低,则 Fe^{2+} 水解,影响显色。

本方法的选择性很强,相当于含铁量 40 倍的 Sn^{2+}、Al^{3+}、Ca^{2+}、Mg^{2+}、Zn^{2+}、SiO_3^{2-};20 倍的 Cr^{3+}、Mn^{2+}、V(V)、PO_4^{3-};5 倍的 Co^{2+}、Cu^{2+} 等均不干扰测定。

四、实验用品

仪器:721 分光光度计,1 mL、5 mL、10 mL 吸量管,50 mL 容量瓶,1 cm 比色皿。

药品:铁标准溶液(含铁 0.1 mg·mL^{-1}:准确称取 0.863 4 g 的 $(NH_4)_2Fe(SO_4)_2$·$12H_2O$,置于烧杯中,加入 20 mL(1∶1) HCl 和少量水,溶解后,定量地转移至 1 L 容量瓶中,以水稀释至刻度,摇匀),邻菲罗啉(1.5 g·L^{-1},10^{-3} mol·L^{-1} 新配制的水溶液),盐酸羟胺 100 g·L^{-1} 水溶液(临用时配制),NaAc 溶液(1 mol·L^{-1}),HCl 溶液(1∶1),NaOH 溶液(0.1 mol·L^{-1})。

五、实验内容

1. 吸收曲线的制作

用吸量管吸取 0.0 mL、1.0 mL 100 μg·mL^{-1} 铁标准溶液,分别注入两个 50 mL 容量瓶(或比色管)中,各加入 1 mL 盐酸羟胺溶液,2 mL 邻菲罗啉,5 mL NaAc,用水稀释至刻度,摇匀。放置 10 min 后,用 1 cm 比色皿,以试剂空白(即 0.0 mL 铁标准溶液)为参比溶液,在 440～560 nm 之间,每隔 10 nm 测一次吸光度,在最大吸收峰附近,每隔 5 nm 测定一次吸光度。在坐标纸上,以波长 λ 为横坐标,吸光度 A 为纵坐标,绘制 A 和 λ 关系的吸收曲线。从吸收曲线上选择测定 Fe 的适宜波长,一般选用最大吸收波长 λ_{max}。

2. 标准曲线的制作

用移液管吸取 100 μg·mL^{-1} 铁标准溶液 10 mL 于 100 mL 容量瓶中,加入 2 mL 2 mol·L^{-1} 的 HCl,用水稀释至刻度,摇匀。此溶液每毫升含 Fe^{3+} 10 μg。

在 6 个 50 mL 容量瓶中,用吸量管分别加入 0.0 mL,2.0 mL,4.0 mL,6.0 mL,8.0 mL,10.0 mL 10 μg·mL^{-1} 铁标准溶液,分别加入 1 mL 盐酸羟胺,2 mL 邻菲罗啉,5 mL NaAc 溶液,每加一种试剂后摇匀。然后,用水稀释至刻度,摇匀后放置 10 min。用 1 cm 比色皿,以试剂为空白(即 0.0 mL 铁标准溶液),在所选择的波长下,测量各溶液的吸光度。以含铁量为横坐标,吸光度 A 为纵坐标,绘制标准曲线。

用绘制的标准曲线,设计表格计算铁的摩尔浓度并计算 Fe^{2+} Phen 络合物的摩尔吸光系数 ε。

3. 试样中铁含量的测定

移取一定体积的铁试样,按上述方法加盐酸羟胺 2 mL,邻菲罗啉 2 mL,5 mL NaAc,加水稀释至刻度,摇匀。测量吸光度 A。根据标准曲线求出试样中铁的含量(μg·mL^{-1})。

4. 数据记录及处理

(1) 绘制 A～λ 吸收曲线,求 λ_{max}。

(2) 绘制工作曲线。

(3) 从工作曲线上找出未知试样的含量,计算样品中的铁含量(μg·mL^{-1})。

六、问题与思考

(1) 吸收曲线与标准曲线有何区别? 各有何实际意义?

（2）本实验中盐酸羟胺、醋酸钠的作用各是什么？

（3）制作标准曲线和进行其他条件实验时，加入试剂的顺序能否任意改变？为什么？

（4）本实验中哪些试剂加入量的体积要比较准确？哪些试剂则可以不必？为什么？

（5）根据自己的实验数据，计算在最合适波长下邻菲罗啉铁络合物的摩尔吸光系数。

第五章　综合实验

§5.1　去离子水的制备及纯度测定

一、实验目的

(1) 学习离子交换法制取纯水的原理和方法。
(2) 掌握水质纯度检验方法。
(3) 熟悉电导率仪的使用。

二、预习提要

(1) 了解自来水中主要含有哪些无机杂质。
(2) 离子交换法分离提纯的原理和方法。
(3) 自来水中常见离子的定性鉴定方法。

三、实验原理

水的纯化方法通常有蒸馏法、离子交换法和电渗析法等。本实验是用离子交换法来制备纯水,所得纯水通常称为去离子水。

离子交换法是利用离子交换树脂能与水中的 K^+、Na^+、Ca^{2+}、Mg^{2+}、Cl^-、SO_4^{2-}、CO_3^{2-}、HCO_3^- 等无机离子进行选择性的交换反应而获得去离子水。离子交换树脂是带有活性基团的有机高分子聚合物,按基团特性可分为两类:一类含有酸性活性基团,如 $R—SO_3^- H^+$,或简写为 RH,称为阳离子交换树脂,其中 R 表示有机高分子部分;另一类含有碱性活性基团,如 $R≡N^+OH^-$,或简写为 ROH,称为阴离子交换树脂。

当自来水流经强酸性阳离子交换树脂时,水中的阳离子就与树脂发生交换吸附,反应简示如下:

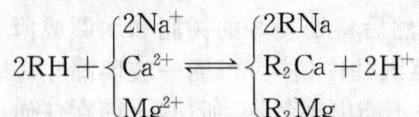

$$2RH + \begin{cases} 2Na^+ \\ Ca^{2+} \\ Mg^{2+} \end{cases} \Longrightarrow \begin{cases} 2RNa \\ R_2Ca + 2H^+ \\ R_2Mg \end{cases}$$

当自来水从阳离子交换树脂流出后,再流经强碱性阴离子交换树脂时,水中的阴离子又与树脂发生交换吸附,反应简示如下:

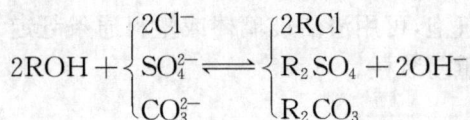

$$2ROH + \begin{cases} 2Cl^- \\ SO_4^{2-} \\ CO_3^{2-} \end{cases} \Longrightarrow \begin{cases} 2RCl \\ R_2SO_4 + 2OH^- \\ R_2CO_3 \end{cases}$$

经过阳离子交换树脂交换出来的 H^+ 和阴离子交换树脂交换出来的 OH^- 作用结合

成水:

$$H^+ + OH^- \longrightarrow H_2O$$

为提高去离子水纯度,有时还流经由阳、阴离子交换树脂组成的混合柱或再次流经另一组阳、阴离子交换柱。离子交换树脂通过再生恢复原状,可以重新使用。

纯水是一种极弱的电解质,水中含有可溶性杂质后,就会使其导电能力增大。反之,水中的杂质离子越少,其导电能力越小。用电导率仪测定电导率,就能判断水的纯度。各种水样电导率值的范围如下(25℃):自来水,$5.0 \times 10^{-3} \sim 5.3 \times 10^{-4}$ S·cm^{-1};去离子水,$5.0 \times 10^{-5} \sim 1.0 \times 10^{-6}$ S·cm^{-1};蒸馏水,$2.8 \times 10^{-6} \sim 6.3 \times 10^{-7}$ S·cm^{-1};高纯水,$< 5.5 \times 10^{-8}$ S·cm^{-1}。

水质纯度还可以用化学方法测定 Ca^{2+}、Mg^{2+}、SO_4^{2-}、Cl^- 等离子来判别,如可用钙指示剂来检验 Ca^{2+},在 pH>12 时,指示剂能与 Ca^{2+} 结合而显红色(钙指示剂本色为蓝色)。用铬黑 T 指示剂可检验 Mg^{2+},在 pH=9~10.5 时,指示剂能与 Mg^{2+} 结合而显葡萄酒红色(铬黑 T 本色为蓝色)。

四、实验用品

仪器:离子交换柱两根(也可用碱式滴定管改装),雷磁 DDS-11A 型电导率仪,烧杯,试管。

药品:钙指示剂,铬黑 T 指示剂,HCl($2\ mol \cdot L^{-1}$、$6\ mol \cdot L^{-1}$),NaOH($2\ mol \cdot L^{-1}$),BaCl$_2$($1\ mol \cdot L^{-1}$),AgNO$_3$($0.1\ mol \cdot L^{-1}$),NH$_4$Cl-NH$_3 \cdot$H$_2$O 缓冲液(pH=10),HNO$_3$($2\ mol \cdot L^{-1}$)。

材料:711$^\#$($d=1.108$)强碱性阴离子交换树脂,732$^\#$($d=1.25$)强酸性阳离子交换树脂,pH 试纸(广泛及 5.5~9.0 精密试纸),玻璃纤维,乳胶管,螺丝夹,T 形玻璃管。

五、实验内容

1. 树脂处理

阳离子树脂详见实验§4.13。

阴离子树脂的处理同阳离子树脂类似,但要用 $2\ mol \cdot L^{-1}$NaOH 溶液代替 HCl 溶液。

2. 装柱

将交换柱如图 5-1 固定在铁架台上。在管底部塞入少量清洁的玻璃纤维,以防树脂流出。先在柱中加入约 1/3 的蒸馏水,并排出橡皮管中的空气,然后将处理好的树脂和水调成薄粥状,并慢慢加入使其随水沉入柱内(柱口可插一玻璃漏斗)。为使交换有效进行,树脂层内不能出现气泡,所以,水面在任何时候一定要高出树脂层。若水过多时,可放松下面的螺丝夹,使水流出一部分。为使树脂装得均匀紧密,可用手指轻弹管壁。如果树脂层内出现气泡,可用清洁玻璃棒或塑料通条赶走气泡,如果赶不走,则应重新装柱。

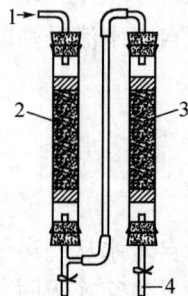

图 5-1　制备去离子水装置图

1. 进水口　2、3. 阴、阳离子交换树脂　4. 出水口

3. 去离子水的制备

小心开启自来水和交换柱间的螺丝夹,随即再开启阴离子交换柱下的螺丝夹,控制水的流速为成滴流下。开始流出的约 $150\sim200$ mL 水弃去,然后用 100 mL 烧杯收集约 60 mL 水(用表面皿盖好)进行纯度测定。

分别对去离子水和自来水进行检验以作对比。

（1）水的电导率的测定

用电导率仪分别测定去离子水和自来水的电导率。

（2）定性检验

用化学方法定性检验自来水和去离子水。

① Ca^{2+} 检验　取约 1 mL 水样加 2 滴 2 mol $\cdot$ L^{-1} NaOH 溶液,再加入少量钙指示剂,观察,记录现象。

② Mg^{2+} 检验　取约 1 mL 水样加 $1\sim2$ 滴 NH_4Cl - NH_3 $\cdot$ H_2O 缓冲液和少量铬黑 T 指示剂,观察,记录现象。

③ SO_4^{2-} 检验　取约 1 mL 水样加 $1\sim2$ 滴 1 mol $\cdot$ L^{-1} $BaCl_2$,观察,记录现象。

④ Cl^- 检验　取约 1 mL 水样加 2 滴 2 mol $\cdot$ L^{-1} HNO_3,再滴入 $3\sim4$ 滴 0.1 mol $\cdot$ L^{-1} $AgNO_3$,观察,记录现象。

⑤ 用精密 pH 试纸测量水样 pH。

以上结果(实验数据和现象)记录于表中:

水 样	电导率/ S $\cdot$ cm^{-1}	pH	Ca^{2+}	Mg^{2+}	SO_4^{2-}	Cl^-
自来水						
去离子水						

六、问题与思考

（1）离子交换法制备去离子水的原理是什么?

（2）为什么可用测定水的电导率来评估水质的纯度?

附 注

去离子水的电导率测定应尽快进行,否则空气中的一些气体会溶于水中,对水的电导率测定带来误差。

§5.2　硫代硫酸钠的制备及含量分析

一、实验目的

学习硫代硫酸钠的制备和含量分析方法。

二、预习提要

（1）收集、查看制备硫代硫酸钠的资料。

(2) 硫代硫酸钠的含量分析方法。

三、实验原理

硫代硫酸钠是一种常用的化工原料和试剂,在分析化学中常被用来测定碘。在纺织和造纸工业中作脱氯剂,在摄影业中作定影剂,在医药中作急救解毒剂。

硫代硫酸钠制备方法有多种,本实验选用硫磺粉和亚硫酸钠溶液共煮的方法来制备硫代硫酸钠。

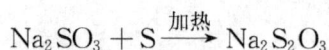

$$Na_2SO_3 + S \xrightarrow{\text{加热}} Na_2S_2O_3$$

经过滤、蒸发、浓缩、结晶,即可制得 $Na_2S_2O_3 \cdot 5H_2O$ 晶体。

可用碘量法测定产品中硫代硫酸钠的含量。

$$I_2 + 2S_2O_3^{2-} \longrightarrow 2I^- + S_4O_6^{2-}$$

$$\omega(Na_2S_2O_3 \cdot 5H_2O) = \frac{V \times c \times 0.2482 \times 2}{m} \times 100\%$$

式中:V 为 I_2 标准溶液所用体积(mL);c 为 I_2 标准溶液的浓度(mol·L^{-1});m 为所取 $Na_2S_2O_3 \cdot 5H_2O$ 试样的质量(g)。

四、实验用品

仪器:滴定管,锥形瓶,台秤,布氏漏斗,吸滤瓶,表面皿,真空泵。

药品:硫磺粉(s),Na_2SO_3(s),$AgNO_3$(0.1 mol·L^{-1}),碘标准溶液(0.1 mol·L^{-1}),乙醇(体积分数为 95%),淀粉(0.2%),酚酞,HAc-NaAc(0.1 mol·L^{-1})缓冲溶液。

材料:pH 试纸,滤纸。

五、实验内容

1. $Na_2S_2O_3 \cdot 5H_2O$ 的制备

(1) 称取硫磺粉 5 g 放在小烧杯内,用 1∶1(体积比)水/乙醇混合液将其调成糊状。

(2) 称取 12.5 g Na_2SO_3,置于烧杯中,加入 75 mL 蒸馏水,加热使其溶解,继续加热至近沸。

(3) 糊状硫磺粉分批加入到近沸的亚硫酸钠溶液中,保持近沸约 1 h。在近沸过程中,要经常搅拌,并将烧杯壁上粘附的硫磺用少量水冲淋下来,同时也要补充因蒸发损失的水。

(4) 反应完毕,趁热用布氏漏斗减压过滤,弃去未反应的硫磺粉。

(5) 将滤液转入蒸发皿中,并放在石棉网上加热蒸发,浓缩至体积为 18~20 mL 左右,用冰水浴冷却,观察晶体的析出。如无结晶析出,加几粒硫代硫酸钠晶种(或再加热蒸发,冷却),即有大量晶体析出。

(6) 减压过滤,尽量抽干水分,用适量乙醇洗涤晶体。将晶体放在烘箱中,在 40℃下干燥 40~60 min,称量,计算产率。

2. 产品检验

(1) 定性鉴定

取少量 $Na_2S_2O_3 \cdot 5H_2O$ 晶体放入试管中,加入 2 滴 0.1 mol·L^{-1} 的 $AgNO_3$ 溶液,观察生成的沉淀由白→黄→棕→黑的变化过程。

（2）定量分析

准确称取 $Na_2S_2O_3 \cdot 5H_2O$ 晶体 0.5 g，用适量蒸馏水溶解，滴入 1～2 滴酚酞，再加入 10 mL HAc – NaAc 缓冲溶液，以保证溶液的弱酸性。然后用 0.1 mol·L^{-1} 的 I_2 标准溶液滴定，以淀粉为指示剂，直到 1 min 内溶液的蓝色不褪掉为止。重复测定两次，计算含量。

六、问题与思考

（1）$S_2O_3^{2-}$ 的定性鉴定中，加入 $AgNO_3$ 溶液后，为什么沉淀会有白→黄→棕→黑的颜色变化？

（2）在本实验中，如何提高硫代硫酸钠的产率和纯度？

（3）产品为何不能用水洗而用乙醇洗？

（4）为何产品不能在高于 40℃ 的温度下干燥？

（5）试给出另外一种制备硫代硫酸钠的方法。

附 注

在小火加热保持接近沸腾的反应过程中，要不断搅拌，并及时补充蒸发掉的水分。

§5.3 硫酸亚铁铵的制备与含量分析

一、实验目的

（1）掌握复盐的一般特性及硫酸亚铁铵的制备方法。

（2）熟练掌握水浴加热、蒸发、结晶和减压过滤等基本操作。

（3）掌握高锰酸钾法测定 Fe^{2+} 的方法及 Fe^{3+} 定性检验方法。

二、预习提要

（1）复盐硫酸亚铁铵的制备原理。

（2）沉淀与溶液的分离、溶解与结晶等基本操作。

（3）了解目视比色半定量分析方法。

（4）$KMnO_4$ 法测定 Fe^{2+} 的原理和方法。

三、实验原理

1. 硫酸亚铁铵的制备

$FeSO_4$ 易被空气中的氧气所氧化。若在 $FeSO_4$ 溶液中加入与之等物质的量的 $(NH_4)_2SO_4$，能生成不易被空气氧化的复盐 $FeSO_4 \cdot (NH_4)_2SO_4 \cdot 6H_2O$，该晶体叫摩尔盐，在定量分析中常用来配制亚铁离子的标准溶液。本实验利用 $FeSO_4 \cdot (NH_4)_2SO_4 \cdot 6H_2O$ 的溶解度比 $(NH_4)_2SO_4$ 和 $FeSO_4 \cdot 7H_2O$ 的溶解度小这一特点，从 $FeSO_4$ 和 $(NH_4)_2SO_4$ 的混合液中析出 $FeSO_4 \cdot (NH_4)_2SO_4 \cdot 6H_2O$ 复盐晶体。

表 5 - 1　三种物质在水中的溶解度(g/100 g H$_2$O)

物　质 $\diagdown$ $T/℃$	10	20	30	40	50
(NH$_4$)$_2$SO$_4$	73.0	75.4	78.0	81.0	84.5
FeSO$_4$·7H$_2$O	40.0	48	60.0	73.3	—
FeSO$_4$·(NH$_4$)$_2$SO$_4$·6H$_2$O	18.1	21.2	24.5	27.9	31.3

本实验先采用铁屑和稀硫酸作用生成硫酸亚铁溶液,反应为:

$$Fe + H_2SO_4 \longrightarrow FeSO_4 + H_2 \uparrow$$

然后在硫酸亚铁溶液加入硫酸铵,并使其全部溶解,经蒸发浓缩、冷却结晶,得到 FeSO$_4$·(NH$_4$)$_2$SO$_4$·6H$_2$O 晶体。

$$FeSO_4 + (NH_4)_2SO_4 + 6H_2O \longrightarrow FeSO_4 \cdot (NH_4)_2SO_4 \cdot 6H_2O$$

2. 目视比色法测定硫酸亚铁铵的 Fe^{3+} 含量

硫酸亚铁铵中的 Fe^{3+} 含量高低,是影响其质量的重要指标之一。本实验是利用 Fe^{3+} 与 KSCN(显色剂)作用,生成红色配合物颜色的深浅来确定产品的等级,反应式为:

$$Fe^{3+} + n\,SCN^- \longrightarrow Fe(SCN)_n^{3-n}$$

Fe^{3+} 愈多,红色愈深。将样品溶液与标准 Fe^{3+} 系列溶液作对比,以确定产品级别。

3. 硫酸亚铁铵中 Fe^{2+} 含量的测定

在稀 H$_2$SO$_4$ 溶液中,KMnO$_4$ 能定量地将 Fe^{2+} 氧化成 Fe^{3+},即:

$$5Fe^{2+} + MnO_4^- + 8H^+ \longrightarrow 5Fe^{3+} + Mn^{2+} + 4H_2O$$

因此,可以用 KMnO$_4$ 标准溶液滴定产品中的 Fe^{2+},从而得到产品中 Fe^{2+} 的含量。滴定到化学计量点时,微过量的 KMnO$_4$ 使溶液呈现微红色,从而指示滴定终点。

四、实验用品

仪器:台秤,分析天平,恒温水浴,锥形瓶,棕色酸式滴定管,吸滤瓶,布氏漏斗,循环水泵。

试剂:铁屑,Na$_2$CO$_3$(10%),H$_2$SO$_4$(3 mol·L^{-1}),(NH$_4$)$_2$SO$_4$(s),HCl(3 mol·L^{-1}),KSCN(25%),KMnO$_4$ 标准溶液(0.01 mol·L^{-1})。

五、实验内容

1. 硫酸亚铁铵的制备

(1) 铁屑的净化(除去油污)

在台秤上称取 4 g 铁屑,放入锥形瓶内,加入 20 mL 10% Na$_2$CO$_3$ 溶液,缓缓加热约 10 min,用倾析法除去碱液,用水将铁屑冲洗干净。

(2) FeSO$_4$ 的制备

往盛有 4 g 铁屑的锥形瓶中加入 30 mL 3 mol·L^{-1} H$_2$SO$_4$ 溶液,把锥形瓶放在水浴锅上(70~80℃)加热直至反应基本完全(不再产生氢气泡),要注意随时补充由于加热蒸发掉的水分,最后得到蓝绿色 FeSO$_4$ 溶液。趁热在普通漏斗中过滤,用数毫升热水洗涤小烧杯及漏斗中的残渣,将留在小烧杯和漏斗上的残渣取出,用滤纸吸干后称重。根据已反应的铁屑的质量,算出溶液中 $FeSO_4$ 的理论产量。

（3）硫酸亚铁铵的制备

滤液转入蒸发皿中。根据 $FeSO_4$ 的理论产量,按反应方程式计算所需 $(NH_4)_2SO_4$ 的质量,将其加入到滤液中,加热并充分搅拌至固体 $(NH_4)_2SO_4$ 完全溶解后(pH=1~2),加热蒸发至有固体晶膜呈现,静置让其自然冷却,析出浅蓝绿色的 $FeSO_4 \cdot (NH_4)_2SO_4 \cdot 6H_2O$ 晶体,然后抽滤,用少量无水乙醇洗涤晶体,晾干(或真空干燥)后称量,计算理论产量和产率。

2. 产品中 Fe^{3+} 杂质的限量分析

在台秤上称取 1.0 g 自制产品置于 25 mL 比色管中,用 15 mL 不含 O_2 的蒸馏水溶解。加 2 mL 3 mol·L^{-1} HCl 和 1 mL 25％的 KSCN 溶液,继续加不含 O_2 的蒸馏水至刻度,摇匀。将呈现的红色与标准色阶对照,确定产品达到的试剂级别。

3. 硫酸亚铁铵中的 Fe^{2+} 含量的测定

准确称取 0.5~0.6 g 硫酸亚铁铵试样于 250 mL 锥形瓶中,加入 10 mL 3 mol·L^{-1} H_2SO_4 溶液,35 mL 不含 O_2 为蒸馏水,使试样完全溶解后,立即用 $KMnO_4$ 标准溶液滴定至微红色,且保持 0.5 min 内不褪色即为终点。记下所消耗 $KMnO_4$ 溶液的体积,平行测定三次,计算试样中 Fe^{2+} 的含量。

六、问题与思考

（1）制备硫酸亚铁铵时,在蒸发、浓缩过程中,若发现溶液变黄,是什么原因？应如何处理？

（2）本实验中硫酸亚铁铵的理论产量应如何计算？

（3）如何制备不含氧气的蒸馏水？为什么配制样品溶液时一定要用不含氧气的蒸馏水？

附　注

（1）制备硫酸亚铁过程中,始终要保持必要的酸度,如果酸度不够,则会引起 Fe^{2+} 的水解和被空气氧化,使产品不纯;并注意随时补充由于加热蒸发掉的水分,以免硫酸亚铁晶体析出。

（2）蒸发析出硫酸亚铁铵时应小心加热,以防溅出,蒸发至刚出现晶膜,即停止加热。

（3）Fe^{2+} 易被空气氧化,尤其是溶液中的 Fe^{2+} 更不稳定,试样溶解后应立即滴定。

（4）Fe(Ⅲ)标准色阶的配制

① Fe(Ⅲ)标准溶液的配制　称取 0.863 4 g $(NH_4)_2Fe(SO_4)_2 \cdot 12H_2O$,溶于少量水中,加 2.5 mL 浓硫酸,移入 1 000 mL 容量瓶中,用水稀释至刻度。此溶液含 Fe^{3+} 为 0.100 0 g·L^{-1}。

② Fe(Ⅲ)标准色阶的配制　取 0.50 mL Fe(Ⅲ)标准溶液于 25 mL 的比色管中,加 2 mL 3 mol·L^{-1} HCl 和 1 mL 25％的 KSCN,加不含氧的水稀释至刻度,这是一级试剂标准液(Fe^{3+}:0.05 mg·g^{-1},0.005％)。再分别取 1.00 mL 和 2.00 mL Fe(Ⅲ)标准溶液配制二级和三级试剂标准液(二级 Fe^{3+}:0.10 mg·g^{-1},0.01％;三级 Fe^{3+}:0.20 mg·g^{-1},0.02％),方法同上。

§5.4 CuSO₄·5H₂O 的制备及组成分析

一、实验目的

(1) 掌握 $CuSO_4 \cdot 5H_2O$ 的制备方法。

(2) 掌握结晶、重结晶等基本操作技术。

(3) 掌握间接碘量法测定铜的原理和操作方法。

二、预习提要

(1) 重结晶提纯物质的原理和应用。

(2) 沉淀转化原理。

(3) $Na_2S_2O_3$ 溶液的配制及标定方法。

(4) 间接碘量法测铜的主要反应条件、误差来源及消除方法。

三、实验原理

在 H_2SO_4 和 HNO_3 混合溶液中,Cu 被氧化成 Cu^{2+},溶液经加热浓缩后,可得 $CuSO_4 \cdot 5H_2O$ 晶体(即胆矾)。该粗产品经重结晶,可得较纯净的胆矾。

$$Cu + 2HNO_3 + H_2SO_4 =\!=\!= CuSO_4 + 2NO_2\uparrow + 2H_2O$$

胆矾中 Cu^{2+} 含量测定详见 §4.33。

胆矾在不同的温度下可以逐步脱水。反应式为:

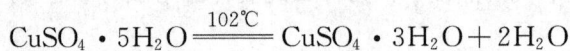

$$CuSO_4 \cdot 5H_2O \xrightarrow{102℃} CuSO_4 \cdot 3H_2O + 2H_2O$$

$$CuSO_4 \cdot 3H_2O \xrightarrow{113℃} CuSO_4 \cdot H_2O + 2H_2O$$

$$CuSO_4 \cdot H_2O \xrightarrow{258℃} CuSO_4 + H_2O$$

将已知质量的水合硫酸铜晶体加热,除去所有的结晶水后得到白色粉末状的无水硫酸铜,称量,便可计算出水合硫酸铜中结晶水的数目。

四、实验用品

仪器:电子天平,烘箱,马弗炉,瓷坩埚,干燥器,恒温水浴,容量瓶,烧杯,锥形瓶,滴定管,移液管,蒸发皿,量筒,表面皿,布氏漏斗,吸滤瓶,台秤,水泵。

药品:铜屑,$Na_2S_2O_3$ 标准溶液($0.1\ mol \cdot L^{-1}$),KI(20%),淀粉溶液(0.5%),NH_4SCN 溶液(10%),H_2SO_4($1\ mol \cdot L^{-1}$、$3\ mol \cdot L^{-1}$),NH_4HF_2(20%),HNO_3(浓)。

五、实验内容

1. $CuSO_4 \cdot 5H_2O$ 的制备

(1) 铜屑的预处理

称取 1.5 g 铜屑,放入蒸发皿中,强烈灼烧至表面呈黑色,自然冷却。

(2) $CuSO_4 \cdot 5H_2O$ 的制备

在灼烧过的铜屑中,加入 5 mL 3 mol·L^{-1} H_2SO_4 溶液,然后缓慢、分批加入 2.5 mL 浓 HNO_3(在通风橱中进行)。待反应缓和后盖上表面皿,水浴加热。在加热过程中需要补加 2.5 mL 3 mol·L^{-1} H_2SO_4 和 0.5 mL 浓 HNO_3(由于反应情况不同,补加的酸量根据具体情况而定,在保持反应继续进行的情况下,尽量少加 HNO_3)。待铜屑接近全部溶解后,趁热用倾泻法将溶液转至小烧杯中,然后再将溶液转回洗净的蒸发皿中,在酒精灯上小火加热,浓缩至表面有晶膜出现。取下蒸发皿,让溶液冷却,析出粗的 $CuSO_4·5H_2O$ 晶体,抽滤,称量。

（3）$CuSO_4·5H_2O$ 的重结晶提纯

将 $CuSO_4·5H_2O$ 粗产品放入烧杯中,按每克粗产品 1.2 mL 水的比例加相应体积的蒸馏水。加热使 $CuSO_4·5H_2O$ 完全溶解,趁热过滤,滤液收集在小烧杯中,让其自然冷却,即有晶体析出(若无晶体析出,可加一粒细小的 $CuSO_4$ 晶体,或再加热浓缩)。完全冷却后,抽滤,将晶体转至干净的表面皿,晾干后称量。

2. $CuSO_4·5H_2O$ 晶体中 Cu 含量的测定

准确称取 $CuSO_4·5H_2O$ 样品 5.5～6.5 g,置于 100 mL 烧杯中,加入 10 mL 1 mol·L^{-1} H_2SO_4 溶液和少量水使试样溶解,然后转入 250 mL 的容量瓶中,定容、摇匀。

移取上述溶液 25.00 mL 于 250 mL 锥形瓶中,加入 50 mL 水、10 mL 20% NH_4HF_2 溶液、10 mL 20% KI 溶液,用 0.1 mol·L^{-1} $Na_2S_2O_3$ 标准溶液滴定至溶液呈淡黄色,然后加入 5 mL 0.5% 淀粉指示剂,并继续滴定至浅蓝色,再向其中加入 10 mL 10% NH_4SCN 溶液,摇荡 1～2 min,用 $Na_2S_2O_3$ 标准溶液继续滴定至蓝色刚好消失,即为终点,记下所消耗的 $Na_2S_2O_3$ 标准溶液的体积,平行测定三份,计算样品中 Cu 的含量。

3. 水合硫酸铜晶体中结晶水的测定

（1）空坩埚的恒重

将两个洁净的瓷坩埚放在 300℃±20℃ 的马弗炉中灼烧至恒重。前后两次称量的差值 ≤0.2 mg,即为恒重。

（2）水合硫酸铜晶体的脱水

准确称取一定量的水合硫酸铜晶体置于已恒重的空坩埚中,然后将坩埚放入马弗炉中灼烧(温度与空坩埚恒重时相同)至恒重(约 20 min 左右,蓝色的 $CuSO_4$ 晶体全部变为白色粉末),取出坩埚,稍凉片刻,放入干燥器中,冷至室温,准确称量。计算水合硫酸铜晶体中所含结晶水的数目。

六、问题与思考

（1）制备胆矾实验中,溶解铜屑时,为什么要加 HNO_3?

（2）标定 $Na_2S_2O_3$ 溶液的基准物质有哪些?以 $K_2Cr_2O_7$ 标定 $Na_2S_2O_3$ 时,终点的亮绿色是什么物质的颜色?

（3）Cu^{2+}/Cu^+ 和 I_2/I^- 的标准电极电位分别为 0.158 V 和 0.535 V,解释为什么 Cu^{2+} 能氧化 I^- 而生成 I_2?

（4）碘量法测定铜时,为什么常要加入 NH_4HF_2?为什么临近终点时加入 NH_4SCN（或 KSCN）?

附　注

(1) 淀粉指示剂不能太早加入,否则淀粉与 I_2 过早形成蓝色缔合物,大量吸附 I_3^-,颜色变为深灰色,终点拖长且不敏锐,不好观察。

(2) 加入 KI 溶液轻轻摇匀后应立即滴定。KI 加入一份就应滴定一份,不得三份同时加 KI 后才逐份滴定。滴定的开始阶段,滴定速率可以快些,但不应太剧烈地摇荡。

(3) 加入 NH_4SCN 不能过早,而且加入后要剧烈摇动,有利于沉淀的转化和释放出吸附的 I_3^-。

§5.5　高锰酸钾的制备与含量测定

一、实验目的

(1) 学习由二氧化锰制备高锰酸钾的原理和方法。
(2) 练习熔融、浸取、过滤、结晶和重结晶等基本操作。
(3) 掌握高锰酸钾含量测定的化学分析方法。

二、预习提要

(1) 查阅由二氧化锰制备高锰酸钾的相关资料。
(2) 高锰酸钾含量测定的化学分析方法。

三、实验原理

二氧化锰制备高锰酸钾可分为两步:

第一步:由二氧化锰制备锰酸钾。

二氧化锰在氧化剂(如氯酸钾)存在下与碱共熔时,可被氧化成为墨绿色的锰酸钾:

$$3MnO_2 + KClO_3 + 6KOH == 3K_2MnO_4 + KCl + 3H_2O$$

第二步:由锰酸钾制备高锰酸钾。完成这一步有两种常见的方法。

方法一:利用锰酸钾在酸性介质中发生歧化反应生成高锰酸钾。

锰酸钾溶于水,它只有在强碱性溶液中(pH>14.4)才能稳定存在。而在弱酸性介质中,MnO_4^{2-} 易发生歧化反应,生成 MnO_4^- 和 MnO_2。故向含有锰酸钾的溶液中通入 CO_2 气体,可发生如下反应:

$$3K_2MnO_4 + 2CO_2 == 2KMnO_4 + MnO_2\downarrow + 2K_2CO_3$$

经减压过滤除去二氧化锰后,将溶液浓缩即可析出暗紫色的针状高锰酸钾晶体。

方法二:电解锰酸钾生成高锰酸钾。反应方程式如下:

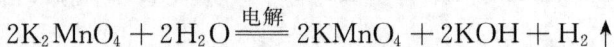

$$2K_2MnO_4 + 2H_2O \xrightarrow{\text{电解}} 2KMnO_4 + 2KOH + H_2\uparrow$$

阳极:　　　$$2MnO_4^{2-} - 2e^- == 2MnO_4^-$$

阴极:　　　$$2H_2O + 2e^- == H_2\uparrow + 2OH^-$$

四、实验用品

仪器:稳压电源,变阻器,电流表,铁坩埚,铁搅棒,启普发生器,坩埚钳,布氏漏斗,吸滤瓶,真空泵,烘箱,蒸发皿,烧杯,表面皿,防护眼镜。

药品:二氧化锰(s),氢氧化钾(s),氯酸钾(s),草酸(s),碳酸钙(s,块状),盐酸,KOH(4%),H_2SO_4(3 mol·L^{-1})。

材料:铁丝(直径 2 mm),尼龙布或的确良布。

五、实验内容

1. 二氧化锰制备锰酸钾

① 称取 8 g 氯酸钾固体和 16 g 氢氧化钾固体,放入铁坩埚中,用铁搅棒将物料混合均匀。用铁夹把铁坩埚夹紧,固定在铁架台上,戴上防护眼镜。小火加热,边加热边用铁搅棒搅拌,待混合物熔融后,将 11 g 二氧化锰固体分多次,小心加入铁坩埚中,防止火星外溅。随着熔融物的粘度增大,用力加快搅拌以防结块或粘在坩埚壁上。在反应物接近干涸时,继续搅拌使熔体呈颗粒状。待反应物干涸后,再提高温度,强热 5 min,得到墨绿色锰酸钾熔融物。

② 待盛有熔融物的铁坩埚冷却后,用铁搅棒尽量将熔块捣碎,取出熔物,放入 250 mL 的烧杯中,用 40 mL 蒸馏水浸取,浸取过程中要不断搅拌,可适当加热以促进其溶解。静置,将上层清液倾入另一烧杯中。依次用 20 mL 蒸馏水、20 mL 4% 的 KOH 溶液重复上述浸取操作,将三次浸取液与熔渣合并。

2. 锰酸钾制备高锰酸钾

(1) CO_2 法

① 趁热向含熔渣的浸取液中通二氧化碳气体至锰酸钾全部歧化为止(可用玻璃棒沾取溶液于滤纸上,如果滤纸上只有紫红色而无绿色痕迹,即表示锰酸钾已歧化完全),然后用尼龙布或的确良布进行抽滤。

② 将滤液倒入蒸发皿中,蒸发浓缩至表面开始析出 $KMnO_4$ 晶膜为止,自然冷却晶体,然后抽滤,将高锰酸钾晶体抽干。

③ 以每克湿产品加 3 mL 蒸馏水的比例,将制得的粗 $KMnO_4$ 晶体加热溶解,趁热过滤。冷却,重结晶,抽滤。

④ 将晶体转移到已知质量的表面皿中,用玻璃棒将其分开。放入烘箱中(80℃为宜)干燥 0.5 h,冷却后称量,计算产率。

(2) 电解法

① 用尼龙布或的确良布将浸取液进行抽滤。滤液放入 150 mL 的烧杯中。按图 5-2 安装电解槽。阳极为光滑的镍片(8 cm×5 cm),阴极为三根粗铁丝(直径 2 mm),电极间距为 0.5 cm,固定安装好后接通电源,调节电阻,保持 0.5 A 的电流,加热滤液至 60℃。在阴极上可以观察到有氢气的产生,在阳极附近可以观察到有紫红色的 $KMnO_4$ 生成。电解过程中要保持电解液的温度为 60℃,至电解完毕(用玻璃棒沾取溶液于滤纸上,如果滤纸上只有紫红色而无绿色痕迹,即可认为完毕)。

② 取出电极,冷却电解液,析出 $KMnO_4$ 晶体。用尼龙布或的确良布进行抽滤,得到 $KMnO_4$ 晶体。

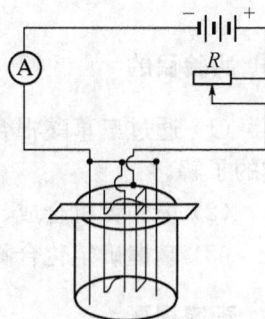

图 5-2　电解法装置图

③ 重结晶、抽滤。

④ 烘干、称重、计算产率。

3. 纯度分析

准确称取 0.8～1.0 g $KMnO_4$ 产品,置于小烧杯中,用少量蒸馏水溶解后,全部转移到 250 mL 的容量瓶中,然后再用蒸馏水稀释到刻度。

准确称取 0.15～0.20 g $H_2C_2O_4 \cdot 2H_2O$,放入 250 mL 锥瓶中,加入蒸馏水 40 mL 使之溶解,再加入 10 mL 3 $mol \cdot L^{-1}$ H_2SO_4。将该溶液加热到 75～85℃(以冒较多蒸气为准),立即用 $KMnO_4$ 溶液滴定。滴定到微红色半分钟内不褪去时为止,表明已达到滴定终点。记录 $KMnO_4$ 溶液的用量,平行滴定三份。计算产品中 $KMnO_4$ 的含量。

六、问题与思考

(1) 制备锰酸钾时,为什么用铁坩埚而不用瓷坩埚? 为什么使用铁棒而不使用玻璃棒搅拌?

(2) 由锰酸钾在酸性介质中歧化的方法来得到高锰酸钾的最大转化率是多少? 为了使 K_2MnO_4 发生歧化反应,能否用 HCl 代替 CO_2,为什么?

(3) 烘干 $KMnO_4$ 晶体时,为什么温度不能过高?

(4) 抽滤时为什么不能用滤纸?

(5) 用基准物质草酸测定产品中 $KMnO_4$ 含量时,应注意哪些问题?

附 注

(1) 二氧化锰固体要分多次,小心加入铁坩埚中,防止反应过于剧烈,火星外溅。若反应剧烈,可将火源离开。应戴防护眼镜。

(2) CO_2 不能通入过多。若溶液的 pH 较低,溶液中会生成大量的 $KHCO_3$,而 $KHCO_3$ 的溶解度比 K_2CO_3 小得多,在溶液浓缩时,$KHCO_3$ 会和 $KMnO_4$ 一起析出。

(3) 正确使用启普发生器。

(4) 烘干 $KMnO_4$ 晶体时,绝对不能混入纸屑或其他可燃物质,以免发生危险。另外,注意烘干温度不能过高。

(5) 过滤含 $KMnO_4$ 的强碱性溶液时不能用滤纸,因为它会和滤纸作用而使滤纸破坏。

§5.6　三草酸根合铁(Ⅲ)酸钾的制备及组成测定

一、实验目的

(1) 通过三草酸根合铁(Ⅲ)酸钾的制备,加深对三价铁和二价铁化合物及其配合物性质的了解。

(2) 巩固无机合成、滴定分析和重量分析的基本操作。

(3) 掌握确定化合物组成的基本原理和方法。

二、预习提要

(1) 配位化合物的基础知识。

(2) 三草酸根合铁(Ⅲ)酸钾的制备、性质和用途。

三、实验原理

三草酸根合铁(Ⅲ)酸钾 $K_3[Fe(C_2O_4)_3] \cdot 3H_2O$ 为一种绿色的晶体,溶于水难溶于乙醇。本实验采用的合成方法是首先用硫酸亚铁铵与草酸反应制备出草酸亚铁:

$$(NH_4)_2Fe(SO_4)_2 \cdot 6H_2O + H_2C_2O_4 = FeC_2O_4 \cdot 2H_2O\downarrow + (NH_4)_2SO_4 + H_2SO_4 + 4H_2O$$

然后在过量的草酸根存在下,用过氧化氢将 Fe^{2+} 氧化,得到三草酸根合铁(Ⅲ)酸钾和氢氧化铁:

$$6FeC_2O_4 \cdot 2H_2O + 3H_2O_2 + 6K_2C_2O_4 = 4K_3[Fe(C_2O_4)_3] \cdot 3H_2O + 2Fe(OH)_3\downarrow$$

再加入适量的草酸可使生成的 $Fe(OH)_3$ 转化为三草酸根合铁(Ⅲ)酸钾:

$$2Fe(OH)_3 + 3H_2C_2O_4 + 3K_2C_2O_4 = 2K_3[Fe(C_2O_4)_3] \cdot 3H_2O$$

加入乙醇后,便从溶液中析出 $K_3[Fe(C_2O_4)_3] \cdot 3H_2O$ 晶体。

利用如下的分析方法可测定该配合物各组分的含量,通过推算便可确定其化学式。

1. 利用重量分析法测定结晶水含量

将一定量的产物在 110℃ 下干燥,根据失重的情况即可计算出结晶水的含量。

2. 用高锰酸钾法测定草酸根含量

$C_2O_4^{2-}$ 在酸性介质中可被 MnO_4^- 定量氧化:

$$5C_2O_4^{2-} + 2MnO_4^- + 16H^+ = 2Mn^{2+} + 10CO_2\uparrow + 8H_2O$$

用已知浓度的 $KMnO_4$ 标准溶液滴定 $C_2O_4^{2-}$,由消耗 $KMnO_4$ 的量,便可计算出 $C_2O_4^{2-}$ 的含量。

3. 用高锰酸钾法测定铁的含量

先用 Zn 粉将 Fe^{3+} 还原为 Fe^{2+},然后用 $KMnO_4$ 标准溶液滴定 Fe^{2+}:

$$5Fe^{2+} + MnO_4^- + 8H^+ = Mn^{2+} + 5Fe^{3+} + 4H_2O$$

由消耗 $KMnO_4$ 的量,便可计算出 Fe^{3+} 的含量。

4. 确定钾含量

配合物中结晶水、$C_2O_4^{2-}$ 和 Fe^{3+} 的含量测定后,便可以计算出 K^+ 的含量。

四、实验用品

仪器:烧杯,量筒,搅拌棒,水浴锅,玻璃漏斗,表面皿,滴管。

药品:$(NH_4)_2Fe(SO_4)_2 \cdot 6H_2O(s)$,$H_2SO_4(3\ mol \cdot L^{-1})$,$H_2C_2O_4$(饱和),$K_2C_2O_4$(饱和),$H_2O_2(3\%)$,无水乙醇,$KMnO_4$ 标准溶液($0.02\ mol \cdot L^{-1}$),Zn 粉。

五、实验内容

1. 制备

称取 $5.0\ g$ $(NH_4)_2Fe(SO_4)_2 \cdot 6H_2O$ 固体倒入 250 mL 烧杯中,加入 15 mL 蒸馏水和 5 滴 $3\ mol \cdot L^{-1}\ H_2SO_4$,加热使之溶解。然后加入 25 mL 饱和 $H_2C_2O_4$ 溶液,不断搅拌,加热至沸,并维持微沸 5～8 min,室温下静置,得黄色 $FeC_2O_4 \cdot 2H_2O$ 沉淀,沉淀沉降后用倾析法弃去上层清液。再向沉淀中加入 20 mL 水,搅拌,并温热,静置后再弃去清液(尽可能把清液倾倒干净)。

加入 10 mL 饱和 $K_2C_2O_4$ 溶液于上述沉淀中,水浴加热至约 40℃,用滴管慢慢滴加 20 mL 3% H_2O_2,不断搅拌并保持温度在 40℃左右(此时会有氢氧化铁沉淀生成)。然后将溶液加热至沸并不断搅拌以除去过量的 H_2O_2。取 8 mL 饱和 $H_2C_2O_4$ 溶液加入上述保持沸腾的溶液中,不断搅拌,使沉淀完全溶解变为透明的绿色为止(先加入 5 mL,再慢慢加入 3 mL),趁热过滤。将滤液放在一个 100 mL 的烧杯中,冷却后,慢慢加入 10~15 mL 无水乙醇,放置到冰浴中,过一段时间后,即有晶体析出。抽滤,用无水乙醇洗涤产品,称量,计算产率。

2. 组成测定

(1) 结晶水含量的测定

将两个称量瓶放入烘箱中,在 110℃下烘 1 h,然后置于干燥器中冷至室温,在电子天平上称量。重复上述干燥、冷却、称量操作,直至恒重(即两次称量相差不超过 0.2 mg)。

准确称取 0.5~0.6 g 磨细的产品两份,分别放入已恒重的称量瓶中。置于干燥器中,在 110℃下烘 1 h,然后置于干燥器中冷至室温,称量。重复上述干燥、冷却、称量操作,直至恒重。

根据称量结果,计算产物中结晶水含量。

(2) 草酸根含量的测定

精确称取 0.20~0.25 g 样品一份,分别放入 250 mL 锥形瓶中,加入 10 mL 蒸馏水和 5 mL 3 mol·L^{-1} H_2SO_4,用水浴将锥形瓶中溶液加热至 70~80℃,用 $KMnO_4$ 标准溶液滴定至呈试液微红色且在半分钟内不消失(注意保留该溶液),记下消耗 $KMnO_4$ 溶液的体积。平行测定三次,计算产物中 $C_2O_4^{2-}$ 的含量。

(3) 铁含量的测定

将上述用 $KMnO_4$ 溶液滴定过的溶液加入 1 g 锌粉(溶液黄色应消失),加热 2~3 min 将 Fe^{3+} 还原为 Fe^{2+}。过滤除去多余的锌粉,用适量温水洗涤锌粉 2~3 次,洗涤液与滤液合并于同一个锥形瓶中,补充 2 mL 3 mol·L^{-1} H_2SO_4。用 $KMnO_4$ 标准溶液滴定至试液呈微红色且在半分钟内不消失,记下消耗 $KMnO_4$ 溶液的体积。平行测定三次,计算产物中的 Fe^{3+} 含量。

(4) 钾含量确定

由测得 H_2O、$C_2O_4^{2-}$、Fe^{3+} 的含量可计算出 K^+ 的含量,并由此确定配合物的化学式。

六、问题与思考

(1) 氧化 $FeC_2O_4·2H_2O$ 时,反应温度控制在 40℃左右,不能过高,为什么?

(2) 制备时,加 H_2O_2 氧化并煮沸后,有时会出现即使加入非常多的 $H_2C_2O_4$ 溶液,也不能使溶液变透明,为什么?如何处理?

(3) 影响三草酸合铁(Ⅲ)酸钾产量的主要因素有哪些?

(4) 三草酸合铁(Ⅲ)酸钾见光易分解,应如何保存?

附 注

(1) 制备 $FeC_2O_4·2H_2O$ 时,加水量不易过多,否则影响产率。

(2) 所用 3% H_2O_2 必须是新配制的。

（3）$K_3[Fe(C_2O_4)_3] \cdot 3H_2O$ 晶体的析出，也可以采用蒸发、浓缩、结晶的方法。

（4）三草酸根合铁（Ⅲ）酸钾感光性实验（制感光纸）：按三草酸根合铁（Ⅲ）酸钾 0.3 g，铁氰化钾 0.4 g，加水 5 mL 的比例配成溶液，涂在纸上，在日光的照射下（数秒钟）或红外灯下，曝露的部分呈深蓝色，被遮盖没有曝光部分呈黄绿色。

（5）用高锰酸钾滴定 $C_2O_4^{2-}$ 时，为了加速反应速率需升温至 75～85℃，但不能超过 85℃，否则草酸易分解。滴定完成后保留滴定液，用来测定铁含量。

（6）测定铁含量时，加入的还原剂 Zn 粉需过量。滴定前过量的锌粉应过滤除去。过滤时要做到使 Fe^{2+} 定量地转移到滤液中，因此过滤后要对漏斗中的 Zn 粉进行洗涤，洗涤液与滤液合并。

§5.7 三氯化六氨合钴（Ⅲ）的制备及组成测定

一、实验目的

（1）掌握三氯化六氨合钴（Ⅲ）的制备方法。
（2）掌握酸碱滴定法、沉淀滴定法和碘量法。
（3）进一步练习水浴加热、减压过滤、滴定等基本操作。

二、预习提要

（1）Co（Ⅱ）、Co（Ⅲ）化合物的性质。
（2）三氯化六氨合钴（Ⅲ）的制备原理和方法。
（3）酸碱滴定法、碘量法及莫尔法的基本原理和操作方法。

三、实验原理

本实验利用活性炭作催化剂，在氯化铵存在下加入过量氨，用过氧化氢氧化二氯化钴溶液来制备出橙色晶体三氯化六氨合钴（Ⅲ）。

总的反应式为：
$$2CoCl_2 + 2NH_4Cl + 10NH_3 + H_2O_2 \longrightarrow 2[Co(NH_3)_6]Cl_3 + 2H_2O \qquad (1)$$

得到的固体中混有活性炭，可以将其溶解在含 HCl 的酸性溶液中，过滤出活性炭后，在高浓度的 HCl 溶液中使其结晶出来。

三氯化六氨合钴（Ⅲ）为橙黄色单斜晶体，293 K 下在水中的饱和溶解度为 $0.26 \text{ mol} \cdot L^{-1}$。在水溶液中，$K_{不稳} = 2.2 \times 10^{-34}$；在室温下基本不为强碱或强酸所破坏，只有在煮沸的条件下，才为过量强碱以下式分解。
$$2[Co(NH_3)_6]Cl_3 + 6NaOH \longrightarrow 2Co(OH)_3 \downarrow + 12NH_3 \uparrow + 6NaCl \qquad (2)$$

用过量 HCl 标准溶液吸收反应（2）中逸出的氨，再用 NaOH 标准溶液返滴剩余的酸，从而测定出氨的含量。
$$NH_3 + HCl \longrightarrow NH_4Cl$$
$$HCl + NaOH \longrightarrow NaCl + H_2O$$

滤出反应（2）中的钴（Ⅲ）氢氧化物，在酸性介质中与 KI 作用，定量析出 I_2，用 $Na_2S_2O_3$

标准溶液滴定,可计算出 Co 的含量。

$$2Co(OH)_3 + 6H^+ + 2I^- \rightleftharpoons 2Co^{2+} + I_2 + 6H_2O$$

$$I_2 + 2S_2O_3^{2-} \rightleftharpoons 2I^- + S_4O_6^{2-}$$

利用 Cl^- 与 Ag^+ 标准溶液作用,定量生成 AgCl 沉淀,由 Ag^+ 标准溶液的消耗量可以确定样品中 Cl^- 的含量。

$$Ag^+ + Cl^- \rightleftharpoons AgCl\downarrow$$

四、实验用品

仪器:锥形瓶,台秤,量筒,烧杯,布氏漏斗,吸滤瓶,水浴锅,温度计,烘箱,酸式滴定管,碱式滴定管,分析天平。

药品:$CoCl_2 \cdot 6H_2O(s)$,$KI(s)$,$NH_4Cl(s)$,活性炭,H_2O_2(体积分数为 6%),HCl(浓,$6\ mol \cdot L^{-1}$),标准 HCl($0.5\ mol \cdot L^{-1}$),标准 NaOH($0.5\ mol \cdot L^{-1}$),标准 $Na_2S_2O_3$($0.1\ mol \cdot L^{-1}$),NaOH(10%),标准 $AgNO_3$($0.1\ mol \cdot L^{-1}$),HNO_3($6\ mol \cdot L^{-1}$),K_2CrO_4(5%),$NH_3 \cdot H_2O$(浓),乙醇(体积分数为 95%),淀粉溶液(0.1%),冰块,甲基红指示剂(0.1%)。

材料:滤纸,pH 试纸。

五、实验内容

1. 三氯化六氨合钴(Ⅲ)的制备

在 100 mL 的锥形瓶中依次加入 6 g 研细的 $CoCl_2 \cdot 6H_2O$ 晶体、4 g NH_4Cl 晶体和 7 mL 蒸馏水,加热至固体溶解。加入 0.3 g 活性炭,搅拌均匀。待溶液冷却后,滴加浓氨水,至生成的沉淀溶解。总计加入约 14 mL 浓氨水。

待溶液冷却至 10℃ 以下,慢慢地加入 14 mL 6% 的 H_2O_2 溶液。在水浴锅上加热至 60℃,维持 20 min,并适当摇动锥形瓶,使反应完全。然后用自来水冷却锥形瓶,再用冰水冷却,即有沉淀生成。抽滤沉淀,然后将滤纸上的沉淀溶于含有 2 mL 浓盐酸的 70 mL 沸水中,趁热用布氏漏斗抽滤。将滤液移至 100 mL 小烧杯。

向滤液中慢慢加入 7 mL 浓盐酸,用冷水冷却小烧杯后,有晶体析出。抽滤,晶体用少量乙醇洗涤,抽干,然后将结晶从滤纸上移入蒸发皿中,于 105℃ 以下烘干。称重,计算产率。

2. 三氯化六氨合钴(Ⅲ)组成的测定

(1) 氨含量测定

在分析天平上准确称取 0.2 g 三氯化六氨合钴(Ⅲ)样品,置于 250 mL 锥形瓶中,加入 80 mL 的水溶解,然后加入 10 mL 10% 的 NaOH 溶液。在另一锥形瓶中用移液管准确加入 40.00 mL 0.5 mol·L^{-1} HCl 标准溶液,将锥形瓶置于冰水浴中,系统装置如图 5-3 所示。安全漏斗下端固定于一盛有 4 mL 左右 10% 的 NaOH 溶液的小试管内,使漏斗柄浸入试管液面下 2～3 cm,整个过程中漏斗柄的出口不能暴露在液面上。试

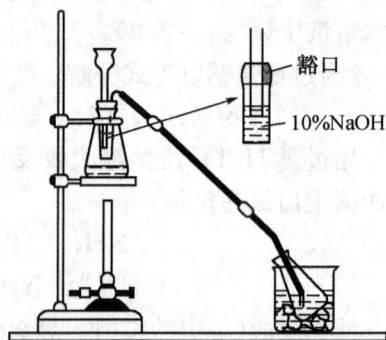

图 5-3　测定氨的装置

管口的塞子要钻一个连通孔,以便试管内与锥形瓶连通。确认装置密封性合乎要求后,加热样品溶液,开始用大火,至沸后改为小火,保持微沸状态约 1 h。蒸出全部氨以后,拔掉氨导管,停止加热,用少量水将导管内外可能黏附的溶液洗入锥形瓶内,加 2 滴 0.1% 甲基红指示剂,用 0.5 mol·L^{-1}NaOH 标准溶液滴定剩余盐酸,从而求出样品中氨的含量。

（2）钴含量测定

待上面蒸出氨后的样品溶液冷却后,取下漏斗、塞子和小试管,用少量的蒸馏水将试管外沾附的溶液冲洗回锥形瓶内。加 1 g 固体 KI,摇荡使其溶解,再加入 12 mL 左右的 6 mol·L^{-1} HCl 酸化,置暗处约 10 min。

加蒸馏水 60～70 mL,用 0.1 mol·L^{-1}Na$_2$S$_2$O$_3$ 标准溶液滴定析出的 I$_2$,至滴定溶液为浅黄色时,加 5 mL 新配制的 0.1% 的淀粉指示剂,继续滴定至蓝色刚好消失为止。依据消耗的硫代硫酸钠标准溶液的体积和浓度,即可计算出样品中钴的含量。

（3）氯含量测定

准确称取 0.2 g 左右的自制配合物两份,置于 250 mL 的碘量瓶中,分别加入 25 mL 的蒸馏水,配成试样液。加 1 mL 5% K$_2$CrO$_4$ 指示剂,用 0.1 mol·L^{-1} AgNO$_3$ 标准溶液滴定其中 Cl$^-$ 含量,滴定至溶液为微砖红色,从而计算出样品中氯的含量。

根据上述分析结果,求出产品的实验式。

六、问题与思考

（1）在［Co(NH$_3$)$_6$］Cl$_3$ 的制备过程中,氯化铵、活性炭、过氧化氢各起什么作用?

（2）在制备过程中,加入过氧化氢溶液后,用水浴加热 20 min 的目的是什么? 能否加热至沸腾?

（3）要使本实验制备的产品产率高,你认为那些步骤比较关键? 为什么?

（4）［Co(NH$_3$)$_6$］$^{3+}$ 与［Co(NH$_3$)$_6$］$^{2+}$ 比较,哪个稳定,为什么?

附　注

（1）6% H$_2$O$_2$ 溶液要新配制的。

（2）在制备过程中,H$_2$O$_2$ 及浓 HCl 一定要慢慢地加入。

（3）蒸馏 NH$_3$ 时,沸腾后应改为小火,保持微沸状态,不可剧烈沸腾,以防喷溅及蒸气把少量碱带出。

（4）把握好测定氨、氯、钴含量的条件。

§5.8　硫酸四氨合铜(Ⅱ)的制备与配离子组成测定

一、实验目的

（1）学习硫酸四氨合铜(Ⅱ)的制备和组成测定方法。

（2）熟练无机合成及滴定分析基本操作。

二、预习提要

（1）配合物的基础知识。

(2) 碘量法和酸碱滴定的返滴定法的原理。

三、实验原理

$CuSO_4$ 与过量 $NH_3 \cdot H_2O$ 反应,生成铜氨配离子。当冷却溶液及降低溶剂的极性时,由于配合物的溶解度降低而以晶体析出,反应式为:

$$CuSO_4 + 4NH_3 + H_2O =\!=\!= [Cu(NH_3)_4]SO_4 \cdot H_2O$$

经减压过滤及干燥后,得到合成产物。

产物中的 Cu 可用碘量法进行测定。

产物中的 NH_3 可用酸碱滴定的返滴定法进行测定,即称取准确量的产物,溶于准确体积且过量的 HCl 标准溶液中,待反应完全后,用 NaOH 标准溶液滴定过量的 HCl。

四、实验用品

仪器:电子天平,滴定管,锥形瓶,吸滤瓶,布氏漏斗,循环水泵。

试剂:$CuSO_4 \cdot 5H_2O(s)$,$NH_3 \cdot H_2O(6\ mol \cdot L^{-1})$,无水乙醇,HCl$(1:1)$,HAc $(1:1)$,$NH_4HF_2(20\%)$,KI(20%),$Na_2S_2O_3$ 标准溶液$(0.1\ mol \cdot L^{-1})$,淀粉指示剂(0.5%),甲基红(0.1%),NH$_4$SCN(10%),HCl 标准溶液$(0.1\ mol \cdot L^{-1})$、NaOH 标准溶液$(0.1\ mol \cdot L^{-1})$。

五、实验内容

1. 一水合硫酸四氨合铜的制备

称取 5 g(准确至 mg)$CuSO_4 \cdot 5H_2O$ 粉末与 150 mL 烧杯中,用 20 mL 6 mol $\cdot$ L^{-1} $NH_3 \cdot H_2O$ 溶解并过滤,滤液收集于 150 mL 锥形瓶中。在搅拌下逐滴加入 20 mL 无水乙醇,用冰水冷却溶液 15 min。抽滤收集蓝色晶体,并用乙醇洗涤两次,每次 10 mL。小心将晶体转移到干净的表面皿中,与 50℃的烘箱中干燥 2 h,称量产物的质量并计算理论产量及实际产率。

2. 合成产物中 Cu^{2+} 的测定

准确称取 0.50~0.55 g 合成产物,置于 250 mL 锥形瓶中,加入约 50 mL 蒸馏水。滴加 HCl 溶液$(1:1)$至溶液有沉淀形成并呈浅蓝色,再加 8 mL$(1:1)$HAc 溶液、10 mL 20% NH_4HF_2 溶液及 10 mL 20% KI 溶液,轻轻摇匀,立即用 $Na_2S_2O_3$ 标准溶液滴定,至淡黄色时加入 5 mL 0.5%淀粉指示剂,继续滴定至很淡的蓝色,再加 10 mL 10% NH$_4$SCN 溶液,摇荡 1~2 min。继续滴定至溶液的蓝色恰好消失,即为终点。记下所消耗 $Na_2S_2O_3$ 标准溶液的体积,平行测定三次。计算合成产物中 Cu^{2+} 的含量。

3. 合成产物中 NH_3 的测定

准确称取 0.15~0.2 g 合成产物转入 250 mL 锥形瓶中,准确移取 50.00 mL 0.1 mol $\cdot$ L^{-1} HCl 标准溶液加入该锥形瓶中,再加入 50 mL 去离子水和 2 滴甲基红指示剂,用 0.1 mol $\cdot$ L^{-1} NaOH 标准溶液滴定。记下所消耗的 NaOH 标准溶液体积,平行测定三次。计算合成产物中 NH_3 的含量,并计算产物中 Cu^{2+} 与 NH_3 的物质的量之比。

六、问题与思考

(1) 根据$[Cu(NH_3)_4]^{2+}$ 的 β 值,欲制备$[Cu(NH_3)_4]SO_4 \cdot H_2O$ 晶体,应如何考虑所用

试剂的量及浓度?

(2) $[Cu(NH_3)_4]SO_4 \cdot H_2O$ 在水中的溶解度较大,能否用加热浓缩的方法获得这种化合物晶体?

(3) 如果产物的分析结果 Cu^{2+} 与 NH_3 物质的量之比不是 1:4,分析产生误差的原因?

(4) 碘量法测定 Cu^{2+} 及酸碱滴定法测定 NH_3 应注意哪些问题?

附 注

(1) 制备配合物中,用 20 mL $NH_3 \cdot H_2O$ 溶解 $CuSO_4$ 时,应留有 3~5 mL $NH_3 \cdot H_2O$,用于洗涤过滤后的滤纸,以减少损失。

(2) 抽滤配合物晶体时,抽滤瓶应浸在冰水中,过滤后,利用滤液洗涤原来盛沉淀的锥形瓶。

(3) 用 $Na_2S_2O_3$ 溶液滴定 I_2 溶液时,开始时滴定速率应快些,在溶液接近黄色时再减慢。当溶液呈现淡黄色时才加入淀粉指示剂,过早加入会影响终点变色。

§5.9 明矾的制备、分析与单晶的培养

一、实验目的

(1) 学习制备明矾的方法。

(2) 掌握置换滴定法测定铝的原理及方法。

(3) 学习单晶的培养方法。

二、预习要点

(1) Al 及 Al^{3+} 性质。

(2) 利用工业上废弃的铝制品材料制备明矾的工艺流程及方法。

(3) 从溶液中培养晶体的原理和方法。

(4) 配位置换滴定法测定铝的原理及方法。

三、实验原理

1. 明矾的制备

将铝溶于 NaOH 溶液生成可溶性的 $Na[Al(OH)_4]$,再用稀硫酸调节溶液的 pH,将其转化为氢氧化铝,氢氧化铝溶于硫酸,生成硫酸铝,硫酸铝与硫酸钾在水溶液中结合成溶解度较小的复盐明矾 $KAl(SO_4)_2 \cdot 12H_2O$。反应式如下:

$$2Al + 2NaOH + 6H_2O \xrightarrow{\quad\quad} 2Na[Al(OH)_4] + 3H_2 \uparrow$$

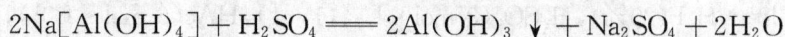
$$2Na[Al(OH)_4] + H_2SO_4 \xrightarrow{\quad\quad} 2Al(OH)_3 \downarrow + Na_2SO_4 + 2H_2O$$

$$2Al(OH)_3 + 3H_2SO_4 \xrightarrow{\quad\quad} Al_2(SO_4)_3 + 6H_2O$$

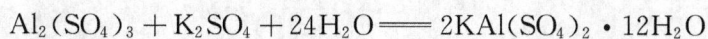
$$Al_2(SO_4)_3 + K_2SO_4 + 24H_2O \xrightarrow{\quad\quad} 2KAl(SO_4)_2 \cdot 12H_2O$$

不同温度下 $KAl(SO_4)_2 \cdot 12H_2O$、$Al_2(SO_4)_3$、K_2SO_4 的溶解度如表 5-2 所示。

表 5－2 KAl(SO₄)₂·12H₂O、Al₂(SO₄)₃、K₂SO₄ 的溶解度

物 质 \ T/K	273	283	293	303	313	333	353	363
$KAl(SO_4)_2 \cdot 12H_2O$	3.00	3.99	5.90	8.39	11.7	24.8	71.0	109
$Al_2(SO_4)_3$	31.2	33.5	36.4	40.4	45.8	59.2	73.0	80.8
K_2SO_4	7.4	9.3	11.1	13.0	14.8	18.2	21.4	22.9

2. 单晶的培养

单晶的培养方法有多种,本实验采用蒸发溶液法培养单晶。如图 5－4 所示,BB' 为溶解度曲线,此曲线的下方为不饱和区域,不会有晶体析出。在 CC' 曲线的上方为过饱和区,将可能有晶体析出。在 CC' 和 BB' 之间的区域为准稳定区域。要使晶体能较大地成长起来,就应当使溶液处于准稳定区域,让它慢慢地成长,长出完美的晶体。

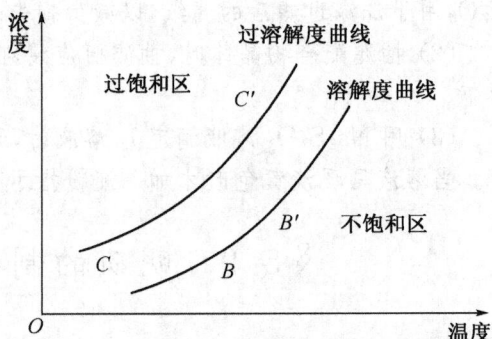

图 5－4 溶解度的准稳定区

3. 明矾产品中铝含量的测定

由于 Al^{3+} 易水解,容易形成多核羟基配合物,在较低酸度时,加入 EDTA 还会形成含有羟基的 EDTA 配合物,同时 Al^{3+} 与 EDTA 配合的速率较慢,而且对二甲酚橙指示剂有封闭作用。因此,用 EDTA 配合滴定法测定 Al^{3+} 时,不能用直接滴定法,而通常采用返滴定法或置换滴定法,本实验采用置换法滴定。

明矾试样经溶解后,调节酸度到 pH 为 3～4,加入过量的 EDTA 溶液煮沸,使 Al^{3+} 与 EDTA 完全配合,冷却后,调节溶液的 pH 为 5～6,以二甲酚橙为指示剂,用 Zn^{2+} 标准溶液滴定过量的 EDTA(不计 Zn^{2+} 标准溶液的消耗体积)。然后,加入过量的 NH_4F,加热至沸,使 Al－EDTA 配合物(以 AlY^- 表示)与 F^- 之间发生置换反应,释放出与 Al^{3+} 等物质的量的 EDTA,反应式如下:

$$AlY^- + 6F^- + 2H^+ \rightleftharpoons AlF_6^{3-} + H_2Y^{2-}$$

释放出来的 EDTA 用 Zn^{2+} 标准溶液滴定,即可计算明矾中 Al 的含量。

四、实验用品

仪器:滴定管,容量瓶,量筒,移液管,台秤,分析天平,烧杯。

试剂:NaOH(s),K_2SO_4(s),废铝材料,EDTA(0.02 mol·L^{-1}),锌标准溶液(0.01 mol·L^{-1}),HCl(2 mol·L^{-1}、3 mol·L^{-1},浓),二甲酚橙指示剂(0.2% 水溶液),$NH_3 \cdot H_2O$(1:1,6 mol·L^{-1}),NH_4F(20%),H_2SO_4(3 mol·L^{-1},1:1),HAc(6 mol·L^{-1}),$Na_3[Co(NO_2)_6]$溶液,$BaCl_2$(0.1 mol·L^{-1}),铝试剂,六次甲基四胺(20%)。

五、实验内容

1. KAl(SO₄)₂·12H₂O 的制备

(1) Na[Al(OH)₄] 的制备

在台秤上用 100 mL 的烧杯快速称量 1 g 固体 NaOH,加入 20 mL 水溶解。将烧杯置于热水浴中,分批加入 0.7 g 剪碎的废铝制品(反应激烈,防止溅出),待反应完毕,趁热用普通漏斗过滤。

(2) 氢氧化铝的生成和洗涤

在上述滤液中加入 4 mL 左右的 3 mol·L^{-1} H$_2$SO$_4$ 溶液,调节溶液的 pH 为 7～8,此时溶液中生成大量的白色氢氧化铝沉淀,抽滤,并用蒸馏水洗涤沉淀。

(3) KAl(SO$_4$)$_2$·12H$_2$O 的制备

将抽滤后的氢氧化铝沉淀转移到蒸发皿中,加入 5 mL 硫酸(1:1),再加 7 mL 水,小火加热使其溶解,加入 2 g K$_2$SO$_4$,继续加热至溶解,并适当浓缩溶液,然后冷却结晶,抽滤,用乙醇洗涤晶体,晶体用滤纸吸干,称重,计算产率。

2. 产品 SO$_4^{2-}$、Al^{3+} 及 K$^+$ 的定性检验

取少量产品溶于水,加入 HAc 溶液(6 mol·L^{-1})呈微酸性(pH=6～7),分成三份:一份加入几滴 Na$_3$[Co(NO$_2$)$_6$]溶液,若试管中有黄色沉淀,表示有 K$^+$ 存在;另一份加入几滴铝试剂,摇荡后,放置片刻,再加 NH$_3$·H$_2$O (6 mol·L^{-1})碱化,置于水浴上加热,如沉淀为红色,表示有 Al^{3+} 存在;最后一份加入 0.5 mL 0.1 mol·L^{-1} BaCl$_2$ 溶液,若试管中有白色沉淀生成,离心分离,弃去溶液,向沉淀中加入浓 HCl,沉淀不溶,表示有 SO$_4^{2-}$ 存在。

3. 明矾单晶的培养

KAl(SO$_4$)$_2$·12H$_2$O 为正八面体晶形。为获得棱角完整、透明的单晶,应让籽晶(晶种)有足够的时间长大,而晶籽能够成长的前提是溶液的浓度处于适当饱和的准稳定区。本实验通过将溶液在室温下静置,靠溶剂的自然挥发来创造溶液的准稳定状态,人工投放晶种让之逐渐长成单晶。

(1) 籽晶的生长和选择

根据 KAl(SO$_4$)$_2$·12H$_2$O 的溶解度,称取 10 g 明矾,加入适量的水,加热溶解,然后放在不易振动的地方,在烧杯口上盖一块滤纸,以免灰尘落下,放置,杯底会有小晶体析出,从中挑选出晶型完整的籽晶待用,同时过滤溶液,留待后用。

(2) 晶体的生长

以缝纫用的涤纶细线把籽晶系好,剪去余头,缠在玻璃棒上悬吊在已过滤的饱和溶液中,观察晶体的缓慢生长。数天后,可得到棱角完整齐全、晶莹透明的大块晶体。在晶体生长过程中,应经常观察,若发现籽晶上又长出小晶体,应及时去掉。若杯底有晶体析出也应及时滤去,以免影响晶体生长。

4. 明矾产品中 Al 含量的测定

准确称取 0.45～0.50 g 明矾试样于 150 mL 烧杯中,加入 3 mL 2 mol·L^{-1} HCl 溶液,加水溶解,将溶液转移至 100 mL 容量瓶中,加水稀释至刻度,摇匀。

移取上述稀释液 25.00 mL 三份,分别于锥形瓶中,各加入 20 mL 0.02 mol·L^{-1} EDTA 溶液及 2 滴二甲酚橙指示剂,小心滴加 NH$_3$·H$_2$O(1:1)调至溶液恰呈紫红色,然后滴加 3 滴 HCl(1:3)。将溶液煮沸 3 min,冷却,加入 20 mL 20% 六次甲基四胺溶液,此时溶液应呈黄色或橙黄色,否则可用 HCl 调节。再补加 2 滴二甲酚橙指示剂,用锌标准溶液滴定至溶液由黄色恰变为紫红色(此时不计滴定体积)。加入 10 mL 20% NH$_4$F 溶液,摇匀,将溶液加热至微沸,流水冷却,补加 2 滴二甲酚橙指示剂,此时溶液应呈黄色或橙黄色,

否则应滴加 HCl(1∶3)调节。再用锌标准溶液滴定至溶液由黄色恰变为紫红色,即为终点。根据锌标准溶液所消耗的体积,计算明矾中 Al 的百分含量。

六、问题与思考

(1) 复盐和简单盐及配合物的性质有什么不同?

(2) 如何把籽晶植入饱和溶液?

(3) 铝的测定一般采用返滴定法或置换滴定法,为什么?

(4) 置换滴定 Al^{3+} 时,当用 Zn^{2+} 盐标准溶液滴定过量的 EDTA 时不计体积,为什么?这次滴定的终点是否应严格控制?

(5) 明矾中铝的测定也可采用返滴定法,若用此法,分析步骤如何?

附 注

(1) 当含有六次甲基四胺介质的溶液加热时,由于其部分水解而使溶液 pH 升高,使二甲酚橙呈红色,这时需补加 HCl 至呈黄色后,再进行滴定,反应式如下:

$$(CH_2)_6N_4 + 6H_2O \Longrightarrow 6HCHO + 4NH_3$$

(2) 分析产品中 Al 含量时,对溶液加热的时间、程度及酸度控制,都需要严格的掌握,才能获得较好的分析结果。

§5.10 碳酸钠的制备及含量分析

一、实验目的

(1) 了解工业上联合制碱(简称"联碱")法的基本原理。

(2) 学会利用各种盐类溶解度的差异使其彼此分离的技能。

(3) 了解复分解反应及热分解反应的条件。

(4) 学会用双指示剂法测定 Na_2CO_3 的含量。

二、预习提要

(1) 工业上联合制碱法的基本原理和方法。

(2) 双指示剂法测定 Na_2CO_3 的基本原理和方法。

三、实验原理

碳酸钠俗称苏打,工业上叫做纯碱,联合制碱法就是利用二氧化碳和氨气通入氯化钠溶液中,先反应生成 $NaHCO_3$,再在高温下灼烧 $NaHCO_3$,使其分解而转化成 Na_2CO_3,其反应式为:

$$NH_3 + CO_2 + H_2O + NaCl \Longrightarrow NaHCO_3 \downarrow + NH_4Cl$$

$$2NaHCO_3 \Longrightarrow Na_2CO_3 + H_2O + CO_2 \uparrow$$

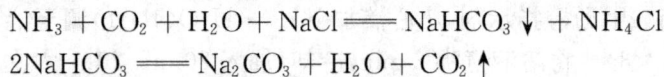

第一个反应实际就是下列复分解反应:

$$NH_4HCO_3 + NaCl \longrightarrow NaHCO_3 \downarrow + NH_4Cl$$

因此,在实验室里直接使用 NH_4HCO_3 和 NaCl,并选择在特定的浓度与温度条件下进行反应。

反应体系中所出现的四种盐在水中的溶解度见表 5-3。从表可以看出四种盐中 $NaHCO_3$ 的溶解度最低。

表 5-3 NaCl 等四种盐在不同温度下在水中的溶解度（g/100 g）

盐 ＼ 温度	0	10	20	30	40	50	60	70	80	90	100
NaCl	25.7	35.8	36.0	36.3	36.6	37.0	37.3	37.8	38.4	39.0	39.8
NH_4HCO_3	11.9	15.8	21.0	27.0	—	—	—	—	—	—	—
$NaHCO_3$	6.9	8.15	9.6	11.1	12.7	14.5	16.4	—	—	—	—
NH_4Cl	29.4	33.3	37.2	41.4	45.8	50.4	55.2	60.2	65.6	71.3	77.3

由于 NH_4HCO_3 在 35℃ 就开始分解了，由此决定了整个反应温度不允许超过 35℃，但温度太低，NH_4HCO_3 溶解度则又减小，故本反应的适宜温度为 30～35℃。

在 30～35℃ 下研细了的 NH_4HCO_3 固体加到 NaCl 溶液中，在充分搅拌的条件下就能使复分解进行，并随即有 $NaHCO_3$ 晶体转化析出。

Na_2CO_3 产品中由于加热分解 $NaHCO_3$ 时的时间不足或未达分解温度而夹杂有 $NaHCO_3$ 及混进的其他杂质。本实验只分析 $NaHCO_3$ 及 Na_2CO_3 两项。

Na_2CO_3 的水解是分两步进行的，故用 HCl 滴定 Na_2CO_3 时，反应也分两步进行：

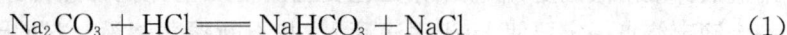
$$Na_2CO_3 + HCl = NaHCO_3 + NaCl \qquad (1)$$

$$NaHCO_3 + HCl = H_2CO_3 + NaCl \qquad (2)$$

从反应式可知，如是纯 Na_2CO_3，用 HCl 滴定时两步反应所消耗的 HCl 应该是相等的（$V_1 = V_2$），若产品中有 $NaHCO_3$ 时，则在第二步反应消耗的 HCl 要比第一步多一些（$V_2 > V_1$）。

又根据两步反应的结果来看，第一步产物为 $NaHCO_3$，此时溶液 pH 约为 8.5，当第二步反应结束时最终产物为 H_2CO_3（进一步分解成 H_2O 和 CO_2），此时溶液的 pH 约为 4，利用这两个 pH 可选择酸碱指示剂酚酞[变色范围为 8.0(无色)～10.0(红色)]及甲基橙[变色范围为 3.1(红色)～4.4(黄色)]作滴定终点指示剂。

四、实验用品

仪器：磁力搅拌器，吸滤瓶，布氏漏斗，坩埚，坩埚钳，研钵，电子天平或分析天平，酸式滴定管，锥形瓶。

药品：粗食盐溶液（饱和），HCl（6 mol·L^{-1}），酒精（1:1，用 $NaHCO_3$ 饱和过的），Na_2CO_3（饱和），NH_4HCO_3(s)，HCl 标准溶液（0.1 mol·L^{-1}），酚酞指示剂，甲基橙指示剂。

五、实验内容

1. 粗食盐溶液提纯

量取 20 mL 饱和粗食盐溶液，放在 100 mL 烧杯中加热至近沸，保持在此温度下用滴管逐滴加入饱和 Na_2CO_3 溶液，调节 pH 至 11 左右，此时溶液中将有大量胶状沉淀物 [$Mg(OH_2)·MgCO_3$，$CaCO_3$] 析出，继续加热至沸，趁热过滤，弃去沉淀，滤液转入 150 mL

烧杯中,再用 6 mol·L^{-1} HCl 调节溶液 pH 至 7 左右。

2. NaHCO$_3$ 制备

将盛有上述滤液的烧杯放在控制温度为 30～35℃之间的水浴中(用磁力搅拌器加热水浴),在不断搅拌的条件下,将预先研细了的 8.5 g NH$_4$HCO$_3$ 分数次(约 5～8 次)全部投入滤液中。加完后,继续保持此温度连续搅拌约 30 min,使反应充分进行,从水浴中取出后稍静置,用吸滤法除去母液,白色晶体即为 NaHCO$_3$。在停止抽滤的情况下,在产品上均匀地滴上 1∶1 的酒精水溶液(用 NaHCO$_3$ 饱和过的)使之充分润湿(不要加很多),然后再抽吸,使晶体中的洗涤液被抽干,如此重复 3～4 次,将大部分吸附在 NaHCO$_3$ 上的铵盐及过量的NaCl 洗去。

3. Na$_2$CO$_3$ 制备

将湿产品放入蒸发皿中。先在石棉网上以小火烘干,然后移入坩埚,放入高温炉,调节温度控制器在 300℃的工作状态。当炉温恒定在 300℃时,继续加热 30 min,然后停止加热,降温稍冷后,即将坩埚移入干燥器中保存备用。产品使用前,应称取其质量,用研钵研细后转入称量瓶中,计算产率。

4. Na$_2$CO$_3$ 含量测定

在分析天平(电子天平)上以减量法准确称取约 0.12 g 自制的 Na$_2$CO$_3$ 产品,置于250 mL锥形瓶中。向锥形瓶中加入蒸馏水约 50 mL,产品溶解后加入酚酞指示剂 1～2 滴,用盐酸标准溶液滴定,溶液由紫红色变至浅粉红色,读取所消耗 HCl 之体积(V_1)(注意:第一个滴定终点一定要使 HCl 逐滴滴入,并不断振荡溶液,以防 HCl 局部过浓而有 CO$_2$ 逸出,造成 $V_总 < 2V_1$)。再在溶液中加 2 滴甲基橙指示剂,这时溶液为黄色,继续用原滴定管(已读取 V_1 体积数)滴入 HCl,使溶液由黄色突变至橙色,将锥形瓶置石棉网上加热至沸1～2 min,冷却(可用冷水浴冷却)后溶液又变黄色(如果不变仍为橙色,则表明终点已过),再小心慢慢地用 HCl 滴定至溶液再突变成橙色即达终点,记下所消耗 HCl 的总体积 $V_总$。平行测定三次。计算产品中 Na$_2$CO$_3$ 或 NaHCO$_3$ 的含量。

六、问题与思考

(1) 为什么在洗涤 NaHCO$_3$ 时要用饱和 NaHCO$_3$ 的酒精洗涤液,且不能一次多加洗涤液,而要采用少量多次地洗涤?

(2) 怎样才能检查产品中是否含有 NaCl 或 NH$_4$Cl?

(3) 如果在滴定过程中所记录的数据发现 $V_1 > V_2$,也即 $2V_1 > V_总$ 时,说明什么问题?

附 注

(1) 制备 NaHCO$_3$ 时,反应温度不要超过 35℃,充分搅拌,保证反应时间。

(2) NaHCO$_3$ 产品要抽滤干,用小火烘干时要不断搅拌,以防结块。

(3) 把握好滴定终点,以防出现反常的测定结果。

§5.11 纳米级 Fe_3O_4 的制备及铁含量的测定

一、实验目的

(1) 了解纳米级氧化物材料的水热合成方法。

(2) 学习用氧化还原滴定法测定总铁含量。

二、预习提要

(1) 查阅资料，了解纳米级材料的制备和应用。

(2) 了解水热合成方法的原理。

(3) 氧化还原滴定法测定总铁含量的方法。

三、实验原理

经过水热实验方法合成的纳米级 Fe_3O_4 经酸溶解后，首先用硅钼黄作指示剂，用二氯化锡还原三价为二价铁，当三价铁全部还原为二价铁后，稍微过量的二氯化锡将硅钼黄还原为硅钼蓝。再以二苯胺硫酸钠为指示剂，用重铬酸钾标准溶液滴定之。

四、实验用品

仪器：恒温水浴槽，真空干燥箱，台秤，烧杯，锥形瓶。

试剂：$K_2Cr_2O_7$ 标准溶液（准确称取在 $150\sim180$℃ 烘干 2 h 的 $K_2Cr_2O_7$ 1.2～1.3 g，置于 100 mL 烧杯中，加 50 mL 水搅拌至完全溶解，然后定量转移至 500 mL 容量瓶中，用水稀释至刻度，摇匀），15% 和 2% 的氯化亚锡溶液（在台秤上称取 15 g $SnCl_2 \cdot 2H_2O$ 于 250 mL 干燥的烧杯内，加入浓盐酸 50 mL，溶解后，边搅拌边慢慢加入水稀释为 15% 浓度，并放入锡粒，这样可以保存几天，2% 的溶液则在使用之前把 15% 溶液用 1∶1 HCl 溶液稀释），硅钼黄指示剂（称取硅酸钠（$Na_2SO_3 \cdot 9H_2O$）1.35 g 溶于 10 mL 水中，加入 5 mL HCl 混匀，加入 5% 钼酸铵溶液 25 mL，用水稀释至 100 mL，放置 3 天后使用），硫磷酸混酸（用 150 mL 浓硫酸加入至 700 mL 水中，冷却后，再加入 150 mL 磷酸，混匀），$FeCl_3 \cdot 6H_2O(s)$，柠檬酸钠，$FeSO_4 \cdot 7H_2O(s)$，二苯胺酸钠指示剂（0.5%），$KMnO_4$（2%），Na_2CO_3（15%），水合肼，氨水（1∶1），盐酸（1∶1）。

五、实验内容

1. 纳米级磁性 Fe_3O_4 粒子的制备

(1) 称取 54.0 g（0.20 mmol）$FeCl_3 \cdot 6H_2O$，加入 200 mL 蒸馏水。待固体溶解完全后，用快速滤纸过滤除去少量不溶物，滤液备用。称取 29.2 g（0.20 mmol，过量 5%）$FeSO_4 \cdot 7H_2O$，加入 200 mL 蒸馏水，用少量 1∶1 盐酸调节溶液 pH 约为 5～6。待固体完全溶解后，用快速滤纸过滤除去少量不溶物，滤液备用。

(2) 将上述两种溶液倾入 500 mL 烧杯中，加入 4.3 g（0.20 mmol）柠檬酸三钠，0.75 g（0.20 mmol）水合肼，搅拌均匀。

（3）将上述混合液置于 70～80℃恒温水浴槽中,不断搅拌下缓慢滴加 1∶1 氨水,此时不断有红褐色沉淀产生,继续滴加氨水直至溶液 pH 约为 9。

（4）放置沉淀,弃去上层清液(最好将磁铁置于烧杯底部,加快磁性物质沉降),加入蒸馏水洗涤 3～4 次,至溶液为中性,过滤。

（5）沉淀在 60℃真空干燥,得到黑色 Fe_3O_4 固体粉末。

2. 铁的测定

准确称取 0.11～0.13 g 干燥的 Fe_3O_4 粉末试样三份,分别置于 250 mL 锥形瓶中,加少量水使试样湿润,然后加入 20 mL 1∶1 HCl,于电热板上温热至试样分解完全。若溶解试样过程中盐酸蒸发过多,应适当补加,用水吹洗瓶壁,此时溶液的体积应保持在 25～50 mL之间,将溶液加热至近沸,趁热滴加 15%氯化亚锡至溶液由红棕色变成浅黄色,加入 3 滴硅钼黄指示剂,这时溶液应呈黄绿色,滴加 2%氯化亚锡至溶液由蓝绿色变为纯蓝色,立即加入 100 mL 蒸馏水,至锥形瓶于冷水中迅速冷却至室温。然后加入 15 mL 磷硫混酸、4 滴0.5%二苯胺磺酸钠指示剂,立即用 $K_2Cr_2O_7$ 标准溶液滴定至溶液呈紫红色,即为终点。计算 Fe_3O_4 的含量。

六、问题与思考

（1）重铬酸钾法测定铁时,滴定前为什么要加入磷酸?

（2）现有一试样溶液,含亚铁、高铁,你如何测定其中亚铁、高铁及全铁?

附　注

（1）以硅钼黄作指示剂,用氯化亚锡还原三价铁时,氯化亚锡要一滴一滴地加入,并充分摇动,以防止氯化亚锡过量,否则使结果偏高。

（2）铁还原完全后,溶液要立即冷却,及时滴定,久置会使 Fe^{2+} 被空气中的氧氧化。

（3）滴定接近终点时,$K_2Cr_2O_7$ 要慢慢地加入,过量的 $K_2Cr_2O_7$ 会使指示剂的氧化性破坏。

§5.12　葡萄糖酸锌的制备及含量分析

一、实验目的

（1）掌握葡萄糖酸锌的制备方法。

（2）练习离子交换的操作技术。

二、预习提要

收集查看制备葡萄糖酸锌的相关资料,了解葡萄糖酸锌的制备和应用。

三、实验原理

锌是人体必需的微量元素之一,具有多种生物作用,参与多种重要的酶的合成,对维持正常生理功能具有重要的意义。人体缺锌会造成生长停滞、食欲不振味觉差、伤口不易愈合和早衰等。以往用硫酸锌作为锌添加剂,但它有一定的副作用。葡萄糖酸锌是近年发展起来的一种新的锌添加剂,具有吸收率高,副作用小、使用方便等优点。本实验通过离子交换法制取高纯度的葡萄糖酸溶液,然后与氧化锌反应制得葡萄糖酸锌。

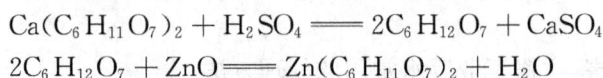

$$Ca(C_6H_{11}O_7)_2 + H_2SO_4 =\!=\!= 2C_6H_{12}O_7 + CaSO_4$$

$$2C_6H_{12}O_7 + ZnO =\!=\!= Zn(C_6H_{11}O_7)_2 + H_2O$$

四、实验用品

仪器:磁力搅拌器,旋转蒸发仪,烧杯,玻璃漏斗,布氏漏斗,吸滤瓶,水循环真空泵。

药品:氧化锌(s),葡萄糖酸钙(s),浓硫酸,酸性离子交换树脂(001×7 型),乙醇(95%),二甲酚橙指示剂,EDTA 标准溶液(0.02 mol·L^{-1}),乙酸-乙酸钠缓冲溶液(称取 200 g 无水乙酸钠溶于少量水中,加入 20 mL 冰醋酸,并以冰醋酸调节 pH 为 5.5,用水稀释至 1 000 mL,摇匀)。

五、实验内容

1. 葡萄糖酸的制备

在 100 mL 烧杯中加入 50 mL 蒸馏水,再缓慢加入 2.7 mL(0.05 mol)浓硫酸,搅拌下分批加入 22.4 g(0.05 mol)葡萄糖酸钙,在 90℃水浴中反应 1 h。趁热过滤,滤液冷却后,过离子交换柱(酸性离子交换树脂 001×7 型),得到纯的葡萄糖酸溶液。

2. 葡萄糖酸锌的制备

取上述制得的溶液,分批加入 2.0 g(0.025 mol)氧化锌,用磁力搅拌器在 60℃水浴中搅拌反应 2 h。过滤,滤液减压浓缩至约为原体积的 1/3。加入 10 mL 95%乙醇,冷却至 0℃,得到白色结晶状的葡萄糖酸锌。产物干燥,称重。

3. 葡萄糖酸锌中锌含量的测定

准确称取制得的产物 0.25 g 左右,加入 25 mL 乙酸-乙酸钠缓冲溶液(pH=5.5)使其溶解,加水稀释至 100 mL。滴加 2 滴二甲酚橙指示剂,用 0.02 mol·L^{-1} EDTA 标准溶液滴定至溶液由紫红色变为纯黄色即为终点。平行测定三次,计算该产物中锌的含量,由此算出产物中葡萄糖酸锌的含量。

六、问题与思考

(1) 装柱和离子交换过程中要注意哪些问题?

(2) 能否用直接加热蒸发的方法来浓缩葡萄糖酸锌溶液?

附 注

离子交换树脂的处理及装柱可参考§4.13。

§5.13 含铬工业废水的处理

一、实验目的

(1) 掌握化学还原法处理含铬工业废水的原理和方法。

(2) 学习用分光光度法或目视比色法测定和检测废水中铬的含量。

（3）了解国家工业废水 Cr 的排放标准。

二、预习提要

（1）铬污染的危害,含铬工业废水常用的处理方法。
（2）铁氧体法处理含铬废水的基本原理和过程。
（3）分光光度法测 Cr 的原理及方法。
（4）铬含量的计算公式。

三、实验原理

铬是毒性较高的元素之一。铬污染主要来源于电镀、制革及印染等工业废水的排放。由于 Cr(Ⅵ)的毒性比 Cr(Ⅲ)大得多,还是一种致癌物质,因此,含 Cr 废水处理的基本原则是先将 Cr(Ⅵ)还原为 Cr(Ⅲ),然后将其除去。

对含铬废水的处理方法有离子交换法、电解法、化学还原法等。本实验采用铁氧体化学还原法。所谓铁氧体是指具有磁性的 Fe_3O_4 中的 Fe^{2+}、Fe^{3+},部分的被与其离子相近的其他 +2 价或 +3 价金属离子(如 Cr^{3+}、Mn^{2+} 等)所取代而形成的以铁为主体的复合型氧化物。可用 $M_xFe_{(3-x)}O_4$ 表示,以 Cr^{3+} 为例,可写成 $Cr_xFe_{(3-x)}O_4$。

铁氧体法处理含铬废水的基本原理就是使废水中的 $Cr_2O_7^{2-}$ 或 CrO_4^{2-} 在酸性条件下与过量还原剂 $FeSO_4$ 作用生成 Cr^{3+} 和 Fe^{3+},其反应为:

$$Cr_2O_7^{2-} + 6Fe^{2+} + 14H^+ \Longrightarrow 2Cr^{3+} + 6Fe^{3+} + 7H_2O$$

$$HCrO_4^- + 3Fe^{2+} + 7H^+ \Longrightarrow Cr^{3+} + 3Fe^{3+} + 4H_2O$$

反应结束后加入适量碱液,调节溶液 pH 并适当控制温度,加少量 H_2O_2 或通入空气搅拌,将溶液中过量的 Fe^{2+} 部分氧化为 Fe^{3+},得到比例适度的 Cr^{3+}、Fe^{2+} 和 Fe^{3+} 并转化为沉淀:

$$Fe^{3+} + 3OH^- \Longrightarrow Fe(OH)_3 \downarrow$$

$$Fe^{2+} + 2OH^- \Longrightarrow Fe(OH)_2 \downarrow$$

$$Cr^{3+} + 3OH^- \Longrightarrow Cr(OH)_3 \downarrow$$

当形成的 $Fe(OH)_2$ 和 $Fe(OH)_3$ 的量的比例为 1:2 左右时,可生成类似于 $Fe_3O_4 \cdot xH_2O$ 的磁性氧化物(铁氧体),其组成可写成 $FeFe_2O_4 \cdot xH_2O$,其中部分 Fe^{3+},可被 Cr^{3+} 取代,而使 Cr^{3+} 成为铁氧体的组成部分而沉淀下来。沉淀物经脱水等处理后,即可得到组成符合铁氧体组成的复合物。

铁氧体法处理含铬废水效果好,投资少,简单易行,沉淀量少且稳定,含铬铁氧体是一种磁性材料,可用于电子工业,既保护了环境,又利用了废物。

为检查废水处理的结果,常采用比色法分析水中的含铬量。其原理为:Cr(Ⅵ)在酸性介质中与二苯基碳酰二肼反应生成紫红色配合物,该配合物溶于水,其溶液颜色对光的吸收程度与 Cr(Ⅵ)的含量成正比。只要把样品溶液的颜色与标准系列的颜色比较(目视比色)或用分光光度计测出此溶液的吸光度,就能确定样品中 Cr(Ⅵ)的含量。

如果水中有 Cr(Ⅲ),可在碱性条件下用 $KMnO_4$ 将 Cr(Ⅲ)氧化为 Cr(Ⅵ)然后再测定。为防止溶液中 Fe^{2+}、Fe^{3+} 及 Hg_2^{2+}、Hg^{2+} 等的干扰,可加入适量的 H_3PO_4 消除。

四、实验用品

仪器:分光光度计,台秤,酒精灯,三脚架,石棉网,容量瓶,碱式和酸式滴定管,量筒,烧杯,滤纸,磁铁,温度计。

药品:H_2SO_4(3 mol·L^{-1}),硫-磷混合酸(15% H_2SO_4＋15% H_3PO_4＋70% H_2O),NaOH(6 mol·L^{-1}),NaOH(3%),$FeSO_4$·$7H_2O$(10%),H_2O_2(3%),$K_2Cr_2O_7$ 标准溶液(10.0 mg·L^{-1}),$(NH_4)_2Fe(SO_4)_2$ 标准溶液(0.05 mol·L^{-1}),二苯胺磺酸钠(1%),二苯基碳酰二肼(0.1%),含铬废水(可自配:1.6 g $K_2Cr_2O_7$ 溶于 1 000 mL 自来水中)。

五、实验内容

1. 含铬废水中铬的测定

用移液管移取 25.00 mL 含铬废水于锥形瓶中,依次加入 10 mL H_2SO_4-H_3PO_4 混酸和 30 mL 蒸馏水,滴加 4 滴二苯胺磺酸钠指示剂并摇匀。用$(NH_4)_2Fe(SO_4)_2$ 标准溶液滴定至溶液由红色变为绿色为止,记录滴定剂消耗体积,平行测定三份,求出废水中 $Cr_2O_7^{2-}$ 的浓度。

2. 铬废水的处理

(1) 取 100 mL 含铬废水于 250 mL 烧杯中,在不断搅拌下滴加 3 mol·L^{-1} H_2SO_4 调整至 pH≈1,然后加入 10% 的 $FeSO_4$ 的溶液,直至溶液颜色由浅蓝色变为亮绿色为止。

(2) 往烧杯中继续滴加 6 mol·L^{-1} NaOH 溶液,调节 pH＝8～9,然后将溶液加热至 70℃ 左右,在不断搅拌下滴加 6～10 滴 3% 的 H_2O_2,充分搅拌后冷却静置,使 Fe^{2+}、Fe^{3+}、Cr^{3+} 的氢氧化物沉淀沉降。

(3) 用倾泻法将上层清液转移至另一烧杯中,进行处理后水质的检验。沉淀用蒸馏水洗涤数次,以除去 Na^+、K^+、SO_4^{2-} 等离子,然后将其转移到蒸发皿中,用小火加热,并不时搅拌沉淀蒸发至干。待冷却后,将沉淀物均匀地摊在干净白纸上,另用纸将磁铁裹住,与沉淀物接触,检查沉淀物的磁性。

3. 处理水中 Cr(Ⅵ)含量的检验

(1) 配制 Cr(Ⅵ)溶液标准系列和制作工作曲线

用酸式滴定管准确移取 $K_2Cr_2O_7$ 标准溶液 0.00 mL、1.00 mL、2.00 mL、3.00 mL、4.00 mL、5.00 mL 分别注入 50 mL 容量瓶中并编号,用洗瓶冲洗瓶口内壁,加入 20 mL 蒸馏水、10 滴硫-磷混酸和 3 mL 0.1% 二苯基碳酰二肼溶液,最后用蒸馏水稀释至刻度,摇匀(观察各溶液显色情况),此时瓶中含 Cr(Ⅵ)量分别为 0.000 mg·L^{-1}、0.200 mg·L^{-1}、0.400 mg·L^{-1}、0.600 mg·L^{-1}、0.800 mg·L^{-1}、1.000 mg·L^{-1}。采用 1 cm 比色皿,在 540 nm 处,以空白溶液作参比,用分光光度计测定各溶液吸光度 A,以 Cr(Ⅵ)含量为横坐标,A 为纵坐标作图,即得到工作曲线。

(2) 处理后水中 Cr(Ⅵ)含量的检验

取 10 mL 经处理并分离后的上层清液(若有悬浮物应过滤)二份于 50 mL 容量瓶中,按上述方法操作,测出处理后水样的吸光度 A,从工作曲线上查出相应的 Cr(Ⅵ)浓度,然后求出处理后水中残留 Cr(Ⅵ)的含量,确定是否达到国家工业废水的排放标准(<0.5 mg·L^{-1})。

六、问题与思考

(1) 本实验中各步骤发生了哪些化学反应? 为什么要加入 H_2O_2? 此过程发生了什么反应?

(2) 本实验所测定的 Cr 的化学形态是什么? 简述其测定方法和基本原理。

(3) 本处理废水中,为什么加 $FeSO_4$ 前要加 H_2SO_4 调整 pH=1,之后为什么又要加碱调整 pH=8~9,pH 控制不好,会有什么不良影响?

附 注

(1) 为使 Cr(Ⅵ)还原完全,$FeSO_4$ 要适当过量,此过程搅拌不要太剧烈,以免 Fe^{2+} 被空气氧化。

(2) 处理含铬废水时,pH 要控制好,否则会影响含铬废水的处理质量。

§5.14　溶胶-凝胶法制备钛酸钡纳米粉

一、实验目的

(1) 掌握溶胶-凝胶(sol-gel)法的原理及纳米粉的制备方法。

(2) 了解纳米粉的表征方法。

(3) 了解纳米材料与纳米技术的发展状况。

二、预习提要

(1) 了解纳米材料与纳米技术的发展概况。

(2) 溶胶-凝胶法的基本原理。

(3) 收集资料,了解钛酸钡纳米粉的制备方法和应用。

三、实验原理

纳米粉的制备大体分为气相法和液相法。其中气相法包括:化学气相沉积(CVD,chemical vapor deposition)、激光气相沉积(LCVD,laser chemical vapor deposition)、真空蒸发和电子束或射频束溅射等。其缺点是设备要求较高,投资较大。液相法包括:溶胶-凝胶(sol-gel)法、水热(hydrotehrmal synthesis)法和共沉淀(co-precipitation)法等。其中 sol-gel 法得到广泛的应用,主要原因是:① 操作简单,处理时间短,无需极端条件和复杂仪器设备;② 组分在溶液中实现分子级混合,可制备组分复杂但分布均匀的各种纳米粉;③ 应用性强,不但可以制备微粉,还可方便的用于制备纤维、薄膜、多孔载体和复杂材料。

sol-gel 法是用金属有机物(如醇盐)或无机盐为材料,通过溶液中的水解、聚合等化学反应,经溶胶→凝胶→干燥→热处理过程制备纳米粉或薄膜。

本实验以钛酸四丁酯和醋酸钡为原料,正丁醇为溶剂,利用 sol-gel 法制备 $BaTiO_3$ 纳米粉。该方法的基本原理是:钛酸四丁酯吸收空气或体系中的水分而不断水解,水解产物间不断发生失水或失醇缩聚形成三维网络状凝胶,而 Ba^{2+} 或 $Ba(Ac)_2$ 的多聚体均匀分布或交叉于该网络中。高温处理时,溶剂挥发或燃烧,Ti－O－Ti 多聚体与 $Ba(Ac)_2$ 反应,生成

$BaTiO_3$。

可以用 X 射线衍射（X-ray diffraction，XRD）、透射电子显微镜（TEM，transmission electron microscopy）和比表面积测定等方法对纳米粉进行表征，本实验采用 XRD 技术。

$BsTiO_3$ 纳米粉的平均粒径可以由下式计算：

$$D = 0.9\lambda / \beta \cos\theta$$

式中：D 为粒径；λ 为入射 X 射线波长（对 Cu 靶，$\lambda = 0.1542$ nm）；θ 为 X 射线衍射的布拉格角（以度计）；β 为 θ 处衍射峰的半高宽（以弧度计），其中 β 和 θ 可由 X 射线衍射数据直接给出。

四、仪器和药品

仪器：烧杯，氧化铝小坩埚，箱式电炉，干燥箱。

药品：钛酸四丁酯，无水醋酸钡，冰醋酸，正丁醇。

五、实验内容

实验基本过程如图 5-5 所示。

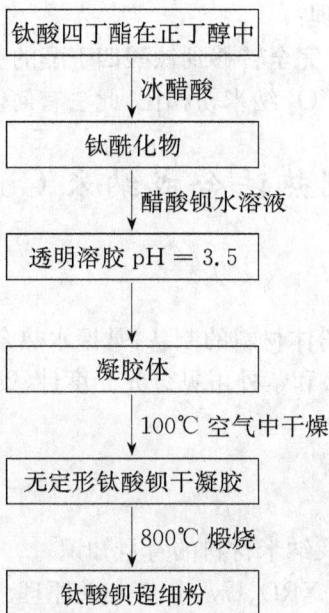

图 5-5 sol-gel 法制备 BaTio₃ 纳米粉的工艺过程

1. 溶胶及凝胶的制备

准确称取钛酸四丁酯 10.2108 g（0.03 mol）置于小烧杯中，倒入 30 mL 正丁醇使其溶解，搅拌下加入 10 mL 冰醋酸，混合均匀。另准确称取等物质的量的已干燥过的无水醋酸钡 7.6635 g（0.03 mol）溶于 15 mL 蒸馏水中，形成 Ba(Ac)₂ 水溶液。将其加入到钛酸四丁酯的正丁醇溶液中，边滴加边搅拌，混合均匀后用冰醋酸调其 pH 为 3.5，即可得到透明的溶胶。用普通分析滤纸将烧杯口扎紧，25~30℃ 温度下静置 24 h 以上，即可得到透明的凝胶。

2. 干凝胶的获得

将凝胶捣碎,置于烘箱中,100℃温度下充分干燥(24 h 以上),除去溶剂和水分,即得干凝胶,研细备用。

3. 干凝胶的热处理

将上述研细的干凝胶置于 Al_2O_3 坩埚进行热处理,开始以 4℃ · min^{-1} 的速率升温至 250℃,保温 1 h,以彻底除去粉料中的有机溶剂。然后再以 8℃ · min^{-1} 的速率升温至 800℃,保温 2 h,然后自然降至室温,即得到白色或黄色固体,研细即可得到结晶态 $BaTiO_3$ 纳米粉。

4. 纳米粉的表征

将 $BaTiO_3$ 粉涂于专用样板上,于 X-射线衍射仪上测其衍射曲线,将得到的数据进行计算机检索或与标准曲线对照,可以证实所得 $BaTiO_3$ 是否为结晶态。计算 $BaTiO_3$ 纳米粉的平均粒径。

六、问题与思考

(1) 在称量钛酸四丁酯时应注意什么?当称量的钛酸四丁酯比预算的量多而且已溶于正丁醇中时,以后的实验如何处理?

(2) 如何才能保证 $Ba(Ac)_2$ 完全转移到钛酸四丁酯的正丁醇溶液中?

(3) 与固相烧结法制备 $BaTiO_3$ 纳米粉相比,此法有何优点?

§5.15　水热/溶剂热法合成纳米 CuS 和 ZnS 粉体材料

一、实验目的

(1) 通过 CuS 和 ZnS 纳米粉体材料的制备,掌握水热合成的操作技术。

(2) 利用 X 射线衍射(XRD)和紫外可见分光光度计(Uv-vis)等测试手段对产物进行结构表征和性能分析。

二、预习提要

(1) 了解水热、溶剂热法以及纳米材料的背景知识。

(2) 初步了解表征测试手段 XRD、Uv-vis 等相关原理。

三、实验原理

纳米材料具有表面效应、体积效应、量子尺寸效应和宏观隧道效应等独特的性质,其在电子学、光学、化工、陶瓷、生物和医药等诸多方面的重要价值引起了世界各国科学工作者的浓厚兴趣。

目前化学家和材料学家已经发展了很多合成制备纳米材料的方法,如:高能球磨法、分子束外延法、高温自蔓延法、化学气相沉积法、固相反应法、溶胶-凝胶法、微乳液法、水热/溶剂热法等。水热/溶剂热合成路线由于其简单、经济、温和、无污染等特性而受到了研究者的广泛关注。

水热法是在特制的密闭反应器(反应釜)里,采用水溶液作为反应介质,通过对反应容器加热,创造一个高温、高压反应环境,使得通常难溶或不溶的物质溶解并且重结晶,这是无机合成中的经典方法。溶剂热反应是水热反应的发展,它与水热反应的不同之处在于所使用的溶剂为有机溶剂而不是水,如利用乙醇、甲醇、苯等代替水作为溶剂。在水热/溶剂热法中,溶剂起到了两个作用:液态或气态是传递压力的媒介;在高压下,绝大多数反应物均能部分溶解于溶剂,促使反应在液相或气相中进行。合适的溶剂、添加剂以及反应条件(温度、时间等)影响产物的颗粒、形貌及分散性。

水热/溶剂热技术具有两个特点:一是其相对低的反应温度;另一个是在密闭的容器中进行,避免了组分的挥发。与一般的湿化学方法相比较,水热法可直接得到分散且结晶性良好的粉体,并且不需要作高温退火处理,避免了可能形成的粉体硬团聚现象出现;另外,由于反应在密闭的容器中进行,可避免有毒组分在高温下的挥发,有利于有毒体系的合成反应。水热/溶剂热法因其温和的反应特点决定了它具有工业化生产的可能。

由于半导体的颗粒尺寸减小到纳米范围时,能带宽度显著增加,其电学性质会发生突变,同时磁性、光学性质、光电性质一般也会有特殊的表现,所以对于半导体材料的研究是目前令人注目的领域之一。ZnS 和 CuS 是两种很典型的半导体材料,纳米尺寸的 ZnS 在电学和光学性质方面有着很特殊的性质,它们主要被用于作为发光二极管,电化学设备,红外窗口等材料;CuS 有着特殊的金属传导性并且在温度为 $1.6\ K$ 时显现出超导性质。本实验采用水热/溶剂热法制备 ZnS、CuS 纳米粉体材料,并初步探讨浓度、温度等实验参数对产物尺寸的影响。

四、实验用品

仪器:X 射线粉末衍射仪,紫外可见分光光度计,水热反应釜,烘箱,台秤,磁力搅拌器,离心机,布氏漏斗,吸滤瓶,烧杯,量筒,循环水流抽气泵。

药品:硫代乙酰胺 $[C_2H_5SN(TAA)]$,硫脲 $[H_2NCSNH_2(Tu)$,分析纯 $]$,硝酸锌(分析纯),二水合氯化铜(分析纯),无水乙醇(分析纯)。

五、实验内容

1. 纳米 ZnS 粉体的溶剂热法合成

分别配制 10 mL 0.04 mol·L^{-1} 的 TAA 乙醇溶液和 10 mL 0.02 mol·L^{-1} 的硝酸锌的乙醇溶液,将两溶液混合,搅拌混合均匀后倒入 30 mL 聚四氟乙烯内衬的水热反应釜中,在烘箱中 80℃加热 7 h。自然冷至室温,取出产物进行离心分离,分别用乙醇和水洗三遍后在烘箱中 50℃干燥得白色粉末,为样品(Ⅰ)。改变 TAA 乙醇溶液的浓度为 0.05 mol·L^{-1}、0.03 mol·L^{-1},其他实验参数均不变进行平行实验,得样品(Ⅱ)和(Ⅲ)。反应所得样品将进行结构和性能表征。

2. 纳米 CuS 粉体的水热法合成

首先,称取 0.24 g 的 Tu,快速搅拌使之完全溶解于 20 mL 的蒸馏水中;再配制 0.1 mol·L^{-1} 的 $CuCl_2$·$2H_2O$ 溶液 20 mL,将以上配制的两种溶液慢慢混合,搅拌使它们混合均匀,将混合溶液倒入 50 mL 的不锈钢高压釜,拧紧后在烘箱中进行加热处理(配制三份),温度分别设置为 100 ℃、130 ℃及 180 ℃,保温 24 h。加热完后,将高压釜自然冷却至室温,产物进行抽滤,用乙醇和蒸馏水洗涤数遍,最后在真空下 60 ℃干燥 4 h 得黑色粉末。在 100 ℃、

130 ℃、180 ℃加热条件下制得的样品(Ⅳ)(Ⅴ)(Ⅵ)将进行分析测试。

3. 样品(Ⅰ)～(Ⅵ)的表征测试

(1) XRD 表征

采用 X-射线衍射仪对样品进行物相和结构分析。X 射线是一种具有波动和粒子二重性的物质,当它入射到一个物体后,一部分被原子吸收,产生光电效应;一部分将能量传递给原子,成为热振动能量;另一部分被原子散射。X 射线的散射分相干散射和不相干散射,各个电子的散射波可相互叠加,称之为相干散射。由于晶体中的原子是周期性的有序排列,因此晶体中各原子产生的这些相干散射波相互叠加的结果,产生了具体的 X 射线衍射现象。

每一种结晶物质都有各自独特的化学组成和晶体结构。没有任何两种物质,它们的晶胞大小、质点种类及其在晶胞中的排列方式是完全一致的。因此,当 X 射线被晶体衍射时,每一种结晶物质都有自己独特的衍射花样。它们的特征可以用各个衍射晶面间距 d 和衍射线的相对强度 I/I_1 来表征。其中晶面间距 d 与晶胞的形状和大小有关,相对强度则与质点的种类及其在晶胞中的位置有关。所以任何一种结晶物质的衍射数据 d 和 I/I_1 都是其晶体结构的必然反映,因而可以根据它们来鉴别结晶物质的物相。

硫化锌(闪锌矿)在 28.6°、47.8°和 56.6°处有三个特征衍射峰,分别对应于立方相的三个晶面(111)、(220)和(311),晶格常数为 $a=5.391$ Å。六方相的硫化铜将会在 26°～35°,以及 45°～60°之间出现一系列的特征衍射峰,晶胞常数 $a=3.795$ Å,$c=16.344$ Å。一般来说,随着样品微观尺寸的减小,特征衍射峰会发生宽化现象,所以,有时相邻的衍射峰会发生重叠。可以根据特征峰的位置以及峰的半高宽,通过 Debeye-Scherrer 公式估算出所得样品的尺寸。

本实验需要对样品(Ⅰ)～(Ⅵ)进行 XRD 测试,与标准特征峰对照,判断其是否为 ZnS 或 CuS 材料,并要求利用 Debeye-Scherrer 公式对样品尺寸进行估算,讨论不同参数分别在各自体系中对产物尺寸的影响。

纳米材料的形貌也很具研究价值,SEM、TEM 是形貌表征的重要手段。

(2) Uv-vis 光学性能表征

Uv-vis 可以测试半导体材料的光学吸收性能,不同种类的材料有各自的特征吸收峰。由 Brus 的有效质量近似模型方程,根据所得的特征峰位可以估算样品的尺寸。

$$E = E_g + h^2\pi^2/2r^2[1/m_e + 1/m_h] - 1.786e^2/\varepsilon R - 0.248e^4/2\varepsilon^2h^2[1/m_e^{-1} + 1/m_h^{-1}]$$

式中:r 为粒径;m_e 和 m_h 分别为电子和空穴的有效质量;E_g 为体相材料的吸收带隙;ε 为微粒介电常数;第二项为导致蓝移的电子-空穴空间限域能;第三项为导致红移的电子-空穴库仑作用能;第四项为相关能。

从中也体现出,当半导体材料的尺寸减小时,电子的波函数受到限制,导致能带分裂,显现出类分子的特征,光带隙加大,引起光吸收的蓝移。

实验将样品(Ⅰ)～(Ⅵ)超声分散于无水乙醇后进行紫外可见吸收光谱测试。通过测试确定合成样品的光学吸收特性,根据各样品测试谱图中吸收峰的相对位置,进一步判断同种材料尺寸的相对大小,并与 XRD 所得结果相比较,看是否一致。

六、问题与思考

(1) 水热/溶剂热法合成纳米材料有何优点?

（2）查阅相关资料，自行设计实验，通过对实验参数的调控，尝试合成不同形貌的 ZnS、CuS 材料。

§5.16　铝的阳极氧化与着色

一、实验目的

（1）了解铝的阳极氧化的基本原理及方法。
（2）了解氧化后氧化膜着色的基本原理及方法。

二、预习提要

（1）阳极氧化的原理。
（2）阳极氧化铝材料的应用。

三、实验原理

铝在空气中形成的天然氧化膜很薄（$4 \times 10^{-3} \sim 5 \times 10^{-3}\ \mu m$），不可能有效地防止金属遭受腐蚀。用电化学方法在铝或铝合金表面生成较厚的致密氧化膜，该过程称为阳极氧化。

阳极氧化使表面氧化膜加厚可达几十至几百微米，使铝的耐腐蚀性大大提高。氧化膜具有很高的电绝缘性和耐磨性。用染料将其染成各种颜色，还可大大提高其装饰效果。由于阳极氧化后铝及铝合金具有这些优良性能，所以在许多工程技术中得到了广泛的应用。

本实验以铜为阴极，铝为阳极，在 H_2SO_4 溶液中进行电解，两极反应如下：

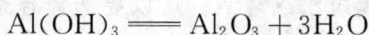

$$阴极：2H^+ + 2e^- \Longrightarrow H_2$$
$$阳极：Al - 3e^- \Longrightarrow Al^{3+}$$
$$Al^{3+} + 3H_2O \Longrightarrow Al(OH)_3 + 3H^+$$
$$Al(OH)_3 \Longrightarrow Al_2O_3 + 3H_2O$$

电解过程中，H_2SO_4 又可以使形成的 Al_2O_3 膜部分溶解，所以氧化膜的生长依来于金属氧化速度和 Al_2O_3 膜溶解速度。要得到一定厚度的氧化膜，必须控制氧化条件，使氧化膜形成速率大于溶解速率。

四、实验用品

仪器：直流电源，导线，铜片，铝片，电炉，烧杯，镊子。

试剂：NaOH（$2.0\ mol \cdot L^{-1}$），H_2SO_4（20%，约 $2.32\ mol \cdot L^{-1}$），着色液（可以配成各种颜色）。

五、实验内容

1. 铝片的表面清洁

取一块铝片，先用去污粉刷洗，然后用自来水冲洗。再将铝片放入 $2.0\ mol \cdot L^{-1}$ 的 NaOH 溶液中浸泡 1 min，取出后先用自来水冲洗，再用蒸馏水淋洗。

经过清洗后的铝片不能用手接触待氧化的区域，以免沾污。洗净的铝片可存放于盛有蒸馏水的烧杯中待用。

2. 铝的阳极氧化

在 50 mL 的烧杯中加入适量 $2.32\ mol \cdot L^{-1}\ H_2SO_4$ 为电解液,约铝片作为阳极,铜片作为阴极,接好线路,通电后调整电流至铝片上有明显的气泡产生,通电约 30 min 后关闭电源,取出铝片,用自来水冲洗干净(自来水中不应有明显的铁锈色或悬浮物,否则利用去离子水淋洗)。

3. 染色

由于电解氧化后的氧化膜呈蜂窝状结构,,它具有高的孔隙率和吸附性,因此很容易被着色。将氧化、清洗后的铝片放入着色剂中浸泡至所需的着色效果后取出,用蒸馏水淋洗。

4. 封闭

着色后的氧化膜其反应活性仍然较高,且模强较差,为了使其失去活性并改善其强度,应将着色后的铝片放入 90℃以上的蒸馏水中加热 10 min。

5. 质量评估

通过目测产品的色泽、均匀性、手感,粗略判断产品的质量等级。

六、问题与思考

(1) 如何制得带图案的产品?请你设计一个可行的方案。

(2) 试分析影响产品质量的因素。

附　注

各工艺条件对氧化膜性能有着较大影响。

硫酸浓度:浓度过高,膜的溶解速度快,膜层薄,防护性能下降,但形成的膜的孔隙率高,便于着色。适宜的浓度应为 20%左右,约为 $2.30\ mol \cdot L^{-1}$。

阳极电流密度:提高电流密度有利于增加膜的厚度,但电流密度过大会造成工件与溶液的表面局部过热,导致氧化膜疏松或烧焦。所以要选择合适的电流密度。

温度:温度高,氧化膜溶解速度快,膜层薄,疏松多空,甚至变为粉末。但温度过低会使膜层脆,氧化所需时间长。所以,应结合电流密度选择合适的电解氧化温度,通常室温为 15~25℃即可。

§5.17　电镀和化学镀

一、实验目的

(1) 了解塑料电镀的原理和方法、意义。

(2) 了解塑料化学镀的原理和方法。

(3) 掌握化学镀、电镀的基本操作规程。

(4) 比较塑料电镀与金属电镀的异同。

二、预习提要

(1) 理解有关电镀、电解、原电池的基本概念。

（2）了解电镀的原理、方法及意义。

（3）了解化学镀前处理，化学镀的原理、方法及应用。

三、实验原理

塑料电镀，是利用电解原理将某种金属覆盖在塑料制品表面的工艺，旨在提高塑料的美观、耐磨、导电等性能，拓宽塑料制品的应用范围。但是塑料本身是不良导体，不能像金属一样直接电镀，为此镀前必须经化学处理，在塑料表面沉积一层导电膜（如预先进行化学镀），然后，再如同金属一样进行电镀。

化学镀，是利用氧化还原反应，使镀液中的金属离子沉积在塑料零件表面的一种镀覆工艺。为了形成牢固的金属导电层，一般须经过化学除油、化学粗化、敏化、活化、还原等预处理后再进行化学镀。

1. 化学镀前预处理

（1）化学除油：利用碱性溶液清除塑料零件表面的油污。

（2）化学粗化：通过酸性强氧化剂的作用，使塑料表面呈微观的粗糙状态，从而增大表面积，获得亲水性，提高镀层的机械附着力。

（3）敏化处理：利用敏化剂（如酸性 $SnCl_2$ 溶液）的作用，使粗化处理的塑料零件表面吸附一层具有强还原性的金属离子（如 Sn^{2+}），为活化处理提供必要的反应条件。

（4）活化处理：经敏化处理后的塑料零件与具有催化活性的金属化合物（如 $AgNO_3$）作用，使塑料表面沉积一层具有催化活性的金属膜（如银微粒），它既是化学镀的催化剂，又是化学镀的结晶中心。

（5）还原处理：为保证化学镀液的稳定性，防止活化处理中未反应的 Ag^+ 进入镀液，通过还原性溶液的作用清除残留的催化剂。本实验以稀甲醛溶液作为还原处理液。

2. 化学镀

以化学镀铜为例，经化学镀前预处理的塑料零件与化学镀铜液作用，在银微粒的催化作用下析出铜并逐渐形成铜膜薄层。常用的化学镀铜液中含有硫酸铜、甲醛（还原剂）、酒石酸钾钠（配合剂）、氢氧化钠等，其反应可用下式表示：

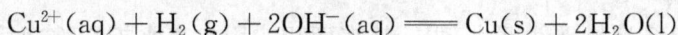

$$HCHO(aq) + OH^-(aq) =\!\!=\!\!= H_2(g) + HCOO^-(aq)$$
$$Cu^{2+}(aq) + H_2(g) + 2OH^-(aq) =\!\!=\!\!= Cu(s) + 2H_2O(l)$$

3. 塑料电镀

塑料零件经化学镀后，表面清洁并覆盖一层导电铜膜，为塑料电镀奠定了可靠的基础。根据对塑料零件的不同要求，可以采用不同的金属镀层。

例如，为了增强塑料零件的导电性，可以镀铜、镀银；为了增强耐磨、耐蚀性，可以镀镍；为了使塑料零件外表面装饰美观、华贵，可以依次镀铜、镀镍、镀铬等。不同的镀层应选用不同的电镀液配方。本实验选用的 ABS（化学名为聚丙烯腈-丁二烯-苯乙烯）工程塑料，采用光亮镀镍以增强塑料的耐磨、耐蚀性。电镀时塑料零件为阴极，金属镍为阳极，镍盐溶液为电镀液。在稳压直流电源作用下，阳极镍不断氧化，以镍离子形式进入溶液；镍离子在阴极的塑料零件上放电、析出金属镍层。为保证镀层质量，对镀前处理、电镀液组分及工艺条件均有严格的要求。

四、实验用品

仪器:稳压直流电源,滑线变阻器,电炉,烧杯,恒温水浴,镍阳极板,粗铜丝,鳄鱼夹导线,塑料镊子,电镀槽,温度计。

实验药品及配方:

① 化学除油液配方:NaOH 80 g·L^{-1}、Na$_2$CO$_3$ 15 g·L^{-1}、Na$_3$PO$_4$ 30 g·L^{-1}、洗涤液 5 mL·L^{-1}或用金属清洗剂(30 g·L^{-1}～40 g·L^{-1})。

② 粗化液配方:CrO$_3$ 20 g·L^{-1}、H$_2$SO$_4$(浓)600 mL·L^{-1}、H$_2$O余量。

③ 敏化液配方:SnCl$_2$·2H$_2$O 10 g·L^{-1}、锡粒、浓HCl 20 mL·L^{-1}、H$_2$O余量。

配制敏化液时,应先将称量好的SnCl$_2$·2H$_2$O放入1∶1的HCl溶液中完全溶解后,再加入余量的水,以防有过多的沉淀,若有沉淀,必须过滤。

④ 活化液配方:AgNO$_3$ 1.5～2 g·L^{-1},并用6 mol·L^{-1} NH$_3$·H$_2$O滴定至沉淀溶解。

⑤ 甲醛还原液:HCHO(37%)∶H$_2$O=1∶9(体积比)。

⑥ 化学镀铜配方:

表5-4 化学镀铜配方

A		B	
CuSO$_4$·5H$_2$O	14 g·L^{-1}	NaKC$_4$H$_4$O$_6$	45.5 g·L^{-1}
NiCl$_2$·6H$_2$O	4 g·L^{-1}	NaOH	9.0 g·L^{-1}
HCHO(37%)	53 mL·L^{-1}	Na$_2$CO$_3$	4.2 g·L^{-1}

组分A、B分别配制,单独保存,用前按体积比A∶B=1∶3混合。

⑦ 镀镍液配方:NiSO$_4$·7H$_2$O 280 g·L^{-1}、NiCl$_2$·6H$_2$O 40 g·L^{-1}、H$_3$BO$_3$ 40 g·L^{-1}、C$_{12}$H$_{25}$SO$_4$Na(十二烷基磺酸钠)0.05 g·L^{-1}、光亮剂适量、pH:4.5～4.8。

五、实验内容

1. 化学镀铜

(1)先测ABS塑料零件尺寸,估计其表面积。用自来水把它洗净后,依次放入化学除油液、粗化液、敏化活化液及甲醛还原液中处理,处理条件参照表5-5。

表5-5 化学镀预处理的工艺条件

序 号	处理过程	温度/℃	浸泡时间/min	注意事项
1	除油	70～80	5～10	不断翻动零件,去油污后用热水洗,再用自来水洗
2	粗化	室温	3～5	翻动零件,粗化后用热水洗,再用自来水洗
3	敏化	30～40	10	不断翻动零件。敏化后,于30～40℃水中漂洗,再用去离子水清洗,切勿使零件受流水强烈冲击

（续表）

序　号	处理过程	温度/℃	浸泡时间/min	注意事项
4	活化	30～40	10	不断翻动零件,再用去离子水清洗
5	甲醛还原	室温	0.5～1	还原处理后可直接进行化学镀

（2）将经过上述各步处理后的塑料零件在室温下浸入事先混合好的 A、B 混合液中浸泡20～30 min,并适当翻动。取出镀件后,用自来水冲洗干净并吹干。

2. 电镀镍

在进行电镀光亮镀镍时,按图 5－6 连接、安装好电镀装置。将镀镍液放入电镀槽内,并在水浴中将镀镍液加热到 50～60℃,镍板接阳极,把塑料零件接阴极上。连接电源,调节滑线电阻,使电流密度为 0.6～1.0 A·dm^{-2},30 min后取下镀件,用水冲洗。

3. 产品检验

经化学镀、电镀后的塑料零件表面应光亮、均匀,无起泡、漏镀、发花等不良现象为合格。

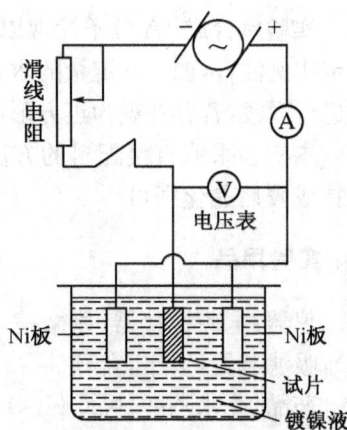

图 5－6　电镀装置

六、问题与思考

（1）敏化液中加入盐酸和锡粒的原因何在?

（2）化学镀的原理和作用是什么?

（3）塑料电镀和金属电镀有何异同?

（4）若塑料零件有漏镀现象产生,应在哪些操作步骤中加以注意?

附 注

化学镀前处理的每一步骤中都应用水漂洗干净,以免造成相应的溶液被污染。敏化处理后的镀件不能剧烈冲洗,以免破坏镀件表面的敏化层。

§5.18　A型分子筛的合成和性能

一、实验目的

（1）了解分子筛的一般知识。

（2）水热法合成分子筛的原理和方法。

二、预习提要

收集查看制备 A 型分子筛的相关资料,了解 A 型分子筛的制备和应用。

三、实验原理

分子筛主要是指具有规则笼和孔道结构的硅铝酸盐,其孔径与一般分子大小相当。分子筛具有特殊的吸附性、离子交换性和催化性能,被广泛应用于工农业生产中,特别是在石油化工领域起着重要的作用。

将硅酸盐、铝酸盐、无机碱和水按一定比例混合,在高于室温的温度下晶化得到某种分子筛,一般称为水热法。

A 型分子筛是用量最多的分子筛之一。当可交换离子为 Na^+ 时,称为 4A 分子筛,其晶胞的组成表示为:$Na_{12}[(AlO_2)_{12}(SiO_2)_{12}] \cdot nH_2O$。

实验室合成 4A 分子筛常以水玻璃(Na_2SiO_3)、偏铝酸钠($NaAlO_2$)和氢氧化钠为原料,按一定比例混合,加入一定量的水,搅拌成胶后,在 90~100℃温度进行晶化。晶化程度可用显微镜进行观察,若有外观为正方形晶体,说明晶化完全。经过滤、洗涤、干燥即得 4A 分子筛。

本实验采取直接配料的方法,将固体硅酸钠、偏铝酸钠、氢氧化钠和水按一定比例混合,搅拌成胶后晶化即可。

四、实验用品

仪器:电磁搅拌器,显微镜,烘箱,马弗炉,真空干燥器,不锈钢反应釜(或聚四乙烯反应釜),吸滤装置,天平,台秤。

药品:无水乙醇,$NaOH(s)$,$NaAlO_2(s)$,$Na_2SiO_3 \cdot 9H_2O(s)$,变色硅胶。

五、实验内容

1. 4A 分子筛分子筛的合成

(1)溶液的配制

A 溶液:用台秤称取 7.5 g NaOH、6.0 g $NaAlO_2$ 放入 250 mL 烧杯中,加 90 mL 水,加热搅拌溶解。

B 溶液:用台秤称取 6.0 g 硅酸钠($Na_2SiO_3 \cdot 9H_2O$),放入 250 mL 烧杯中,加 90 mL 水,加热搅拌溶解。

(2)成胶

将 B 溶液在电磁搅拌器上搅拌并加热,再分几次将 A 溶液加入 B 溶液中(注意调整合适的搅拌速度),但不要加得太快,以防突然凝聚。搅拌至胶状稀溶液并无块状物为止。

(3)晶化

把成胶混合物装入不锈钢反应釜(或聚四乙烯反应釜)中,拧紧釜盖,放在电热烘箱中,在 100℃温度下晶化约 5 h。在水中将反应釜冷却后,打开反应釜,反应物明显分为两层,上层为透明溶液,下层为白色晶体。在显微镜下观察可见正方形晶体,说明晶化已完全。

(4)洗涤干燥

倾去上层溶液,吸滤,水洗至 pH 为 8~9,在 110℃下干燥得 4A 分子筛。

2. 分子筛某些性能的测定

(1)晶形观察

用玻璃棒蘸取少许 4A 分子筛均匀的放在玻璃载片上,在显微镜下观察晶形和大小,A 型分子筛为立方晶系,外形为正方形。

(2)吸水性

取少量已活化的 4A 分子筛(在马弗炉内于 600℃恒温 2 h,然后在真空干燥器中冷却

0.5 h即可),放在小试管中,加入两粒已吸水变红的硅胶,将试管塞好放置,根据硅胶颜色的变化比较其吸水性强弱。

（3）对有机分子的吸附

准确称取约1g已活化的分子筛,放入已干燥并准确称重的瓷坩埚内,放在干燥器中,干燥器下层放入一装有少量无水乙醇的小烧杯。静置20 h以后再称重,根据增重求出吸附乙醇的质量分数。

六、问题与思考

（1）何为A型分子筛?
（2）试概述A型分子筛的应用。

附 注

（1）如果实验室没有备用的反应釜,可将装有反应混合物的烧杯盖上表面皿后放在瓷盘中,连同瓷盘一起放入电热烘箱内。在90℃温度下晶化10 h以上也可以得到4A分子筛。

（2）4A分子筛很容易转晶,在晶化时温度不要高于100℃。

§5.19　热致变色材料的制备与性能

一、实验目的

（1）了解热致变色材料四氯合铜(Ⅱ)二乙基铵的制备。
（2）验证其热变色性。

二、预习提要

查看资料,了解热致变色材料的制备和应用。

三、实验原理

热致变色材料(thermochromic material)是指温度变化时颜色会随之变化的物质。颜色随温度连续变化的现象称为连续热致变色,而颜色改变只发生于某一特定温度或在很小的温度范围内,则称为不连续性热致变色;能够随温度升降,反复发生颜色变化的称为可逆热致变色,而随温度变化只能发生一次颜色变化的称为不可逆热致变色。热致变色材料已在工业和高新技术领域得到广泛应用,有些热致变色材料也应用于儿童玩具和防伪技术中。

热致变色的机理很复杂。配合物造成变色的原因可能是由于中心金属离子周围的配体几何形状、配体个数或配位原子及晶体场强度等的变化。

四氯合铜(Ⅱ)二乙基铵($[(CH_3CH_2)_2NH_2]_2CuCl_4$)具有变色性,它在室温下为亮绿色,随着温度的升高,会逐渐变为黄褐色。其热变色的发生是由于$[CuCl_4]^{2-}$配离子的几何形状发生改变而造成的。室温下此配合物结构为四个氯离子在Cu^{2+}四周形成平面四边形,有机铵离子则位于$[CuCl_4]^{2-}$配离子的外围;随着温度升高,分子内振动加剧,导致原来的平面四边形结构转变成扭曲的四面体结构,从而使其颜色改变。

四、实验用品

仪器:毛细管,锥形瓶。

药品:无水氯化铜($CuCl_2$),无水乙醇(CH_3CH_2OH),氯化二乙基铵$[(CH_3CH_2)_2NH_2Cl]$,异丙醇($CH_3CHOHCH_3$)。

五、实验内容

1. 四氯合铜(Ⅱ)二乙基铵盐的制备

称取无水氯化铜 1.4 g(约 0.01 mol)于 50 mL 干燥的锥形瓶中,加入无水乙醇 2 mL,溶解。另称取氯化二乙基铵 2.2 g(约 0.02 mol)于另一只 50 mL 干燥的锥形瓶中,加入异丙醇 6 mL,溶解(如不溶解时可略加热)。

将氯化铜-乙醇溶液逐滴滴加至氯化二乙基铵-异丙醇溶液中,同时加热搅拌。待滴加完毕,继续加热。待溶液的体积蒸发浓缩至约 4 mL,稍冷后,置于冰水浴中冷却,结晶。迅速抽滤,并用少量冷异丙醇洗涤沉淀,将产物迅速放入干燥器中保存。

2. 四氯合铜(Ⅱ)二乙基铵的热致变色性能

取上述样品装入一端封口的毛细管中墩结实(高度约为 2~3 mm),用凡士林把毛细管管口堵住,以防其中样品吸湿。用橡皮筋将此毛细管固定在温度计上,让样品部位靠近温度计下端水银泡。将带有毛细管的温度计一起放入装有约 100 mL 水的 150 mL 烧杯中,缓慢加热,注意观察变色现象,并记录变色温度。然后从热水中取出温度计,室温下观察随着温度降低样品颜色的变化,并记录变色温度。

六、问题与思考

(1) 四氯合铜(Ⅱ)二乙基铵作为热变色材料,热变色原因是什么?

(2) 在制备四氯合铜(Ⅱ)二乙基铵盐时要注意什么?

附 注

(1) 本实验所制备的配合物遇水易分解,所用的器皿均应干燥无水,放在干燥器中保存。

(2) 蒸发浓缩应在通风橱内进行。

§5.20　Cu(Ⅱ)与5-氨基四唑-1-乙酸配合物的合成和表征

一、实验目的

(1) 了解配合物单晶的培养方法。

(2) 了解表征配合物结构的方法。

二、预习提要

(1) 配合物的基础知识。

(2) 合成配合物单晶的方法。

(3) 表征配合物结构的手段。

三、实验原理

近年来,以四唑类化合物为配体的金属配位化合物的设计和合成吸引着很多化学工作者的兴趣,该领域的探索不论在化学理论研究中还是在材料的各种应用性研究中都具有十分重要的意义。

在众多的四唑类化合物中,本实验选用 5-氨基四唑-1-乙酸(Hatza)为配体。Hatza不仅含有四氮唑环而且还具有羧基,具有丰富的配位形式。Hatza 的结构式如下:

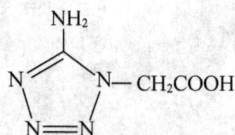

在水溶液中 Hatza 与 Cu(Ⅱ)盐反应,合成含 atza 配体的 Cu(Ⅱ)的配合物单晶,并通过红外光谱、X-射线单晶衍射、XRD-粉末衍射、热重分析对该配合物的结构和性能进行表征。

$CuCl_2 \cdot 2H_2O$ 与 Hatza(物质的量之比为 1:2)在水溶液中反应,通过溶剂挥发法得到配合物 $\{[Cu(atza)_2] \cdot 2H_2O\}n$ 的单晶。

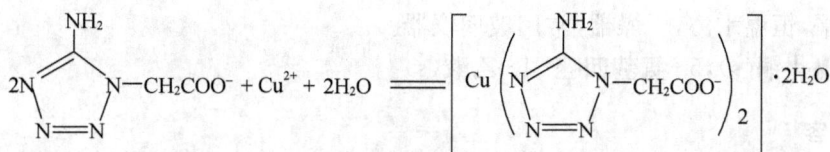

X-射线单晶衍射测试表征了该配合物的晶体结构。配合物 $\{[Cu(atza)_2] \cdot 2H_2O\}_n$ 的晶体属单斜晶系,空间群 $P2_{1/n}$,晶胞参数为 $a = 5.0143(12)$ Å,$b = 12.031(3)$ Å,$c = 10.818(3)$ Å,$\alpha = 90.00°$,$\beta = 92.023(4)°$,$\gamma = 90.00°$。

在配合物 $\{[Cu(atza)_2] \cdot 2H_2O\}n$ 晶体中,Cu(Ⅱ)的配位环境、二维的平面结构和晶体结构分别如图 5-7~5-9 所示。

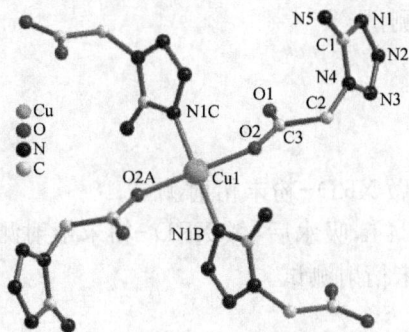

图 5-7 $\{[Cu(atza)_2] \cdot 2H_2O\}_n$ 中 Cu(Ⅱ) 的配位环境

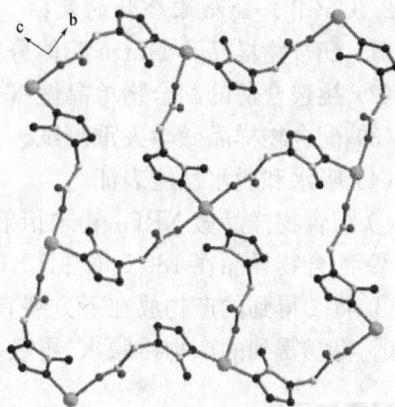

图 5-8 $\{[Cu(atza)_2] \cdot 2H_2O\}_n$ 的二维结构

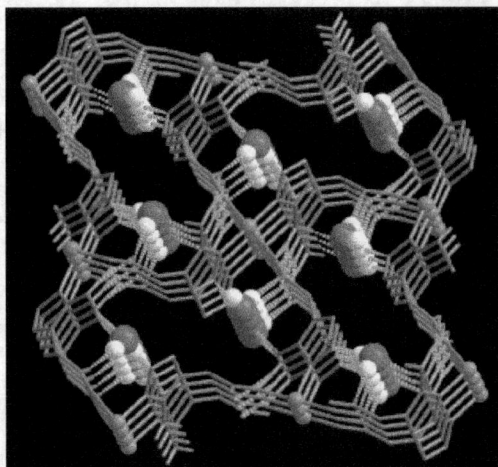

图 5 - 9 {[Cu(atza)$_2$]·2H$_2$O}$_n$ 的晶体结构

四、实验用品

仪器:红外光谱仪,熔点仪,显微镜,X-射线单晶衍射仪,XRD-粉末衍射仪,热重分析仪,电子天平,恒温水浴,干燥器,常用玻璃仪器。

药品:氯化铜(s),5-氨基四唑-1-乙酸(s)。

五、实验内容

1. Hatza 配体与 Cu(Ⅱ)配合物单晶的合成

用电子天平称量 0.017 0 g(0.1 mmol)CuCl$_2$·2H$_2$O(s),放入大试管中,加入 5 mL 的蒸馏水,再加入 0.028 6 g(0.2 mmol)Hatza,振荡试管,使其溶解。将大试管管口用塑料薄膜封好后,放在 80℃恒温水浴锅里反应 2 h,然后冷却、过滤,滤液收集在干净的小玻璃瓶中(如青霉素类小药瓶),放置约十几小时,即可得到 Cu(Ⅱ)-atza 配合物的蓝色块状单晶。

2. Cu(Ⅱ)-atza 配合物的表征

(1) 配合物样品及 Hatza 配体分别做红外光谱测试。

(2) 挑选合适的配合物单晶做 X-射线单晶衍射测试。

(3) 配合物样品做热失重测试。

(4) 吸水和脱水性能表征

① 配合物样品做 XRD-粉末衍射测试;

② 配合物样品在 180℃加热 1 h,脱掉结晶水后,做 XRD-粉末衍射测试;

③ 将②得到的产物放在下方装有水的干燥器中 24 h,吸水后,做 XRD-粉末衍射测试;

④ 将③得到的产物再脱水、再吸水,做 XRD-粉末衍射测试。

六、问题与思考

(1) 分析配合物和配体的红外光谱图,找出四唑基和羧基对应的特征吸收峰,解释羧基的特征吸收峰在配合物和配体的红外光谱图上位移的原因。

（2）根据老师给出的 X-射线单晶衍射数据解析和图示，分析 Cu(Ⅱ)的配位环境、atza 配体的配位模式、晶体结构、结晶水的位置等。

（3）根据 XRD-粉末衍射图，分析配合物的吸水和脱水性能。

（4）尝试改变溶剂或用水热法、扩散法合成 atza-配体与 Cu(Ⅱ)配合物单晶，比较晶体结构的异同。

（5）比较常见的培养配合物单晶的方法。

附 注

（1）本实验可以学生研究小组为单位进行。

（2）X-射线单晶衍射数据解析和图示可由指导老师完成。对于感兴趣的同学，可以学习解析方法及做图软件的使用。

§5.21 蛋壳中碳酸钙含量的测定

一、实验目的

（1）学习实际试样的处理方法（选取、烘干、粉碎、过筛）。

（2）掌握返滴定的原理和方法。

（3）巩固滴定分析和分析天平操作。

二、预习提要

（1）间接法测定蛋壳中碳酸钙的原理。

（2）实际试样处理的步骤和方法。

三、实验原理

蛋壳的主要成分为 $CaCO_3$，将其研碎并准确加入过量的已知浓度的 HCl 标准溶液，再用 NaOH 标准溶液返滴过量的 HCl，即可求出试样中 $CaCO_3$ 的含量。

四、实验用品

仪器：锥形瓶，台秤，烘箱，粉碎机，标准网筛（80～100 目），酸式滴定管，碱式滴定管，分析天平。

药品：硼砂基准物质，邻苯二甲酸氢钾基准物，NaOH 固体，HCl 溶液（1：1），甲基橙指示剂（$1\,g \cdot L^{-1}$），酚酞指示剂（$2\,g \cdot L^{-1}$乙醇溶液）。

五、实验内容

1. $0.1\,mol \cdot L^{-1}$HCl 标准溶液的配制与标定

以差量法称量硼砂三份于 250 mL 锥形瓶中，每份 0.4～0.5 g，加入 20～30 mL 蒸馏水，待完全溶解后，加入 2 滴甲基红指示剂，用待标定的 HCl 溶液滴定至黄色变为微红色，计算 HCl 溶液的浓度和测定的相对偏差。

2. $0.1\,mol \cdot L^{-1}$NaOH 标准溶液的配制与标定

以差量法称量 KHC$_8$H$_4$O$_4$ 三份于 250 mL 锥形瓶中,每份 0.4~0.6 g,加入 20~30 mL 蒸馏水,待完全溶解后,加入 2 滴酚酞指示剂,用待标定的 NaOH 溶液滴定至微红色并保持半分钟不褪色即为终点,计算 NaOH 溶液的浓度和测定的相对偏差。

　　3. 样品的准备与测定

　　将蛋壳去内膜并洗净,在烘箱中烘干后粉碎,使其通过 80~100 目的标准网筛。准确称取三份 0.1 g 此试样,分别置于 250 mL 锥形瓶中,用滴定管逐滴加入 HCl 标准溶液 40.00 mL,并放置 30 min。加入甲基橙指示剂,以 NaOH 标准溶液返滴过量的 HCl,计算出蛋壳中 CaCO$_3$ 的质量分数。

六、问题与思考

　　(1) 粉碎后的蛋壳试样为什么要通过标准筛? 通过 80~100 目标准筛的试样粒度为多少?

　　(2) 为什么向试样中加入 HCl 标准溶液时要逐滴加入? 加入后为什么要放置 30 min 后再用 NaOH 标准溶液滴定?

　　(3) 本实验能否用酚酞作指示剂? 为什么?

　　(4) 还可用什么方法测定 CaCO$_3$ 的含量?

附 注

蛋壳中含少量的 MgCO$_3$,以酸碱滴定法测定的 CaCO$_3$ 含量为近似值。

§5.22　胃舒平药片中铝和镁的测定

一、实验目的

　　(1) 学习药剂测定的前处理方法。

　　(2) 掌握返滴定法测定的原理和方法。

　　(3) 掌握沉淀分离的操作技能。

二、预习提要

　　(1) 胃舒平药剂中主要组分及其化学性质。

　　(2) 配位滴定方法的选择,返滴定法测定的原理、方法和应用范围。

　　(3) 沉淀分离、洗涤方法。

　　(4) 各组分测定含量的计算。

三、实验原理

　　胃病患者常服用的胃舒平药片主要成分为氢氧化铝、三硅酸镁及少量中药颠茄流浸膏,在制成片剂时还加了大量糊精等赋形剂,药片中 Al 和 Mg 的含量可用 EDTA 配位滴定法测定。为此先溶解样品,分离除去水不溶物质,然后分取试液加入过量的 EDTA 溶液,调节 pH=4 左右,煮沸使 EDTA 与 Al 配位完全,再以二甲酚橙为指示剂,用 Zn 标准溶液返滴过量的 EDTA,测出 Al 含量。另取试液,调节 pH,将 Al 沉淀分离后,在 pH=10 的条件下以铬黑 T 作指示剂,用 EDTA 标准溶液滴定滤液中的 Mg。

四、实验用品

仪器:锥形瓶,台秤,量筒,烧杯,布氏漏斗,吸滤瓶,真空泵,水浴锅,温度计,烘箱,酸式滴定管,碱式滴定管,分析天平。

药品:EDTA 溶液($0.02\ mol \cdot L^{-1}$),Zn^{2+} 标准溶液($0.02\ mol \cdot L^{-1}$),二甲酚橙指示剂($2\ g \cdot L^{-1}$),六亚甲基四胺溶液($200\ g \cdot L^{-1}$),$NH_3 \cdot H_2O$(1:1),HCl 溶液(1:1),三乙醇胺溶液(1:2),$NH_3 \cdot H_2O - NH_4Cl$ 缓冲溶液(pH=10),甲基红指示剂(0.2%乙醇溶液),铬黑 T 指示剂($1\ g \cdot L^{-1}$ 溶于含有 25 mL 三乙醇胺、75 mL 无水乙醇中),NH_4Cl 固体。

五、实验内容

1. $0.02\ mol \cdot L^{-1}$ EDTA 标准溶液的配制与标定

移取 25.00 mL 锌标准溶液于 250 mL 锥形瓶中,加约 30 mL 水,2~3 滴二甲酚橙为指示剂,先加 1:1 氨水至溶液由黄色刚变为橙色,然后滴加 20%六次甲基四胺至溶液呈稳定的紫红色再多加 3 mL,用 EDTA 溶液滴定至溶液由红紫色变成亮黄色,即为终点。

2. 样品处理

称取胃舒平药片 10 片,研细后,从中称出药粉 2 g 左右,加入 20 mL HCl 溶液(1:1),加蒸馏水 100 mL,煮沸。冷却后用布氏漏斗减压过滤,并以水洗涤沉淀,收集滤液及洗涤液于 250 mL 容量瓶中,稀释至刻度,摇匀。

3. $Al(OH)_3$、MgO 含量的测定

(1) 准确吸取上述试液 5 mL,加水至 25 mL 左右,滴加 $NH_3 \cdot H_2O$ 溶液(1:1)至刚出现浑浊,再加 HCl 溶液(1:1)至沉淀恰好溶解,准确加入 EDTA 标准溶液 25.00 mL,再加入 20%六亚甲基四胺溶液 10 mL,煮沸 10 min。冷却后,加入二甲酚橙指示剂 2~3 滴,以 Zn^{2+} 标准溶液滴定至溶液由黄色转变为红色,即为终点。平行测定三次,根据 EDTA 加入量与 Zn^{2+} 标准溶液滴定体积,计算 $Al(OH)_3$ 的质量分数。

(2) 吸取试液 25.00 mL,滴加 $NH_3 \cdot H_2O$(1:1)溶液至刚出现沉淀,再加入 HCl 溶液(1:1)至沉淀恰好溶解。加入固体 NH_4Cl 2 g,滴加 20%六亚甲基四胺溶液至沉淀出现并过量 15 mL,加热至 80℃,维持 10~15 min,冷却后过滤,以少量蒸馏水洗涤沉淀数次。收集滤液与洗涤液于 250 mL 锥形瓶中,加入三乙醇胺溶液(1:2)10 mL,$NH_3 \cdot H_2O - NH_4Cl$ 缓冲溶液 10 mL 及甲基红指示剂 1 滴,铬黑 T 指示剂少许,用 EDTA 标准溶液滴定至试液由暗红色转变为蓝绿色,即为终点。平行测定三次,计算 MgO 的质量分数。

六、问题与思考

(1) 本实验为什么要称取大样溶解后再分取部分试液进行滴定?
(2) 控制一定的条件,能否用 EDTA 标准溶液直接滴定铝?
(3) 在分离 Al 后的滤液中测定 Mg^{2+},为什么还要加入三乙醇胺溶液?

附 注

(1) 胃舒平药片试样中铝、镁含量可能不均匀,为使测定结果具有代表性,本实验取较多样品,研细后再取部分进行分析。

（2）溶解样品时，需煮沸溶液，但必须冷却后再进行过滤，否则会造成分离困难。

（3）实验结果表明，用六亚甲基四胺溶液调节 pH 以分离 $Al(OH)_3$，其结果比用氨水好，可以减少 $Al(OH)_3$ 沉淀对 Mg 的吸附。

（4）测定铝时，由于反应速度较慢，必须煮沸 10 min，冷却后再进行滴定。

（5）测定镁时，加入甲基红 1 滴，能使终点更为敏锐。

§5.23　补钙剂中钙含量的测定

一、实验目的

（1）了解和掌握间接法测定补钙剂中钙含量的原理和方法。

（2）掌握沉淀分离的原理以及消除杂质干扰的方法。

（3）掌握样品的处理、沉淀分离法的操作技术。

二、预习提要

（1）设计三种测定补钙剂中钙含量的方法，写出主要的反应方程式。

（2）$KMnO_4$ 法测定钙的主要反应条件及控制。

（3）沉淀分离的原理、方法及操作要领。

（4）钙含量的计算公式。

三、实验原理

钙是人体重要的常量元素，大多数钙以钙盐形式存在于骨骼里。缺钙会引起一系列疾病，如儿童佝偻病、成年人软骨病、中老年人骨质疏松等。目前市场上的补钙剂有多种，常用的如葡萄糖酸钙、乳酸钙、碳酸钙、醋酸钙等。

补钙剂中钙含量的测定可采用多种方法，如高锰酸钾法、EDTA 络合滴定法、酸碱滴定法等。$KMnO_4$ 法测定钙，是采用间接滴定法。首先是控制一定的 pH，使 Ca^{2+} 定量沉淀为 CaC_2O_4，经过滤、洗涤分离出 CaC_2O_4 沉淀。将沉淀溶解于热的稀 H_2SO_4 中，最后用 $KMnO_4$ 标准溶液滴定 $H_2C_2O_4$。根据消耗 $KMnO_4$ 的量，间接测出 Ca^{2+} 的含量。为保证获得较大颗粒的 CaC_2O_4 晶形沉淀，必须控制好反应的条件。在含有 Ca^{2+} 的酸性试液中，加入过量 $(NH_4)_2C_2O_4$，然后用稀 $NH_3 \cdot H_2O$ 慢慢中和至甲基橙显黄色，以使沉淀缓慢生成。沉淀陈化放置一段时间，用蒸馏水洗去表面吸附的 $C_2O_4^{2-}$，否则将使分析结果偏高。

Mg^{2+} 浓度较高时，对测定有干扰，但当 $C_2O_4^{2-}$ 过量较多时，形成 $[Mg(C_2O_4)_2]^{2-}$ 络离子而消除干扰。

四、实验用品

仪器：锥形瓶，台秤，烘箱，酸式滴定管，真空泵，抽滤瓶，布氏漏斗，恒温水浴，分析天平。

药品：$(NH_4)_2C_2O_4$（0.25 mol·L^{-1}），HCl 溶液（6 mol·L^{-1}），H_2SO_4 溶液（10%），$NH_3 \cdot H_2O$ 溶液（5%），$CaCl_2$ 溶液（0.1 mol·L^{-1}），$KMnO_4$ 标准溶液（0.02 mol·L^{-1}），甲基红指示剂（0.1%）。

五、实验内容

1. 样品的准备与分离

准确称取经研碎后的钙片样品 0.2～0.3 g 三份，加入 20 mL 蒸馏水，小心加入 10 mL 6 mol·L^{-1} HCl 溶液使其全部溶解。再加入 0.25 mol·L^{-1}(NH_4)$_2C_2O_4$ 溶液 35 mL，用 H_2O 稀释至 100 mL，加入 3～4 滴甲基红指示剂，加热到 75～80℃，然后在不断搅拌下，逐滴加入 5％NH_3·H_2O 溶液由红色恰好变为橙色为止(pH＝4.5～5.5)，此时沉淀慢慢生成，继续在水浴上加热 30 min，同时用玻璃棒搅拌。

2. 沉淀的过滤与洗涤

陈化后的沉淀用倾注法，在紧密的滤纸上过滤，过滤完毕后，用蒸馏水洗涤沉淀几次，至溶液无 $C_2O_4^{2-}$ 为止(用 $CaCl_2$ 溶液检验)。

3. 沉淀的溶解与滴定

将带有沉淀的滤纸转移至原沉淀烧杯中，用 50 mL 10％H_2SO_4 溶液溶解沉淀，搅拌使滤纸上的沉淀溶解，然后把溶液稀释至 100 mL，加热至 70～85℃，用 $KMnO_4$ 标准溶液滴定至出现粉红色，在 30 s 内不褪色即为终点，平行测定三次，计算 Ca 的含量。

六、问题与思考

(1) 如果沉淀洗涤不干净，对测定结果有何影响？
(2) 溶解样品时用 HCl，而滴定时用 H_2SO_4 溶解并控制酸度，为什么？
(3) 本实验中如何计算钙含量？
(4) 通过查阅文献，另设计两种测定补钙剂中钙含量的方案。

附注

(1) 洗涤沉淀时为了获得纯的沉淀，必须严格控制酸度(pH＝4.5～5.5)，pH 过低，有可能沉淀不完全；pH 过高，可能造成 Ca(OH)$_2$ 沉淀或碱式碳酸钙沉淀。

(2) 由于 CaC_2O_4 沉淀溶解度较大，用蒸馏水洗涤要少量多次，每洗一次应将溶液全部转移至滤纸中过滤。

§5.24　漂白粉中有效氯和固体总钙量的测定

一、实验目的

(1) 掌握间接碘量法的基本原理及滴定条件。
(2) 学习测定漂白粉中有效氯含量的方法。

二、预习内容

(1) 碘量法的的基本原理与方法。
(2) 漂白粉中有效氯含量的测定。

三、实验原理

工业漂白粉的主要成分为 3Ca(ClO)$_2$·2Ca(OH)$_2$，其有效氯和固体总钙的含量是影响产品质量的两个关键指标,准确测定其含量十分重要。

漂白粉中起漂白作用的是次氯酸盐,常以有效氯表示,它是指次氯酸盐酸化时放出的氯:

$$Ca(ClO)_2 + 4H^+ = Ca^{2+} + Cl_2 + 2H_2O$$

利用漂白粉在酸性介质中定量氧化 I^- 为 I_2,用标准 $Na_2S_2O_3$ 溶液滴定生成的 I_2,可以间接测定有效氯的含量。相关反应式为:

$$ClO^- + 2H^+ + 2I^- = I_2 + Cl^- + H_2O$$
$$2S_2O_3^{2-} + I_2 = S_4O_6^{2-} + 2I^-$$

漂白粉中的钙含量可用 EDTA 法进行测定。

四、实验用品

仪器:分析天平,碘量瓶,锥形瓶,台秤,量筒,烧杯,容量瓶,酸式滴定管,碱式滴定管。

药品:EDTA 溶液($0.02\ mol \cdot L^{-1}$),Cu^{2+} 标准溶液($0.02\ mol \cdot L^{-1}$),$Na_2S_2O_3$ 标准溶液($0.1\ mol \cdot L^{-1}$),$K_2Cr_2O_7$(AR),$CaCO_3$(AR),KI($200\ g \cdot L^{-1}$),淀粉溶液($5\ g \cdot L^{-1}$ 0.5 g可溶性淀粉用少量水搅匀,加入 100 mL 沸水),K - B 指示剂,$NH_3 \cdot H_2O$(1:1),HCl 溶液(1:1),$NaNO_2$ 溶液($100\ g \cdot L^{-1}$),NaOH 溶液($100\ g \cdot L^{-1}$),$NH_3 \cdot H_2O - NH_4Cl$ 缓冲溶液(pH=10),漂白粉(工业级)。

五、实验步骤

1. $0.1\ mol \cdot L^{-1} Na_2S_2O_3$ 溶液的配制与标定

(1) 称取 12～13 g $Na_2S_2O_3 \cdot 5H_2O$ 于烧杯中,加新煮沸经冷却的蒸馏水溶解,加入约 0.1 g Na_2CO_3,稀释至 1 L,贮存于棕色试剂瓶中,在暗处放置 3～5 天后标定。

(2) 精确称取 0.610 5 g $K_2Cr_2O_7$ 于 100 mL 烧杯中,加蒸馏水溶解后,定量转移至 250 mL 容量瓶中,加水稀释至刻度,摇匀。准确移取 25.00 mL $K_2Cr_2O_7$ 标准溶液于锥形瓶中,加入 5 mL 6 mol·L⁻¹HCl 溶液、5 mL 200 g·L⁻¹KI 溶液,盖上表面皿,摇匀放在暗处 5 min。待反应完全后,加入 100 mL 蒸馏水,用待标定的 $Na_2S_2O_3$ 溶液滴定至淡黄色,然后加入 2 mL 5 g·L⁻¹淀粉指示剂,继续滴定至溶液呈现亮绿色为终点。计算 $Na_2S_2O_3$ 浓度,平行测定三次,计算平均值和相对偏差。

2. $0.02\ mol \cdot L^{-1}$ EDTA 溶液的配制和标定

(1) $0.02\ mol \cdot L^{-1} Ca^{2+}$ 标准溶液的配制

计算配制 250 mL $0.02\ mol \cdot L^{-1}\ Ca^{2+}$ 标准溶液所需的 $CaCO_3$ 质量。用差减法准确称取计算所得质量的基准 $CaCO_3$ 于小烧杯中,先以少量水润湿,盖上表面皿,从烧杯嘴处往烧杯中滴加约 5 mL(1:1)HCl 溶液,使 $CaCO_3$ 全部溶解。冷却后用水冲洗烧杯内壁和表面皿,定量转移 $CaCO_3$ 溶液于 250 mL 容量瓶中,用水稀释至刻度,摇匀,计算标准 Ca^{2+} 的浓度。

(2) $0.02\ mol \cdot L^{-1}$ EDTA 溶液的配制

计算配制 500 mL $0.02\ mol \cdot L^{-1}$ EDTA 二钠盐所需 EDTA 的质量。称取上述质量的 EDTA 于 200 mL 烧杯中,加水,温热溶解,冷却后移入聚乙烯塑料瓶中。

(3) $0.02\ mol \cdot L^{-1}$ EDTA 溶液的标定

用移液管吸取 25.00 mL Ca^{2+} 标准溶液于锥形瓶中,加 1 滴甲基红,用氨水中和 Ca^{2+} 标准溶液中的 HCl,当溶液由红变黄即可。加入 10 mL $NH_3 \cdot H_2O-NH_4Cl$ 缓冲溶液,再加 3 滴 K-B 指示剂,立即用 EDTA 滴定,当溶液由紫红色变为蓝绿色即为终点。平行滴定三次,计算 EDTA 的准确浓度。

3. 漂白粉中有效氯含量的测定

将漂白粉置于研钵中研细后,准确称取 3 g 左右置于小烧杯中,加水搅拌,静置,将上清液转移至 250 mL 容量瓶中,反复操作数次,定容,摇匀。

准确移取 25.00 mL 漂白粉试液置于碘量瓶中,加 3 mL HCl 溶液(1∶1),加 10 mL 20%的 KI 溶液,于暗处放置 5 min。加 50 mL H_2O,立即用 $Na_2S_2O_3$ 溶液滴定至淡黄色,加 2 mL 淀粉指示剂,继续滴定至蓝色刚好消失为终点,记录 $V(Na_2S_2O_3)$,平行测定三次,计算有效氯的含量。

4. 固体总钙量的测定

准确移取 25.00 mL 漂白粉试液置于锥形瓶中,加 10 mL $NaNO_2$ 溶液,再加入 5 mL NaOH 溶液,加入钙指示剂 2 滴,用 EDTA 标准溶液滴定至由紫红色变为蓝绿色即为终点。平行滴定三次,计算漂白粉中固体总钙量。

六、问题与思考

(1) 为什么配制 $Na_2S_2O_3$ 溶液时要加入 Na_2CO_3?

(2) 当有效氯以 Cl(%)或 Cl_2(%)表示时,其计算公式分别如何表达?

§5.25　硅酸盐水泥中 SiO_2、Fe_2O_3、Al_2O_3、CaO 和 MgO 含量的测定

一、实验目的

(1) 了解在同一份试样中进行多组分测定的系统分析方法。

(2) 掌握难溶试样的分解方法。

(3) 学习复杂样品中多组分测定方法的选择。

二、预习提要

(1) 硅酸盐水泥中所含主要组分及其化学性质。

(2) SiO_2、Fe_2O_3、Al_2O_3、CaO 和 MgO 测定原理和方法。

(3) 酸度控制对各组分测定的影响。

(4) 各组分测定含量的计算。

三、实验原理

水泥主要由硅酸盐组成。按我国规定,分成硅酸盐水泥(熟料水泥)、普通硅酸盐水泥(普通水泥)、矿渣硅酸盐水泥(矿渣水泥)、火山灰质硅酸盐水泥(火山灰水泥)、粉煤灰硅酸

盐水泥(煤灰水泥)等。水泥熟料是由水泥生料经 1 400℃以上高温煅烧而成。硅酸盐水泥由水泥熟料加入适量石膏而成,可按水泥熟料化学分析法进行测定。我国生产的硅酸盐水泥熟料的主要化学成分测定指标及其控制范围,大致如表 5-6 所示。

表 5-6　硅酸盐水泥熟料的主要化学成分测定指标

化学成分	含量范围(质量分数)	一般控制范围(质量分数)
SiO_2	18%～24%	20%～22%
Fe_2O_3	2.0%～5.5%	3%～4%
Al_2O_3	4.0%～9.5%	5%～7%
CaO	60%～67%	62%～66%

水泥熟料、未掺混合材料的硅酸盐水泥、碱性矿渣水泥,可采用酸分解法。

SiO_2 的测定可分成容量法和重量法。重量法又因使硅酸凝聚所用物质的不同分为盐酸干涸法、动物胶法、氯化铵法等,本实验采用氯化铵法。将试样与 $7\sim8$ 倍固体的 NH_4Cl 混匀后,再加 HCl 溶液分解试样,HNO_3 氧化 Fe^{2+} 为 Fe^{3+}。经沉淀分离,过滤洗涤后的 $SiO_2 \cdot nH_2O$ 在瓷坩埚中于 950℃燃烧至恒重。本法测定结果较标准法约偏高 0.2%。生产上 SiO_2 的快速分析常采用氟硅酸钾容量法。

如果不测定 SiO_2,则试样经 HCl 溶液分解,HNO_3 氧化后,用均匀沉淀法使 $Fe(OH)_3$、$Al(OH)_3$ 与 Ca^{2+}、Mg^{2+} 分离。以磺基水杨酸为指示剂,用 EDTA 配位滴定 Fe;以 PAN 为指示剂,用 $CuSO_4$ 标准溶液返滴定法测定 Al。当 Fe、Al 含量高时,对 Ca^{2+}、Mg^{2+} 测定有干扰,可用尿素分离 Fe、Al 后,以铬黑 T 为指示剂,用 EDTA 配位滴定法测定 Ca^{2+}、Mg^{2+}。

四、实验用品

仪器:锥形瓶,台秤,量筒,烧杯,布氏漏斗,吸滤瓶,真空泵,水浴锅,温度计,烘箱,酸式滴定管,碱式滴定管,分析天平。

药品:EDTA 溶液($0.015\ mol \cdot L^{-1}$),铜标准溶液($0.02\ mol \cdot L^{-1}$),乙醇溶液(20%),磺基水杨酸钠($100\ g \cdot L^{-1}$),NH_4SCN 溶液($100\ g \cdot L^{-1}$),溴甲酚绿指示剂($1\ g \cdot L^{-1}$),PAN 指示剂($3\ g \cdot L^{-1}$乙醇溶液),钙指示剂,三乙醇胺(1:1),铬黑 T 指示剂($1\ g \cdot L^{-1}$溶于含有 25 mL 三乙醇胺、75 mL 无水乙醇中),NH_4Cl 固体,浓盐酸,HCl 溶液(1:1),HCl 溶液(3:97),浓硝酸,氨水(1:1),NaOH 溶液(10%),HAc-NaAc 缓冲溶液(pH=4.3),NH_3-NH_4Cl 缓冲溶液(pH=10),酸性铬蓝 K-萘酚绿 B 指示剂(K-B 指示剂)。

五、实验内容

1. SiO_2 的测定

准确称取试样 $0.4\sim0.5\ g$,置于干燥的 50 mL 烧杯中,加 $2.5\sim3.0\ g$ 固体 NH_4Cl,用玻棒混匀。盖上表面皿,沿杯口滴加 $2\sim3\ mL$ 浓盐酸和 $2\sim3$ 滴浓硝酸,仔细搅匀,使试样充分分解。将烧杯置于沸水浴上,杯上放一三角架,再盖上表面皿,蒸发至近干(约需 $10\sim15\ min$),取下。加 10 mL 热的稀盐酸(3:97),搅拌,使可溶性盐类溶解,过滤,用稀盐酸(3:97)擦洗玻璃棒及烧杯,并洗涤沉淀至洗涤液中不含 Fe^{3+} 为止。Fe^{3+} 可用 NH_4SCN 溶液检验,一般来说,洗涤 10 次即可达到不含 Fe^{3+} 的要求。滤液及洗涤液保存在 250 mL 容量瓶中,并用水稀释至刻度,摇匀,供测定 Fe^{3+}、Al^{3+}、Ca^{2+}、Mg^{2+} 等离子之用。

将沉淀和滤纸移至已称至恒重的瓷坩埚中,先在电炉上低温烘干(为什么?),再升高温度使滤纸充分灰化,然后在 $950\sim1\,000℃$ 的高温炉内灼烧 30 min。取出,稍冷,再移置于干燥器中冷却至室温(需 $15\sim40$ min),称量。如此反复灼烧,直至恒重。

2. Fe_2O_3、Al_2O_3、CaO 和 MgO 含量的测定

(1) Fe_2O_3 含量的测定

准确吸取分离 SiO_2 后之滤液 50.00 mL,置于 250 mL 锥形瓶中,加 2 滴 0.05% 溴甲酚绿指示剂,此时溶液呈黄色。逐滴滴加 1:1 氨水,使之成绿色。然后再用 1:1 HCl 溶液调节溶液酸度至呈黄色后再过量 3 滴,此时溶液 pH 约为 2。加热至约 70℃,取下,加 $6\sim8$ 滴 10% 磺基水杨酸,以 0.015 mol·L^{-1} EDTA 标准溶液滴定。滴定开始时溶液呈红紫色,此时滴定速度宜稍快些。当溶液开始呈淡红紫色时,滴定速度放慢,直至滴到溶液变为黄色(终点时温度应在 60℃ 左右),平行测定三次,计算 Fe_2O_3 含量。

(2) Al_2O_3 含量的测定

在上述滴定铁后的溶液中,加入 0.015 mol·L^{-1} EDTA 标准溶液约 20 mL,记下读数,摇匀。然后再加入 15 mL pH 为 4.3 的 HAc - NaAc 缓冲液,以精密 pH 试纸检查溶液酸度。煮沸 $1\sim2$ min 后,冷至 90℃ 左右,加入 4 滴 0.2% PAN 指示剂,以 0.015 mol·L^{-1} $CuSO_4$ 标准溶液滴定至紫色即为终点。平行测定三次,计算 Al_2O_3 含量。

(3) CaO 含量测定

准确吸取分离 SiO_2 后的滤液 25.00 mL,置于 250 mL 锥形瓶中,加水稀释至约 50 mL,加 4 mL 1:1 三乙醇胺溶液,摇匀后再加 5 mL 10% NaOH 溶液,再摇匀,加入约 0.01 g 固体钙指示剂(用药勺小头取约 1 勺),此时溶液呈酒红色。然后以 0.015 mol·L^{-1} EDTA 标准溶液滴定至溶液呈蓝色,平行测定三次,计算 CaO 含量。

(4) MgO 含量的测定

准确吸取分离 SiO_2 后的滤液 25.00 mL 于 250 mL 锥形瓶中,加水稀释至约 50 mL,加 4 mL 1:1 三乙醇胺溶液,摇匀后,加入 5 mL pH=10 的 NH_3 - NH_4Cl 缓冲溶液,再摇匀,然后加入 K - B 指示剂或铬黑 T 指示剂,以 0.015 mol·L^{-1} EDTA 标准溶液滴定至溶液呈蓝色,即为终点。平行测定三次,计算 MgO 含量。

六、问题与思考

(1) 在 Fe^{3+}、Al^{3+}、Ca^{2+}、Mg^{2+} 等离子共存的溶液中,以 EDTA 标准溶液分别滴定 Fe^{3+}、Al^{3+}、Ca^{2+} 等离子以及 Ca^{2+}、Mg^{2+} 的含量时,是怎样消除其他共存离子的干扰的?

(2) 试样分解后加热蒸发的目的是什么? 操作中应注意些什么?

(3) 洗涤沉淀的操作中应注意些什么? 怎样提高洗涤的效果?

(4) 在滴定上述各种离子时,溶液酸度应分别控制在什么范围? 怎样控制?

(5) Al^{3+} 的测定中,为什么要注意 EDTA 标准溶液的加入量? 以加入多少为宜?

(6) Ca^{2+} 的测定中,为什么要先加三乙醇胺而后加 NaOH 溶液?

附 注

(1) 试样溶解完全与否,与试样的仔细搅拌、混匀密切相关。

(2) 测定铁时,接近终点时滴定速度一定要慢,加一滴后要充分振荡,并保持终点时温度在 60℃左右,否则会使 Fe^{3+} 的结果偏高,同时还会使 Al^{3+} 的结果偏低。

(3) 测定铝含量时,随着 $CuSO_4$ 溶液的加入,溶液颜色逐渐变绿并由蓝绿转向灰绿,再变紫色即达到终点。

§5.26　红丹中 Pb(Ⅱ)及 Pb(Ⅳ)含量的测定

一、实验目的

(1) 掌握试样的分解和分离方法。
(2) 学习样品中多组分的测定方法的选择。
(3) 掌握络合滴定、氧化还原滴定方法的应用。

二、预习提要

(1) PbO、PbO_2 的化学性质。
(2) 络合滴定法、高锰酸钾法、间接碘量法测铅的原理和方法。
(3) 不同测定方法之间的比较及含量计算公式。

三、实验原理

红丹又称红铅、高铅酸亚铅、铅丹、光明丹、冬丹、铅红、红色氧化铅、樟丹。化学名称是四氧化三铅,分子式为 Pb_3O_4 或 $2PbO \cdot PbO_2$。相对分子质量为 685.57。红丹为鲜红至橘红色重质四方晶系结晶或粉末,有毒。密度为 $9.1\,g \cdot cm^{-3}$。

红丹中的铅存在 Pb(Ⅱ)和 Pb(Ⅳ)两种价态。其中 PbO 易溶于 HNO_3,而 PbO_2 不溶于 HNO_3,利用这一性质可对两种氧化物进行分离。Pb(Ⅱ)可用 EDTA 直接滴定,也可用草酸沉淀,用 $KMnO_4$ 间接滴定;Pb(Ⅳ)可用间接碘量法测定,也可用还原剂如 H_2O_2 或草酸将 Pb(Ⅳ)还原为 Pb(Ⅱ),再测 Pb(Ⅱ)。

方法一:将红丹用稀 HNO_3 处理,PbO 转化为 Pb^{2+} 便与 Pb(Ⅳ)分离。滤液中 Pb^{2+} 可用 EDTA 配合滴定法测定;PbO_2 沉淀用 H_2O_2 还原为 Pb^{2+},再用 EDTA 滴定,可测出 Pb(Ⅳ)的含量。

方法二:先用稀 HNO_3 处理红丹,再用 H_2O_2 还原 PbO_2,加热除去剩余 H_2O_2,最后用 EDTA 滴定可测出红丹中 Pb(Ⅱ)和 Pb(Ⅳ)的总量,其中 Pb(Ⅳ)可用间接碘量法测定。

方法三:先用稀 HNO_3 将红丹中的 PbO 溶解,再用一定量的过量 $Na_2C_2O_4$ 将未溶解的 PbO_2 还原为 Pb^{2+},然后用 NH_3 中和,这时 Pb^{2+} 以 PbC_2O_4 形式沉淀,过滤,滤液酸化后用 $KMnO_4$ 滴定过量的 $Na_2C_2O_4$。沉淀溶解于酸中,也用 $KMnO_4$ 滴定。根据两次 $KMnO_4$ 的滴定体积,可通过计算分别得出 Pb(Ⅱ)和 Pb(Ⅳ)的含量。

四、实验用品

仪器:锥形瓶,台秤,量筒,烧杯,布氏漏斗,吸滤瓶,真空泵,水浴锅,温度计,烘箱,酸式滴定管,碱式滴定管,分析天平。

药品:EDTA 溶液(0.02 mol · L^{-1}),Na$_2$C$_2$O$_4$(0.2 mol · L^{-1}),KMnO$_4$(0.02 mol · L^{-1}),三乙醇胺(1:1),二甲酚橙指示剂,NH$_4$Cl 固体,HCl 溶液(1:1),H$_2$SO$_4$ 溶液(1:5),NH$_3$ · H$_2$O(1:1),HAc - NaAc 缓冲溶液(pH=4.3),NH$_3$ - NH$_4$Cl 缓冲溶液(pH=10)。

五、实验内容

1. 0.02 mol · L^{-1}EDTA 标准溶液的配制与标定
2. 0.2 mol · L^{-1}Na$_2$C$_2$O$_4$ 标准溶液的配制与标定
3. 0.02 mol · L^{-1}KMnO$_4$ 标准溶液的配制与标定
4. 样品的溶解

称取红丹样品 1 g 左右,加入 10 mL HCl 溶液(1:1),加蒸馏水 100 mL,煮沸。冷却后用布氏漏斗减压过滤,并以水洗涤沉淀,收集滤液及洗涤液于 250 mL 容量瓶中,稀释至刻度,摇匀。收集沉淀用于 PbO$_2$ 的测定。

5. PbO 和 PbO$_2$ 的测定

(1) 准确吸取上述试液 2.5 mL,加水至 25 mL 左右,滴加 NH$_3$ · H$_2$O 溶液(1:1)至刚出现混浊,再加 HCl 溶液(1:1)至沉淀恰好溶解,再加入 HAc - NaAc 缓冲溶液 10 mL,加入二甲酚橙指示剂 2~3 滴,以 EDTA 标准溶液滴定至溶液由黄色转变为红色,即为终点。平行测定三次,根据 EDTA 加入量计算 PbO 的质量分数。

(2) 上述沉淀中加入 10 mL HCl 溶液(1:1),再加入 0.2 mol · L^{-1}Na$_2$C$_2$O$_4$ 标准溶液 25 mL,至沉淀完全溶解,定容至 250 mL。移取上述溶液 25 mL,加入 H$_2$SO$_4$ 溶液 15 mL,加水稀释至 60 mL,在水浴上加热至 75~85℃,趁热用 0.02 mol · L^{-1}KMnO$_4$ 标准溶液滴定至溶液呈现微红色并持续半分钟内不褪色即为终点。平行测定三次,计算 PbO$_2$ 含量的质量分数。

六、问题与思考

(1) 用 H$_2$O$_2$ 还原 PbO$_2$ 时,为什么要加热除去剩余 H$_2$O$_2$? 如何除去?
(2) 用 EDTA 测定 Pb(Ⅱ)时,溶液的 pH 应控制在什么范围? 应选择何种缓冲溶液?
(3) 写出三种方案测定 Pb(Ⅱ)及 Pb(Ⅳ)含量的计算公式。

§5.27　共沉淀-萃取分离-光度法测定
环境水样中微量铅、钼

一、实验目的

(1) 掌握共沉淀和萃取法富集微量金属离子的方法。
(2) 掌握萃取分光光度法实验技术。

二、预习提要

(1) 共沉淀富集的基本原理及方法。

(2) 萃取分离的原理及主要技术。

三、实验原理

共沉淀和萃取法是常见的分离技术,利用它们富集微量金属元素组分,可降低常规仪器分析方法(如分光光度法)的最低检测浓度,扩大分析应用范围。本实验采用共沉淀-萃取分离-光度法分离测定水体中微量钼和铅。

在 pH 3.5~4.0 条件下,新沉淀的氢氧化铁沉淀胶粒表面带有正电荷,它能吸附水中的微量钼(MoO_4^{2-})形成共沉淀。溶液静置、过滤后,将沉淀溶于少量混合酸。依次往试液中加入硫氰酸钾显色剂、氯化亚锡还原剂和乙醚-四氯化碳混合萃取剂,溶液中的钼(Ⅵ)被二氯化锡还原为钼(Ⅴ),钼(Ⅴ)立即与溶液中的硫氰酸根配合形成橙红色的钼酰硫氰酸配离子$[MoO(NCS)_5]^{2-}$,而被有机溶剂萃取。与此同时溶液中的 Fe^{3+} 也被氯化亚锡还原成 Fe^{2+} 而消除干扰,最后采用分光光度法测定有机相中微量钼含量。

在 pH 为 8.5~9.5 的氨性柠檬酸盐-盐酸羟胺的还原性介质中,铅与双硫腙形成可被四氯化碳(或三氯甲烷)萃取的淡红色双硫腙铅螯合物。加入盐酸羟胺是为了还原 Fe^{3+} 及可能存在的其他氧化性物质,以免双硫腙被氧化。柠檬酸根可络合水中的 Fe^{3+}、Al^{3+}、Cr^{3+}、Mg^{2+}、Ca^{2+} 等,防止这些金属离子在碱性溶液中水解沉淀。最后采用分光光度法测定有机相中微量铅含量。

四、实验用品

仪器:分光光度计,分液漏斗,铁架台,铁圈,分析天平。

药品:Mo(Ⅵ)标准溶液(1.00×10^2 $\mu g \cdot mL^{-1}$,0.184 0 g 优级纯的钼酸铵$[(NH_4)_6Mo_7O_{24} \cdot 4H_2O]$溶于适量水定量至 1 L,用时用水稀释为 2.50 $\mu g \cdot mL^{-1}$),Pb 标准溶液(称取 0.159 9 g$Pb(NO_3)_2$ 溶于约 200 mL 水中,加入 10 mL HNO_3,移入 1 000 mL 容量瓶,以水稀释至刻度,此溶液含铅 100.0 $\mu g \cdot L^{-1}$。取此溶液 10.00 mL 置于 500 mL 容量瓶,用水稀释至刻度,此溶液含铅 2.0 $\mu g \cdot L^{-1}$),双硫腙贮备液(0.1 $g \cdot L^{-1}$,称取 100 mg 纯净双硫腙溶于 1 000 mL CCl_4 中,贮于棕色瓶,放置于冰箱内备用),$SnCl_2$ 溶液(10%,100 g $SnCl_2$ 溶于 100 mL 浓盐酸中,用水稀释至 1 L),H_2SO_4-HCl 混合酸(缓慢的加 225 mL 浓硫酸于 725 mL 水中,再加 50 mL 浓盐酸),乙醚-四氯化碳(2:3 体积比)混合萃取剂,$FeCl_3$ 溶液(0.1 $mol \cdot L^{-1}$),KSCN 溶液(10%),H_2SO_4(9 $mol \cdot L^{-1}$),柠檬酸-盐酸羟胺-Na_2SO_3 还原混合液(将 100 g 柠檬酸氢二钠、5 g 无水 Na_2SO_3、2.5 g 盐酸羟胺溶于水,用水稀释至 250 mL,加入 500 mL 氨水混合),HNO_3(20%),氨水(1:1,1 $mol \cdot L^{-1}$,6 $mol \cdot L^{-1}$)

五、实验内容

1. 水样预处理

除非证明水样的消化处理是不必要的,例如不含悬浮物的地下水,清洁地面水可直接测定外,否则应按下面预处理。

(1) 比较浑浊的地面水:取 250 mL 水样加入 2.5 mLHNO_3,于电热板上微沸水解 10 min,冷却后用快速滤纸过滤入 250 mL 容量瓶,滤纸用 0.2% HNO_3 洗涤数次至容量瓶满刻度。

（2）含悬浮物和有机物较多的水样：取 200 mL 水样加入 10 mL HNO_3，煮沸消解至 10 mL 左右，稍冷后，补加 10 mL HNO_3 和 4 mL $HClO_4$，继续消解蒸至近干。冷却后用 0.2% HNO_3 温热溶解残渣，冷却后用快速滤纸过滤入 200 mL 容量瓶，用 0.2% HNO_3 洗涤滤纸并定容至 200 mL。

2. 钼的测定

（1）工作曲线的绘制

在分液漏斗中，分别加入 0 mL、1.00 mL、2.00 mL、3.00 mL、4.00 mL 和 5.00 mL 2.50 $\mu g \cdot mL^{-1}$ 的钼标准溶液，加水至 25 mL，加 H_2SO_4 - HCl 混合酸 15 mL，加 0.10 mol · $L^{-1}FeCl_3$ 溶液 10 滴，加入 6 mL 10% 硫氰酸钾溶液，混匀，再加入 3 mL 10% 氯化亚锡溶液，充分混匀后放置 10 min，准确加入乙醚-四氯化碳混合萃取剂 10.00 mL，振荡 2 min（多次放气）放置。待分层后，弃去 1～2 mL 流出液，再注入 1 cm 比色皿，以试剂空白为参比，于最大吸收波长处测定吸光值，绘制工作曲线（作工作曲线前，先于 420～520 nm 波长内确定钼酰硫氰酸配离子$[MoO(CNS)_5]^{2-}$的最大吸收波长）。

（2）实际水样钼含量的测定

分别取两份 250 mL（约含 5 μg Mo）水样于 400 mL 烧杯中，加 9.0 mol · L^{-1}硫酸 1.0 mL，加 0.10 mol · $L^{-1}FeCl_3$ 溶液 1.5 mL，小心用稀氨水将溶液调至 pH=4，搅拌后沉淀放置 2 h。用定性滤纸过滤，滤纸上的沉淀用 15 mL 硫酸-盐酸混合酸溶入分液漏斗中，用 25 mL 水洗涤烧杯和滤纸，洗涤液并入分液漏斗中，加入 6 mL 10% 硫氰酸钾溶液，混匀，以下操作按绘制工作曲线的步骤进行。根据工作曲线计算实际水样中钼的含量和富集倍数。

3. 铅的测定

（1）工作曲线的绘制

取 6 只 250 mL 分液漏斗，编号 1～6，分别加入 0 mL，1.0 mL，2.0 mL，3.0 mL，4.0 mL，5.0 mL 2.0 $\mu g \cdot L^{-1}$铅的标准溶液，补加去离子水至 100 mL，滴加 HNO_3（20%）调 pH=3。加 50 mL 柠檬酸还原性混合液，混匀。氨水调 pH8.5～9.5，再加入 10.00 mL 双硫腙工作液，塞紧后剧烈振荡 2 min（多次放气），静置后放出下层有机相，弃去 1～2 mL 流出液，再注入 1 cm 比色皿，以 1 号为参比，在 510 nm 处测定吸光度，绘制工作曲线。

（2）试样测定

准确量取含铅量不超过 30 μg 的适量试样放入 250 mL 分液漏斗中，补加去离子水至 100 mL，以下按标准曲线测定步骤进行，计算含铅量。

六、问题与思考

（1）为什么分光光度法测定环境水样中钼、铅含量，要先进行富集？

（2）采用共沉淀富集钼时，能否采用其他氢氧化物共沉淀富集？能否采用其他有机溶剂萃取？

（3）用双硫腙萃取光度法测定铅时，双硫腙工作液为什么要很准确加入？

（4）大量的 Fe^{3+} 对 Mo 的比色测定是否有干扰？若有，如何消除干扰？

（5）实验中，为什么硫氰酸钾显色剂、二氧化锡还原剂的加入顺序不能颠倒？

附 注

(1) 共沉淀时溶液 pH 的控制是影响富集效果的关键因素之一。共沉淀时溶液酸度太低或太高,共沉淀富集的效果差。可采用甲基橙指示剂或精密试纸检验,并观察溶液中 $Fe(OH)_3$ 的絮状沉淀生成。

(2) 在分离富集过程中,应注意待测物沉淀是否损失。在过滤、溶解、洗涤和转移时,应保证沉淀不流失。

(3) 在有机相移入比色槽时,应保证分液漏斗颈干燥没有水珠,以免放入有机相时产生乳油液或锡盐的水解沉淀,影响后面的光度测定。

(4) 加入试剂的量应固定,加入试剂的次序不能颠倒。

(5) 使用 $HClO_4$ 必须严格控制反应条件,注意安全。

§5.28 植物中叶绿素、β-胡萝卜素的提取、分离及含量测定

一、实验目的

(1) 掌握有机溶剂提取叶绿体色素等天然化合物的原理和实验方法。

(2) 掌握薄层色谱分离原理和实验技术。

(3) 了解导数分光光度法的基本原理和方法。

(4) 掌握利用导数分光光度法同时测定叶绿素 a 和叶绿素 b 的方法。

二、预习提要

(1) 叶绿素、β-胡萝卜素的性质及常用的提取方法。

(2) 薄层色谱分离的原理及主要过程。

(3) 导数分光光度法的原理及方法。

(4) 叶绿素 a 和叶绿素 b 的测定方法。

三、实验原理

植物叶绿体色素的提取、分离、表征及含量测定在植物生理学和农业科学研究中具有重要意义。同时,叶绿素和胡萝卜素等天然色素在食品工业和医药工业中也有广泛的用途。

叶绿素 a 和叶绿素 b 都是吡咯衍生物与金属镁的配合物,尽管它们分子中含有一些极性基团,但大的烷基结构使它们易溶于丙酮、乙醇、乙醚、石油醚等有机溶剂。β-胡萝卜素和叶黄素是脂溶性的四萜化合物。与胡萝卜素相比,叶黄素易溶于醇而在石油醚中的溶解度较小。根据它们在有机溶剂中的溶解特性,可将它们从植物叶片中提取出来。植物叶绿体色素通常可用丙酮、乙醇、乙醚、丙酮-乙醚、乙醇-石油醚等有机溶剂提取。

由于粗提取液中还可能包括残余植物组织和其他可溶性杂质,实验中应对粗提取液进一步纯化。

薄层色谱是一种较新的分离物质的方法,具有快速、微量、灵敏度高、分离效果好等优点。薄层色谱对天然产物的分离、鉴定更有独到之处,在中草药有效成分的纯化、鉴定中广泛应用。

色谱法分离得到的样品组分,可用吸收光谱(400～700 nm)和荧光光谱进行测定。吸收光谱法是将取适量叶绿素 a 和叶绿素 b 及类胡萝卜素(R)的标准储备液稀释到适当浓度,均以600 nm/min 的扫描速率在自动扫描式分光光度计上绘制其吸收光谱,并均以 $\Delta\lambda=4$ nm 转换成一级导数光谱。三条导数光谱的重叠如图5-10。由图可见:在646 nm 波长处叶绿素 b 的一阶导数值为零,而在此波长处叶绿素 a 有一定的负一阶导数值;类似地,在635 nm 波长处叶绿素 a 的一阶导数值为零,而在此波长处叶绿素 b 有一定的负一阶导数值,因而在此两波长处进行测定,两者互不干扰。由于类胡萝卜素(R)在此波长范围内的一阶导数值均为零,因此也不干扰叶绿素 a 和叶绿素 b 的测定。

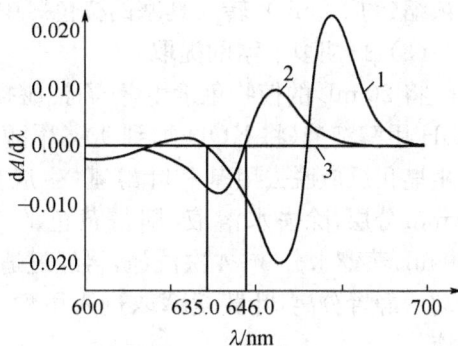

图5-10 一阶志数光谱图

1. 叶绿素 a（$2.815\ \mu g \cdot mL^{-1}$）
2. 叶绿素 b（$2.787\ \mu g \cdot mL^{-1}$）
3. 类胡萝卜素（$5.802\ \mu g \cdot mL^{-1}$）

分别以叶绿素 a 和叶绿素 b 的浓度(由分光光度法确定)为横坐标,以相应的导数值为纵坐标绘制各自的工作曲线。由样品溶液相应波长处的导数值,从各自的工作曲线上即可查得样品溶液中两者的含量,再经换算即可求得蔬菜叶片样品中叶绿素 a 和叶绿素 b 的百分含量。

四、实验用品

仪器:研钵,分液漏斗等常用玻璃仪器一套,离心机,载玻片,层析缸,大量筒,自动扫描式分光光度计。

试剂:硅胶 G,丙酮,乙醇,甲醇,石油醚,饱和 NaCl 溶液,碳酸镁,无水硫酸钠,KOH(30%),叶绿素 a、叶绿素 b 和类胡萝卜素的标准溶液(用购买来的纯品试剂配制或自行用菜叶经纸色谱分离提纯后稀释而得均可)。

五、实验内容

1. 叶绿素、β-胡萝卜素的提取

(1) 新鲜绿叶蔬菜,如菠菜、空心菜等,洗净后弃除叶柄和中脉,然后用纱布或吸水纸将菜叶表面的水分吸干。称取处理过的菜叶 5 g,剪碎后放在干净的研钵内,加入 0.1 g 碳酸镁,先将菜叶粗捣烂,然后加入 10 mL 乙醇-石油醚(2∶3),迅速研磨 5 min。用一不锈钢网滤去菜叶残渣,再研磨提取一次。最后再用 10 mL 乙醇-石油醚(2∶3)洗涤研钵等容器,一并过滤。

(2) 粗提取液的纯化

将合并的滤液转入分液漏斗,加入 5 mL 饱和的 NaCl 溶液和 45 mL 蒸馏水,轻轻振荡,放置分层。小心地把下层的含乙醇水溶液放掉,用洗瓶沿分液漏斗内壁加入 50 mL 蒸馏水洗涤石油醚层 2～3 次,以彻底洗去乙醇或丙酮。每次都要轻轻转动分液漏斗,使叶绿体色素保留在上层的石油醚层中,静置,待分层清楚后,去掉下面的水溶液。再往石油醚色素提取液加入少量无水 Na_2SO_4 除去残余水分。最后用旋转蒸发器,控制 30～35℃水浴进行适当浓缩(约 10 mL),转入具塞的棕色瓶中置于暗处保存。

(3) β-胡萝卜素的提取

将 20 mL 的植物色素甲醇-石油醚提取溶液移入 100 mL 分液漏斗中,加入 5 mL 30% KOH 甲醇溶液(将 KOH 加到 90%甲醇水溶液中配制),充分混合后避光放置 1 h。叶绿素发生皂化反应脱去甲基和叶醇基,生成衍生叶绿素。然后,加水 25 mL,轻轻振荡后静置 10 min 分层,除去水溶液,即得黄色的 β-胡萝卜素石油醚溶液。然后将石油醚溶液用 100 mL 蒸馏水分 3~4 次洗涤,再经过适当浓缩后移入分液漏斗,用 10 mL 92%甲醇洗涤,摇动后静置分离,叶黄素萃取进入甲醇中。重复处理 3 次,合并所得 β-胡萝卜素石油醚溶液。

往分离后的甲醇溶液加入等体积的乙醚和等体积的水。振荡后用分液漏斗分出上层乙醚溶液,加入少量无水硫酸钠进行干燥。过滤后蒸去乙醚,即得深红色的叶黄素软膏状物质。

2. 薄层色谱法分离

(1) 薄层板的制备

取若干块洗净的载玻片(5 cm×20 cm),采用硅胶 G 加适量蒸馏水调制后制成薄层板,晾干后在 105℃活化 0.5 h,放在干燥器内备用。

(2) 点样

取制备好的薄层板一块,在板两侧距底边 1.5 cm 处各做一记号,用玻璃毛细管吸取浓缩的色素石油醚提取液,从距两侧记号 1.5 cm 处,分别用毛细管点样,斑点不应超过 5 mm,晾干。

(3) 展开

分离叶绿体色素的展开剂有:石油醚(60~90℃)-丙酮-乙醚(3∶1∶1);石油醚-丙酮 (8∶2);石油醚-乙酸乙酯(6∶4);苯-丙酮(7∶3)和石油醚(30~60℃)-丙酮-正丁醇(90∶ 10∶4.5)等。

本实验将 150 mL 石油醚(60~90℃)-丙酮-乙醚(3∶1∶1)展开剂倒入层析缸中,并在层析缸的内壁四周贴一张 5 cm 高的滤纸,滤纸下部浸在展开剂中,盖好盖子平衡 10~ 15 min。将点样好的硅胶板放入展开缸里,液面不能超过点样线,盖好盖子进行上行层析。待展开剂前沿上升到距硅胶板上端 1.5~2 cm 时,取出硅胶板置于通风橱里晾干,可看到层析板上出现若干色素带,其排列顺序一般是 β-胡萝卜素、去镁叶绿素、叶绿素 a、叶绿素 b 和叶黄素等多条色带。用铅笔标记出样品斑点,计算各色素的比移值 R_f。

(4) 样品收集

将层析板上分开的 β-胡萝卜素、叶绿素 a、叶绿素 b 的色带分别用干净的刮刀刮入试管中,加入 5 mL 丙酮提取,低温避光保存。

3. 分光光度法测定

(1) 标准溶液浓度的确定

配制叶绿素 a 和叶绿素 b 的标准溶液系列,应用分光光度法确定其浓度。

分别移取用购买来的纯品试剂配制或用菜叶经纸色谱分离提纯稀释而得的叶绿素 a 标准溶液 1.00 mL、2.00 mL、3.00 mL、4.00 mL、5.00 mL 于 5 个 10 mL 的棕色容量瓶中,用 90%的丙酮溶液定容,用分光光度法分别测定其在 644 nm 和 662 nm 处的吸光度,用 $c_{叶绿素a}$

$(\mu g/mL)=9.78A_{662}-0.99A_{644}$ 计算其浓度。再分别移取用购买来的纯品试剂配制或用菜叶经色谱分离提纯稀释而得的叶绿素 b 标准溶液 1.00 mL、2.00 mL、3.00 mL、4.00 mL、5.00 mL 于 5 个 10 mL 的棕色容量瓶中，用 90% 的丙酮溶液定容，用分光光度法分别测定其在 644 nm 和 662 nm 处的吸光度，用 $c_{叶绿素b}(\mu g/mL)=21.43A_{644}-4.65A_{662}$ 计算其浓度。

（2）绘制叶绿素 a 和叶绿素 b 的一阶导数谱图，并确定其导数测定波长

按实验原理中所阐述的方法绘制叶绿素 a 和叶绿素 b 的一阶导数谱图，并按实验原理中所述的方法确定其可供测定的导数波长。各组获得的一阶导数测定波长可能略有不同，应以自己测得的为准。

（3）绘制叶绿素 a 和叶绿素 b 的工作曲线

按上述方法操作，分别测量各份叶绿素 a 标准溶液一阶导数光谱中 646.0 nm 处的导数峰值 H_a（单位：cm）。以叶绿素 a 的含量为横坐标，以 H_a 为纵坐标作图即得叶绿素 a 的工作曲线。同样按上述方法操作，分别测量各份叶绿素 b 标准溶液一阶导数光谱中 635.0 nm 处的导数峰值 H_b（单位：cm）。以叶绿素 b 的含量为横坐标，以 H_b 为纵坐标作图即得叶绿素 b 的工作曲线。在计算机上分别求出叶绿素 a 和叶绿素 b 的工作曲线的拟合方程和相关系数，计算结果。

（4）蔬菜叶片样品中叶绿素 a 和叶绿素 b 含量的测定

取 0.5 g 左右新鲜去脉的菜叶，准确称量。剪碎，置于研钵中，加 0.15 g $MgCO_3$ 和 3 mL 90% 丙酮，研磨至浆状。抽滤，多次洗涤。滤液收集在 50 mL 容量瓶中，以 90% 丙酮定容。按上述方法以 90% 丙酮溶液作为参比溶液进行测定，即可获得样品溶液的一阶导数谱图。分别量取 H_a 和 H_b，由叶绿素 a 和叶绿素 b 的标准曲线上即可查出样品溶液中叶绿素 a 和叶绿素 b 的含量。

六、问题与思考

（1）一般天然产物的提取方式有哪些？残余的植物组织应如何除去？

（2）研磨菜叶样品时为何要加入固体碳酸镁？

（3）为什么植物色素的色谱分离大多采用含石油醚提取液，而不直接用丙酮提取液？

（4）简述色谱分离色素原理。

（5）为什么色素在吸附柱上会分离成不同的色带？试从柱色谱原理以及色素的化学结构加以分析。

（6）既然可以用分光光度法测定叶绿素 a 和叶绿素 b，为何还要用导数分光光度法测定蔬菜叶片中叶绿素 a 和叶绿素 b 的含量？

附　注

（1）叶绿体色素对光、温度、氧气环境、酸碱及其他氧化剂都非常敏感。色素的提取和分析一般都要在避光、低温及无酸碱等干扰的情况下进行。乙醚使用前应重蒸除去过氧化物。

（2）使用低沸点易挥发有机溶剂要注意实验室安全。实验室要保持良好的通风条件，不得靠近明火操作。

（3）分离后的单一色素提取液不宜长期存放，必要时应抽干充氮避光低温保存。

（4）样品溶液的制备过程应尽可能快些，并尽快完成测定。

§5.29　黄酒成分的分析

(Ⅰ) 总糖的测定——铁氰化钾滴定法

一、实验原理

费林溶液与还原糖共沸,在碱性溶液中将铜离子还原成亚铜离子,并与溶液中亚铁氰化钾络合而呈黄色。以亚甲基蓝为指示液,达到终点时,稍微过量的还原糖将亚甲基蓝还原成无色为终点,依据试样水解液的消耗体积,计算总糖含量。

二、实验用品

仪器:锥形瓶,台秤,量筒,烧杯,调温电炉,酸式滴定管,碱式滴定管,分析天平。

药品:HCl 溶液(6 mol·L⁻¹),NaOH 溶液(200 g·L⁻¹),费林甲液(称取 15.0 g 硫酸铜(CuSO₄·5H₂O)及 0.05 g 亚甲基蓝,加水溶解并定容至 1 L,摇匀备用),费林乙液(称取 50 g 酒石酸钾钠、54 g 氢氧化钠及 4 g 亚铁氰化钾,加水溶解并定容至 1 L,摇匀备用),葡萄糖标准溶液(1 g·L⁻¹,称取 1.000 0 g 经 103℃～105℃烘干至恒重的无水葡萄糖,加水溶解,并加 5 mL 盐酸,再用水定容至 1 L,摇匀备用),甲基红指示剂(1 g·L⁻¹)。

三、实验内容

1. 空白试验

准确吸取费林甲、乙液各 5.00 mL 于 100 mL 锥形瓶中,加入 9 mL 葡萄糖标准溶液,混匀后置于电炉上加热,在 2 min 内沸腾,然后以 4～5 s 一滴的速度继续滴入葡萄糖标准溶液,直至蓝色消失立即呈现黄色为终点,记录消耗葡萄糖标准溶液的总体积。

2. 样品的测定

(1) 样品预处理

吸取试样 2.00～10.00 mL(控制水解液总糖量为 1～2 g·L⁻¹)于 100 mL 容量瓶中,加 30 mL 水和 5 mL 6 mol·L⁻¹盐酸溶液,在 68～70℃水浴中加热水解 15 min。冷却后,加入 2 滴甲基红指示剂,用氢氧化钠溶液中和至红色消失(近似于中性)。加水定容,摇匀,用滤纸过滤后备用。

(2) 预滴定

准确吸取费林甲、乙液各 5.00 mL 及 5.00 mL 样品水解液于 100 mL 锥形瓶中,摇匀后置于电炉上加热至沸腾,用葡萄糖标准溶液滴定至终点,记录消耗葡萄糖标准溶液的体积。

(3) 滴定

准确吸取费林甲、乙液各 5.00 mL 及 5.00 mL 样品水解液于 100 mL 锥形瓶中,加入比预滴定体积少 1.00 mL 的葡萄糖标准溶液,摇匀后置于电炉上加热至沸腾,继续用葡萄糖标准溶液滴定至终点。记录消耗葡萄糖标准溶液的体积。接近终点时,滴入的葡萄糖标准溶液用量应控制在 0.50～1.00 mL。

(4) 结果计算

按下式计算总糖的含量,结果的表述以算术平均值报三位有效数字:

$$X = \frac{(V_0 - V) \times c \times n}{5.00} \times 1000$$

式中:X 为样品中总糖的含量,$g \cdot L^{-1}$;V_0 为空白试验时,消耗葡萄糖标准溶液的体积,mL;V 为样品测定时,消耗葡萄糖标准溶液的体积,mL;c 为葡萄糖标准溶液的浓度,$g \cdot mL^{-1}$;n 为样品的稀释倍数。

同一样品两次滴定结果之差不得超过 0.10 mL。

附　注

(1) 本方法适用于干黄酒和半干黄酒中总糖的测定。以 $g \cdot L^{-1}$ 报告其结果,测定值保留三位有效数字。

(2) 斐林溶液要现用现配,甲、乙两溶液混合兵团要立即加热滴定。

(3) 滴定时用 100 mL 薄型锥形瓶,用 250 mL 锥形瓶效果不好。

(4) 滴定过程中应保持溶液处于微沸状态,以保证反应完全。

(5) 实验过程中颜色变化稍现即逝,要注意仔细观察。

（Ⅱ）pH 的测定——pH 计法

一、实验原理

将玻璃电极和甘汞电极浸入试样溶液中,构成一个原电池。两极间的电动势与溶液的 pH 有关。通过测量原电池的电动势,即可得到试样溶液的 pH。

二、实验用品

仪器:pH 计(精度 0.02 pH),复合电极,电磁搅拌器。

试剂:邻苯二甲酸氢钾标准缓冲溶液(pH=4.00),混合磷酸盐标准缓冲溶液(pH=6.86)。

三、实验内容

1. 仪器校准

按仪器使用说明书校正 pH 计,并注意校正温度,使其与测定时保持一致。

将复合电极事先用 pH=4.00 标准缓冲溶液校准。校准时,先将复合电极插入 pH=6.86标准缓冲溶液,调节"温度"旋钮至测定时温度,将"斜率"旋钮调至最大,调整"定位"旋钮至读数为 6.86。清洗电极后将电极插入 pH=4.00 标准缓冲溶液中,"定位"旋钮不动,调节"斜率"旋钮至读数为 4.00,再次清洗电极并用 pH=6.86 标准缓冲溶液进行校正,反复操作直至读数稳定在 4.00 和 6.86。

2. 样品的测定

移取适量酒样于样品杯中,并将样品杯置于电磁搅拌器上,插入复合电极,在搅拌下直接测定,直至 pH 计稳定 1 min 为止,记录。同一样品两次平行测定值之差,不得超过 0.05 pH。

（Ⅲ）总酸的测定——中和滴定法

一、实验原理

利用酸碱中和的原理，以氢氧化钠标准溶液直接滴定黄酒样品中的总酸，用 pH 计指示滴定终点，由所消耗的氢氧化钠标准溶液的体积计算黄酒中总酸的含量。

本方法适用于各种类型黄酒中总酸量的测定，结果以乳酸计，表示为 $g \cdot L^{-1}$，保留两位有效数字。

二、实验用品

仪器：pH 计，电磁搅拌器，分析天平，碱式滴定管。

试剂：NaOH 标准溶液($0.1\ mol \cdot L^{-1}$)。

三、实验内容

1. 仪器校准

按仪器使用说明书校正 pH 计，并注意校正温度使其与测定时保持一致。

将复合电极事先用 pH＝9.18 标准缓冲溶液校准。

2. 样品的测定

吸取试样 10.0 mL 于 150 mL 烧杯中，加入无二氧化碳的水 50 mL。烧杯中放入磁力搅拌棒，置于电磁搅拌器上，插入复合电极，在搅拌下用氢氧化钠标准溶液($0.1\ mol \cdot L^{-1}$)滴定，开始时可快速滴加氢氧化钠标准溶液，当滴定至 pH＝7.0 时，放慢滴定速度，每次加半滴氢氧化钠标准溶液，直至 pH＝8.20 为终点，记录所消耗氢氧化钠标准溶液的体积(V_1)。同时做空白试验，记录所消耗氢氧化钠标准溶液的体积(V_2)。按下式计算酒样中的总酸含量：

$$X = \frac{(V_1 - V_2) \times c \times 0.090}{V} \times 100$$

式中：X 为酒样中总酸的含量(以乳酸计)，$g \cdot L^{-1}$；V_1 为测定酒样时，消耗氢氧化钠标准溶液的体积，mL；V_2 为空白试验时，消耗氢氧化钠标准溶液的体积，mL；c 为氢氧化钠标准溶液浓度，$mol \cdot L^{-1}$；0.090 为与 1.00 mL 氢氧化钠标准溶液$[c(NaOH)＝0.1\ mol \cdot L^{-1}]$相当的，以克表示的乳酸的质量；$V$ 为吸取试样的体积，mL。

同一样品两次滴定结果之差，不得超过 0.05 mL。

（Ⅳ）氨基酸态氮的测定——中和滴定法

一、实验原理

氨基酸是两性化合物，分子中的氨基与甲醛反应后失去碱性，而使羧基呈酸性。用氢氧化钠标准溶液滴定羧基，用 pH 计指示滴定终点，通过所消耗的氢氧化钠标准溶液的体积计算黄酒中氨基酸态氮的含量。

本方法适用于各种类型黄酒中氨基酸态氮量的测定,结果表示为 g·L^{-1},保留两位有效数字。

二、实验用品

仪器:pH 计,电磁搅拌器,分析天平,复合电极,烧杯,碱式滴定管。

药品:磷酸盐标准缓冲溶液(pH=6.86),硼砂标准缓冲溶液(pH=9.18),NaOH 溶液(0.1 mol·L^{-1}),甲醛溶液(36%~38%)。

三、实验内容

1. 仪器校准

按仪器使用说明书校正 pH 计,并注意校正温度使其与测定时保持一致。

将复合电极事先用 pH=9.18 标准缓冲溶液校准。

2. 样品的测定

吸取试样 10.0 mL 于 150 mL 烧杯中,加入无二氧化碳的水 50 mL。烧杯中放入磁力搅拌棒,置于电磁搅拌器上,插入复合电极,在搅拌下用 0.1 mol·L^{-1}氢氧化钠标准溶液滴定,开始时可快速滴加氢氧化钠标准溶液,当滴定至 pH=7.0 时,放慢滴定速度,每次加半滴氢氧化钠标准溶液,直至 pH=8.20,加入甲醛溶液(36%~38%)10 mL,继续用氢氧化钠标准溶液滴定至 pH=9.20,记录加甲醛溶液后消耗氢氧化钠标准溶液的体积(V_1),同时做空白试验,记录加甲醛溶液后所消耗氢氧化钠标准溶液的体积(V_2)。

按下式计算试样中的氨基酸态氮含量:

$$X = \frac{(V_1 - V_2) \times c \times 0.014}{V} \times 1000$$

式中:X 为试样中氨基酸态的含量,g·L^{-1};V_1 为加甲醛后,测定试样时消耗氢氧化钠标准溶液的体积,mL;V_2 为加甲醛后,空白试验时消耗氢氧化钠标准溶液的体积,mL;c 为氢氧化钠标准溶液浓度,mol·L^{-1};0.014 为与 1.00 mL 氢氧化钠标准溶液[c(NaOH)=0.1 mol·L^{-1}]相当的,以克表示的氮的质量;V 为吸取试样的体积,mL。

同一样品两次滴定结果之差,不得超过 0.10 mL。

（Ⅴ）氧化钙的测定——EDTA 滴定法

一、实验原理

用氢氧化钾溶液调整黄酒试样的 pH 至 12 以上。以盐酸羟胺、三乙醇胺和硫化钠作掩蔽剂,排除锰、铁、铜等离子的干扰。在过量 EDTA 存在下,用钙标准溶液进行滴定。

本方法适用于各类黄酒中氧化钙含量的测定,以 g·L^{-1}报告其结果,测定值保留两位有效数字。

二、实验用品

仪器:锥形瓶,台秤,量筒,烧杯,烘箱,酸式滴定管,碱式滴定管,分析天平。

药品:盐酸溶液(1∶4),氢氧化钾溶液(280 g・L^{-1}),氢氧化钾溶液(56 g・L^{-1}),氯化镁溶液(100 g・L^{-1}),盐酸羟胺溶液(10g・L^{-1}),三乙醇胺溶液(500 g・L^{-1}),硫化钠溶液(50 g・L^{-1}),EDTA 溶液(0.02 mol・L^{-1}),钙标准溶液(0.01 mol・L^{-1},精确称取于105℃烘至恒重的基准级碳酸钙 1.000 g 于小烧杯中,加水 50 mL,用 1∶4 盐酸溶液使之溶解,煮沸,冷却至室温。用 56 g・L^{-1} 氢氧化钾溶液中和至 pH 6~8,用水定容至 1 L),钙羧酸指示剂(s)。

三、实验内容

准确吸取试样 2.00~5.00 mL(视试样中钙含量的高低而定)于 250 mL 锥形瓶中,50 mL加水,依次加入 1 mL 100 g・L^{-1}氯化镁溶液,1 mL 10 g・L^{-1}盐酸羟胺溶液,0.5 mL三乙醇胺溶液(500 g・L^{-1}),0.5 mL 50 g・L^{-1}硫化钠溶液,混匀,加入 5 mL 280 g・L^{-1}氢氧化钾溶液,再准确加入 0.02 mol・L^{-1}EDTA 溶液 5.00 mL,钙羧酸指示剂一小勺(约0.1 g),摇匀,用 0.01 mol・L^{-1}钙标准溶液滴定至蓝色消失并初现酒红色为终点。记录消耗钙标准溶液的体积 V_1。同时以蒸馏水代替样品做空白试验,记录消耗钙标准溶液的体积 V_0。

按下式计算氧化钙含量:

$$X = \frac{c \times (V_0 - V_1) \times 0.056\,1}{V_2} \times 1\,000$$

式中:X 为样品中氧化钙的含量,g・L^{-1};c 为钙标准溶液浓度,mol・L^{-1};V_1 为样品测定时,消耗钙标准溶液的体积,mL;V_0 为空白试验时,消耗钙标准溶液的体积,mL;V_2 为吸取样品的体积,mL;0.0561 为 1 mmol 氧化钙的质量,g。

同一样品两次平行测定值之相对偏差,不得超过 5%。

(Ⅵ) 氧化钙的测定——高锰酸钾滴定法

一、实验原理

试样中的钙离子与草酸铵反应生成草酸钙沉淀。将沉淀滤出,洗涤后,用硫酸溶解,再用高锰酸钾标准溶液滴定草酸根,根据高锰酸钾溶液的消耗量计算试样中氧化钙的含量。

本方法适用于各种类型黄酒中氧化钙的测定,以 g・L^{-1} 报告其结果,测定值保留两位有效数字。

二、实验用品

仪器:调温电炉,锥形瓶,台秤,量筒,烧杯,烘箱,酸式滴定管,碱式滴定管,分析天平。

药品:盐酸,硫酸溶液(1∶3),氨水(1∶10),饱和草酸铵溶液,高锰酸钾标准溶液(0.1 mol・L^{-1}),甲基橙指示剂(1g・L^{-1})。

三、实验内容

准确吸取试样 25.0 mL 于 400 mL 烧杯中,加 50 mL 水,再依次加入 3 滴 1 g/L 甲基橙指示液、2 mL 浓盐酸、30 mL 饱和草酸铵溶液,加热至 70~80℃,边搅拌边逐滴加氨水溶液

(1：10)，直至试液变为黄色。将上述烧杯置于约 40℃温热处保温 2～3 h(或放置过夜)，用玻璃漏斗和滤纸过滤，用 1：10 氨水溶液洗涤沉淀 3～4 次，再用微热的蒸馏水洗 4～5 次，检验滤液至无氯离子(经硝酸酸化，用硝酸银检验)。将沉淀及滤纸小心从玻璃漏斗中取出，放入烧杯中，加 25 mL 硫酸溶液(1：3)，再补加水至 100 mL 使沉淀完全溶解，加热保持 70～80℃，用 0.01 mol·L^{-1}高锰酸钾标准溶液滴定至微红色，并保持 30 s 为终点。记录消耗的高锰钾标准溶液的体积(V_1)。同时用 100 mL 水作空白试验，记录消耗高锰酸钾标准溶液的体积(V_0)。

按下式结果计算：

$$X = \frac{(V_1 - V_0) \times c \times 0.028\,0}{V_2} \times 1\,000$$

式中：X 为试样中氧化钙的含量，g·L^{-1}；V_1 为测定试样时，消耗 0.01 mol·L^{-1}高锰酸钾标准溶液的体积，mL；V_0 为空白试验时，消耗 0.01 mol·L^{-1}高锰酸钾标准溶液的体积，mL；c 为高锰酸钾标准溶液的实际浓度，mol·L^{-1}；0.028 0 为 1.00 mL 高锰酸钾标准溶液[$c(KMnO_4)=0.1$ mol·L^{-1}]相当于氧化钙的质量，g；V_2 为吸取试样的体积，mL。

计算结果精确至 2 位有效数字。

同一试样两次测定值之差，不得超过平均值的 5%。

(Ⅷ) 挥发酯的测定——中和滴定法

一、实验原理

黄酒通过蒸馏，酒中的挥发酯收集在馏出液中。先用碱中和馏出液中的挥发酸，再加入一定的碱使酯皂化，过量的碱再用酸返滴定，其反应式为：

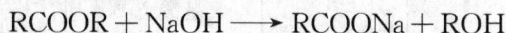

$$RCOOR + NaOH \longrightarrow RCOONa + ROH$$
$$2NaOH + H_2SO_4 \longrightarrow Na_2SO_4 + 2H_2O$$

本方法适用于绍兴黄酒中挥发酯的测定，所得结果以 g·L^{-1}表示，保留两位小数。

二、实验用品

仪器：可调式电热套，调温电炉，500 mL 圆底烧瓶，直形冷凝管，蒸馏装置标准接口，250 mL 全玻璃回流装置，容量瓶，锥形瓶，碱式滴定管，分析天平，制冰机，冰箱。

药品：硫酸标准溶液(0.1 mol·L^{-1})，氢氧化钠标准溶液(0.1 mol·L^{-1})，酚酞指示剂(10 g·L^{-1})，冰块。

三、实验内容

1. 试样的制备

在约 20℃时，用容量瓶取黄酒试样 100 mL，全部移入 500 mL 蒸馏瓶中。用 100 mL 水分几次洗涤容量瓶，洗液并入蒸馏瓶中，加数粒玻璃珠。装上冷凝管，通入冷水，用原 100 mL 容量瓶接收馏出液(外加冰浴)。加热蒸馏，直至收集馏出液体积约 95 mL 时，停止蒸馏。于水浴中恒温至约 20℃，用水定容，摇匀。

2. 样品的测定

吸取上述馏出液 50.0 mL 于 250 mL 锥形瓶中,加入酚酞指示剂(10g·L^{-1})$_2$ 滴,以 0.1 mol·L^{-1}氢氧化钠标准溶液滴定至微红色,准确加入 0.1 mol·L^{-1}氢氧化钠标准溶液 25.0 mL,摇匀,装上冷凝管,于沸水中回流 30 min,取下,冷却至室温。然后再准确加入 0.1 mol·L^{-1}硫酸标准溶液 25.0 mL,摇匀,用 0.1 mol·L^{-1}氢氧化钠标准溶液滴定至微红色,30 s 内不消失为止,记录消耗氢氧化钠标准溶液的体积。

按下式计算试样中的挥发酯含量:

$$X = \frac{[(25.0+V) \times c_1 - 2 \times 25.0 \times c_2] \times 0.088}{50.0} \times 1\,000$$

式中:X 为试样中挥发酯的含量,g·L^{-1};c_1 为氢氧化钠标准溶液浓度,mol·L^{-1};c_2 为硫酸标准溶液浓度,mol·L^{-1};V 为滴定剩余硫酸所耗用的氢氧化钠标准溶液的体积, mL。0.088 为乙酸乙酯的摩尔质量,g·mol^{-1}。

同一样品两次滴定结果之差,不得超过 0.01g·L^{-1}。

附注

表 5-7　黄酒测定成分的国家标准(GB/T　13662—2000)[*]

品　种	总糖(以葡萄糖计), g·L^{-1}	pH	总酸(以乳酸计), g·L^{-1}	氨基酸态 N,g·L^{-1}≥			氧化钙, g·L^{-1}≤
				优级	一级	二级	
干黄酒	≤15.0	3.5~4.5	3.5~7.0	0.50	0.40	0.30	1.0
半干黄酒	15.1~40.0	3.5~4.5	3.5~7.0	0.60	0.50	0.40	1.0
半甜黄酒	40.1~100.0	3.5~4.5	4.5~8.0	0.50	0.50	0.40	1.0

表 5-8　清爽型黄酒的轻工业标准(QB/T　2746—2005)[*]

品　种	总糖(以葡萄糖计),g·L^{-1}	pH	总酸(以乳酸计),g·L^{-1}	氨基酸态 N, g·L^{-1}≥		氧化钙 g·L^{-1}≤	挥发酯(以乙酸乙酯计),g·L^{-1}≥	
				一级	二级		一级	二级
干黄酒	≤15.0	3.5~4.5	2.5~7.0	0.30	0.20	0.5	0.20	0.15
半干黄酒	15.1~40.0	3.5~4.5	2.5~7.0	0.40	0.30	0.5	0.20	0.15
半甜黄酒	40.1~100.0	3.5~4.5	3.8~8.0	0.40	0.30	0.5	0.20	0.15

表 5-9　烹饪型黄酒的轻工业标准(QB/T　2745—2005)[*]

类　别	优级	一级
总糖(以葡萄糖计),g·L^{-1} ≥	10.0	—
总酸(以乳酸计),g·L^{-1}	3.0~7.0	
氨基酸态 N,g·L^{-1} ≥	0.40	0.25
挥发酯(以乙酸乙酯计),g·L^{-1} ≥	0.15	0.10

[*] 上述所有标准仅适用于稻米黄酒。

第六章　设计研究实验

§6.1　从海带中提取碘

一、实验导读

碘是人体所必需的微量元素,组成甲状腺和多种酶,起到调节能量、加速生长等作用。海带中富含大量 I^-,灰化后用水浸取,I^- 进入溶液,蒸发至干,选用氧化剂将 I^- 氧化成单质碘,利用碘易升华的性质收集碘。

二、实验要求

（1）设计从海带中提取碘的实验方案。
（2）完成实验,提交实验报告。

三、问题与思考

（1）那些氧化剂能将 I^- 氧化成单质碘? 你选择何种氧化剂? 为什么?
（2）碘与人体健康有哪些关系?

§6.2　过氧化钙的制备与含量分析

一、实验导读

CaO_2 是环境友好产品,广泛作为杀菌剂、防腐剂、解酸剂和漂白剂等。例如将 CaO_2 用于稻谷种子拌种,不易发生秧苗烂根。CaO_2 是口香糖、牙膏、化妆品的添加剂。若在面包烤制中添加一定量的 CaO_2,能引发酵母增长,增加面包的可塑性。用聚乙烯醇等微溶于水的聚合物包裹 CaO_2 微粒,可以制成寿命长、活性大的氧化剂。据有关资料报道,CaO_2 可代替活性污泥处理城市污水,降低 COD 和 BOD（即化学需氧量和生化需氧量）。

过氧化钙为白色或淡黄色粉末,室温下稳定,加热到 300℃ 时分解为 CaO 和 O_2,难溶于水,不溶于己醇与丙酮,在潮湿空气中也会缓慢分解,可溶于稀酸生成过氧化氢。

制备 CaO_2 的方法有多种。物料的选择、物料比、反应温度、反应时间等影响产品的质量与产率。

在酸性条件下,CaO_2 与稀酸反应生成 H_2O_2,用 $KMnO_4$ 标准溶液滴定所生成的 H_2O_2,可以确定其含量。

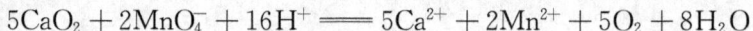

$$5CaO_2 + 2MnO_4^- + 16H^+ = 5Ca^{2+} + 2Mn^{2+} + 5O_2 + 8H_2O$$

$$\omega(\mathrm{CaO_2}) = \frac{\frac{5}{2}c(\mathrm{KMnO_4})V(\mathrm{KMnO_4})M(\mathrm{CaO_2})}{m_{产品}} \times 100\%$$

二、实验要求

(1) 设计制备 $\mathrm{CaO_2}$ 及测定 $\mathrm{CaO_2}$ 含量的实验方案。

(2) 完成实验,提交实验报告。

(3) 查阅文献,写一篇介绍 $\mathrm{CaO_2}$ 用途的综述。

三、问题与思考

(1) 产品 $\mathrm{CaO_2}$ 中会含有哪些主要杂质? 如何提高产品的纯度?

(2) $\mathrm{KMnO_4}$ 是氧化还原滴定中最常用的氧化剂之一,该滴定通常在酸性条件下进行,一般用稀硫酸酸化。而本实验测定 $\mathrm{CaO_2}$ 含量时,用稀 $\mathrm{H_2SO_4}$ 还是用稀 HCl? 为什么?

(3) 如何储存 $\mathrm{CaO_2}$? 为什么?

§6.3　粗硫酸铜的提纯

一、实验导读

粗硫酸铜中含常有不溶性杂质(如泥沙等)和可溶性杂质 $\mathrm{FeSO_4}$、$\mathrm{Fe_2(SO_4)_3}$。不溶性杂质可用过滤法除去,对于可溶性杂质铁离子,可用氧化剂将 $\mathrm{Fe^{2+}}$ 氧化成 $\mathrm{Fe^{3+}}$,然后控制一定 pH 使 $\mathrm{Fe^{3+}}$ 完全生成 $\mathrm{Fe(OH)_3}$ 沉淀而除去,而在此 pH 下,不会有 $\mathrm{Cu(OH)_2}$ 沉淀产生。

二、实验要求

(1) 设计报告包括硫酸铜的提纯方案和硫酸铜提纯前后杂质铁含量的定性对比方案。设计报告应写明实验原理、方法、步骤等,列出所需的实验用品。

(2) 完成实验,提交实验报告。

三、问题与思考

(1) 除去杂质铁离子时,为什么要先将 $\mathrm{Fe^{2+}}$ 氧化成 $\mathrm{Fe^{3+}}$? 选择哪一种氧化剂为好?

(2) 若采用控制 pH 的方法来分离 $\mathrm{Fe^{3+}}$ 和 $\mathrm{Cu^{2+}}$,pH 应该控制为何值? 为什么?

(3) 如何定性检验 $\mathrm{CuSO_4}$ 中的 $\mathrm{Fe^{3+}}$?

(4) 提纯后的 $\mathrm{CuSO_4}$ 溶液蒸发浓缩时,需要酸化吗? 为什么?

§6.4　碱式碳酸铜的制备

一、实验导读

碱式碳酸铜 $Cu_2(OH)_2CO_3$ 为暗绿色物质，在水中的溶解度很小，在沸水中易分解。

制备碱式碳酸铜的原料有多种，如碳酸钠和硫酸铜反应、硝酸铜和碳酸氢铵反应等。反应物之间按一定配比在一定温度下反应可制得碱式碳酸铜。制备的关键是选择好反应物料、反应物料的配比和反应温度。

二、实验要求

（1）至少设计两种制备碱式碳酸铜的方案。

（2）研究反应物料的配比和反应温度对实验的影响。

（3）提交实验产品。

（4）完成实验报告。

三、问题与探讨

（1）如果选择利用碳酸钠溶液和硫酸铜溶液反应制备碱式碳酸铜，将碳酸钠溶液倒入硫酸铜溶液中与将硫酸铜溶液倒入碳酸钠溶液中，结果会有什么不同？你选择哪种方式？为什么？

（2）如何测定产物中铜及碳酸根的含量？

§6.5　混合阳离子的分离与鉴定

一、实验导读

1. 无机半微量定性分析中对鉴定反应的基本要求

（1）鉴定反应必须快速进行，反应现象应保持一段时间，这样才便于观察和比较。

（2）鉴定反应必须有明显的外观特征，这些特征主要有沉淀的生成或溶解，溶液颜色的变化，气体的产生以及干法试验中产生焰色反应或特征的熔珠等。

（3）鉴定反应必须有较高的反应灵敏度。灵敏度是指在一定反应条件下，某分析反应能检出待测离子的最小量（称为检出限量，用 m 表示）或最小浓度（最低浓度），m 很小时就能发生显著反应，表明该反应为灵敏度高的反应。

每一鉴定反应所能检出的离子量都有一个限度，低于此限度离子就不被检出，因此某一离子经鉴定，得到否定结果，这并不能说明该离子不存在，而只是说明用这些鉴定反应来鉴定该离子，其含量小于鉴定反应的检出限量，或由于试液太稀，而低于此鉴定反应的最低限度。适宜的鉴定反应灵敏度为 $m<50~\mu g$。

（4）鉴定反应希望有较高的选择性。一种试剂能与多少种离子反应，这是选择性的问题。一种试剂只与一种离子反应，此试剂称为专属性试剂，此反应称为专属性反应；若与少数几种离子反应,则称此试剂为选择性试剂,此反应称为选择性反应;与多种离子反应,则此试剂称为普通性试剂(或通用试剂),此反应称为普通性反应。如:无 CN^- 存在时,用气室法检验 NH_4^+ 的反应,基本上可以认为是专属性反应;在 HAc 溶液中,Pb^{2+} 与 CrO_4^{2-} 生成 $PbCrO_4$ 黄色沉淀,仅 Ba^{2+} 等少数离子有干扰,此为选择性反应;S^{2-} 与 Zn^{2+} 生成 ZnS 白色沉淀,Cu^{2+}、Co^{2+}、Ni^{2+}、Fe^{2+} 等多种离子也与 S^{2-} 反应生成有色沉淀,故为普通性反应。一般应用一些选择性较高的反应进行离子鉴定,因此要求在鉴定之前做一些必要的分离或控制一定的反应条件以提高反应的选择性。如采用控制溶液的酸度,加入掩蔽剂或者分离干扰离子等方法消除其他离子的干扰。

2. 鉴定反应的条件

(1) 反应介质的酸碱性

反应介质的酸碱性对某些鉴定反应有很大的影响。例如:用 CrO_4^{2-} 鉴定 Pb^{2+} 的反应要求在中性或弱酸性溶液中进行。因为在碱性介质中会生成 $Pb(OH)_2$ 沉淀,若碱性太强,则生成 $[Pb(OH)_4]^{2-}$;若酸性太强,由于 H^+ 与 CrO_4^{2-} 易结合成难电离的 $HCrO_4^-$,降低溶液中 CrO_4^{2-} 浓度,得不到黄色的 $PbCrO_4$ 沉淀,使鉴定反应的灵敏度降低。

(2) 反应离子浓度和试剂浓度

在鉴定反应中,为保证反应显著,要求溶液中反应离子和试剂有一定的浓度。例如,对于沉淀反应,不仅要求溶液中反应物的离子积超过该温度下沉淀物的溶度积,而且要求析出足够量的沉淀,便于观察。对于生成溶解度较大的物质,这一点尤为重要。例如,$PbCl_2$ 在水中溶解度较大,所以只有当溶液中 Pb^{2+} 的浓度较大时,才能观察到白色 $PbCl_2$ 沉淀的生成。又如用钼酸铵试剂鉴定 PO_4^{3-} 的反应:

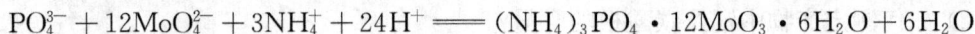

$$PO_4^{3-} + 12MoO_4^{2-} + 3NH_4^+ + 24H^+ \longrightarrow (NH_4)_3PO_4 \cdot 12MoO_3 \cdot 6H_2O + 6H_2O$$

由于生成黄色的磷钼酸铵沉淀能溶于过量磷酸盐溶液,因此要求加入过量钼酸铵试剂,才能确保产生特征的黄色沉淀。

但反应离子的浓度并非总是大一些好。例如,用强氧化剂($NaBiO_3$、PbO_2 或 $(NH_4)_2S_2O_8$)检验 Mn^{2+}(Mn^{2+} 被氧化为紫红色的 MnO_4^-)的反应,Mn^{2+} 浓度不能过大,因为过量 Mn^{2+} 会还原 MnO_4^- 而使紫红色褪去。

(3) 反应的温度、催化剂

溶液的温度有时对鉴定反应有较大的影响,有些难溶物的溶解度随温度升高而迅速增大,使沉淀不能产生,如 $PbCl_2$ 能溶于热水。

但有些鉴定反应特别是某些氧化还原反应的反应速率很慢,必须加热以加快反应速率。例如 $S_2O_8^{2-}$ 氧化 Mn^{2+} 的反应必须加热,除加热外,还需加入 Ag^+ 作催化剂,才能加速反应的进行。若没有 Ag^+ 作催化剂,$S_2O_8^{2-}$ 只将 Mn^{2+} 氧化成四价锰形成 $MnO(OH)_2$ 棕色沉淀。

(4) 溶剂

为提高鉴定反应的灵敏度,增加生成物的稳定性,某些鉴定反应常要求在有机溶剂中进行。例如,用 H_2O_2 鉴定 Cr^{3+} 的反应。反应如下:

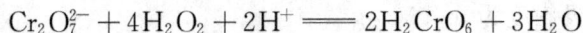

$$Cr_2O_7^{2-} + 4H_2O_2 + 2H^+ \longrightarrow 2H_2CrO_6 + 3H_2O$$

生成深蓝色的过铬酸在水溶液中极不稳定,易分解为 Cr^{3+} 使蓝色褪去,但在有机溶剂中比较稳定,因此为增加过铬酸的稳定性,除控制在低温度下进行反应外,还要加入乙醚(或戊醇),把反应生成的过铬酸立即萃取到乙醚层中。

3. 分别分析与系统分析

(1) 分别分析

分别分析是指共存的离子对待鉴定离子的反应不干扰,或少数几种离子虽有干扰,但可用加掩蔽剂的方法除去干扰,直接在试液中用专属性或选择性高的反应检出待鉴定离子的方法。它适用于指定范围内离子的定性分析,即当试液组成已大致了解,只要证实其中某个或某些离子是否存在时。在分别分析法中检出各个离子的先后顺序没有什么关系。

(2) 系统分析

阳离子的种类较多,个别定性检出时,其他离子存在容易发生相互干扰,所以一般阳离子分析是利用阳离子的共同特性,先分成几组,然后再根据阳离子的个别特性加以检出。凡能使一组阳离子在适当的反应条件下生成沉淀而与其他组阳离子分离的试剂称为组试剂。利用不同的组试剂把阳离子逐组分离,再进行检出的方法叫阳离子系统分析。

常见的系统分析法有硫化氢系统法(图 6-1)和两酸(HCl、H_2SO_4)两碱($NaOH$、$NH_3 \cdot H_2O$)系统法(图 6-2)。但对于一组已知离子范围的未知混合液,常只须根据具体情况做局部分离而不必做整体系统的分离分析。

常见阳离子的鉴定见附录 8。

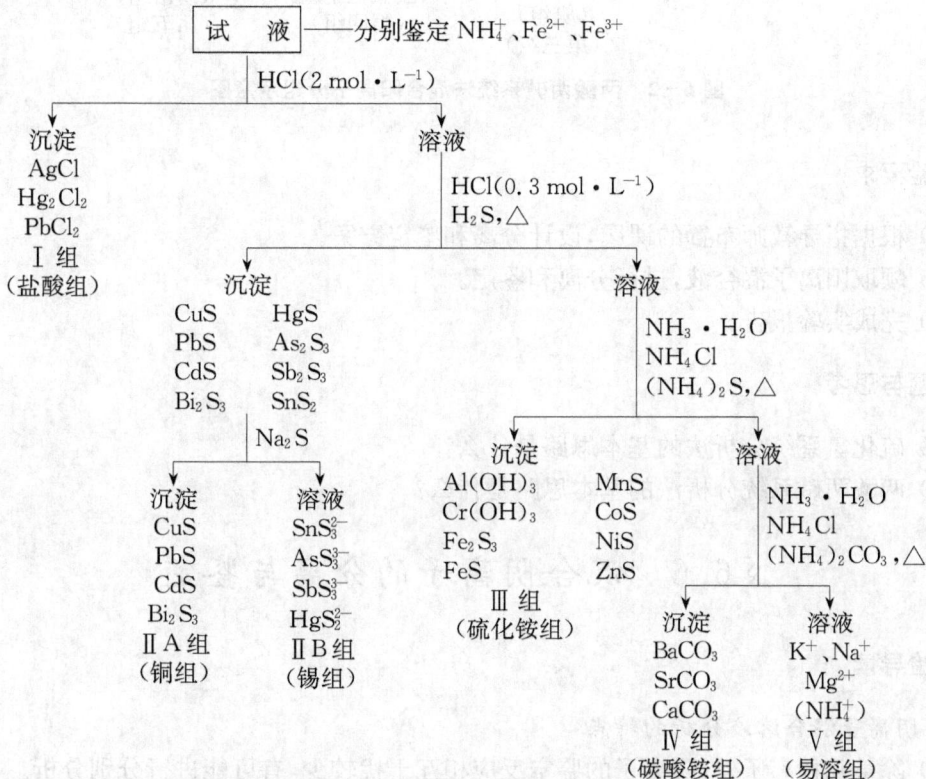

图 6-1 硫化氢系统法混合阳离子分组示意图

```
                  样  品 ——分别鉴定 NH₄⁺、Fe²⁺、Fe³⁺
                     │ HCl(2 mol·L⁻¹)
          ┌──────────┴──────────┐
        沉淀                   溶液
        AgCl                    │ H₂SO₄(3 mol·L⁻¹)
        Hg₂Cl₂                  │ 乙醇(95%),△
        PbCl₂          ┌────────┴────────┐
       (盐酸组)       沉淀              溶液
       (第一组)       PbSO₄              │ NH₃·H₂O(浓)
                       BaSO₄             │ NH₄Cl(3 mol·L⁻¹)
                       CaSO₄             │ H₂O₂(3%),△
                      (硫酸组)    ┌───────┴───────┐
                      (第二组)   沉淀            溶液
                                 Fe(OH)₃          │ NaOH(6 mol·L⁻¹)
                                 MnO(OH)₂   ┌──────┴──────┐
                                 Bi(OH)₃   沉淀          溶液
                                 Al(OH)₃   Co(OH)₂、Ni(OH)₂  Zn(OH)₄²⁻
                                 Sn(OH)₄   Cu(OH)₂、(Cd(OH)₂  K⁺、Na⁺
                                 Sb(OH)₅   HgO、Mg(OH)₂      NH₄⁺
                                 Cr(OH)₃  (氢氧化钠组)    (易溶组)
                                 (氨组)    (第四组)        (第五组)
                                 (第三组)
```

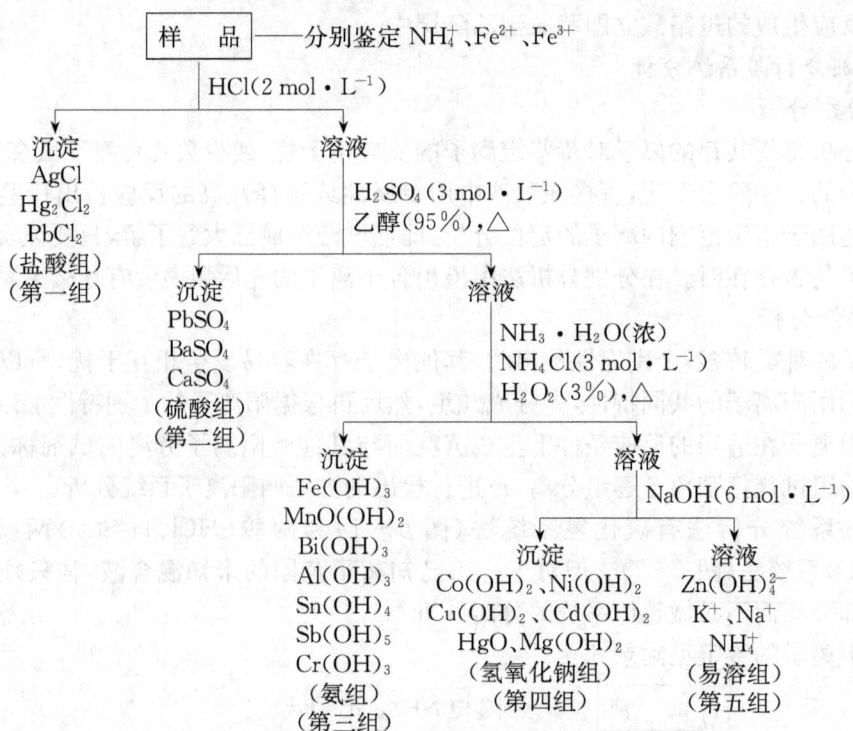

图 6-2 两酸两碱系统法混合阳离子分组示意图

二、实验要求

(1) 根据指导教师布置的课题,设计分离和鉴定方案。

(2) 领取阳离子混合液,进行分离和鉴定。

(3) 完成实验报告。

三、问题与思考

(1) 硫化氢系统分析法的基本思路是什么?

(2) 两酸两碱系统分析法的基本思路是什么?

§6.6 混合阴离子的分离与鉴定

一、实验导读

1. 阴离子混合溶液分析的特点

(1) 除某几种离子外,阴离子的鉴定反应相互干扰较少,有可能进行分别分析。

(2) 在同一种试样溶液中,由于有些阴离子之间会相互作用,有一些阴离子会与金属离子形成沉淀,所以可能共存的阴离子数量往往不会很多。

(3) 正由于上述两个原因,所以阴离子混合液的分析一般比阳离子简单得多。通常采用"删除法"进行初步检验。在阴离子中有的具有一定的酸碱性,有的与酸作用生成挥发性物质,有的与试剂作用生成沉淀,有的表现出氧化还原性质。利用这些特点进行初步试验,可以判别可能存在的阴离子,排除某些阴离子。然后再通过这些可能存在阴离子的鉴定反应加以确定。

2. 初步试验

(1)外观估测 如果是固体试样,可以通过观察试样的物态、晶状、颜色、热稳定性、溶解性、溶解后溶液的酸碱性及离子的颜色等初步估测离子的存在与否。

(2)试液的酸碱性试验 用 pH 试纸试验分析液的酸碱性。如果 pH<2,则 CO_3^{2-} 及不稳定的 $S_2O_3^{2-}$ 不可能存在,如果此时无臭味,则 S^{2-}、SO_3^{2-}、NO_2^- 也不存在。

(3)稀 H_2SO_4 试验 试液呈中性或碱性时,取几滴试液用稀 H_2SO_4 酸化,轻敲管底,观察有无气泡产生,如现象不明显,可稍微加热,仍没有发现气泡生成则不存在 S^{2-}、SO_3^{2-}、$S_2O_3^{2-}$、NO_2^-、CN^-、CO_3^{2-} 等离子(由于 CN^- 剧毒,所以除特殊情况外,一般溶液中不存在)。

(4)还原性阴离子试验 在酸性条件下加入 $KMnO_4$ 溶液,如果 MnO_4^- 紫红色褪去,则表示可能存在 S^{2-}、SO_3^{2-}、$S_2O_3^{2-}$、Br^-、I^-、NO_2^- 等还原性阴离子,检出还原性阴离子后若试样中加入 I_2-淀粉溶液,蓝色褪去,则表示有 S^{2-}、SO_3^{2-}、$S_2O_3^{2-}$ 等强还原性阴离子。

(5)氧化性阴离子试验 在酸性条件下加入 CCl_4 和 KI 溶液,如果 CCl_4 层显紫色则存在氧化性 NO_2^-(或 AsO_4^{3-})阴离子。

(6)$BaCl_2$ 试验 在试液中加入 $BaCl_2$ 溶液,如果有沉淀产生,表示可能有 SO_3^{2-}、S^{2-}、$S_2O_3^{2-}$、SO_4^{2-} 等离子。

(7)$AgNO_3$ 试验 在试液中加入 $AgNO_3$,如果立即生成黑色沉淀则表示有 S^{2-},如果生成白色沉淀并迅速变黄→棕→黑,则表示有 $S_2O_3^{2-}$。如果沉淀在加入 HNO_3 并搅拌后仍不溶解或只部分溶解,则表示有 Cl^-、Br^-、I^-。阴离子的初步试验见表 6-1。

表 6-1 阴离子的初步试验

结果＼试剂 阴离子	气体放出试验 (稀 H_2SO_4)	还原性阴离子试验		氧化性阴离子试验 (KI、稀 H_2SO_4、CCl_4)	$BaCl_2$ (中性或弱碱性)	$AgNO_3$ (稀 HNO_3)
		$KMnO_4$ (稀 H_2SO_4)	I_2-淀粉 (稀 H_2SO_4)			
CO_3^{2-}	+				+	
NO_3^-				(+)		
NO_2^-	+	+		+		
SO_4^{2-}					+	
SO_3^{2-}	(+)	+	+		+	
$S_2O_3^{2-}$	(+)	+	+		(+)	+
PO_4^{3-}					+	
S^{2-}	+	+	+			+
Cl^-						+
Br^-		+				+
I^-		+				+

(+):表示实验现象不明显,只有在适当条件下才能发生反应。

二、实验要求

(1) 根据指导教师布置的课题,设计分离和鉴定方案。

(2) 领取阴离子混合液,进行分离和鉴定。

(3) 完成实验报告。

三、问题与思考

(1) 常见的阴离子中,哪些具有氧化性? 哪些具有还原性?

(2) 酸性条件下 I^-、$S_2O_3^{2-}$、PO_4^{3-}、NO_3^- 能否共存?

(3) NO_2^- 在酸性介质中与 $FeSO_4$ 也产生棕色环反应,那么在 NO_3^- 和 NO_2^- 混合液中你将怎样鉴定 NO_3^- 的存在?

(4) 在酸性条件下,使 I_2-淀粉溶液褪色的阴离子有哪些?

(5) 某阴离子未知液经初步试验结果如下:

① 试液呈酸性时无气体产生;

② 酸性溶液中加 $BaCl_2$ 溶液无沉淀产生;

③ 加入稀硝酸溶液和 $AgNO_3$ 溶液产生黄色沉淀;

④ 酸性溶液中加入 $KMnO_4$ 紫色褪去,加 I_2-淀粉溶液,蓝色不褪去;

⑤ 与 KI 无反应。

由以上初步试验结果,推测哪些阴离子可能存在。设计方案进一步验证。

§6.7　茶叶中某些元素的分离与鉴定

一、实验导读

茶叶是有机体,主要由 C、H、O、N 等元素组成,还含有微量的 P 和 Ca、Mg、Fe、Al 等金属元素。把茶叶烧成灰烬,然后用酸浸溶,即可分离、鉴定和分析这些元素。

Ca、Mg、Al 和 Fe 离子的氢氧化物完全沉淀的 pH 范围:$Ca(OH)_2 > 13$;$Mg(OH)_2 > 11$;$Fe(OH)_3 \geqslant 4.1$;$Al(OH)_3 \geqslant 5.2$。而 $pH > 9$,$Al(OH)_3$ 又开始溶解。

用稀 HCl 溶解茶叶灰,然后用浓 $NH_3 \cdot H_2O$ 调节滤液的 pH,使 Al^{3+} 和 Fe^{3+} 的氢氧化物完全沉淀,而 Mg^{2+} 和 Ca^{2+} 不生成氢氧化物沉淀。过滤后,Mg^{2+} 和 Ca^{2+} 留在滤液中,从滤液中可以分离和鉴定 Mg^{2+} 和 Ca^{2+}。把沉淀与过量的 NaOH 溶液反应,由于 $Al(OH)_3$ 具有两性,又可以把 Al^{3+} 和 Fe^{3+} 分离开来,进行鉴定。另取茶叶灰,与浓硝酸反应,使磷以 PO_4^{3-} 的形式存在,然后再鉴定 PO_4^{3-}。

二、实验要求

(1) 设计方案鉴定茶叶中的 P、Ca、Mg、Fe、Al。

(2) 完成实验,提交实验报告。

三、问题与思考

(1) 如何用控制 pH 的方法分离 Al^{3+}、Fe^{3+} 与 Mg^{2+}、Ca^{2+}?

(2) 如何定量分析茶叶中的 P、Ca、Mg、Fe、Al 的含量?

§6.8 阿司匹林药片中乙酰水杨酸含量的测定

一、实验导读

阿司匹林是人类常用的具有解热和镇痛等作用的一种药品,它的学名叫乙酰水杨酸。复方阿司匹林由阿司匹林、非那西汀和咖啡因三种药物组成。因为这三种药的拉丁文字头分别为 A、P、C,所以又叫 APC。APC 的主要成分乙酰水杨酸的结构式为:

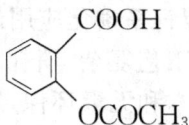

乙酰水杨酸是有机弱酸,摩尔质量为180.16 g·mol^{-1},微溶于水,易溶于乙醇。在强碱性溶液中溶解并分解,反应式如下:

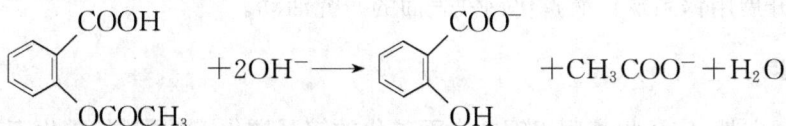

医药上经常需要测定药品阿司匹林中乙酰水杨酸的含量,用以检查药品的质量。由于药片中一般都添加一定量的赋形剂如硬脂酸镁、淀粉等不溶物,不宜直接滴定,可采用返滴法进行滴定。将药片磨成粉状后加入过量的 NaOH 标准溶液,加热一段时间使乙酰基水解完全,再用 HCl 标准溶液返滴过量的 NaOH。通过预先测定的 HCl 与 NaOH 的体积比计算药片中乙酰水杨酸的质量分数。为提高测定的准确性,测定 HCl 与 NaOH 的体积比时需要与测定样品相同的条件下进行,这是由于 NaOH 溶液在加热过程中会受空气中 CO_2 的干扰,给测定造成一定程度的系统误差。

二、实验要求

(1) 设计测定阿司匹林药片中乙酰水杨酸的含量的方案,设计方案应写明实验原理、方法、步骤等,列出所需的实验用品。

(2) 完成实验,提交实验报告。

三、问题与思考

(1) 为保证所取的样品具有代表性,片剂药品应如何取样?

(2) 如何保证阿司匹林药片中乙酰水杨酸充分水解?

(3) 若测定的是乙酰水杨酸纯品(晶体),可否采用直接滴定法?

(4) 如何消除其他成分可能产生的干扰?

§6.9　钢铁表面的磷化处理

一、实验导读

　　钢铁表面磷化处理,是指在一定条件下,钢铁经磷酸盐水溶液处理后,表面获得均匀、致密的磷酸盐保护膜(磷化膜)的过程。磷化膜可以用作涂层底层、防锈、减摩、润滑等方面,所以磷化处理被广泛用于汽车、家用电器等工业部门。按磷化液的主要成分,有锌系、锌钙系、铁系和锰系等类型;按磷化方式不同,有浸渍、喷射和涂刷等方式。

　　目前作为钢铁涂层底层的磷化,以锌系磷化应用最广,而且大都是中温锌系磷化。中温磷化膜厚,耐腐蚀好,但成本高,渣多,工艺复杂,消耗较多的能源。磷化的发展方向是提高质量、降低污染、节约能源、低渣、低成本和无毒环保,所以常低温绿色磷化工艺近年来得到了长足发展,已经成为磷化研究的热点和重要发展方向。当前常低温磷化需要解决的是磷化时间长,磷化膜薄,耐腐蚀性能差等问题。

　　本实验开展用锌系磷化液磷化钢铁表面的研究活动。

二、实验要求

　　(1) 查阅文献,广泛收集用于钢铁表面磷化的锌系磷化液的配制、磷化工艺及磷化膜的性能检验方法资料,了解锌系磷化液的研究现状和发展趋势。

　　(2) 组成3~5人的课题活动小组,研究确定实验方案。包括:① 实验用品;② 锌系磷化液的配方;③ 磷化工艺;④ 磷化膜耐蚀性检验。

　　(3) 完成实验。

　　(4) 综合其他小组的研究结果及文献资料,撰写一篇有关用锌系磷化液磷化钢铁表面的研究报告。

三、问题与思考

　　(1) 磷化膜要求有一定的孔隙率,为什么?

　　(2) 磷化膜耐蚀性测定(硫酸铜点滴实验)的原理是什么?

　　(3) 锌系磷化液的研究现状和发展趋势是什么?

§6.10　水处理絮凝剂——聚碱式氯化铝的制备及絮凝效果研究

一、实验导读

　　絮凝沉降仍然是十分有效和经济的污水处理工艺过程之一,也是城市生活用水处理的主要工艺。絮凝剂包括许多无机高分子絮凝剂和有机高分子絮凝剂,聚碱式氯化铝属于目前五种主要的无机高分子絮凝剂之一,近年来得到了迅速发展。聚碱式氯化铝呈白色黏稠状,化学成分为$[Al(OH)_m Cl_{3-m}]_n$,式中 $m=1~3$、$n=1~10$。研究认为,在 $Al(Ⅲ)$ 的水解聚合过程中,水解与聚合反应交替进行,结果趋向于生成具有高电荷的聚合羟基配离子,在水中有强的吸附能力、较好的絮凝效果和较快的沉降速率,能有效去除水中的颗粒及胶体污染物。

制备聚碱式氯化铝的原材料可以是废铝料,也可以是高岭土或铝土矿。首先将样品溶解为 Al^{3+} 自由离子状态,溶解一般采用酸溶法,可以采用纯的 HCl,也可以采用工业 HCl。中和比[$R=n(OH)/n(Al)$]、聚合反应的时间和温度等因素都可能影响聚碱式氯化铝的絮凝效果。取一定量的 $AlCl_3$ 溶液加 $NH_3 \cdot H_2O$ 使之转变成 $Al(OH)_3$,再用适量的 $AlCl_3$ 溶液溶解 $Al(OH)_3$,使之具有合适的中和比,此时溶液中的有效组分占优势。选择一定的温度下聚合一定的时间,可以得到黏稠状液体产品。制备所得产品可以做净水效果实验进行性能评估。本实验要求重点研究聚碱式氯化铝的制备条件、稳定性及絮凝性能。希望能得到除浊效果好的聚碱式氯化铝,并应用于地表水的处理中。

二、实验要求

(1) 查阅资料了解我国水资源及水处理现状。

(2) 查阅资料了解目前国内外无机高分子絮凝剂研制的方法。

(3) 设计从高岭土或铝土矿制备聚碱式氯化铝絮凝剂的制备方法。主要包括中和比[$R=n(OH)/n(Al)$]、聚合反应的时间和温度等因素的影响。

(4) 检验产品的净水效果,总结影响除浊效果的因素。

(5) 用分光光度法进行水质浊度测定。

(6) 完成实验,撰写研究论文。

三、问题与思考

(1) 与常规絮凝剂相比,高分子絮凝剂处理废水有哪些优点?

(2) 高岭土或铝土矿中主要含有哪些成分?

(3) 哪些因素影响聚碱式氯化铝絮凝剂的絮凝效果?如何控制最佳反应条件?

(4) 如何进行除浊效果比较实验?

附 注

(1) 设计报告应写明实验原理、方法、步骤等,列出所需的实验用品。

(2) 本实验要求重点研究制备条件及絮凝性能。

(3) 可以选用不同的原料制备,对比实验结果。

§6.11 混合酸碱体系中各组分含量测定

一、实验导读

混合酸碱体系包括强酸与弱酸混合体系、强碱与弱碱混合体系,这类体系中各组分含量的测定,随测定对象的不同方案各异。在制定方案时主要应考虑以下几个方面:首先根据判别式判断混合体系中的各组分是否都能被准确滴定?若都能被准确滴定,那么共存的组分对其测定是否有干扰,可选用什么滴定方式来消除干扰?各组分滴定至终点的产物各是什么,分别选用什么指示剂来确定终点?若组分的酸碱性太弱,则不能采用直接滴定法进行测定,可先对弱酸(弱碱)进行强化后再测定其含量,或采用其他方法进行测定。

二、实验要求

设计下列各混合酸碱体系的测定方案,包括测定原理、试剂、方法、步骤、注意事项、计算公式等,并完成测定和实验报告。

① $NaOH-Na_3PO_4$;② $HCl-NH_4Cl$;③ $HCl-H_3PO_4$;④ $HAc-H_2SO_4$。

三、问题与思考

(1) 酸碱准确滴定和分步滴定的条件?
(2) 能否在一份溶液中分别测得 $NaOH$ 和 Na_3PO_4 含量?
(3) 对于极弱的酸或碱,如何采用酸碱滴定法进行测定?

附　注

$HAc-H_2SO_4$ 混合体系首先测定总酸量,然后加入 $BaCl_2$ 将沉淀析出,过滤,洗涤后,用配位滴定法测定 Ba^{2+} 的量,间接测出 H_2SO_4 的量。

§6.12　洗衣粉中活性组成和碱度的测定

一、实验导读

目前市售绝大多数洗衣粉中的活性成分是烷基苯磺酸钠。烷基苯磺酸钠是一种阴离子表面活性剂,具有良好的去污能力、发泡力和乳化力,在酸性、碱性和硬水中都很稳定。因此,分析测定洗衣粉中烷基苯磺酸钠的含量,是控制洗衣粉质量的关键。

烷基苯磺酸钠的分析测定方法为对甲苯胺法,这种方法的原理是使烷基苯磺酸钠与对甲苯胺溶液混合,生成能溶于 CCl_4 的复盐,再用 $NaOH$ 标准溶液滴定。有关反应如下:

$$RC_6H_4SO_3Na+CH_3C_6H_4NH_2 \cdot HCl \Longrightarrow RC_6H_4SO_3H \cdot NH_2C_6H_4CH_3+NaCl$$
$$RC_6H_4SO_3H \cdot NH_2C_6H_4CH_3+NaOH \Longrightarrow RC_6H_4SO_3Na+CH_3C_6H_4NH_2+H_2O$$

根据消耗的 $NaOH$ 标准溶液的体积,即可求出烷基苯磺酸钠的含量,在本实验中,要求以十二烷基苯磺酸钠来表示其含量。

在对洗衣粉中碱性物质的分析中,常用活性碱度和总碱度两个指标来表示碱性物质的含量。活性碱度是指由 $NaOH$ 产生的碱度,总碱度包括由碳酸盐、碳酸氢盐、$NaOH$ 及有机碱(如三乙醇胺)等产生的碱度。利用酸碱滴定法可以测定洗衣粉的碱度指标。

二、实验要求

(1) 查阅相关资料,搞清洗衣粉的活性成分及表示碱性物质含量的指标。
(2) 设计方案:① 烷基苯磺酸钠的分析测定;② 活性碱度的测定;③ 总碱度的测定。
(3) 完成实验,提交实验报告。

§6.13　锌钝化液中成分分析

一、实验导读

黑色金属表面镀锌可形成耐腐蚀性能优良的保护层,而镀锌后还须进行钝化处理,使镀层表面生成一层致密的钝化膜,提高耐蚀能力,延长使用寿命,并装饰外观。

钝化液的配方很多,其主要组分是铬酐(CrO_3)和硫酸、硝酸。影响钝化膜质量的因素除时间、温度、钝化后处理等工艺条件外,主要就是钝化液中 $Cr(Ⅵ)$ 和 Cr^{3+} 含量、硫酸和硝酸的浓度等因素。因此,钝化液常需测定其 $Cr(Ⅵ)$、Cr^{3+}、SO_4^{2-}、NO_3^- 和 Zn^{2+} 等含量。

钝化液中 Cr^{3+} 和 $Cr(Ⅵ)$ 的测定一般采用氧化还原滴定法。以硝酸银为催化剂,用过硫酸铵氧化 Cr^{3+} 为 $Cr(Ⅵ)$,再用硫酸亚铁铵标准溶液滴定。SO_4^{2-} 的测定一般采用硫酸钡重量法。NO_3^- 的分析可采用氧化还原滴定法,在 $pH=8.0$ 的条件下,加入氯化钡溶液至铬酸钡沉淀完全,过滤,滤液中加入过量硫酸亚铁铵至反应完全,再用重铬酸钾返滴未反应的硫酸亚铁铵,即可求得 NO_3^- 的含量。

二、实验要求

(1) 试设计具体分析方案,测定锌钝化液中的 $Cr(Ⅵ)$、Cr^{3+}、H_2SO_4、HNO_3 等的含量。
具体包括:分析方法及原理;所需的仪器和试剂;实验步骤;实验结果的计算式;实验中应注意的事项;参考文献。

(2) 完成锌钝化液中的 $Cr(Ⅵ)$、Cr^{3+}、H_2SO_4、HNO_3 的测定。

(3) 完成实验报告。
主要包括:实验原始数据;实验结果;对自己设计方案的评价及问题讨论。

三、问题与思考

(1) 写出氧化还原反应法测定 Cr^{3+} 和 $Cr(Ⅵ)$ 的主要反应方程式及含量计算公式。

(2) 测定 $Cr(Ⅵ)$ 时,应选用何种指示剂指示终点?

(3) 硫酸钡重量法测定 SO_4^{2-} 中,如何减少沉淀的溶解损失?

(4) NO_3^- 的分析可采用哪些方法?

§6.14　黄铜合金中铜锌含量的测定

一、实验导读

黄铜是一种铜锌合金,除含铜和锌外,还有少量铅、铁等杂质。测定黄铜中铜锌含量时,试样以硝酸(或 $HCl+H_2O_2$)溶解。用 1∶1 的 $NH_3 \cdot H_2O$ 调至 $pH=8\sim9$,沉淀分离 Fe^{3+}、Al^{3+}、Mn^{2+}、Pb^{2+}、Sn^{4+}、Cr^{3+}、Bi^{3+} 等干扰离子,Cu^{2+}、Zn^{2+} 则以配氨离子形式存在于溶液中,过滤。将一等份滤液调至微酸性,用 $Na_2S_2O_3$(或硫脲)掩蔽 Cu^{2+},在 $pH=5.5$ 的 $HAc-NaAc$ 的缓冲溶液中,XO 作指示剂,用标准 EDTA 直接配位滴定 Zn^{2+}。而在另一等份滤液中,于 pH=5.5,加热至 70~80℃,加入 10 mL 乙醇,以 PAN 为指示剂用标准EDTA直接滴定 Cu^{2+}、Zn^{2+} 含量,差减得 Cu^{2+} 含量。

二、实验要求

(1) 试设计具体分析方案,测定黄铜合金中铜锌的含量。

具体包括:分析方法及原理;所需的仪器和试剂;实验步骤;实验结果的计算式;实验中应注意的事项;参考文献。

(2) 完成黄铜合金中铜锌的测定。

(3) 完成实验报告。

主要包括:实验原始数据;实验结果;对自己设计方案的评价及问题讨论。

三、问题与思考

(1) 写出 $Na_2S_2O_3$ 掩蔽 Cu^{2+} 的反应方程式,为什么掩蔽 Cu^{2+} 需在弱酸性介质中进行?

(2) 溶解黄铜试样时,为什么除加入 HNO_3 外,通常还要加入一定量的 $(NH_4)_2S_2O_8$?

附 注

(1) Cu^+ 与过量 $S_2O_3^{2-}$ 配位生成无色可溶性 $Cu_2(S_2O_3)_2^{2-}$ 配合物,此配合物在 pH>7 时不稳定。

(2) 在 pH=5.5 时,用 XO 作指示剂比用 PAN 作指示剂终点变色敏锐。这是因为 ZnXO 的条件稳定常数($\lg K'=5.7$)比 Zn-PAN 的大。滴定至终点后几分钟,会由亮黄转为橙红,这可能是 Cu^+ 被慢慢氧化为 Cu^{2+} 后与 XO 配合之故,对滴定无影响。

(3) PAN 与 Cu^{2+} 配合为红色,游离 PAN 为黄色,Cu-EDTA 配合物为蓝色,终点变化不是从红→黄,而是蓝紫(蓝+红)变草绿(蓝+黄)。Cu-PAN 配合物水溶性较差,终点时 Cu-PAN 与 EDTA 交换较慢,终点时滴定要慢。

§6.15 维生素片剂、水果中维生素 C 含量的测定

一、实验导读

维生素 C 又称抗坏血酸,分子式为 $C_6H_8O_6$,是一种对机体具有营养、调节和医疗作用的生命物质,通常用于防治坏血病及各种慢性传染病的辅助治疗。市售维生素 C 药片中含有淀粉等添加剂。由于维生素 C 分子中含有还原性的烯二醇基,能被 I_2 定量氧化为二酮基,因而可用淀粉为指示剂,用 I_2 标准溶液直接滴定以测定药片、注射液、饮料、蔬菜、水果等中的维生素 C 的含量。反应式为:

$$C_6H_8O_6 + I_2 = C_6H_6O_6 + 2HI$$

维生素 C 具有较强的还原性,电对反应式为:

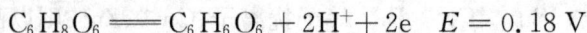

$$C_6H_8O_6 = C_6H_6O_6 + 2H^+ + 2e \quad E = 0.18 \text{ V}$$

在空气中极易被氧化而变黄色,尤其在碱性介质中更甚,测定时应加入 HCl 使溶液呈弱酸性,减少维生素 C 的副反应。

二、实验要求

（1）通过查阅文献，总结比较测定维生素 C 的主要方法。

（2）设计测定维生素片剂和从水果中提取维生素 C 的方案。包括基本原理、标准溶液配制与标定、反应条件的控制、测定步骤、注意事项等。

（3）维生素 C 含量的测定。

（4）提交实验报告，进行实验总结。

三、问题与思考

（1）测定维生素 C 试样时，为何要在 HCl 介质中进行？

（2）维生素 C 药片试样溶解时，为何要用新煮沸而冷的蒸馏水？

（3）在溶解样品和测定过程中，如何减少维生素 C 被空气氧化所造成的误差？

（4）碘标准溶液如何配制？应注意哪些问题？

（5）本测定中，能否将果品残渣也一起进行定容，对结果有无影响？

§6.16　碘量法测定废水中溶解氧主要条件探讨

一、实验导读

水中溶解氧的测定对水质监测、环境评价、水产养殖等都有重要意义。水质分析中溶解氧的测定，国际标准指定了两种方法：碘量法（ISO 5813—1983）和电化学探头法（ISO 5814—1984）。碘量法简单，准确，适用于溶解氧浓度从 $0.2\ mg \cdot L^{-1}$ 至小于饱和度两倍（约 $20\ mg \cdot L^{-1}$）的水样，但干扰较多，易氧化的有机物、硫化物等或水样颜色太深都干扰测定，这时宜采用电化学探头法。

本实验采用碘量法测定湖水中或空气平衡的自来水（此水样基本无干扰）溶解氧的浓度。采用的水样加入 $MnSO_4$ 溶液和 NaOH - KI 溶液，即产生 $Mn(OH)_2$ 沉淀，+2 价 Mn 再被水中的溶解氧氧化为 +4 价，生成 $MnO(OH)_2$ 沉淀，反应式为：

$$Mn^{2+} + 2OH^- \longrightarrow Mn(OH)_2$$
$$2Mn(OH)_2 + O_2 \longrightarrow 2MnO(OH)_2$$

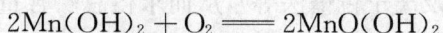

带有沉淀的溶液酸化后，沉淀溶解，同时 +4 价的锰将 I^- 氧化为 I_2，反应式为：

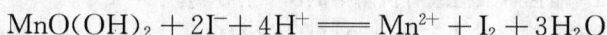

$$MnO(OH)_2 + 2I^- + 4H^+ \longrightarrow Mn^{2+} + I_2 + 3H_2O$$

然后以淀粉为指示剂，用 $Na_2S_2O_3$ 标准溶液滴定 I_2，即可求出水中溶解氧的浓度。

二、实验要求

（1）对水样进行采集及溶解氧的固定。

（2）查阅资料设计测定方案。

（3）完成水样溶解氧的测定。

（4）总结测定的主要条件及注意事项。

三、问题与思考

(1) 水中溶解氧的含量和环境保护有什么关系？

(2) 如何采集水样？如何对水样中的溶解氧进行固定？

(3) 处理水样的时候所加的试剂中若含有少量的 O_2 或其他氧化性干扰物质,应测定试剂空白,试问应如何测定？

附 注

(1) 水样瓶的容量是指其充满水至溢出时,盖上瓶塞后所容纳的水的体积。在处理水样时所加入的试剂均应使用滴管(或吸量管)加至距液面以下,以防止盖上瓶塞时试剂与水一起溢出。溢出的水样体积应在计算测定结果时加以矫正。

(2) 在实际工作中,要用专用的采样器在现场采集水样并随即固定 O_2,然后拿到实验室进行测定。固定后的水样在暗处可保存一天。

(3) 在测定中往往需要检验水样的氧化性或还原性,如有必要还需对测定结果进行氧化性或还原性干扰物质的扣除。具体方法和步骤可以参考有关水中溶解氧测定的书籍或资料。

§6.17 磷钼兰比色法测定废水中磷酸根的主要条件探讨

一、实验导读

在天然水和废水中,磷几乎都以各种磷酸盐的形式存在。它们分别为正磷酸盐、缩合磷酸盐和有机结合的磷酸盐,存在于溶液和悬浮物中。在淡水和海水中的平均含量分别为 $0.02\ mg \cdot L^{-1}$ 和 $0.088\ mg \cdot L^{-1}$。化肥、冶炼、合成洗涤剂等行业的工业废水及生活污水中常含有较大量磷。

磷是生物生成的必需元素之一,但水体中磷含量过高(如超过 $0.2\ mg \cdot L^{-1}$),可造成藻类的过度繁殖,直至数量上达到有害的程度(称为富营养化),造成湖泊、河流透明度降低,水质变坏。为了保护水质,控制危害,在环境监测中,总磷已列入正式的监测项目。

总磷分析方法通常由两个步骤组成:第一步可用氧化剂过硫酸钾、硝酸-高氯酸或硝酸-硫酸等,将水样中不同形态的磷转化成正磷酸盐;第二步测定正磷酸(常用钼锑抗钼蓝光度法、氯化亚锡钼蓝光度法以及离子色谱法等),从而求得总磷含量。反应式如下:

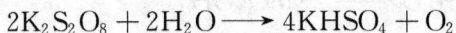

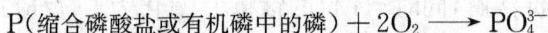

$$2K_2S_2O_8 + 2H_2O \longrightarrow 4KHSO_4 + O_2$$

$$P(缩合磷酸盐或有机磷中的磷) + 2O_2 \longrightarrow PO_4^{3-}$$

$$PO_4^{3-} + 12MoO_4^{2-} + 24H^+ + 3NH_4^+ \longrightarrow (NH_4)_3PO_4 \cdot 12MoO_3 + 12H_2O$$

生成的磷钼杂多酸立即被抗坏血酸还原,生成蓝色的低价钼的氧化物即钼蓝。生成钼蓝的多少与磷含量成正相关,以此测定水样中总磷。

酒石酸锑钾可催化钼蓝反应,在室温下显色可较快完成。砷大于 $2\ mg \cdot L^{-1}$、硫化物大于 $2\ mg \cdot L^{-1}$、铬大于 $50\ mg \cdot L^{-1}$ 干扰测定,可分别用硫代硫酸钠、通氮气、亚硫酸钠去除。

二、实验要求

1. 绘制吸收曲线并选择测量波长

一定的波长范围内,测定一定浓度的溶液在不同波长下的吸光度 A 变化,绘制吸收曲线确定最佳测定波长。

2. 选择显色反应适宜的酸度

在适当波长下,测量一系列不同酸度的磷标准溶液的吸光度 A,绘制酸度影响曲线确定测定 PO_4^{3-} 的适宜酸度范围。

3. 显色剂用量的选择

在适当波长下,测量一系列不同显色剂用量的磷标准溶液的吸光度 A,绘制显色剂用量影响曲线,确定测定 PO_4^{3-} 时显色剂的最适宜用量。

4. 还原剂用量的选择

在适当波长下,测量一系列不同还原剂用量的磷标准溶液的吸光度 A,绘制还原剂用量影响曲线,确定测定 PO_4^{3-} 时还原剂的最适宜用量。

5. 显色时间的选择

在适当波长下,测定一定浓度的溶液经不同显色时间后的吸光度 A,绘制显色时间影响曲线,确定磷钼蓝溶液所需要的适宜反应时间。

三、问题与思考

（1）简述测定废水中总磷的意义?

（2）试对所做的条件试验进行讨论并选择适宜的测量条件,根据实验结果计算在适宜波长下的摩尔吸光系数。

（3）本实验中哪些试剂需准确配制和准确加入? 哪些试剂不需要准确配制但需准确加入?

附　注

（1）设计报告应写明实验原理、方法、步骤等,列出所需的实验用品。

（2）过硫酸钾消解法具有操作简单,结果稳定的优点,适用于绝大多数的地表水和一部分工业废水,对于严重污染的工业废水和贫氧水,则要采用更强的氧化剂硝酸-高氯酸或硝酸-硫酸等才能消解完全。

§6.18　食品防腐剂的测定

一、实验导读

防腐剂是一种能够抑制食品中微生物生长和繁殖的化学物质。它能防止食品变质或腐败,延长保存时间。防腐剂的使用必须控制一定的使用量,而且应具备以下特点:① 凡加入食品中的防腐剂,首先是对人体无毒、无害、无副作用的;② 长期使用添加防腐剂的食品,不应该使机体组织产生任何的病变,更不能影响第二代发育、生长;③ 加入防腐剂之后,对食品的质量不能有任何的影响和分解;④ 食品加入防腐剂之后,不能掩蔽劣质食品的质量或改变任何感官性状。

我国允许使用的防腐剂有苯甲酸及其钠盐、山梨酸及其钾盐、对羟基苯甲酸乙酯及丙酯等,其中前两种应用广泛。

　　苯甲酸又名安息香酸,为白色有丝光的鳞片或针状结晶,熔点 122℃,沸点 249.2℃,100℃开始升华。在酸性条件下可随水蒸气蒸馏,微溶于水,易溶于氯仿、丙酮、乙醇、乙醚等有机溶剂,化学性质较稳定。苯甲酸钠易溶于水和乙醇,难溶于有机溶剂,与酸作用生成苯甲酸。苯甲酸及其盐类使用范围:酱油、醋、果汁类、果酱类、葡萄糖、罐头,最大使用剂量 1 g/kg;汽酒、汽水、低盐酱菜、面酱类、蜜饯类、山楂糕、果味露,使用量为 0.5 g/kg。

　　山梨酸及其盐类在酱油、醋、果酱类中,最多允许使用量为 1 g/kg;对低盐酱菜类、面酱类、蜜饯类等使用量为 0.5 g/kg。由于山梨酸及其盐类价格贵一般不常用,多数用在出口食品中。山梨酸为无色、无臭的针状结晶,熔点 134℃,沸点 228℃。山梨酸难溶于水,易溶于乙醇、乙醚、氯仿等有机溶剂,在酸性条件下可随水蒸气蒸馏,化学性质稳定。山梨酸钾易溶于水,难溶于有机溶剂,于酸作用生成山梨酸。

　　苯甲酸及其盐类的测定方法主要有中和法(碱滴定法)、紫外分光光度法、色谱法等。中和法的的基本原理为:在弱酸条件中,用乙醚将样品中的苯甲酸提取出来,将乙醚挥发后,用中性酒精或醇醚混合物溶解内容物,用酚酞作指示剂,采用 0.1 mol·L^{-1}标准 NaOH 滴定至终点,然后根据氢氧化钠消耗的体积计算苯甲酸或苯甲酸钠的含量。但样品中有其他有机酸时,乙醚萃取时易带过来,使测定误差较大。

　　山梨酸及其盐的测定常采用硫代巴比妥酸比色法,其基本原理是:样品中的山梨酸在酸性溶液中,用水蒸气蒸馏出来,然后用 $K_2Cr_2O_7$ 氧化成丙二醛和其他产物,丙二醛与硫代巴比妥酸反应,生成红色物质,在波长 530 nm 下测定其吸光度值,即可求出山梨酸含量。

二、实验要求

　　(1) 按教师指定的食品或自行选择食品设计方案,测定苯甲酸及山梨酸。

　　(2) 完成实验,提交实验报告。

第七章 兴趣化学实验

§7.1 魔棒点灯

一、操作步骤

在瓷蒸发皿中加入 0.5 g 高锰酸钾粉末(将晶体轻轻压碎),在试管中注入 1 mL 浓硫酸并插入一支玻璃棒。

从试管中取出玻璃棒,用沾有浓硫酸的一端在瓷蒸发皿中蘸一些高锰酸钾粉末,将其触及酒精灯的灯芯,灯即被点燃。迅速移开玻璃棒,棒头上有一缕紫色烟雾,还能接连点燃 3~4 只酒精灯。

注意:实验后应立即将瓷蒸发皿和玻璃棒用水洗净,洗下的液体倒入废液缸中。

二、实验原理

浓硫酸和高锰酸钾相遇时生成七氧化二锰:
$$2KMnO_4 + H_2SO_4(浓) \rightleftharpoons 2HMnO_4 + K_2SO_4$$
$$2HMnO_4 \rightleftharpoons Mn_2O_7 + H_2O$$

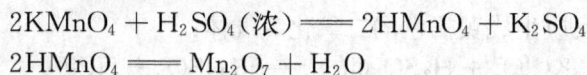

七氧化二锰是一种具有极强氧化性的暗棕色液体,当接触到酒精和其他易燃物质时立即发生剧烈的反应,放热燃烧。
$$2Mn_2O_7 + C_2H_5OH \rightleftharpoons 4MnO_2 + 2CO_2\uparrow + 3H_2O$$

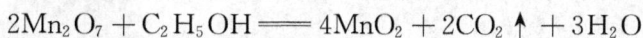

胶状酒精或浸有酒精的棉花也能被七氧化二锰点燃。

§7.2 液中星光

一、操作步骤

将一支硬质大试管垂直固定在铁架台上,以长颈漏斗在试管底部加入浓硫酸 6 mL,再用玻璃棒沿着试管壁徐徐加入无水乙醇 8 mL,使液体明显分成两层。此时切勿摇动试管,以免两种液体混合。天冷时用 50℃ 的热水浴将试管温热。

用药匙取数粒高锰酸钾晶体投入试管中。不久,在液层界面处放出明亮的火花,如同夜间星光闪闪并伴随着"啪!啦!"的响声。重复加入高锰酸钾晶体,可再次产生火花。

如果这个实验在黑暗处进行,火花格外明亮。

注意:高锰酸钾每次投入的量不能多于 0.1 g,否则会因反应过于剧烈使反应物溅出来。在反应过程中如果液体过于浑浊,可投入少量氯酸钾固体,也能发出火花并使液体变得透明而略带黄色。

二、实验原理

高锰酸钾与浓硫酸反应生成七氧化二锰。

受热的无水乙醇与七氧化二锰在液层界面处接触，发生剧烈反应而燃烧、爆炸，因此会产生液中发火花的有趣景象，并伴随着爆裂的声音。

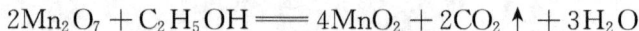

$$2Mn_2O_7 + C_2H_5OH = 4MnO_2 + 2CO_2\uparrow + 3H_2O$$

§7.3 雪山喷火

一、操作步骤

分别称取 10 g 干燥的白砂糖和 10 g 粉状氯酸钾，放在瓷蒸发皿里或石棉板上用药匙轻轻混和后堆成小山状。用长滴管往混和物上滴加数滴浓硫酸，雪白的"小山"立即喷火燃烧并发出白光。

如在氯酸钾和蔗糖的混合物中加入 5 g 硝酸铜和硝酸锶粉末，立即会喷发出绿色和红色的火焰，则雪山喷火变成一个小型焰火。

注意：必须选用粒状蔗糖，以免反应过于剧烈；混和物切勿磨研，以防爆炸，滴完硫酸后应迅速站开，以防反应物飞溅到身上。

二、实验原理

氯酸钾与浓硫酸反应生成黄褐色的二氧化氯气体：

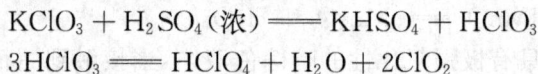

$$KClO_3 + H_2SO_4（浓） = KHSO_4 + HClO_3$$
$$3HClO_3 = HClO_4 + H_2O + 2ClO_2$$

二氧化氯是极强的氧化剂，能引起蔗糖和氯酸钾混和物剧烈燃烧。它本身分解成氯气和氧气：

$$2ClO_2 = Cl_2\uparrow + 2O_2\uparrow$$

另外，各种不同的金属盐类在灼热时能发出不同颜色的光，是因为它们具有不同的电子结构。受热后电子接受能量被激发，当激发的电子跳回原来的轨道时会以一定波长的光把能量放出，光波的波长不同产生的光的颜色也不同。

当浓硫酸与氯酸钾反应时所生成的二氧化氯氧化性极强。蔗糖遇二氧化氯立即燃烧，使硝酸铜和硝酸锶灼热，分别放出绿光和红光。

§7.4 木炭跳舞

一、操作步骤

把盛有 1/4 体积硝酸钾固体的硬质试管垂直固定在铁架台上，用酒精灯小心加热至硝酸钾固体全部熔化成液体（KNO_3 熔点为 334℃），继续强热数分钟。

用坩埚钳夹取一颗豌豆般大小的木炭（预先削成球形），在火焰上灼烧至红热，移开试管下的酒精灯，将灼热的木炭球投入试管中。木炭球会在熔融的硝酸钾液面上跳跃并发出明亮的火花,偶尔产生爆炸的响声。重新加热试管,再次投入木炭可重复出现上述现象。

注意:硝酸钾固体要干燥,观察现象时应保持一定距离;木炭球不宜过大,以免炸裂试管而发生危险。

二、实验原理

灼热的木炭遇熔融的硝酸钾发生剧烈反应:

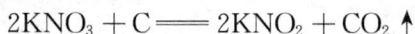

$$2KNO_3 + C \overline{\qquad} 2KNO_2 + CO_2 \uparrow$$

大量的反应热使木炭炽热发光(温度可达 1 000℃)。反应中生成的二氧化碳气体受热急速膨胀,使木炭球从熔化的硝酸钾液面向上跃起。当脱离接触后反应减缓,木炭因重力而落下,当再次接触硝酸钾时,它又跃起。

§7.5　清水显色

一、操作步骤

在玻璃容器(烧杯、量筒、大试管等)内先注入 1/3 体积的四氯化碳(密度 1.595 g/mL),用移液管吸取预先加有数滴氨水的蒸馏水,沿着容器的壁慢慢地加在四氯化碳的液面上,使之分成两层。四氯化碳的密度较大,沉在下面。因这两种液体都是无色的,较远处看不到它们分成两层,好像两杯清水。表演时,取少量碘片和硫酸铜粉末的混和物加在液面上。当粉末下沉时,先看到上层液体变成淡蓝色,再看到下层显现紫红色。

注意:所用碘的量要少,否则颜色不鲜艳。

用同样方法先注入 1/4 体积的二硫化碳(密度 1.26 g/mL),后注入 1/4 体积滴有氨水的蒸馏水,再注入 1/4 体积的乙醚(密度 0.714 g/mL),使液体分成三层。然后加入少量碘片和硫酸铜粉末的混和物。可以看到上层为黄褐色,中层为淡蓝色,下层为紫色。

或先后注入四氯化碳,滴加碘化钾溶液的水和异戊醇(密度 0.814 g/mL),液体也会分成三层。加入少量碘片会显现上层呈棕色,次层呈黄色,下层呈紫红色。

如果依次在容器里注入四种液体:浓硫酸(密度 1.84 g/mL)、四氯化碳、稀氨水(10%,密度 0.98 g/mL)和异戊醇。液体可分成四层。加入碘片和硫酸铜粉末的混和物后,上层为棕色,次层为蓝色,再次层为紫红色,最下层为黄色。

注意:二硫化碳和乙醚易挥发,它们的蒸气易着火燃挠,实验时要注意防火。

二、实验原理

这是有关物质溶解性的实验。同种溶质在不同溶剂中由于溶解性不同会呈现出各种不同的颜色。例如碘难溶于水而易溶于某些有机溶剂中,硫酸铜则易溶于水中。这与它们的结构有关。碘是非极性物质,容易溶解在非极性或弱极性溶剂中,硫酸铜是强极性物质,容易溶解在极性溶剂中。碘在极性溶剂中,由于溶剂分子以配位键与碘结合而发生溶剂化作用,所以呈不同的颜色。在非极性或弱极性溶剂中,不发生溶剂化作用,溶液的颜色与碘蒸气相同。

碘在水中的溶解度极小,但在碘化钾的水溶液里溶解度就增大,因为形成了 I_3^- 的缘故,所以溶液呈黄色。硫酸铜在稀氨水中因生成了铜氨络离子$[Cu(NH_3)_4]^{2+}$而呈蓝色。本实验由于溶剂的密度不同而分层分布,所以溶液的颜色分层也很明显。

§7.6　神仙茶壶

一、操作步骤

在一只大的玻璃水壶或 1 L 左右的玻璃容器内注入清水近满。再加入 5 g 铁铵矾 $[FeNH_4(SO_4)_2 \cdot 12H_2O]$,搅拌使其溶解后再滴入 3 mL 浓硫酸。

取七只玻璃杯并列置于桌上:第一只为空杯,第二只杯内放入少量小苏打,第三只内滴入数滴百里酚蓝试液,第四只杯内加入少量氯化钡,第五只杯内滴入数滴甲基橙试液,第六只杯内放入少量黄血盐,第七只杯内放入少量硫氰化钾。

将壶中液体依次倾入各杯中,于是第一杯为无色液体似清水,第二杯为金黄色液体并有气泡放出似香槟酒,第三杯为紫红色液体似玫瑰酒,第四杯为白色悬浊液似牛奶,第五杯为橙红色液体似鲜桔水,第六杯为蓝黑色液体似墨水,第七杯为血红色液体似酸梅汤。

二、实验原理

第二杯内小苏打与硫酸反应放出二氧化碳气体,又因小苏打溶液具有碱性,与铁铵矾生成少量胶状氢氧化铁而呈金黄色似香槟酒,若小苏打过少,则似汽水。第三杯内百里酚蓝试液遇硫酸呈紫红色或黄色。第四杯内氯化钡与硫酸反应生成白色硫酸钡沉淀。第五杯内甲基橙试液遇硫酸呈橙红色或红色。第六杯内黄血盐与铁铵矾反应生成蓝色的亚铁氰化铁络合物。第七杯内硫氰化钾溶液与铁铵矾生成血红色的硫氰根合铁络合物。

§7.7　试管内的焰色反应

一、操作步骤

将 $KClO_3$ 和 $BaCl_2$(或 $SrCO_3$、$NaCl$、$CaCO_3$ 等)按质量比 5:1 均匀混合于硬质试管中,先小火加热后加强热,待混合物熔融后,加入少量硫磺粉,即能观察到光亮耀眼的各种不同金属离子的颜色。如激烈反应停止,再加入少量硫磺粉,上述现象又能再现,重复操作,直至反应停止。

注意:定性分析中,焰色反应是确认元素存在的有效方法。实验时试管必须洁净、干燥。由于实验时试管内出现大量气体,因此试管口不能对着自己或他人。

二、实验原理

$KClO_3$ 在熔融状态下能分解产生少量的氧气,氧气与硫磺反应产生大量的热,金属盐受热后电子的接受能量被激发,当激发的电子跳回原来的轨道时会以一定的波长的光把能量放出,光波的波长不同产生的光的颜色也不同。

§7.8　金属树的制备

一、操作步骤

将 $SnCl_2 \cdot H_2O$ 23 g 溶于 34 mL 浓 HCl 中,加水稀释到 100 mL 即为 $1\ mol \cdot L^{-1}$ 的 $SnCl_2$ 溶液,再分别稀释成 $0.1\ mol \cdot L^{-1}$ 的 $SnCl_2$ 溶液和 $0.05\ mol \cdot L^{-1}$ 的 $SnCl_2$ 溶液,分别向三支试管中各加入 5 mL 溶液。配制 1% 琼脂,水浴加热至 80℃ 后直接向各试管中加入 5 mL 溶液,混匀,快速插入 Zn 片,比较生成"锡树"快慢。现象描述:大约 5 min,$1\ mol \cdot L^{-1}$ 的 $SnCl_2$ 溶液很快长成"锡树";大约 15 min,$0.1\ mol \cdot L^{-1}$ 的 $SnCl_2$ 溶液长成"锡树";大约 20 min,$0.05\ mol \cdot L^{-1}$ 的 $SnCl_2$ 溶液长成"锡树"。溶液中长成的"锡树"为闪亮的银白色,每只试管中通常有 2 棵"树","树"的主干呈长藤型略向右上盘绕弯曲,贯穿溶液上下,四周连有不对称的小枝,小枝上连有松针型叶片,很是美丽。

铜树的生成:根据上法,用 $0.5\ mol \cdot L^{-1}$ 的 $CuCl_2$ 代替 $SnCl_2$ 溶液,即能观察到铜树。

银树的生长:用 $0.1\ mol \cdot L^{-1}\ AgNO_3$ 代替 $SnCl_2$ 溶液,并将铜片插入琼胶,即能观察到美丽发光的银树。

二、实验原理

$$Sn^{2+} + Zn = Zn^{2+} + Sn$$

$$Cu^{2+} + Zn = Zn^{2+} + Cu$$
$$2Ag^+ + Cu = Cu^{2+} + 2Ag$$

§7.9　化学同心圆环

一、操作步骤

在 500 mL 烧杯中加入 100 mL 水,煮沸。边搅拌边加入 0.4 g 琼脂,加热到琼脂完全溶解即停止。再往烧杯内注入 40 mL $0.1\ mol \cdot L^{-1}$ 碘化钾溶液,用玻璃棒搅匀,让其冷却,此时溶液的高度不低于 3 cm。琼脂溶液冷却后即凝结成透明的胶冻。这时在溶胶的中心位置上面轻轻地放一颗绿豆般大小的硝酸铅固体(注意只要放在胶冻的浮面上就可以了,不必把它压到胶冻里面去)。5~10 min 后,可看到以硝酸铅晶体为中心,形成许多黄色的同心圆环,非常醒目。

注意:做好本实验的关键在于胶冻内所含的琼脂量要合适。琼脂含量太多,$Pb(NO_3)_2$ 在胶冻内扩散得太慢,形成的环太密;琼脂含量太少,又使 $Pb(NO_3)_2$ 扩散得太快,生成的环有点模糊。

二、实验原理

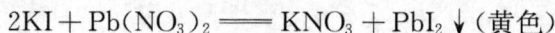
$$2KI + Pb(NO_3)_2 = KNO_3 + PbI_2 \downarrow (黄色)$$

§7.10 指纹检查

一、操作步骤

取一张干净、光滑的白纸,剪成长约 4 cm、宽不超过试管直径的纸条,用手指在纸条上用力摁几个手印。

用药匙取芝麻粒大的一粒碘,放入试管中。把纸条悬于试管中(注意摁有手印的一面不要贴在管壁上),塞上橡胶塞。

把装有碘的试管在酒精灯火焰上方微热一下,待产生碘蒸气后立即停止加热,观察纸条上的指纹印迹。

二、实验原理

指纹是由手指上的油脂等分泌物组成。碘受热易升华,而碘蒸气能溶解在指纹上的油脂等手指分泌物中,形成棕色的指纹印迹。

§7.11 紫烟造兰花

一、操作步骤

取一只蒸发皿放入 2 g 锌粉和 2 g 碎碘片,拌和均匀,在蒸发皿的正上方吊一朵白纸花,白纸花上涂以面粉浆糊。

然后用胶头滴管吸取冷水,加 1～2 滴于混合粉上,立即有紫烟和白雾腾空而起,团团彩云都抢着去拥抱白纸花,把白花染成兰花,再熏染 1～2 次,蓝花更加鲜艳、逼真,呈现"滴水生紫烟、紫烟造兰花"的现象。

二、原理

干态下的碘片和锌粉,常温下不易直接化合,加入少量水作催化剂后,立即剧烈反应生成碘化锌并放出大量的热,使未反应的碘升华成紫烟,水受热汽化,空中冷凝成白雾,碘和白纸花上的面粉接触显蓝色,于是紫烟造出蓝花。

§7.12 水火相容

一、操作步骤

在一个玻璃杯中盛大半杯水,把十几颗氯酸钾晶体放到水底,再用镊子夹取几小粒黄磷放到氯酸钾晶体中。接着用玻璃移液管吸取浓硫酸少许,移注到氯酸钾和黄磷的混合物中,这时水中就有火光发生。水中有火,岂不是"水火相容"吗?

二、实验原理

在水中放进氯酸钾,氯酸钾是含氧的化合物;再放进黄磷,黄磷是极易燃烧的东西,在水里因为与空气中的氧隔绝了,所以没有自燃。但是,加进了浓硫酸,浓硫酸与氯酸钾起作用生成氯酸,氯酸不稳定,放出氧来。氧又与黄磷起反应而燃烧,这种反应特别猛烈,因此在水里也能进行,使得水火同处在一个杯中。磷被氧化生成五氧化二磷,五氧化二磷与水起作用,生成磷酸。

§7.13　化学振荡反应

一、操作步骤

(1) 配制三种溶液 A、B、C:

A. 取 3 mL 浓硫酸稀释在 134 mL 水中,加入 10 g 溴酸钠溶解。

B. 取 1 g 溴化钠溶解在 10 mL 水中。

C. 取 2 g 丙二酸溶解在 20 mL 水中。

(2) 在一个小烧杯中,依次加入 6 mL 溶液 A、0.5 mL 溶液 B、1 mL 溶液 C。几分钟后,溶液呈无色。再加入 1 mL 0.025 mol/L 的试亚铁灵溶液充分混合。

(3) 将溶液注入在一个直径为 9 cm 的洁净的培养皿中,加上盖。此时溶液呈均匀红色。几分钟后,溶液出现蓝色,并成环状向外扩展,形成各种同心圆状花纹。

二、实验原理

别诺索夫-柴波廷斯基(Belousov-Zhabotinski)化学振荡(Chemical Oscillating)是系统在远离平衡时,由其本身的非线性动力学机制而产生的某些物质的浓度随时间或空间的周期性变化,即宏观时空有序结构,称之为耗散结构(dissipative structure),是典型的非平衡非线性现象。1921 年,勃雷(Bray)在一次偶然的机会发现 H_2O_2 与 KIO_3 在硫酸稀溶液中反应时,释放出 O_2 的速率以及 I_2 的浓度会随时间呈周期性的变化。从此,这类化学振荡现象开始为人们所注意。特别是 1958 年,别诺索夫首先观察到并随后为柴波廷斯基深入研究,丙二酸在溶有硫酸铈的酸性溶液中被溴酸钾氧化的反应中,$[Ce^{4+}]/[Ce^{3+}]$ 及 $[Br^-]$ 的周期性变化,使人们对化学振荡发生了广泛的兴趣。现在已经发现了许多不同类型的振荡反应(在均相和非均相系统中都有),并进一步发展到化学中的混沌现象的研究。振荡现象特别对生物系统更有意义。

上述 BZ 振荡反应的历程十分复杂。1972 年,Field、Koros、Noyes 等人提出了 FKN 机理,对 BZ 反应的振荡作出了解释。其主要思想是:系统中存在着两个受 $[Br^-]$ 控制的过程 A 和 B。当 $[Br^-]$ 高于某一临界浓度时,发生过程 A,消耗 Br^-,$[Br^-]$ 下降,当 $[Br^-]$ 下降到低于某一临界浓度时,发生过程 B,Br^- 再生,$[Br^-]$ 升高,结果 A 过程又发生。这样,系统就在 A、B 过程间往复振荡,$[Ce^{4+}]/[Ce^{3+}]$ 及 $[Br^-]$ 呈现周期性的变化。

具体来讲,该反应由三个主过程组成。

当 $[Br^-]$ 足够高时,发生过程 A(过程特点是大量消耗 Br^-):

$$(1) \quad BrO_3^- + Br^- + 2H^+ \longrightarrow HBrO_2 + HOBr \qquad\qquad k_1$$

$$(2) \quad HBrO_2 + Br^- + H^+ \longrightarrow 2HOBr \qquad\qquad k_2$$

其中(1)为速控步,当达到准定态时,中间体$[HBrO_2] = k_1[BrO_3^-][H^+]/k_2$。反应中产生的 HOBr 能进一步反应,使有机物丙二酸被溴化:

$$(A1) \quad HOBr + Br^- + H^+ \longrightarrow Br_2 + H_2O$$

$$(A2) \quad Br_2 + CH_2(COOH)_2 \longrightarrow BrCH(COOH)_2 + Br^- + H^+$$

当$[Br^-]$低时,发生过程 B:

$$(3) \quad BrO_3^- + HBrO_2 + H^+ \longrightarrow 2BrO_2 + H_2O \qquad\qquad k_3$$

$$(4) \quad BrO_2 + Ce^{3+} + H^+ \longrightarrow HBrO_2 + Ce^{4+} \qquad\qquad k_4$$

$$(5) \quad 2HBrO_2 \longrightarrow BrO_3^- + HOBr + H^+ \qquad\qquad k_5$$

这是一个自催化过程,在 Br^- 消耗到一定程度后,$HBrO_2$ 才转到按(3)、(4)两式进行,并使反应不断加速,与此同时,催化剂 Ce^{3+} 氧化为 Ce^{4+}。此外,$HBrO_2$ 的累积还受到歧化反应(5)的制约。(3)为速控步,达到准定态时,$[HBrO_2] \approx k_3[BrO_3^-][H^+]/2k_5$。由(2)、(3)可见,$Br^-$ 和 BrO_3^- 是竞争 $HBrO_2$ 的,当 $k_2[Br^-] > k_3[BrO_3^-]$ 时,自催化过程(3)不可能发生。Br^- 的临界浓度为:$[Br^-]_{crit} = k_3[BrO_3^-]/k_2$。

过程 C:

再生出 Br^-,同时 Ce^{4+} 还原为 Ce^{3+}。这一过程目前了解得还不够,反应大致为:

$$(6) \quad 4Ce^{4+} + BrCH(COOH)_2 + H_2O + HOBr \longrightarrow 2Br^- + 4Ce^{3+} + 3CO_2 + 6H^+ \qquad k_6$$

$$或 \quad 4Ce^{4+} + BrCH(COOH)_2 + 2H_2O \longrightarrow Br^- + 4Ce^{3+} + HCOOH + 2CO_2 + 5H^+$$

过程 C 对化学振荡非常重要。如果只有 A 和 B,那就是一般的自催化反应或时钟反应,进行一次就完成。正是由于过程 C,以有机物丙二酸的消耗为代价,重新得到 Br^- 和 Ce^{3+},反应得以重新启动,形成周期性的振荡。

总反应为:

$$2H^+ + 2BrO_3^- + 3CH_2(COOH)_2 \xrightarrow[Br^-,\ Ce^{4+}]{Ce^{3+}} 2BrCH(COOH)_2 + 3CO_2 + 4H_2O$$

$$或 \quad 3H^+ + 3BrO_3^- + 5CH_2(COOH)_2 \xrightarrow[Br^-,\ Ce^{4+}]{Ce^{3+}} 3BrCH(COOH)_2 + 2HCOOH + 4CO_2 + 5H_2O$$

三、碘钟反应

配制三种溶液:

A. 102.5 mL 30%的双氧水溶液稀释至 250 mL。

B. 10.7 g KIO_3 加 10 mL 2 mol/l 的硫酸,稀释至 250 mL。

C. 取 0.075 g 淀粉溶于少量热水并加 3.9 g 丙二酸和 0.845 g 硫酸锰稀释至 250 mL。

用三支量筒分别量取 A、B、C 各 50 mL,同时加入至洁净的 250 mL 烧杯,用玻璃棒略搅拌后静置。

系统开始完全无色,然后突然变为琥珀色,然后又改变为无色(相当短暂),迅速又改变为蓝色,溶液的颜色就在琥珀色与蓝色之间振荡,并且所有这些改变都以有规则的时间间隔发生,维持着一个恒定周期自动变化。

在上面的实验里存在着这样的 5 个反应:

$$2KIO_3 + 5H_2O_2 + H_2SO_4 \Longrightarrow I_2 + K_2SO_4 + 6H_2O + 5O_2 \uparrow \qquad (1)$$

$$I_2 + 5H_2O_2 + K_2SO_4 \Longrightarrow 2KIO_3 + 4H_2O + H_2SO_4 \qquad (2)$$

$$I_2 + CH_2(COOH)_2 \Longrightarrow CHI(COOH)_2 + I^- + H^+ \qquad (3)$$

$$I_2 + CHI(COOH)_2 \Longrightarrow CI_2(COOH)_2 + I^- + H^+ \qquad (4)$$

$$I^- + I_2 \Longrightarrow I_3^- \qquad (5)$$

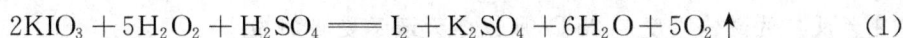

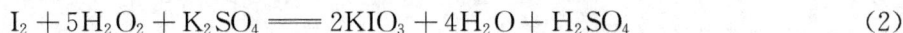

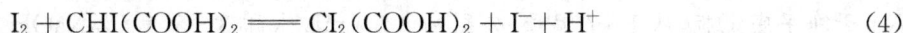

丙二酸的加入是为了以 I_3^- 的形式"贮存"I_2，以增大 I_2 的溶解度。这样能延长变色时间周期和循环次数。

§7.14 蓝瓶子实验

一、操作步骤

（1）称取 2 g 氢氧化钠固体，放入 250 mL 锥形瓶中，加入 100 mL 水使它溶解。再加入 2 g 葡萄糖，最后加入几滴亚甲蓝溶液（0.2%）到溶液呈蓝色。溶液静置几分钟后变成无色。

（2）塞上橡皮塞，振荡后溶液变成蓝色，再静置一段时间，溶液中的蓝色又逐渐消失，再振荡溶液，蓝色又出现。溶液的颜色能在蓝色和无色之间反复发生变化。

二、实验原理

亚甲蓝（$C_{16}H_{18}ClN_3S \cdot 3H_2O_2$，相对分子量 373.90）是噻嗪衍生物，用作观察细菌和组织切片的染色剂，也可用来染丝和用作指示剂。亚甲蓝呈蓝色，容易被还原成无色。被还原的分子也易重被氧化成亚甲蓝。它的可逆性变化可用下式表示：

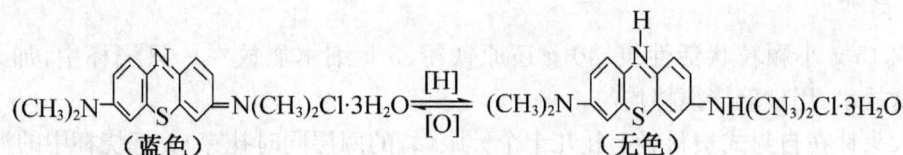

用符号 MB 表示亚甲蓝，则上述反应可表示如下：

$$MB \underset{[O]}{\overset{2[H]}{\rightleftharpoons}} H_2MB$$

由上式可知，本实验颜色变化的实质是氧化还原反应。本实验所用的溶液是亚甲蓝、葡萄糖和氢氧化钠的混合液。刚配制时溶液呈蓝色，放置片刻，蓝色就褪去，这是由于亚甲蓝被葡萄糖还原的结果。当振荡上述无色溶液时，瓶内溶液跟空气接触的表面增大，氧气在溶液中的溶解量也增多，氧气就把无色的 H_2MB 重新氧化成蓝色的 MB。当瓶子静置时，溶液里葡萄糖所起的还原作用渐渐起主导作用，蓝色的 H_2MB 又被还原成无色。上述操作可以反复许多次，直到瓶内的氧气耗尽为止。

附 注

（1）用葡萄糖作还原剂，溶液应是碱性介质，在酸性介质或中性介质中不会产生变色现象。

（2）为了增加演示效果，可适当增大碱量，这样变色周期短，现象明显。

(3) 变色反应的最佳温度是 25℃,所以冬天演示要略加热。

三、拓展实验

取 7 个干净平底烧瓶,从 1～7 编号,分别加入 10 mL 水和 3～5 滴 5%NaOH 溶液,然后在 1～6 号烧瓶中依次分别加入 1 mg 酚酞、1 mg 甲酚红、1 mg 甲基红、1 mg 钛黄、1 mg 偶氮紫、1 mg 酚红,7 号瓶不加其他染料。此时,酚酞瓶呈红紫色、甲酚红瓶呈红紫色、甲基红瓶呈绿色、钛黄瓶呈黄绿色、偶氮紫瓶呈红紫色、酚红瓶呈红紫色。

序　号	染料＋亚甲基蓝	颜色(指示剂呈氧化态)	颜色(指示剂呈还原态)
1	酚酞	红紫色	粉红色
2	甲酚红	红紫色	紫色
3	甲基红	绿色	黄色
4	钛黄	黄绿色	绿色
5	偶氮紫	红紫色	紫色
6	酚红	红紫色	红色
7	亚甲基蓝	蓝色	无色

§7.15　自制化学暖袋

一、操作步骤

称取 15 g 小颗粒状活性炭、40 g 还原铁粉、5 g 细木屑放在一只烧杯中,加入 15 mL 15% 的食盐水,用玻璃棒搅拌均匀。

用大头针在自封式塑料袋上扎几十个针眼(袋的两层同时扎穿)。把烧杯中的混合物全部加入扎过孔的塑料袋内,封上袋口。

把塑料袋放入自制的布袋中,扎住袋口。反复搓擦布袋 5～8 min,能感觉布袋的温度明显上升。

最好选用总铁量在 98% 以上的多孔质还原铁粉。

二、实验原理

布袋发热的原因是铁粉在水存在下能跟空气中的氧气反应,放出热量:

$$4Fe + 2H_2O + 3O_2 \xrightarrow{} 2Fe_2O_3 \cdot H_2O + Q$$

§7.16　化学"冰箱"

一、操作步骤

将硝酸铵在台秤上称出几份,每份 120 g,分别装入小塑料袋,封口携带备用。用 10 号铁丝弯成一铁丝支架,以备放置待保鲜致冷的食品。使用时先用烧杯盛 100 mL 水,然后将硝酸铵全部一次倒入烧杯中,不要搅拌。将上述烧杯放入保温瓶底部,把铁支架架在其上方,最后将饮料、食品等放在铁架上,盖好保温瓶盖,连续约 5 h 瓶内可保持在 5℃以下。

使用后硝酸铵水溶液可以再生。方法是将硝酸铵水溶液加热浓缩或在野外敞口晾晒,使水分蒸发,硝酸铵晶体析出后,可重复使用。

二、实验原理

无机盐溶于水的过程包括两个部分,首先是在水分子作用下破坏原有无机盐的离子晶格,使无机盐的组成离子进入水溶液,这个过程需吸热;然后离子与水分子化合形成水合离子,这个过程放热。无机盐溶解于水时总的热效应就由这两部分的综合效应来决定。硝酸铵等少数盐类溶解时吸热特别强烈,因而是常用的化学制冷剂。

附　录

附录 1　元素的相对原子质量

原子序数	元素名称	元素符号	相对原子质量	原子序数	元素名称	元素符号	相对原子质量
1	氢	H	1.007 94(7)	32	锗	Ge	72.64(1)
2	氦	He	4.002 602(2)	33	砷	As	74.921 60(2)
3	锂	Li	6.941(2)	34	硒	Se	78.96(3)
4	铍	Be	9.012 182(3)	35	溴	Br	79.904(1)
5	硼	B	10.811(7)	36	氪	Kr	83.80(1)
6	碳	C	12.010 7(8)	37	铷	Rb	85.467 8(3)
7	氮	N	14.006 7(2)	38	锶	Sr	87.62(1)
8	氧	O	15.999 4(3)	39	钇	Y	88.905 85(2)
9	氟	F	18.998 403 2(5)	40	锆	Zr	91.224(2)
10	氖	Ne	20.179 7(6)	41	铌	Nb	92.906 38(2)
11	钠	Na	22.989 770(2)	42	钼	Mo	95.94(1)
12	镁	Mg	24.305 0(6)	43	锝	Tc	(98)
13	铝	Al	26.981 538(2)	44	钌	Ru	101.07(2)
14	硅	Si	28.088 5(3)	45	铑	Rh	102.905 50(2)
15	磷	P	30.973 761(2)	46	钯	Pd	106.42(1)
16	硫	S	32.065(5)	47	银	Ag	107.868 2(2)
17	氯	Cl	35.453(2)	48	镉	Cd	112.411(8)
18	氩	Ar	39.948(1)	49	铟	In	114.818(3)
19	钾	K	39.098 3(1)	50	锡	Sn	118.710(7)
20	钙	Ca	40.078(4)	51	锑	Sb	121.760(1)
21	钪	Sc	44.955 910(8)	52	碲	Te	127.60(3)
22	钛	Ti	47.867(1)	53	碘	I	126.904 47(3)
23	钒	V	50.941 5(1)	54	氙	Xe	131.293(6)
24	铬	Cr	51.996 1(6)	55	铯	Cs	132.905 45(2)
25	锰	Mn	54.938 49(9)	56	钡	Ba	137.327(7)
26	铁	Fe	55.845(2)	57	镧	La	138.905 5(2)
27	钴	Co	58.933 200(9)	58	铈	Ce	140.116(1)
28	镍	Ni	58.693 4(2)	59	镨	Pr	140.907 65(2)
29	铜	Cu	63.546(3)	60	钕	Nd	144.24(3)
30	锌	Zn	65.39(2)	61	钷	Pm	(145)
31	镓	Ga	69.723(1)	62	钐	Sm	150.36(3)

原子序数	元素名称	元素符号	相对原子质量	原子序数	元素名称	元素符号	相对原子质量
63	铕	Eu	151.964(1)	87	钫	Fr	(223)
64	钆	Gd	157.25(3)	88	镭	Ra	(226)
65	铽	Tb	158.925 34(2)	89	锕	Ac	(227)
66	镝	Dy	162.50(3)	90	钍	Th	232.038 1(1)
67	钬	Ho	164.930 32(2)	91	镤	Pa	231.035 88(2)
68	铒	Er	167.259(3)	92	铀	U	238.028 91(3)
69	铥	Tm	168.934 21(2)	93	镎	Np	(237)
70	镱	Yb	173.04(3)	94	钚	Pu	(244)
71	镥	Lu	174.967(1)	95	镅	Am	(243)
72	铪	Hf	178.49(2)	96	锔	Cm	(247)
73	钽	Ta	180.947 9(1)	97	锫	Bk	(247)
74	钨	W	183.84(1)	98	锎	Cf	(251)
75	铼	Re	186.207(1)	99	锿	Es	(252)
76	锇	Os	190.23(3)	100	镄	Fm	(257)
77	铱	Ir	192.217(3)	101	钔	Md	(258)
78	铂	Pt	195.078(2)	102	锘	No	(259)
79	金	Au	196.966 55(2)	103	铹	Lr	(260)
80	汞	Hg	200.59(2)	104	𬬻	Rf	(261)
81	铊	Tl	204.383 3(2)	105	𬭳	Db	(262)
82	铅	Pb	207.2(1)	106	𬭶	Sg	(263)
83	铋	Bi	208.980 38(2)	107	𬭎	Bh	(264)
84	钋	Po	(210)	108	𬭳	Hs	(265)
85	砹	At	(210)	109	䥑	Mt	(268)
86	氡	Rn	(222)				

附录2　化合物相对分子量

化合物	分子量	化合物	分子量	化合物	分子量
Ag_3AsO_4	462.52	$Al(NO_3)_3$	213.00	BaC_2O_4	225.35
$AgBr$	187.77	$Al(NO_3)_3 \cdot 9H_2O$	375.13	$BaCl_2$	208.24
$AgCl$	143.32	Al_2O_3	101.96	$BaCl_2 \cdot 2H_2O$	244.27
$AgCN$	133.89	$Al(OH)_3$	78.00	$BaCrO_4$	253.32
$AgSCN$	165.95	$Al_2(SO_4)_3$	342.14	BaO	153.33
Ag_2CrO_4	331.73	$Al(SO_4)_3 \cdot 18H_2O$	666.41	$Ba(OH)_2$	171.34
AgI	234.77	As_2O_3	197.84	$BaSO_4$	233.39
$AgNO_3$	169.87	As_2O_5	229.84	$BiCl_3$	315.34
$AlCl_3$	133.34	As_2S_3	246.03	$BiOCl$	260.43
$AlCl_3 \cdot 6H_2O$	241.43	$BaCO_3$	197.34	CO_2	44.01

（续表）

化合物	分子量	化合物	分子量	化合物	分子量
CaO	56.08	$CrCl_3$	158.36	$H_2C_2O_4$	90.04
$CaCO_3$	100.09	$CrCl_3 \cdot 6H_2O$	266.45	$H_2C_2O_4 \cdot 2H_2O$	126.07
CaC_2O_4	128.10	$Cr(NO_3)_3$	238.01	$H_2C_4H_4O_4$(丁二酸)	118.09
$CaCl_2$	110.99	Cr_2O_3	151.99	$H_2C_4H_4O_6$(酒石酸)	150.09
$CaCl_2 \cdot 6H_2O$	219.08	$CuCl$	99.00	$H_3C_6H_5O_7 \cdot H_2O$ (柠檬酸)	210.14
$Ca(NO_3)_2 \cdot 4H_2O$	236.15	$CuCl_2$	134.45		
$Ca(OH)_2$	74.09	$CuCl_2 \cdot 2H_2O$	170.48	$H_2C_4H_4O_5$ (DL-苹果酸)	134.09
$Ca_3(PO_4)_2$	310.18	$CuSCN$	121.62		
$CaSO_4$	136.14	CuI	190.45	$HC_3H_6NO_2$ (DL-α-丙氨酸)	89.10
$CdCO_3$	172.42	$Cu(NO_3)_2$	187.56		
$CdCl_2$	183.82	$Cu(NO_3)_2 \cdot 3H_2O$	241.60	HCl	36.46
CdS	144.47	CuO	79.54	HF	20.01
$Ce(SO_4)_2$	332.24	Cu_2O	143.09	HI	127.91
$Ce(SO_4)_2 \cdot 4H_2O$	404.30	CuS	95.61	HIO_3	175.91
$CoCl_2$	129.84	$CuSO_4$	159.06	HNO_2	47.01
$CoCl_2 \cdot 6H_2O$	237.93	$CuSO_4 \cdot 5H_2O$	249.68	HNO_3	63.01
$Co(NO_3)_2$	182.94	$FeCl_2$	126.75	H_2O	18.02
$Co(NO_3)_2 \cdot 6H_2O$	291.03	$FeCl_2 \cdot 4H_2O$	198.81	H_2O_2	34.02
CoS	90.99	$FeCl_3$	162.21	H_3PO_4	98.00
$CoSO_4$	154.99	$FeCl_3 \cdot 6H_2O$	270.30	H_2S	34.08
$CoSO_4 \cdot 7H_2O$	281.10	$FeNH_4(SO_4)_2 \cdot 12H_2O$	482.18	H_2SO_3	82.07
$CO(NH_2)_2$(尿素)	60.06			H_2SO_4	98.07
$CS(NH_2)_2$(硫脲)	76.12	$Fe(NO_3)_3$	241.86	$Hg(CN)_2$	252.63
C_6H_5OH	94.11	$Fe(NO_3)_3 \cdot 9H_2O$	404.00	$HgCl_2$	271.50
CH_2O(甲醛)	30.03	FeO	71.85	Hg_2Cl_2	472.09
$C_{14}H_{14}N_3O_3SNa$ (甲基橙)	327.33	Fe_2O_3	159.69	HgI_2	454.40
		Fe_3O_4	231.54	$Hg_2(NO_3)_2$	525.19
$C_6H_5NO_3$(硝基酚)	139.11	$Fe(OH)_3$	106.87	$Hg_2(NO_3)_2 \cdot 2H_2O$	561.22
$C_4H_8N_2O_2$ (丁二酮肟)	116.12	FeS	87.91	$Hg(NO_3)_2$	324.60
		Fe_2S_3	207.87	HgO	216.59
$(CH_2)_6N_4$ (六亚甲基四胺)	140.19	$FeSO_4$	151.91	HgS	232.65
		$FeSO_4 \cdot 7H_2O$	278.01	$HgSO_4$	296.65
$C_7H_6O_6S \cdot 2H_2O$ (磺基水杨酸)	254.22	$Fe(NH_4)_2(SO_4)_2 \cdot 6H_2O$	392.13	Hg_2SO_4	497.24
				$KAl(SO_4)_2 \cdot 12H_2O$	474.38
C_9H_6NOH (8-羟基喹啉)	145.16	H_3AsO_3	125.94	KBr	119.00
		H_3AsO_4	141.94	$KBrO_3$	167.00
$C_{12}H_8N_2 \cdot H_2O$ (邻菲啰啉)	198.22	H_3BO_3	61.83	KCl	74.55
		HBr	80.91	$KClO_3$	122.55
$C_2H_5NO_2$ (氨基乙酸,甘氨酸)	75.07	HCN	27.03	$KClO_4$	138.55
		$HCOOH$	46.03	KCN	65.12
$C_6H_{12}N_2O_4S_2$ (L-胱氨酸)	240.30	CH_3COOH	60.05	$KSCN$	97.18
		H_2CO_3	62.02	K_2CO_3	138.21

（续表）

化合物	分子量	化合物	分子量	化合物	分子量
K_2CrO_4	194.19	NO_2	46.01	Na_2O_2	77.98
$K_2Cr_2O_7$	294.18	NH_3	17.03	$NaOH$	40.00
$K_3Fe(CN)_6$	329.25	CH_3COONH_4	77.08	Na_3PO_4	163.94
$K_4Fe(CN)_6$	368.35	$NH_2OH \cdot HCl$ （盐酸羟胺）	69.49	Na_2S	78.04
$KFe(SO_4)_2 \cdot 12H_2O$	503.24			$Na_2S \cdot 9H_2O$	240.18
$KHC_2O_4 \cdot H_2O$	146.14	NH_4Cl	53.49	Na_2SO_3	126.04
$KHC_2O_4 \cdot H_2C_2O_4$ $\cdot 2H_2O$	254.19	$(NH_4)_2CO_3$	96.09	Na_2SO_4	142.04
		$(NH_4)_2C_2O_4$	124.10	$Na_2S_2O_3$	158.10
$KHC_4H_4O_6$ （酒石酸氢钾）	188.18	$(NH_4)_2C_2O_4 \cdot H_2O$	142.11	$Na_2S_2O_3 \cdot 5H_2O$	248.17
		NH_4SCN	76.12	$NiCl_2 \cdot 6H_2O$	237.70
$KHC_8H_4O_4$ （邻苯二甲酸氢钾）	204.22	NH_4HCO_3	79.06	NiO	74.70
		$(NH_4)_2MoO_4$	196.01	$Ni(NO_3)_2 \cdot 6H_2O$	290.80
$KHSO_4$	136.16	NH_4NO_3	80.04	NiS	90.76
KI	166.00	$(NH_4)_2HPO_4$	132.06	$NiSO_4 \cdot 7H_2O$	280.86
KIO_3	214.00	$(NH_4)_2S$	68.14	$Ni(C_4H_7N_2O_2)_2$ （丁二酮肟合镍）	288.91
$KIO_3 \cdot HIO_3$	389.91	$(NH_4)_2SO_4$	132.13		
$KMnO_4$	158.03	NH_4VO_3	116.98	P_2O_5	141.95
$KNaC_4H_4O_6 \cdot 4H_2O$	282.22	Na_3AsO_3	191.89	$PbCO_3$	267.21
KNO_3	101.10	$Na_2B_4O_7 \cdot 10H_2O$	381.37	PbC_2O_4	295.22
KNO_2	85.10	$NaBiO_3$	279.97	$PbCl_2$	278.10
K_2O	94.20	$NaCN$	49.01	$PbCrO_4$	323.19
KOH	56.11	$NaSCN$	81.07	$Pb(CH_3COO)_2 \cdot$ $3H_2O$	379.30
K_2SO_4	174.25	Na_2CO_3	105.99		
$MgCO_3$	84.31	$NaCO_3 \cdot 10H_2O$	286.14	$Pb(CH_3COO)_2$	325.29
$MgCl_2$	95.21	$Na_2C_2O_4$	134.00	PbI_2	461.01
$MgCl_2 \cdot 6H_2O$	203.30	CH_3COONa	82.03	$Pb(NO_3)_2$	331.21
MgC_2O_4	112.33	$CH_3COONa \cdot 3H_2O$	136.08	PbO	223.20
$Mg(NO_3)_2 \cdot 6H_2O$	256.41	$Na_3C_6H_5O_7$ （柠檬酸钠）	258.07	PbO_2	239.20
$MgNH_4PO_4$	137.32			$Pb_3(PO_4)_2$	811.54
MgO	40.30	$NaC_5H_8NO_4 \cdot H_2O$ （L-谷氨酸钠）	187.13	PbS	239.30
$Mg(OH)_2$	58.32			$PbSO_4$	303.30
$Mg_2P_2O_7$	222.55	$NaCl$	58.44	SO_2	64.06
$MgSO_4 \cdot 7H_2O$	246.47	$NaClO$	74.44	SO_3	80.06
$MnCO_3$	114.95	$NaHCO_3$	84.01	$SbCl_3$	228.11
$MnCl_2 \cdot 4H_2O$	197.91	$Na_2HPO_4 \cdot 12H_2O$	358.14	$SbCl_5$	299.02
$Mn(NO_3)_2 \cdot 6H_2O$	287.04	$Na_2H_2C_{10}H_{12}O_8N_2$ （EDTA 二钠盐）	336.21	Sb_2O_3	291.50
MnO	70.94			Sb_2S_3	339.68
MnO_2	86.94	$Na_2H_2C_{10}H_{12}O_8N_2 \cdot$ $2H_2O$	372.24	SiF_4	104.08
MnS	87.00			SiO_2	60.08
$MnSO_4$	151.00	$NaNO_2$	69.00	$SnCl_2$	189.60
$MnSO_4 \cdot 4H_2O$	223.06	$NaNO_3$	85.00	$SnCl_2 \cdot 2H_2O$	225.63
NO	30.01	Na_2O	61.98	$SnCl_4$	260.50

(续表)

化合物	分子量	化合物	分子量	化合物	分子量
$SnCl_4 \cdot 5H_2O$	350.58	$SrSO_4$	183.69	$Zn(NO_3)_2$	189.39
SnO_2	150.69	$UO_2(CH_3COO)_2 \cdot$	424.15	$Zn(NO_3)_2 \cdot 6H_2O$	297.48
SnS	150.75	$2H_2O$		ZnO	81.38
$SrCO_3$	147.63	$ZnCO_3$	125.39	ZnS	97.44
$SrCr_2O_4$	175.64	ZnC_2O_4	153.40	$ZnSO_4$	161.54
$SrCrO_4$	203.61	$ZnCl_2$	136.29	$ZnSO_4 \cdot 7H_2O$	287.55
$Sr(NO_3)_2$	211.63	$Zn(CH_3COO)_2$	183.47		
$Sr(NO_3)_2 \cdot 4H_2O$	283.69	$Zn(CH_3COO)_2 \cdot 2H_2O$	219.50		

附录 3　常用酸碱溶液的密度和浓度

试剂名称	相对密度	质量分数/%	$c/mol \cdot L^{-1}$
盐　酸	1.18~1.19	36~38	11.6~12.4
硝　酸	1.39~1.40	65.0~68.0	14.4~15.2
硫　酸	1.83~1.84	95~98	17.8~18.4
磷　酸	1.69	85	14.6
高氯酸	1.68	70.0~72.0	11.7~12.0
冰醋酸	1.05	99.0	17.4
氢氟酸	1.13	40	22.5
氢溴酸	1.49	47.0	8.6
氨　水	0.88~0.90	25.0~28.0	13.3~14.8

附录 4　常用指示剂

一、酸碱指示剂(291~298 K)

指示剂名称	变色 pH 范围	颜色变化	溶液配制方法
甲基紫 (第一变色范围)	0.13~0.5	黄~绿	0.1%或 0.05%的水溶液
甲酚红 (第一变色范围)	0.2~1.8	红~黄	0.04 g 指示剂溶于 100 mL 50%乙醇中
甲基紫 (第二变色范围)	1.0~1.5	绿~蓝	0.1%水溶液
百里酚蓝 (麝香草酚蓝) (第一变色范围)	1.2~2.8	红~黄	0.1 g 指示剂溶于 100 mL 20%乙醇中

（续表）

指示剂名称	变色 pH 范围	颜色变化	溶液配制方法
甲基紫 （第三变色范围）	2.0～3.0	蓝～紫	0.1％水溶液
茜素黄 R （第一变色范围）	1.9～3.3	红～黄	0.1％水溶液
甲基橙	3.1～4.4	红～橙黄	0.1％水溶液
溴酚蓝	3.0～4.6	黄～蓝	0.1 g 指示剂溶于 100 mL 20％乙醇中
刚果红	3.0～5.2	蓝紫～红	0.1％水溶液
茜素红 S （第一变色范围）	3.7～5.2	黄～紫	0.1％水溶液
溴甲酚绿	3.8～5.4	黄～蓝	0.1 g 指示剂溶于 100 mL 20％乙醇中
甲基红	4.4～6.2	红～黄	0.1 g 或 0.2 g 指示剂溶于 100 mL 60％乙醇中
溴酚红	5.0～6.8	黄～红	0.1 g 或 0.04 g 指示剂溶于 100 mL 20％乙醇中
溴甲酚紫	5.2～6.8	黄～紫红	0.1 g 指示剂溶于 100 mL 20％乙醇中
溴百里酚蓝	6.0～7.6	黄～蓝	0.05 g 指示剂溶于 100 mL 20％乙醇中
中性红	6.8～8.0	红～亮黄	0.1 g 指示剂溶于 100 mL 60％乙醇中
酚红	6.8～8.0	黄～红	0.1 g 指示剂溶于 100 mL 20％乙醇中
甲酚红	7.2～8.8	亮黄～紫红	0.1 g 指示剂溶于 100 mL 50％乙醇中
百里酚蓝 （麝香草酚蓝） （第二变色范围）	8.0～9.0	黄～蓝	参看第一变色范围
酚酞	8.2～10.0	无色～紫红	① 0.1 g 指示剂溶于 100 mL 60％乙醇中 ② 1 g 酚酞溶于 100 mL 90％乙醇中
百里酚酞	9.4～10.6	无色～蓝	0.1 g 指示剂溶于 100 mL 90％乙醇中
茜素红 S （第二变色范围）	10.0～12.0	紫～淡黄	参看第一变色范围
茜素黄 R （第二变色范围）	10.1～12.1	黄～淡紫	0.1％水溶液

二、混合酸碱指示剂

指示剂溶液的组成	pH 变色点	颜色		备　注
		酸色	碱色	
一份 0.1％甲基黄乙醇溶液 一份 0.1％次甲基蓝乙醇溶液	3.25	蓝绿	绿	pH＝3.2 蓝紫色 pH＝3.4 绿色

(续表)

指示剂溶液的组成	pH 变色点	颜色		备　注
		酸　色	碱　色	
四份 0.2% 溴甲酚绿乙醇溶液 一份 0.2% 二甲基黄乙醇溶液	3.9	橙	绿	变色点黄色
一份 0.2% 甲基橙溶液 一份 0.28 靛蓝(二磺酸)乙醇溶液	4.1	紫	黄绿	调节两者的比例,直至终点敏锐
一份 0.1% 溴百里酚绿钠盐水溶液 一份 0.2% 甲基橙水溶液	4.3	黄	蓝绿	pH=3.5 黄色 pH=4.0 黄绿色 pH=4.3 绿色
一份 0.2% 甲基红乙醇溶液 一份 0.1% 次甲基蓝乙醇溶液	5.4	红紫	绿	pH=5.2 红紫 pH=5.4 暗蓝 pH=5.6 绿
一份 0.1% 溴甲酚绿钠盐水溶液 一份 0.1% 氯酚红钠盐水溶液	6.1	黄绿	蓝紫	pH=5.4 蓝绿 pH=5.8 蓝 pH=6.2 蓝紫
一份 0.1% 溴甲酚紫钠盐水溶液 一份 0.1% 溴百里酚蓝钠盐水溶液	6.7	黄	蓝紫	pH=6.2 黄紫 pH=6.6 紫 pH=6.8 蓝紫
一份 0.1% 中性红乙醇溶液 一份 0.1% 次甲基蓝乙醇溶液	7.0	蓝紫	绿	pH=7.0 蓝紫
一份 0.1% 溴百里酚蓝钠盐水溶液 一份 0.1% 酚红钠盐水溶液	7.5	黄	紫	pH=7.2 暗绿 pH=7.4 淡紫 pH=7.6 深紫
一份 0.1% 甲酚红 50% 乙醇溶液 六份 0.1% 百里酚蓝 50% 乙醇溶液	8.3	黄	紫	pH=8.2 玫瑰色 pH=8.4 紫色 变色点微红色

三、金属离子指示剂

名　称	配　制	用于测定		
		元素	颜色变化	测定条件
酸性铬蓝 K[①]	0.1% 乙醇溶液	Ca Mg	红～蓝 红～蓝	pH=12 pH=10(氨性缓冲溶液)
钙指示剂	与 NaCl 配成 1:100 的固体混合物	Ca	酒红～蓝	pH>12(KOH 或 NaOH)

名　称	配　制	用于测定		
		元素	颜色变化	测定条件
铬黑 T	0.5％水溶液；与 NaCl 配成 1∶100 的固体混合物	Al Bi Ca Cd Mg Mn Ni Pb Zn	蓝～红 蓝～红 红～蓝 红～蓝 红～蓝 红～蓝 红～蓝 红～蓝 红～蓝	pH＝7～8，吡啶存在下，以 Zn^{2+} 回滴 pH＝9～10，以 Zn^{2+} 回滴 pH＝10，加入 EDTA-Mg pH＝10（氨性缓冲溶液） pH＝10（氨性缓冲溶液） 氨性缓冲溶液，加羟胺 氨性缓冲溶液 氨性缓冲溶液，加酒石酸钾 pH＝6.8～10（氨性缓冲溶液）
o-PAN[②]	0.1％乙醇（或甲醇）溶液	Cd Co Cu Zn	红～黄 黄～红 紫～黄 红～黄 粉红～黄	pH＝6（乙醇缓冲溶液） 乙醇缓冲溶液，70～80℃以 Cu^{2+} 回滴 pH＝10（氨性缓冲溶液） pH＝6（乙酸缓冲溶液） pH＝5～7（乙酸缓冲溶液）
磺基水杨酸	1％～2％水溶液	Fe(Ⅲ)	红紫～黄	pH＝1.5～3
二甲基橙	0.5％乙醇（或水）溶液	Bi Cd Pb Th(Ⅳ) Zn	红～黄 粉红～黄 红紫～黄 红～黄 红～黄	pH＝1～2（HNO_3） pH＝5～6（六次甲基四胺） pH＝5～6（乙酸缓冲溶液） pH＝1.6～3.5（HNO_3） pH＝5～6（乙酸缓冲溶液）
紫脲酸胺	与 NaCl 按 1∶100 质量比混合	Ca Cu Ni	红～紫 黄～紫 黄～紫红	pH＞12（25％乙醇） pH＝7～8 pH＝8.5～11.5

① 为提高灵敏度和稳定性，常将酸性铬蓝 K、萘酚绿 B，NaCl 按质量比 0.2∶0.34∶100 混合成固体指示剂，称 K-B 指示剂。

② 常配制成 Cu-PAN(CuY-PAN)指示剂，可扩大 PAN 指示剂的应用范围及提高灵敏度。

四、氧化还原指示剂

指示剂名称	$\varphi^{\circ\prime}/V$ $[H^+]=1\,mol \cdot L^{-1}$	颜色变化		溶液配制方法
		氧化态	还原态	
中性红	0.24	红	无色	0.05％的 60％乙醇溶液
亚甲基蓝	0.36	蓝	无色	0.05％水溶液
变胺蓝	0.59 (pH＝2)	无色	蓝色	0.05％水溶液
二苯胺	0.76	紫	无色	1％的浓 H_2SO_4 溶液

（续表）

指示剂名称	$\varphi^{\ominus'}/V$ $[H^+]=1\ mol \cdot L^{-1}$	颜色变化 氧化态	颜色变化 还原态	溶液配制方法
二苯胺磺酸钠	0.85	紫红	无色	0.5% 水溶液。如溶液浑浊，可滴加少量 HCl
N-邻苯氨基苯甲酸	1.08	紫红	无色	0.1 g 指示剂加 20 mL 5% 的 Na_2CO_3 溶液，用水稀释至 100 mL
邻二氮菲-Fe(Ⅱ)	1.06	浅蓝	红	1.485 g 邻二氮菲加 0.965 g $FeSO_4$，溶于 100 mL 水中（0.025 $mol \cdot L^{-1}$ 水溶液）
5-硝基邻二氮菲-Fe(Ⅱ)	1.25	浅蓝	紫红	1.608 g 5-硝基邻二氮菲加 0.695 g $FeSO_4$，溶于 100 mL 水中（0.025 $mol \cdot L^{-1}$ 水溶液）

五、吸附指示剂

名　称	配　制	用于测定 可测元素（括号内为滴定剂）	用于测定 颜色变化	用于测定 测定条件
荧光黄	1% 钠盐水溶液	Cl^-、Br^-、I^-、$SCN(Ag^+)$	黄绿～粉红	中性或弱碱性
二氯荧光黄	1% 钠盐水溶液	Cl^-、Br^-、$I^-(Ag^+)$	黄绿～粉红	pH=4.4～7
四溴荧光黄(曙红)	1% 钠盐水溶液	Br^-、$I^-(Ag^+)$	橙红～红紫	pH=1～2

附录5　常用缓冲溶液的配制

缓冲溶液组成	$pK_a^{\ominus}$	缓冲 pH	缓冲溶液配制方法
氨基乙酸-HCl	2.35($pK_{a1}^{\ominus}$)	2.3	取氨基乙酸 150 g 溶于 500 mL 水中后，加浓 HCl 80 mL，水稀释至 1 L
H_3PO_4-柠檬酸盐		2.5	取 $Na_2HPO_4 \cdot 12H_2O$ 113 g 溶于 200 mL 水后，加柠檬酸 387 g，溶解，过滤后，稀释至 1 L
一氯乙酸-NaOH	2.86	2.8	取 200 g 一氯乙酸溶于 200 mL 水中，加 NaOH 40 g，溶解后，稀释至 1 L
邻苯二甲酸氢钾-HCl	2.95($pK_{a1}^{\ominus}$)	2.9	取 500 g 邻苯二甲酸氢钾溶于 500 mL 水中，加浓 HCl 80 mL，稀释至 1 L
甲酸-NaOH	3.76	3.7	取 95 g 甲酸和 NaOH 40 g 于 50 mL 水中，溶解，稀释至 1 L

（续表）

缓冲溶液组成	pK_a	缓冲 pH	缓冲溶液配制方法
NaAc - HAc	4.74	4.7	取无水 NaAc 83 g 溶于水中，加冰 HAc 60 mL,稀释至 1 L
六次甲基四胺- HCl	5.15	5.4	取六次甲基四胺 40 g 溶于 200 mL 水中,加浓 HCl 100 mL,稀释至 1 L
NH$_3$ - NH$_4$Cl	9.26	9.2	取 NH$_4$Cl 54 g 溶于水中,加浓氨水 63 mL,稀释至 1 L

附录 6　常用基准物质的干燥条件和应用

基准物质		干燥后组成	干燥条件(℃)	标定对象
名　称	分子式			
碳酸氢钠	NaHCO$_3$	Na$_2$CO$_3$	270～300	酸
碳酸钠	Na$_2$CO$_3$ · 10H$_2$O	Na$_2$CO$_3$	270～300	酸
硼　砂	Na$_2$B$_4$O$_7$ · 10H$_2$O	Na$_2$B$_4$O$_7$ · 10H$_2$O	放在含 NaCl 和蔗糖饱和液的干燥器中	酸
碳酸氢钾	KHCO$_3$	K$_2$CO$_3$	270～300	酸
草　酸	H$_2$C$_2$O$_4$ · 2H$_2$O	H$_2$C$_2$O$_4$ · 2H$_2$O	室温空气干燥	碱或 KMnO$_4$
邻苯二甲酸氢钾	KHC$_8$H$_4$O$_4$	KHC$_8$H$_4$O$_4$	110～120	碱
重铬酸钾	K$_2$Cr$_2$O$_7$	K$_2$Cr$_2$O$_7$	140～150	还原剂
溴酸钾	KBrO$_3$	KBrO$_3$	130	还原剂
碘酸钾	KIO$_3$	KIO$_3$	130	还原剂
铜	Cu	Cu	室温,干燥器中保存	还原剂
三氧化二砷	As$_2$O$_3$	As$_2$O$_3$	室温,干燥器中保存	氧化剂
草酸钠	Na$_2$C$_2$O$_4$	Na$_2$C$_2$O$_4$	130	氧化剂
碳酸钙	CaCO$_3$	CaCO$_3$	110	EDTA
锌	Zn	Zn	室温干燥器中保存	EDTA
氧化锌	ZnO	ZnO	900～1 000	EDTA
氯化钠	NaCl	NaCl	500～600	AgNO$_3$
氯化钾	KCl	KCl	500～600	AgNO$_3$
硝酸银	AgNO$_3$	AgNO$_3$	280～290	氯化物
氨基磺酸	HOSO$_2$NH$_2$	HOSO$_2$NH$_2$	在真空 H$_2$SO$_4$ 干燥中保存 48 h	碱

附录 7　常用试剂的配制

名　称	浓　度	配制方法
三氯化锑 $SbCl_3$	$0.1\ mol \cdot L^{-1}$	溶解 22.8 g $SbCl_3$ 于 330 mL 6 mol·L^{-1} HCl 中,加水稀释至 1 dm^3
三氯化铋 $BiCl_3$	$0.1\ mol \cdot L^{-1}$	溶解 31.6 g $BiCl_3$ 于 330 mL 6 mol·L^{-1} HCl 中,加水稀释至 1 L
氯化亚锡 $SnCl_2$	$0.5\ mol \cdot L^{-1}$	溶解 113 g $SnCl_2$·$2H_2O$ 于 170 mL 浓 HCl 中,必要时可加热。完全溶解后,加水稀释至 1 L,并加几粒锡粒。(用时新配)
氯化汞 $HgCl_2$	$0.1\ mol \cdot L^{-1}$	溶解 27 g $HgCl_2$ 于 1 L 水中
氯化铁 $FeCl_3$	$0.1\ mol \cdot L^{-1}$	溶解 27 g $FeCl_3$·$6H_2O$ 于含有 4 mL 浓 HCl 的水中,再稀释至 1 L
硫化钠 Na_2S	$2\ mol \cdot L^{-1}$	溶解 480 g Na_2S·$9H_2O$ 及 40 g NaOH 于适量水中,稀释至 1 L
硫化铵 $(NH_4)_2S$	$3\ mol \cdot L^{-1}$	在 200 mL 浓 NH_3·H_2O(15 mol·L^{-1})中,通入 H_2S,直至不再吸收为止,然后再加入 200 mL 浓 NH_3·H_2O,最后加水稀释至 1 L(用时新配)
多硫化钠 Na_2S_x		溶解 480 g NaS·$9H_2O$ 于 500 mL 水中,再加入 40 g NaOH 和 18 g 硫黄,充分搅拌,用水稀释至 1 L(用时新配)
硫酸铵 $(NH_4)_2SO_4$	饱和	溶解 50 g $(NH_4)_2SO_4$ 于 100 mL 热水,冷却后过滤
硫酸亚铁铵 $(NH_4)_2Fe(SO_4)_2$	$0.5\ mol \cdot L^{-1}$	溶解 196 g $(NH_4)_2Fe(SO_4)_2$·$6H_2O$ 于含有 10 mL 浓 H_2SO_4 的水中,再稀释至 1 L(用时新配)
硫酸亚铁 $FeSO_4$	$0.5\ mol \cdot L^{-1}$	溶解 139 g $FeSO_4$·$7H_2O$ 于含有 10 mL 浓 H_2SO_4 的水中,再稀释至 1 L(不易保存)
硝酸汞 $Hg(NO_3)_2$	$0.1\ mol \cdot L^{-1}$	溶解 33.4 g $Hg(NO_3)_2$·$1/2H_2O$ 于 1 L 0.6 mol·L^{-1} HNO_3 中
硝酸亚汞 $Hg_2(NO_3)_2$	$0.1\ mol \cdot L^{-1}$	溶解 56.1 g $Hg_2(NO_3)_2$·$2H_2O$ 于 1 L 0.6 mol·L^{-1} HNO_3 中,并加入少量金属汞
碳酸铵 $(NH_4)_2CO_3$	$0.1\ mol \cdot L^{-1}$	溶解 96 g 研细的 $(NH_4)_2CO_3$ 于 1 L 2 mol·L^{-1} NH_3·H_2O 中,也可由等物质的量的 NH_4HCO_3 和 NH_2COONH_4 混合而成
锑酸钠 $NaSb(OH)_6$	$0.1\ mol \cdot L^{-1}$	溶解 12.2 g 锑粉于 50 mL 浓硝酸中微热,使锑粉全部作用成白色粉末,用倾析法洗涤数次,然后加入 50 mL 6 mol·L^{-1} NaOH,使之溶解,稀释至 1 L
六硝基合钴(Ⅲ)酸钠 $Na_3[Co(NO_2)_6]$		溶解 230 g $NaNO_2$ 于 500 mL 水中,加入 165 mL 6 mol·L^{-1} HAc 和 30 g $Co(NO_3)_2$·$6H_2O$ 放置 24 小时,取其清液,稀释至 1 L,并保存在棕色瓶中,此溶液应呈橙色,若变成红色,表示已分解,应重新配制

名　称	浓　度	配 制 方 法
钼酸铵 $(NH_4)_6Mo_7O_{24}$	$0.1\ mol \cdot L^{-1}$	溶解 124 g $(NH_4)_6Mo_7O_{24} \cdot 4H_2O$ 于 1 L 水中,将所得溶液倒入 1 L 6 mol·L^{-1} HNO_3 中,切勿将 HNO_3 往溶液里倒)放置 24 小时,取其清液
亚硝酰铁氰化钠 $Na_2[Fe(CN)_5NO]$	1%	溶解 1 g 亚硝酰铁氰化钠于 100 mL 水中,保存于棕色瓶中(新配,变绿既失效)
奈氏试剂		溶解 115 g HgI_2 和 80 g KI 于水中,稀释至 500 mL,加入 500 mL 6 mol·L^{-1} NaOH 溶液,静置后取其清液,保存在棕色瓶中
镁试剂		溶解 0.01 g 镁试剂于 1 L 1 mol·L^{-1} NaOH 溶液中
镍试剂(丁二酮肟)		溶解 10 g 丁二酮肟于 1 L 95% 的酒精中
品红溶液	0.1%	0.1 g 品红于 100 mL 水中
淀粉溶液	0.5%	取 1 g 易溶性淀粉,加少许水,调成糊状,倒入 200 mL 沸水中,煮沸十几分钟,冷却即可

附录 8　常见离子鉴定方法

一、常见阳离子的鉴定方法

阳离子	鉴定方法	条件及干扰
Na^+	取 2 滴 Na^+ 试液,加 8 滴醋酸铀酰锌试剂,放置数分钟,用玻璃棒摩擦器壁,淡黄色的晶状沉淀出现,示有 Na^+： $3UO_2^{2+} + Zn^{2+} + Na^+ + 9Ac^- + 9H_2O \Longrightarrow$ $3UO_2(Ac)_2 + Zn(Ac)_2 \cdot NaAc \cdot 9H_2O(s)$	① 鉴定宜在中性或 HAc 酸性溶液中进行,强酸、强碱均能使试剂分解 ② 大量 K^+ 存在时,可干扰鉴定,Ag^+,Hg^{2+},Sb^{3+} 有干扰,PO_4^{3-}、AsO_4^{3-} 能使试剂分解
K^+	取 2 滴 K^+ 试液,加入 3 滴六硝基合钴酸钠$(Na_3[Co(NO_2)_6])$ 溶液,放置片刻,黄色的 $K_2Na[Co(NO_2)_6]$ 沉淀析出,示有 K^+	① 鉴定宜在中性、微酸性溶液中进行。因强酸强碱均能使$[Co(NO_2)_6]^{3-}$分解 ② NH_4^+ 与试剂生成橙色沉淀而干扰,但在沸水浴中加热 1～2 分钟后,$(NH_4)_2Na[Co(NO_2)_6]$ 完全分解,而 $K_2Na[Co(NO_2)_6]$不变
NH_4^+	气室法:用干燥洁净的表面皿两块(一大一小),在大的一块表面皿中心放 3 滴 NH_4^+ 试液,再加 3 滴 6 mol·L^{-1} NaOH 溶液,混合均匀。在小的一块表面皿中心粘附一小条湿润的酚酞试纸,盖在大的表面皿上形成气室。将此气室放在水浴上微热 2 min,酚酞试纸变红,示有 NH_4^+	这是 NH_4^+ 的特征反应

（续表）

阳离子	鉴定方法	条件及干扰
Ca^{2+}	取 2 滴 Ca^{2+} 试液,滴加饱和$(NH_4)_2C_2O_4$溶液,有白色的 CaC_2O_4 沉淀形成,示有 Ca^{2+}	① 反应宜在 HAc 酸性、中性、碱性溶液中进行 ② Mg^{2+},Sr^{2+},Ba^{2+}有干扰,但 MgC_2O_4 溶于醋酸,Sr^{2+}、Ba^{2+}应在鉴定前除去
Mg^{2+}	取 2 滴 Mg^{2+} 试液,加入 2 滴 2 mol·L^{-1}NaOH 溶液,1 滴镁试剂,沉淀呈天蓝色,示有 Mg^{2+}	① 反应宜在碱性溶液中进行,NH_4^+ 浓度过大会影响鉴定,故需要在鉴定前加碱煮沸,除去 NH_4^+ ② Ag^+,Hg^{2+},Hg_2^{2+},Cu^{2+},Co^{2+},Ni^{2+},Mn^{2+},Cr^{3+},Fe^{3+} 及大量 Ca^{2+} 干扰,预先除去
Ba^{2+}	取 2 滴 Ba^{2+} 试液,加 1 滴 0.1 mol·$L^{-1}$$K_2CrO_4$ 溶液,有黄色沉淀生成,示有 Ba^{2+}	鉴定宜在 HAc - NH_4Ac 的缓冲溶液中进行
Al^{3+}	取 1 滴 Al^{3+} 试液,加 2～3 滴水,2 滴 3 mol·L^{-1} NH_4Ac 及 2 滴铝试剂,搅拌,微热,加 6 mol·L^{-1} NH_3·H_2O 至碱性,红色沉淀不消失,示有 Al^{3+}	鉴定宜在 HAc - NH_4Ac 的缓冲溶液中进行;Cr^{3+},Fe^{3+},Bi^{3+},Cu^{2+},Ca^{2+} 对鉴定有干扰,但加氨水后,Cr^{3+},Cu^{3+} 生成的红色化合物即分解,$(NH_4)_2CO_3$ 加入使 Ca^{2+} 生成 $CaCO_3$,Fe^{3+},Bi^{3+},Cu^{2+} 可预先加 NaOH 形成沉淀而分解
Sn(Ⅳ) Sn^{2+}	1. Sn(Ⅳ)还原:取 2～3 滴 Sn(Ⅳ)溶液,加镁片 2～3 片,不断搅拌,待反应完全后,加 2 滴 6 mol·L^{-1} HCl,微热,Sn(Ⅳ)即被还原为 Sn^{2+} 2. Sn^{2+} 的鉴定:取 2 滴 Sn^{2+} 试液,加 1 滴 0.1 mol·L^{-1} $HgCl_2$ 溶液,生成白色沉淀,示有 Sn^{2+}	反应的特效应较好。注意:若白色沉淀生成后,颜色迅速变灰、变黑,这是由于 Hg_2Cl_2 进一步被还原成 Hg
Pb^{2+}	取 2 滴 Pb^{2+} 试液,加 2 滴 0.1 mol·L^{-1} K_2CrO_4 溶液,生成黄色沉淀,示有 Pb^{2+}	① 鉴定在 HAc 溶液中进行,因为沉淀在强酸强碱中均溶解 ② Ba^{2+},Bi^{3+},Hg^{2+},Ag^+ 等有干扰
Cr^{3+}	取 3 滴 Cr^{3+} 试液,加 6 mol·L^{-1}NaOH 溶液至生成的沉淀溶解,搅动后加 4 滴 0.03% 的 H_2O_2,水浴加热,待溶液变成黄色后,继续加热将剩余 H_2O_2 完全分解,冷却,加 6 mol·L^{-1} HAc 酸化,加 2 滴 0.1 mol·L^{-1} $Pb(NO_3)_2$ 溶液,生成黄色沉淀,示有 Cr^{3+}	鉴定反应中,Cr^{3+} 的氧化需在强碱性溶液中进行;而形成 $PbCrO_4$ 的反应,须在弱酸性(HAc)溶液中进行
Mn^{2+}	取 1 滴 Mn^{2+} 试液,加 10 滴水,5 滴 2 mol·L^{-1}HNO_3 溶液,然后加少许 $NaBiO_3$(s),搅拌,水浴加热,形成紫色溶液,示有 Mn^{2+}	① 鉴定反应可在 HNO_3 或者 H_2SO_4 酸性溶液中进行 ② 还原剂(Cl^-,Br^-,I^-,H_2O_2 等)有干扰
Fe^{3+}	1. 取 1 滴 Fe^{3+} 试液,放在白滴板上,加 1 滴 2 mol·L^{-1} HCl 及 1 滴 $K_4[Fe(CN)_6]$溶液,生成蓝色沉淀,示有 Fe^{3+}	① 鉴定反应在酸性溶液中进行 ② 大量存在 Cu^{2+},Co^{2+},Ni^{2+} 等离子,有干扰,需分离后再作鉴定

（续表）

阳离子	鉴定方法	条件及干扰
Fe^{3+}	2. 取 1 滴 Fe^{3+} 试液，加 1 滴 $0.5\ mol \cdot L^{-1}$ NH_4SCN 溶液，形成血红色溶液，示有 Fe^{3+}	① F^-，H_3PO_4，$H_2C_2O_4$，酒石酸，柠檬酸等能与 Fe^{3+} 形成稳定的配合物而干扰 ② Co^{2+}，Ni^{2+}，Cr^{3+} 和铜盐，因离子有色，会降低检出 Fe^{3+} 的灵敏性
Fe^{2+}	1. 取 1 滴 Fe^{2+} 试液在白色滴板上，加 1 滴 $2\ mol \cdot L^{-1}$ HCl 及 1 滴 $K_3[Fe(CN)_6]$ 溶液，出现蓝色沉淀，示有 Fe^{2+}	鉴定反应在酸性中进行
	2. 取 1 滴 Fe^{2+} 试液，加几滴 ω 为 0.002 5 的邻菲罗啉溶液，生成桔红色溶液，示有 Fe^{2+}	鉴定反应在微酸性溶液中进行，选择性和灵敏性均较好
Co^{2+}	取 1~2 滴 Co^{2+} 试剂，加饱和 NH_4SCN 溶液 10 滴，加 5~6 滴戊醇溶液，振荡，静置，有机层呈蓝绿色，示有 Co^{2+}	① 鉴定反应需要浓 NH_4SCN 溶液 ② Fe^{3+} 有干扰，加 NaF 掩蔽，大量 Cu^{2+} 也干扰
Ni^{2+}	取 1 滴 Ni^{2+} 试液放在白色滴板上，加 1 滴 $6\ mol \cdot L^{-1}$ 氨水，加 1 滴二乙酰二肟溶液，凹槽四周形成红色沉淀示有 Ni^{2+}	① 鉴定反应在氨性溶液中进行，合适的酸度 pH=5~10 ② Fe^{2+}，Fe^{3+}，Cu^{2+}，Co^{2+}，Cr^{3+}，Mn^{2+} 有干扰，可加柠檬酸或酒石酸掩蔽
Cu^{2+}	取 1 滴 Cu^{2+} 试液，加 1 滴 $6\ mol \cdot L^{-1}$ HAc 酸化，加 1 滴 $K_4[Fe(CN)_6]$ 溶液，红棕色沉淀出现，示有 Cu^{2+}	① 鉴定反应宜在中性或弱酸性溶液中进行 ② Fe^{3+} 及大量的 Co^{2+}，Ni^{2+} 会干扰
Ag^+	取 2 滴 Ag^+ 试液，加 2 滴 $2\ mol \cdot L^{-1}$ HCl，混匀，水浴加热，离心分离，在沉淀上加 4 滴 $6\ mol \cdot L^{-1}$ 氨水，再加 $6\ mol \cdot L^{-1}$ HNO_3 酸化，白色沉淀重新出现，示有 Ag^+	
Zn^{2+}	取 2 滴 Zn^{2+} 试液，用 $2\ mol \cdot L^{-1}$ HAc 酸化，加入等体积的 $(NH_4)_2Hg(SCN)_4$ 溶液，生成白色沉淀，示有 Zn^{2+}	① 鉴定反应在中性或酸性溶液中进行 ② 少量 Co^{2+}，Cu^{2+} 存在，形成蓝紫色混晶，有利于观察，但含量大时有干扰。Fe^{3+} 有干扰
Hg^{2+}	取 1 滴 Hg^{2+} 试液，加 $1\ mol \cdot L^{-1}$ KI 溶液，使生成的沉淀完全溶解后，加 2 滴 KI-Na_2SO_3 溶液，2~3 滴 Cu^{2+} 溶液，生成橘黄色沉淀，示有 Hg^{2+}	CuI 是还原剂，需考虑到氧化剂（Ag^+，Fe^{3+} 等）的干扰

二、常见阴离子的鉴定方法

阴离子	鉴定方法	条件及干扰
Cl^-	取 2 滴 Cl^- 试液，加 $6\ mol \cdot L^{-1}$ HNO_3 酸化，加 $0.1\ mol \cdot L^{-1}$ $AgNO_3$ 至沉淀完全，离心分离，在沉淀上加 $6\ mol \cdot L^{-1}$ 氨水，搅匀，加热，沉淀溶解，再加 $6\ mol \cdot L^{-1}$ HNO_3 酸化，白色沉淀又出现，示有 Cl^-	

阳离子	鉴定方法	条件及干扰
Br^-	取 2 滴 Br^- 试液，加入数滴 CCl_4，滴加氯水，有机层呈橙色或橙黄色，示有 Br^-	氯水宜边滴加边振荡，若氯水过量了，生成 $BrCl$，有机层反呈淡黄色
I^-	取 2 滴 I^- 试液，加入数滴 CCl_4，滴加氯水，有机层呈紫色，示有 I^-	① 宜在酸性、中性或弱碱性下进行 ② 过量氯水将 I_2 氧化成 IO_3^-
SO_4^{2-}	取 2 滴 SO_4^{2-} 试剂，用 $6\ mol \cdot L^{-1}$ HCl 酸化，加 2 滴 $0.1\ mol \cdot L^{-1}$ $BaCl_2$ 溶液，白色沉淀析出，示有 SO_4^{2-}	
SO_3^{2-}	取 1 滴饱和 $ZnSO_4$ 溶液，加 $0.1\ mol \cdot L^{-1}$ $K_4[Fe(CN)_5NO]$，即有白色沉淀产生，继续滴加 1 滴 $Na_2[Fe(CN)_5NO]$，1 滴 SO_3^{2-} 试液（中性），白色沉淀转变为红色 $Zn_2[Fe(CN)_5NOSO_3]$沉淀，示有 SO_3^{2-}	① 酸能使沉淀消失，酸性溶液需用氨水中和 ② S^{2-} 有干扰，须预先除去
$S_2O_3^{2-}$	1. 取 2 滴 $S_2O_3^{2-}$ 试液，加 2 滴 $2\ mol \cdot L^{-1}$ HCl 溶液，微热，白色浑浊出现，示有 $S_2O_3^{2-}$	
	2. 取 2 滴 $S_2O_3^{2-}$ 试液，加 5 滴 $0.1\ mol \cdot L^{-1}$ $AgNO_3$ 溶液，振荡之，若生成白色沉淀迅速变黄→棕→黑色，示有 $S_2O_3^{2-}$	① S^{2-} 存在时，由于黑色 Ag_2S 生成，对观察 $Ag_2S_2O_3$ 颜色的变化有干扰 ② $Ag_2S_2O_3(s)$ 可溶于过量可溶性硫代硫酸盐溶液中
S^{2-}	1. 取 3 滴 S^{2-} 试液，加稀 H_2SO_4 酸化，用 $Pb(Ac)_2$ 试纸检验析出的气体，试纸变黑，示有 S^{2-}	
	2. 取 1 滴 S^{2-} 试液，放在白滴板上，加 1 滴 $Na_2[Fe(CN)_5NO]$ 试剂，溶液变紫色，示有 S^{2-}。配合物 $Na_4[Fe(CN)_5NOS]$ 为紫色	反应须在碱性条件下进行
CO_3^{2-}	浓度较大 CO_3^{2-} 溶液，用 $6\ mol \cdot L^{-1}$ HCl 溶液酸化后，产生的 CO_2 气体使澄清的石灰水或 $Ba(OH)_2$ 溶液变浑浊，示有 CO_3^{2-}	
NO_3^-	1. 当 NO_2^- 同时存在时，取试液 3 滴，加 $12\ mol \cdot L^{-1}$ H_2SO_4 6 滴及 3 滴 α-萘胺，生成紫红色化合物，示有 NO_3^-； 2. 当 NO_2^- 不存在时，取 3 滴 NO_3^- 试液用 $6\ mol \cdot L^{-1}$ HAc 酸化，并过量数滴，加少许镁片搅动，NO_3^- 被还原为 NO_2^-；取 3 滴上层清液，按照 NO_2^- 的鉴定方法进行鉴定	
NO_2^-	取试液 3 滴，用 HAc 酸化，加 $1\ mol \cdot L^{-1}$ KI 和 CCl_4，振荡，有机层呈紫红色，示有 NO_2^-	

（续表）

阳离子	鉴定方法	条件及干扰
PO_4^{3-}	取 2 滴 PO_4^{3-} 试液,加入 8～10 滴钼酸铵试剂,用玻璃棒摩擦内壁,黄色磷钼酸铵沉淀生成,示有 PO_4^{3-} $PO_4^{3-}+3NH_4^++12MoPO_4^{2-}+24H^+\Longrightarrow$ $(NH_4)_3P(Mo_3O_{10})_4+12H_2O$	① 沉淀溶于碱及氨水中,反应须在酸性中进行 ② 还原剂存在使 Mo(Ⅵ)还原为"钼蓝"而使溶液呈深蓝色,须预先除去;与 PO_3^-、$P_2O_7^{4-}$ 的冷溶液无反应,煮沸时由于 PO_4^{3-} 的生成而生成黄色沉淀

附录 9　一些氢氧化物沉淀及其溶解时所需的 pH

氢氧化物	开始沉淀的 pH		沉淀完全的 pH	沉淀开始溶解的 pH	沉淀完全溶解的 pH
	原始浓度 $(1\ mol\cdot L^{-1})$	原始浓度 $(0.01\ mol\cdot L^{-1})$			
$Sn(OH)_4$	0	0.5	1.0	13	＞14
$Ti(OH)_2$	0	0.5	2.0		
$Sn(OH)_2$	0.9	2.1	4.7	10	13.5
$ZrO(OH)_2$	1.3	2.3	3.8		
$Fe(OH)_3$	1.5	2.3	4.1	14	
HgO	1.3	2.4	5.0	11.5	
$Al(OH)_3$	3.3	4.0	5.2	7.8	10.8
$Cr(OH)_3$	4.0	4.9	6.8	12	＞14
$Be(OH)_2$	5.2	6.2	8.8		
$Zn(OH)_2$	5.4	6.4	8.0	10.5	12～13
$Fe(OH)_2$	6.5	7.5	9.7	13.5	
$Co(OH)_2$	6.6	7.6	9.2	14	
$Ni(OH)_2$	6.7	7.7	9.5		
$Cd(OH)_2$	7.2	8.2	9.7		
Ag_2O	6.2	8.2	11.2	12.7	
$Mn(OH)_2$	7.8	8.8	10.4	14	
$Mg(OH)_2$	9.4	10.4	12.4		
$Pb(OH)_2$		7.2	8.7	10	13

附录 10　弱酸和弱碱的解离常数

名　称	温度/℃	解离常数 $K_a^\ominus$	$pK_a^\ominus$
砷酸 H_3AsO_4	18	$K_{a1}^\ominus=5.6\times10^{-3}$	2.25
		$K_{a2}^\ominus=1.7\times10^{-7}$	6.77
		$K_{a3}^\ominus=3.0\times10^{-12}$	11.50

（续表）

名 称	温度/℃	解离常数 $K_a^{\ominus}$	p$K_a^{\ominus}$
硼酸 H_3BO_3	20	$K_a^{\ominus}=5.7\times10^{-10}$	9.24
氢氰酸 HCN	25	$K_a^{\ominus}=6.2\times10^{-10}$	9.21
碳酸 H_2CO_3	25	$K_{a1}^{\ominus}=4.2\times10^{-7}$	6.38
		$K_{a2}^{\ominus}=5.6\times10^{-11}$	10.25
铬酸 H_2CrO_4	25	$K_{a1}^{\ominus}=1.8\times10^{-1}$	0.74
		$K_{a2}^{\ominus}=3.2\times10^{-7}$	6.49
氢氟酸 HF	25	$K_a^{\ominus}=3.5\times10^{-4}$	3.46
亚硝酸 HNO_2	25	$K_a^{\ominus}=4.6\times10^{-4}$	3.37
磷酸 H_3PO_4	25	$K_{a1}^{\ominus}=7.6\times10^{-3}$	2.12
		$K_{a2}^{\ominus}=6.3\times10^{-8}$	7.20
		$K_{a3}^{\ominus}=4.4\times10^{-13}$	12.36
硫化氢 H_2S	25	$K_{a1}^{\ominus}=1.3\times10^{-7}$	6.89
		$K_{a2}^{\ominus}=7.1\times10^{-15}$	14.15
亚硫酸 H_2SO_3	18	$K_{a1}^{\ominus}=1.5\times10^{-2}$	1.82
		$K_{a2}^{\ominus}=1.0\times10^{-7}$	7.00
硫酸 H_2SO_4	25	$K_a^{\ominus}=1.0\times10^{-2}$	1.99
甲酸 HCOOH	20	$K_a^{\ominus}=1.8\times10^{-4}$	3.74
醋酸 CH_3COOH	20	$K_a^{\ominus}=1.8\times10^{-5}$	4.74
一氯乙酸 $CH_2ClCOOH$	25	$K_a^{\ominus}=1.4\times10^{-3}$	2.86
二氯乙酸 $CHCl_2COOH$	25	$K_a^{\ominus}=5.0\times10^{-2}$	1.30
三氯乙酸 CCl_3COOH	25	$K_a^{\ominus}=0.23$	0.64
草酸 $H_2C_2O_4$	25	$K_{a1}^{\ominus}=5.9\times10^{-2}$	1.23
		$K_{a2}^{\ominus}=6.4\times10^{-5}$	4.19
琥珀酸 $(CH_2COOH)_2$	25	$K_{a1}^{\ominus}=6.4\times10^{-5}$	4.19
		$K_{a2}^{\ominus}=2.7\times10^{-6}$	5.57
酒石酸 CH(OH)COOH 　　　　| 　　　 CH(OH)COOH	25	$K_{a1}^{\ominus}=9.1\times10^{-4}$	3.04
		$K_{a2}^{\ominus}=4.3\times10^{-5}$	4.37
柠檬酸 CH_2COOH 　　　　| 　　　 C(OH)COOH 　　　　| 　　　 CH_2COOH	18	$K_{a1}^{\ominus}=7.4\times10^{-4}$	3.13
		$K_{a2}^{\ominus}=1.7\times10^{-5}$	4.76
		$K_{a3}^{\ominus}=4.0\times10^{-7}$	6.40
苯酚 C_6H_5OH	20	$K_a^{\ominus}=1.1\times10^{-10}$	9.95
苯甲酸 C_6H_5COOH	25	$K_a^{\ominus}=6.2\times10^{-5}$	4.21
水杨酸 $C_6H_4(OH)COOH$	18	$K_{a1}^{\ominus}=1.07\times10^{-3}$	2.97
		$K_{a2}^{\ominus}=4\times10^{-14}$	13.40
邻苯二甲酸 $C_6H_4(COOH)_2$	25	$K_{a1}^{\ominus}=1.3\times10^{-3}$	2.89
		$K_{a2}^{\ominus}=2.9\times10^{-6}$	5.54
氨水 $NH_3 \cdot H_2O$	25	$K_b^{\ominus}=1.8\times10^{-5}$	4.74
羟胺 NH_2OH	20	$K_b^{\ominus}=9.1\times10^{-9}$	8.04
苯胺 $C_6H_5NH_2$	25	$K_b^{\ominus}=4.6\times10^{-10}$	9.34
乙二胺 $H_2NCH_2NH_2$	25	$K_{b1}^{\ominus}=8.5\times10^{-5}$	4.07
		$K_{b2}^{\ominus}=7.1\times10^{-8}$	7.15

（续表）

名　　称	温度/℃	解离常数 $K_a^{\ominus}$	p$K_a^{\ominus}$
六次甲基四胺$(CH_2)_6N_4$	25	$K_b^{\ominus}=1.4\times10^{-9}$	8.85
吡啶	25	$K_b^{\ominus}=1.7\times10^{-9}$	8.77

附录11　一些难溶化合物的溶度积（18～25℃）

化合物	p$K_{sp}^{\ominus}$	$K_{sp}^{\ominus}$	化合物	p$K_{sp}^{\ominus}$	$K_{sp}^{\ominus}$
Ag_3AsO_4	22.0	1.0×10^{-22}	$Bi(OH)_3$	30.4	4.0×10^{-31}
$AgBr$	12.30	5.0×10^{-13}	$BiONO_3$	2.55	2.82×10^{-3}
$AgBrO_3$	4.28	5.3×10^{-5}	Bi_2S_3	97	1.0×10^{-17}
$AgCN$	15.92	1.2×10^{-16}	$CaCO_3$	8.54	2.8×10^{-9}
Ag_2CO_3	11.09	8.1×10^{-12}	$CaC_2O_4\cdot H_2O$	8.4	4.0×10^{-9}
$Ag_2C_2O_4$	10.46	3.4×10^{-11}	$CaCrO_4$	3.15	7.1×10^{-4}
Ag_2CrO_7	6.07	2.0×10^{-7}	CaF_2	8.28	5.3×10^{-9}
AgI	16.08	8.3×10^{-17}	$CaHPO_4$	7.0	1.0×10^{-7}
$AgNO_2$	3.22	6.0×10^{-4}	$Ca(OH)_2$	5.26	5.5×10^{-6}
$AgOH$	7.71	2.0×10^{-8}	$Ca_3(PO_4)_2$	28.70	2.0×10^{-29}
Ag_3PO_4	15.84	1.4×10^{-16}	$CaSO_3$	7.17	6.8×10^{-8}
Ag_2S	49.2	6.3×10^{-50}	$CaSO_4$	5.04	9.1×10^{-6}
$AgSCN$	12.00	1.0×10^{-12}	$Ca(SiF_6)$	3.09	8.1×10^{-4}
Ag_2SO_3	13.82	1.5×10^{-14}	$CaSiO_3$	7.60	2.5×10^{-8}
Ag_2SO_4	4.84	1.4×10^{-5}	$CdCO_3$	11.28	5.2×10^{-12}
$Al(OH)_3$(无定型)	32.9	1.3×10^{-33}	$CdC_2O_4\cdot 3H_2O$	7.04	9.1×10^{-8}
$AlPO_4$	18.24	6.3×10^{-19}	$Cd_2[Fe(CN)_6]$	16.49	3.2×10^{-17}
Al_2S_3	6.7	2.0×10^{-7}	$Cd(OH)_2$(新鲜)	13.6	2.5×10^{-14}
$BaCO_3$	8.29	5.1×10^{-9}	$Cd_3(PO_4)_2$	32.6	2.5×10^{-33}
$BaC_2O_4\cdot H_2O$	7.64	2.3×10^{-8}	CdS	26.1	8.0×10^{-27}
$BaCrO_4$	9.93	1.2×10^{-10}	$CoCO_3$	12.84	1.4×10^{-13}
BaF_2	5.98	1.0×10^{-6}	$CoHPO_4$	6.7	2×10^{-7}
$BaHPO_4$	6.5	3.2×10^{-7}	$Co[Hg(SCN)_4]$	5.82	1.5×10^{-6}
$Ba(NO_3)_2$	2.35	4.5×10^{-3}	$Co(OH)_2$(新鲜)	14.8	1.6×10^{-15}
$Ba(OH)_2$	2.3	5×10^{-3}	$Co(OH)_3$	43.8	1.6×10^{-44}
$Ba_2P_2O_7$	10.5	3.2×10^{-11}	$Co_3(PO_4)_2$	34.7	2.0×10^{-35}
$Ba_3(PO_4)_2$	22.47	3.4×10^{-23}	α-CoS	20.4	4.0×10^{-21}
$BaSO_3$	6.1	8.0×10^{-7}	β-CoS	24.7	2.0×10^{-25}
$BaSO_4$	9.96	1.0×10^{-10}	CrF_3	10.18	6.6×10^{-11}
BaS_2O_3	4.79	1.6×10^{-5}	$Cr(OH)_2$	15.7	2×10^{-16}
$BeCO_3\cdot 4H_2O$	3	1.0×10^{-3}	$Cr(OH)_3$	30.2	6.3×10^{-31}
$Be(OH)_2$	21.8	1.6×10^{-22}	$CrPO_4\cdot 4H_2O$(绿色)	22.62	2.4×10^{-23}
$BiOCl$	30.75	1.8×10^{-31}	$CrPO_4\cdot 4H_2O$(紫色)	17.00	1.0×10^{-17}

化合物	$pK_{sp}^{\ominus}$	$K_{sp}^{\ominus}$	化合物	$pK_{sp}^{\ominus}$	$K_{sp}^{\ominus}$
CuCN	19.49	3.2×10^{-20}	$K_2[PtF_6]$	4.54	2.9×10^{-5}
$CuCO_3$	9.86	1.4×10^{-10}	K_2SiF_6	6.06	8.7×10^{-7}
CuC_2O_4	7.64	2.3×10^{-8}	Li_2CO_3	1.60	2.5×10^{-2}
CuCl	5.92	1.2×10^{-6}	LiF	2.42	3.8×10^{-3}
$CuCrO_4$	5.44	3.6×10^{-6}	Li_3PO_4	8.5	3.2×10^{-9}
CuI	11.96	1.1×10^{-12}	$MgCO_3$	7.46	3.5×10^{-8}
$Cu(IO_3)_2$	7.13	7.4×10^{-8}	$MgCO_3 \cdot H_2O$	4.67	2.1×10^{-5}
CuOH	14.0	1.0×10^{-14}	MgF_2	8.19	6.5×10^{-9}
$Cu(OH)_2$	19.66	2.2×10^{-20}	$MgNH_4PO_4$	12.6	2.5×10^{-13}
$Cu_3(PO_4)_2$	36.9	1.3×10^{-37}	$Mg(OH)_2$	10.74	1.8×10^{-11}
CuS	35.2	6.3×10^{-36}	$Mg_3(PO_4)_2$	$23 \sim 27$	$10^{-23} \sim 10^{-27}$
Cu_2S	47.6	2.5×10^{-48}	$MgSO_3$	2.5	3.2×10^{-3}
CuBr	8.28	5.3×10^{-9}	$MnCO_3$	10.74	1.8×10^{-11}
CuSCN	14.32	4.8×10^{-15}	$MnC_2O_4 \cdot H_2O$	14.96	1.1×10^{-15}
$FeCO_3$	10.50	3.2×10^{-11}	$Mn(OH)_2$	12.72	1.9×10^{-13}
$FeC_2O_4 \cdot H_2O$	6.5	3.3×10^{-7}	MnS(无定形)	9.6	2.5×10^{-10}
$Fe_4[Fe(CN)_6]_3$	40.52	3.3×10^{-41}	MnS(晶态)	12.6	2.5×10^{-13}
$Fe(OH)_2$	15.1	8.0×10^{-16}	$Na_3[AlF_6]$	9.39	4.0×10^{-10}
$Fe(OH)_3$	37.4	4×10^{-38}	$NaK_2[Co(NO_2)_6]$	10.66	2.2×10^{-11}
$FePO_4$	21.89	1.3×10^{-22}	$Na(NH_4)_2[Co(NO_2)_6]$	11.4	4×10^{-12}
FeS	17.2	6.3×10^{-18}	$Na[Sb(OH)_6]$	7.4	4.0×10^{-8}
Hg_2Br_2	22.24	5.6×10^{-23}	$NiCO_3$	8.18	6.6×10^{-9}
Hg_2CO_3	16.05	8.5×10^{-17}	NiC_2O_4	9.4	4×10^{-10}
$Hg_2C_2O_4$	12.7	2.0×10^{-13}	$Ni[Fe(CN)_6]$	14.98	1.3×10^{-15}
Hg_2Cl_2	17.88	1.3×10^{-18}	$Ni(OH)_2$(新鲜)	14.7	2.0×10^{-15}
Hg_2CrO_4	8.70	2.0×10^{-9}	$Ni_3(PO_4)_2$	30.3	5×10^{-31}
Hg_2HPO_4	12.40	4.0×10^{-13}	$\alpha - NiS$	18.5	3.2×10^{-19}
Hg_2I_2	28.35	4.5×10^{-29}	$\beta - NiS$	24.0	1.0×10^{-24}
$Hg(IO_3)_2$	12.5	3.2×10^{-13}	$\gamma - NiS$	25.7	2.0×10^{-26}
$Hg(OH)_2$	25.52	3.0×10^{-26}	$PbBr_2$	4.41	4.0×10^{-5}
$Hg_2(OH)_2$	23.7	2.0×10^{-24}	$PbCO_3$	13.13	7.4×10^{-14}
HgS(红)	52.4	4×10^{-53}	PbC_2O_4	9.32	4.8×10^{-10}
HgS(黑)	51.8	1.6×10^{-52}	$PbCl_2$	4.79	1.6×10^{-5}
Hg_2S	47.0	1.0×10^{-47}	$PbCrO_4$	12.55	2.8×10^{-13}
Hg_2SO_4	6.13	7.4×10^{-7}	PbF_2	7.57	2.7×10^{-8}
Hg_2SO_3	27.0	1.0×10^{-27}	$PbHPO_4$	9.90	1.3×10^{-10}
$K[B(C_6H_5)_4]$	7.65	2.2×10^{-8}	PbI_2	8.15	7.1×10^{-9}
KIO_4	3.08	8.3×10^{-4}	$Pb(IO_3)_2$	12.49	3.2×10^{-13}
$K_2Na[Co(NO_2)_6] \cdot H_2O$	10.66	2.2×10^{-11}	$Pb(OH)_2$	14.93	1.2×10^{-15}
			$Pb(OH)_4$	65.5	3.2×10^{-66}
$K_2[PtBr_6]$	4.2	6.2×10^{-5}	Pb(OH)Cl	13.7	2×10^{-14}
$K_2[PtCl_6]$	4.96	1.1×10^{-5}	$Pb_3(PO_4)_2$	42.10	8.0×10^{-43}

化 合 物	$pK_{sp}^{\ominus}$	$K_{sp}^{\ominus}$	化 合 物	$pK_{sp}^{\ominus}$	$K_{sp}^{\ominus}$
PbS	27.9	8.0×10^{-28}	$SrSO_4$	6.49	3.2×10^{-7}
$Pb(SCN)_2$	4.70	2.0×10^{-5}	$Ti(OH)_3$	40	1.0×10^{-40}
$PbSO_4$	7.97	1.6×10^{-8}	$TiO(OH)_2$	29	1.0×10^{-29}
PbS_2O_3	6.40	4.0×10^{-7}	$VO(OH)_2$	22.13	5.9×10^{-23}
$Sn(OH)_2$	27.85	1.4×10^{-28}	$ZnCO_3$	10.84	1.4×10^{-11}
$Sn(OH)_4$	56	1.0×10^{-56}	ZnC_2O_4	7.56	2.7×10^{-8}
SnS	25.0	1.0×10^{-25}	$Zn[Hg(SCN)_4]$	6.66	2.2×10^{-7}
$SrCO_3$	9.96	1.1×10^{-10}	$Zn(IO_3)_2$	7.7	2.0×10^{-8}
$SrC_2O_4 \cdot H_2O$	6.80	1.6×10^{-7}	$Zn(OH)_2$	16.92	1.2×10^{-17}
SrC_2O_4	4.65	2.2×10^{-5}	$Zn_3(PO_4)_2$	32.04	9.0×10^{-33}
SrF_2	8.61	2.5×10^{-9}	$\alpha-ZnS$	23.8	1.6×10^{-24}
$Sr_3(PO_4)_2$	27.39	4.0×10^{-28}	$\beta-ZnS$	21.6	2.5×10^{-22}

附录 12　常见配离子的稳定常数

配 离 子	$K_{稳}^{\ominus}$	$lgK_{稳}^{\ominus}$	配 离 子	$K_{稳}^{\ominus}$	$lgK_{稳}^{\ominus}$
1∶1			**1∶2**		
$[NaY]^{3-}$	5.0×10^{1}	1.69	$[Cu(NH_3)_2]^+$	7.4×10^{10}	10.87
$[AgY]^{3-}$	2.0×10^{7}	7.30	$[Cu(CN)_2]^-$	2.0×10^{38}	38.30
$[CuY]^{2-}$	6.8×10^{18}	18.79	$[Ag(NH_3)_2]^+$	1.7×10^{7}	7.24
$[MgY]^{2-}$	4.9×10^{8}	8.69	$[Ag(En)_2]^+$	7.0×10^{7}	7.84
$[CaY]^{2-}$	3.7×10^{10}	10.56	$[Ag(NCS)_2]^-$	4.0×10^{8}	8.60
$[SrY]^{2-}$	4.2×10^{8}	8.62	$[Ag(CN)_2]^-$	1.0×10^{21}	21.00
$[BaY]^{2-}$	6.0×10^{7}	7.77	$[Au(CN)_2]^-$	2×10^{38}	38.30
$[ZnY]^{2-}$	3.1×10^{16}	16.49	$[Cu(En)_2]^{2+}$	4.0×10^{19}	19.60
$[CdY]^{2-}$	3.8×10^{16}	16.57	$[Ag(S_2O_3)_2]^{3-}$	1.6×10^{13}	13.20
$[HgY]^{2-}$	6.3×10^{21}	21.79	**1∶3**		
$[PbY]^{2-}$	1.0×10^{18}	18.00	$[Fe(NCS)_3]$	2.0×10^{3}	3.30
$[MnY]^{2-}$	1.0×10^{14}	14.00	$[CdI_3]^-$	1.2×10^{1}	1.07
$[FeY]^{2-}$	2.1×10^{14}	14.32	$[Cd(CN)_3]^-$	1.1×10^{4}	4.04
$[CoY]^{2-}$	1.6×10^{16}	16.20	$[Ag(CN)_3]^{2-}$	5×10^{0}	0.69
$[NiY]^{2-}$	4.1×10^{18}	18.61	$[Ni(En)_3]^{2+}$	3.9×10^{18}	18.59
$[FeY]^-$	1.2×10^{25}	25.07	$[Al(C_2O_4)_3]^{3-}$	2.0×10^{16}	16.30
$[CoY]^-$	1.0×10^{36}	36.00	$[Fe(C_2O_4)_3]^{3-}$	1.6×10^{20}	20.20
$[GaY]^-$	1.8×10^{20}	20.25	**1∶4**		
$[InY]^-$	8.9×10^{24}	24.94	$[Cu(NH_3)_4]^{2+}$	4.8×10^{12}	12.68
$[TlY]^-$	3.2×10^{22}	22.51	$[Zn(NH_3)_4]^{2+}$	5×10^{8}	8.69
$[TlHY]$	1.5×10^{23}	23.17	$[Cd(NH_3)_4]^{2+}$	3.6×10^{6}	6.55
$[CuOH]^+$	1.0×10^{5}	5.00	$[Zn(CNS)_4]^{2-}$	2.0×10^{1}	1.30
$[AgNH_3]^+$	2.0×10^{3}	3.30	$[Zn(CN)_4]^{2-}$	1.0×10^{16}	16.00

（续表）

配离子	$K_稳^\ominus$	$\lg K_稳^\ominus$	配离子	$K_稳^\ominus$	$\lg K_稳^\ominus$
$[Cd(SCN)_4]^{2-}$	1.0×10^3	3.00	**1∶6**		
$[CdCl_4]^{2-}$	3.1×10^2	2.49	$[Cd(NH_3)_6]^{2+}$	1.4×10^6	6.15
$[CdI_4]^{2-}$	3.0×10^6	6.43	$[Co(NH_3)_6]^{2+}$	2.4×10^4	4.38
$[Cd(CN)_4]^{2-}$	1.3×10^{18}	18.11	$[Ni(NH_3)_6]^{2+}$	1.1×10^8	8.04
$[Hg(CN)_4]^{2-}$	3.1×10^{41}	41.51	$[Co(NH_3)_6]^{3+}$	1.4×10^{35}	35.15
$[Hg(SCN)_4]^{2-}$	7.7×10^{21}	21.88	$[AlF_6]^{3-}$	6.9×10^{19}	19.84
$[HgCl_4]^{2-}$	1.6×10^{15}	15.20	$[Fe(CN)_6]^{3-}$	1×10^{24}	24.00
$[HgI_4]^{2-}$	7.2×10^{29}	29.80	$[Fe(CN)_6]^{4-}$	1×10^{35}	35.00
$[Co(NCS)_4]^{2-}$	3.8×10^2	2.58	$[Co(CN)_6]^{3-}$	1×10^{64}	64.00
$[Ni(CN)_4]^{2-}$	1×10^{22}	22.00	$[FeF_6]^{3-}$	1.0×10^{16}	16.00

表中 Y 表示 EDTA 的酸根；En 表示乙二胺。

摘自 O. Д. Курилеhко, Краткий, Справочиик По Химии, 增订四版(1974)。

附录13　某些离子①和化合物的颜色

离子或化合物	颜　色	离子或化合物	颜　色
Ag^+	无	$Ba_3(PO_4)_2$	白
$AgBr$	淡黄	$BaSO_3$	白
$AgCl$	白	$BaSO_4$	白
$AgCN$	白	BaS_2O_4	白
Ag_2CO_3	白	Bi^{3+}	无
$Ag_2C_2O_4$	白	$BiOCl$	白
Ag_2CrO_4	砖红	Bi_2O_3	黄
$Ag_3[Fe(CN)_6]$	橙	$Bi(OH)_3$	白
$Ag_4[Fe(CN)_6]$	白	$BiO(OH)$	灰黄
AgI	黄	$Bi(OH)CO_3$	白
$AgNO_2$	白	$BiONO_3$	白
Ag_2O	褐	Bi_2S_3	黑
Ag_3PO_4	黄	Ca^{2+}	无
$Ag_4P_2O_7$	白	$CaCO_3$	白
Ag_2S	黑	CaC_2O_4	白
$AgSCN$	白	CaF_2	白
Ag_2SO_3	白	CaO	白
Ag_2SO_4	白	$Ca(OH)_2$	白
$Ag_2S_2O_3$	白	$CaHPO_4$	白
As_2S_3	黄	$Ca_3(PO_4)_2$	白
As_2S_5	黄	$CaSO_3$	白
Ba^+	无	$CaSO_4$	白
$BaCO_3$	白	$CaSiO_3$	白
BaC_2O_4	白	Cd^{2+}	无
$BaCrO_4$	黄	$CdCO_3$	白
$BaHPO_4$	白	CdC_2O_4	白

离子或化合物	颜　色	离子或化合物	颜　色
$Cd_3(PO_4)_2$	白	$Cu(NH_3)^{2+}$	无
CdS	黄	CuO	黑
Co^{2+}	粉红	Cu_2O	暗红
$CoCl_2$	蓝	$Cu(OH)_2$	浅蓝
$CoCl_2 \cdot 2H_2O$	紫红	$Cu(OH)_4^{2-}$	蓝
$CoCl_2 \cdot 6H_2O$	粉红	$Cu_2(OH)_2CO_3$	淡蓝
$Co(CN)_6^{3-}$	紫	$Cu_3(PO_4)_2$	淡蓝
$Co(NH_3)_6^{2+}$	黄	CuS	黑
$Co(NH_3)_6^{3+}$	橙黄	Cu_2S	深棕
CoO	灰绿	$CuSCN$	白
Co_2O_3	黑	$CuSO_4 \cdot 5H_2O$	蓝
$Co(OH)_2$	粉红	Fe^{2+}	浅蓝
$Co(OH)_3$	棕褐	Fe^{3+}	淡蓝[②]
$Co(OH)Cl$	蓝	$FeCl_3 \cdot 6H_2O$	黄棕
$Co_2(OH)_2CO_3$	红	$[Fe(CN)_6]^{4-}$	黄
$Co_3(PO_4)_2$	紫	$[Fe(CN)_6]^{3-}$	红棕
CoS	黑	$FeCO_3$	白
$Co(SCN)_4^{2-}$	蓝	$FeC_2O_4 \cdot 2H_2O$	淡黄
$CoSiO_3$	紫	FeF_6^{3-}	无
$CoSO_4 \cdot 7H_2O$	红	$Fe(HPO_4)_2^-$	无
Cr^{2+}	蓝	FeO	黑
Cr^{3+}	蓝紫	Fe_2O_3	砖红
$CrCl_3 \cdot 6H_2O$	绿	Fe_3O_4	黑
Cr_2O_3	绿	$Fe(OH)_2$	白
CrO_3	橙红	$Fe(OH)_3$	红棕
CrO^{2-}	绿	$FePO_4$	浅黄
CrO_4^{2-}	黄	FeS	黑
$Cr_2O_7^{2-}$	橙	Fe_2S_3	黑
$Cr(OH)_3$	灰绿	$Fe(SCN)^{2+}$	血红
$Cr_2(SO_4)_3$	桃红	$Fe_2(SiO_3)_3$	棕红
$Cr_2(SO_4)_3 \cdot 6H_2O$	绿	Hg^{2+}	无
$Cr_2(SO_4)_3 \cdot 18H_2O$	蓝紫	Hg_2^{2+}	无
Cu^{2+}	蓝	$HgCl_4^{2-}$	无
$CuBr$	白	Hg_2Cl_2	白
$CuCl$	白	HgI_2	红
$CuCl_2^-$	无	HgI_4^{2-}	无
$CuCl_4^{2-}$	黄	Hg_2I_2	黄
$CuCN$	白	$HgNH_2Cl$	白
$Cu_2[Fe(CN)_6]$	红棕	HgO	红或黄
CuI	白	HgS	黑或红
$Cu(IO_3)_2$	淡蓝	Hg_2S	黑
$Cu(NH_3)_4^{2+}$	深蓝	Hg_2SO_4	白

（续表）

离子或化合物	颜 色	离子或化合物	颜 色
I_2	紫	$PbCO_3$	白
I_3^-	棕黄	PbC_2O_4	白
$K[Fe(CN)_6Fe]$	蓝	$PbCrO_4$	黄
$KHC_4H_4O_6$	白	PbI_2	黄
$K_2Na[Co(NO_2)_6]$	黄	PbO	黄
$K_3[Co(NO_2)_6]$	黄	PbO_2	棕褐
$K_2[PtCl_6]$	黄	Pb_3O_4	红
$MgCO_3$	白	$Pb(OH)_2$	白
MgC_2O_4	白	$Pb_2(OH)_2CO_3$	白
MgF_2	白	PbS	黑
$MgNH_4PO_4$	白	$PbSO_4$	白
$Mg(OH)_2$	白	$SbCl_6^{3-}$	无
$Mg_2(OH)_2CO_3$	白	$SbCl_6^-$	无
Mn^{2+}	肉色	Sb_2O_3	白
$MnCO_3$	白	Sb_2O_5	淡黄
MnC_2O_4	白	$SbOCl$	白
MnO_4^{2-}	绿	$Sb(OH)_3$	白
MnO_4^-	紫红	SbS_3^{3-}	无
MnO_2	棕	SbS_4^{3-}	无
$Mn(OH)_2$	白	SnO	黑或绿
MnS	肉色	SnO_2	白
$NaBiO_3$	黄	$Sn(OH)_2$	白
$Na[Sb(OH)_6]$	白	$Sn(OH)_4$	白
$NaZn[UO_2]_3(Ac)_9 \cdot 9H_2O$	黄	$Sn(OH)Cl$	白
$(NH_4)_2Fe(SO_4)_2 \cdot 6H_2O$	蓝绿	SnS	棕
$NH_4Fe(SO_4)_2 \cdot 12H_2O$	浅紫	SnS_2	黄
$(NH_4)_3PO_4 \cdot 12MoO_3 \cdot 6H_2O$	黄	SnS_3^{2-}	无
Ni^{2+}	亮绿	$SrCO_3$	白
$Ni(CN)_4^{2-}$	黄	SrC_2O_4	白
$NiCO_3$	绿	$SrCrO_4$	黄
$Ni(NH_3)_6^{2+}$	蓝紫	$SrSO_4$	白
NiO	暗绿	Ti^{3+}	紫
Ni_2O_3	黑	TiO^{2+}	无
$Ni(OH)_2$	淡绿	$Ti(H_2O_2)^{2+}$	桔黄
$Ni(OH)_3$	黑	V^{2+}	蓝紫
$Ni_2(OH)_2CO_3$	浅绿	V^{3+}	绿
$Ni_3(PO_4)_2$	绿	VO^{2+}	蓝
NiS	黑	VO_2^+	黄
Pb^{2+}	无	VO_3^-	无
$PbBr_2$	白	V_2O_5	红棕
$PbCl_2$	白	ZnC_2O_4	白
$PbCl_4^{2-}$	无	$Zn(NH_3)_4^{2+}$	无

（续表）

离子或化合物	颜　色	离子或化合物	颜　色
ZnO	白	$Zn_2(OH)_2CO_3$	白
$Zn(OH)_4^{2-}$	无	ZnS	白
$Zn(OH)_2$	白		

① 离子均指水溶液中的水合离子。

② Fe^{3+} 水解产物呈浅黄色。

附录 14　不同温度下水的饱和蒸气压（kPa）

温度（℃）	0.0	0.2	0.4	0.6	0.8
0	0.610 3	0.619 4	0.628 5	0.637 8	0.647 2
1	0.656 6	0.666 2	0.675 8	0.685 7	0.695 7
2	0.705 6	0.715 8	0.726 1	0.736 5	0.747 1
3	0.757 8	0.768 6	0.779 5	0.790 6	0.801 8
4	0.813 2	0.824 7	0.836 3	0.848 2	0.860 2
5	0.872 1	0.884 4	0.896 8	0.909 4	0.922 0
6	0.934 8	0.947 8	0.961 0	0.974 3	0.987 9
7	1.001	1.015	1.029	1.043	1.058
8	1.072	1.087	1.102	1.117	1.132
9	1.147	1.163	1.179	1.195	1.211
10	1.227	1.244	1.261	1.278	1.295
11	1.312	1.329	1.348	1.366	1.384
12	1.402	1.420	1.440	1.458	1.478
13	1.479	1.516	1.537	1.557	1.577
14	1.597	1.618	1.640	1.661	1.683
15	1.704	1.726	1.749	1.772	1.794
16	1.817	1.840	1.864	1.888	1.912
17	1.936	1.961	1.987	2.012	2.037
18	2.063	2.089	2.116	2.142	2.169
19	2.196	2.224	2.252	2.280	2.309
20	2.337	2.366	2.394	2.426	2.456
21	2.486	2.516	2.548	2.579	2.611
22	2.642	2.675	2.708	2.741	2.775
23	2.808	2.842	2.877	2.912	2.947
24	2.982	3.018	3.056	3.092	3.120
25	3.166	3.204	3.243	3.281	3.321
26	3.360	3.400	3.441	3.481	3.523
27	3.564	3.606	3.649	3.692	3.735
28	3.778	3.823	3.868	3.913	3.959
29	4.004	4.051	4.098	4.146	4.184

温度(℃)	0.0	0.2	0.4	0.6	0.8
30	4.242	4.291	4.340	4.390	4.440
31	4.491	4.543	4.595	4.647	4.700
32	4.753	4.807	4.862	4.918	4.973
33	5.029	5.068	5.143	5.209	5.260
34	5.318	5.377	5.438	5.499	5.560
35	5.621	5.684	5.747	5.811	5.876
36	5.940	6.005	6.072	6.138	6.206
37	6.274	6.342	6.412	6.482	6.553
38	6.623	6.695	6.768	6.841	6.915
39	6.990	7.066	7.142	7.219	7.296
40	7.374	7.452	7.533	7.613	7.694
41	7.776	7.859	7.942	8.027	8.113
42	8.197	8.283	8.371	8.459	8.547
43	8.637	8.728	8.819	8.912	9.006
44	9.099	9.193	9.290	9.386	9.483
45	9.581	9.680	9.779	9.880	9.928
46	10.08	10.18	10.29	10.40	10.50
47	10.61	10.71	10.83	10.94	11.05
48	11.15	11.27	11.39	11.50	11.62
49	11.73	11.85	11.97	12.09	12.21
50	12.38	12.46	12.58	12.70	12.84

附录 15　实验室常用灭火器和灭火剂

灭火器类型	特 性 要 求	适 用 范 围
水(消火栓)	—	适用于一般木材及各种纤维的着火以及可溶或半溶于水的可燃液体的着火
砂土	隔绝空气而灭火,应保持干燥	用于不能用水灭火的着火物
石棉毯或薄毯	隔绝空气而灭火	用于扑灭人身上燃着的火
二氧化碳泡沫灭火器	主要成分为硫酸铝、碳酸氢钠、皂粉等,经与酸作用生成二氧化碳的泡沫盖于燃烧物上隔绝空气而灭火	适用于油类着火 不宜用于精密仪器、贵重资料灭火 断电前禁用于电器着火
干式二氧化碳灭火器	用二氧化碳压缩干粉(碳酸氢钠及适量滑润剂、防潮剂等)喷于燃烧物上而灭火	适用于油类、可燃气体、易燃液体、固体电器设备及精密仪器等的着火,不适用于钾、钠着火
"1211"灭火器	"1211"即二氟二氯一溴甲烷,是一种阻化剂,能加速灭火作用,不导电,毒性较四氯化碳小,灭火效果好	用于油类、档案资料、电气设备及贵重精密仪器的着火

附录16　常用化学危险品的分类、性质和管理

危险药品是指受光、热、空气、水或撞击等外界因素的影响,可能引起燃烧、爆炸的药品,或具有强腐蚀性、剧毒性的药品。常用危险药品按危害性可分为以下几类来管理。

类　别		举　例	性　质	注意事项
1. 爆炸品		硝酸铵、苦味酸、三硝基甲苯	遇高热摩擦、撞击等,引起剧烈反应,放出大量气体和热量,产生猛烈爆炸	存放于阴凉、低下处。轻拿、轻放
2. 易燃品	易燃液体	丙酮、乙醚、甲醇、乙醇、苯等有机溶剂	沸点低、易挥发,遇火则燃烧,甚至引起爆炸	存放阴凉处,远离热源。使用时注意通风,不得有明火
	易燃固体	赤磷、硫、萘、硝化纤维	燃点低,受热、摩擦、撞击或遇氧化剂,可引起剧烈连续燃烧、爆炸	存放阴凉处,远离热源。使用时注意通风,不得有明火
	易燃气体	氢气、乙炔、甲烷	因撞击、受热引起燃烧。与空气按一定比例混合,则会爆炸	使用时注意通风。如为钢瓶气,不得在实验室存放
	遇水易燃品	钠、钾	遇水剧烈反应,产生可燃气体并放出热量,此反应热会引起燃烧	保存于煤油中,切勿与水接触
	自燃物品	黄磷	在适当温度下被空气氧化、放热,达到燃点而引起自燃	保存于水中
3. 氧化剂		硝酸钾、氯酸钾、过氧化氢、过氧化钠、高锰酸钾	具有强氧化性、遇酸、受热、与有机物、易燃品、还原剂等混合时,因反应引起燃烧或爆炸	不得与易燃品、爆炸品、还原剂等一起存放
4. 剧毒品		氰化钾、三氧化二砷、升汞、氯化钡、六六六	剧毒、少量侵入人体(误食或接触伤口)引使中毒,甚至死亡	专人、专柜保管,现用现领,用后的剩余物,不论是固体或液体都应交回保管人,并应设有使用登记制度
5. 腐蚀性药品		强酸、氟化氢、强碱、溴、酚	具有强腐蚀性,触及物品造成腐蚀、破坏,触及人体皮肤,引起化学烧伤	不要与氧化剂、易燃品、爆炸品放在一起

附录 17　实验室常用洗液

名　　称	配 制 方 法	使　　用
合成洗涤剂	将合成洗涤剂粉用热水搅拌配成浓溶液	用于一般的洗涤,一定要用毛刷反复刷洗,冲净
重铬酸钾洗液	取 $K_2Cr_2O_7$(LR)20 g 于 500 mL 烧杯中,加水 40 mL,加热溶解,冷后,沿杯壁在搅动下缓缓加入 320 mL 粗浓 H_2SO_4 即成(注意边加边搅),贮于磨口细口瓶中,盖紧	具有强氧化性和强酸性,用于洗涤油污及有机物。使用前应先尽量除去仪器内的水,防止洗液被水稀释。用后倒回原瓶,可反复使用,直到红棕色溶液变为绿色(Cr^{3+} 色)时,即已失效
高锰酸钾碱性洗液	取 $KMnO_4$(LR)4 g,溶于少量水中,缓缓加入 100 mL 10% NaOH 溶液	用于洗涤油污及有机物。洗后玻璃壁上附着的 MnO_2 沉淀,可用粗亚铁盐或 Na_2SO_3 溶液洗去
氢氧化钠乙醇溶液	120 g NaOH 溶于 150 mL 水中,用 95% 乙醇稀释至 1 L	用于洗涤油污及某些有机物
酒精-浓硝酸洗液		用于洗涤沾有机物或油污的结构较复杂的仪器,洗涤时先加少量酒精于脏仪器中,再加入少量浓硝酸
盐酸	取 HCl(CP)与水以 1:1 体积混合,亦可加入少量 $H_2C_2O_4$	为还原性强酸洗涤剂,可洗去多种金属氧化物及金属离子
盐酸-乙醇洗液	取 HCl(CP)与乙醇按 1:2 体积比混合	主要用于洗涤被染色的吸收池、比色皿、吸量管等

参考文献

[1] 蔡维平. 基础化学实验(一). 北京：科学出版社，2004.

[2] 南京大学无机及分析化学实验教材编写组. 无机及分析化学实验. 第四版. 北京：高等教育出版社，2006.

[3] 王林山，张霞. 无机化学实验. 北京：化学工业出版社，2004.

[4] 大连理工大学无机化学教研室. 无机化学实验. 第二版. 北京：高等教育出版社，2004.

[5] 蒋碧如，潘润身主编. 无机化学实验. 北京：高等教育出版社，1988.

[6] 北京师范大学无机化学教研室等编. 无机化学实验. 北京：高等教育出版社，2001.

[7] 高职高专化学教材编写组. 无机化学实验. 北京：高等教育出版社，2002.

[8] 胡满成，张昕主编. 化学基础实验. 北京：科学出版社，2001.

[9] 王秋长，赵鸿喜等主编. 基础化学实验. 北京：科学出版社，2003.

[10] 柯以侃主编. 大学化学实验. 北京：化学工业出版社，2001.

[11] 强亮生，王慎敏. 精细化工综合实验. 哈尔滨：哈尔滨工业大学出版社，2004.

[12] 李梅，梁竹梅，韩莉. 化学实验与生活. 北京：化学工业出版社，2004.

[13] 徐甲强，孙淑香. 无机及分析化学实验. 北京：海洋出版社，1999.

[14] 古风才，肖衍繁主编. 基础化学实验教程. 北京：科学出版社，2000.

[15] 方国女，王燕，周其镇编. 大学基础化学实验（Ⅰ）. 北京：化学工业出版社，2005.

[16] 徐如人，庞文琴等著. 分子筛与多孔材料化学. 北京：科学出版社，2004.

[17] 徐如人，庞文琴主编. 无机合成与制备化学. 北京：高等教育出版社，2001.

[18] 蔡炳新，陈贻文主编. 化学基础实验. 北京：科学出版社，2001.

[19] 徐琰，何占航主编. 无机化学实验. 郑州：郑州大学出版社，2002.

[20] 天津化工研究院. 无机盐工业手册(下). 北京：化学工业出版社，1981.

[21] 中国农业科学院茶叶研究所. 茶树生理及茶叶生化实验手册. 北京：农业出版社，1983.

[22] 周其镇，方国女，樊行雪. 大学基础化学实验(Ⅰ). 北京：化学工业出版社，2000.

[23] 于涛主编. 微型无机化学实验. 北京：北京理工大学出版社，2004.

[24] 陈虹锦主编. 实验化学. 北京：科学出版社，2004.

[25] 武汉大学主编. 分析化学实验. 第四版. 北京：高等教育出版社，2001.

[26] 高职高专化学教材编写组. 分析化学实验. 北京：高等教育出版社，2002.

[27] 刘约权，李贵深主编. 实验化学. 北京：高等教育出版社，1999.

[28] 候振雨主编. 无机及分析化学实验. 北京：化学工业出版社，2004.

[29] 王尊本主编. 综合化学实验. 北京：科学出版社，2003.

[30] 林宝凤等编. 基础化学实验技术绿色化教程. 北京：科学出版社，2003.

[31] 陈必友. 工厂分析化学手册. 北京：国防工业出版社，1992.

[32]　韩长日,宋小平.颜料制造与色料应用技术.北京:科学技术文献出版社,2001.

[33]　彭崇慧,冯建章,张锡瑜等.定量化学分析简明教程.第二版.北京:北京大学出版社,1997.

[34]　武汉水利电力学院电厂化学教研室.热力发电厂水处理下册.北京:化学工业出版社,1977.

[35]　《电镀工艺手册》编委会.电镀工艺手册.上海:上海科学技术出版社,1989.

[36]　席美云.无机高分子絮凝剂的开发和研究进展.环境与技术,1999(4).

[37]　万婕.由铝土矿制聚碱式氯化铝.大学化学,1998,13(3).

[38]　张勇,胡忠鲠主编,现代化学基础实验。北京:科学出版社,2000.

[39]　清华大学化学系物理化学实验编写组.物理化学实验.北京:清华大学出版社,1991.5

[40]　徐家宁 门瑞芝 张寒琦,基础化学实验(上册)无机及分析化学实验,北京:高等教育出版社,2006.

[41]　郎建平,卞国庆主编.无机化学实验.南京:南京大学出版社,2009.

[42]　崔学桂,张晓丽,胡清萍主编.北京:化学工业出版社,2007.

[43]　殷学峰主编.新编大学化学实验.北京:高等教育出版社,2006.

[44]　刘宝殿主编.化学合成实验.北京:高等教育出版社,2005.

[45]　贺拥军,赵世永主编.普通化学实验.西安:西北工业大学出版社,2007.

[46]　郑豪,方文军主编.新编普通化学实验.北京:科学出版社,2006.

[47]　沈建中,马林,赵滨,卫景德主编.普通化学实验.上海:复旦大学出版社,2007.

[48]　徐济德,倪诗圣,汪明华.别洛索夫-扎鲍京斯基(B-Z)振荡反应———一个中级无机化学实验.大学化学,1986(1):36—39

[49]　贺占博.化学振荡的研究方法.化学通报,1992(2):57—62.

[50]　许海涵.化学振荡.化学通报,1984(1):26—31